塑料模具

设计方法与技巧

王树人　编著

化学工业出版社

·北京·

图书在版编目（CIP）数据

塑料模具设计方法与技巧/王树人编著. —北京：化
学工业出版社，2018.2
ISBN 978-7-122-31291-4

Ⅰ.①塑…　Ⅱ.①王…　Ⅲ.①塑料模具-设计
Ⅳ.①TQ320.5

中国版本图书馆 CIP 数据核字（2017）第 330924 号

责任编辑：贾　娜　　　　　　　　　　　文字编辑：谢蓉蓉
责任校对：王　静　　　　　　　　　　　装帧设计：刘丽华

出版发行：化学工业出版社（北京市东城区青年湖南街 13 号　邮政编码 100011）
印　　装：三河市延风印装有限公司
787mm×1092mm　1/16　印张 16½　字数 440 千字　2018 年 4 月北京第 1 版第 1 次印刷

购书咨询：010-64518888（传真：010-64519686）　　售后服务：010-64518899
网　　址：http://www.cip.com.cn
凡购买本书，如有缺损质量问题，本社销售中心负责调换。

前言

FOREWORD

　　模具在制造业中的应用极其广泛，涉及的行业包括机械、汽车、电子、通讯、轻工、化工、冶金、塑料、建材等，模具技术水平已成为衡量一个国家制造水平的重要指标。随着世界制造业中心向中国转移，我国模具产业迎来了新一轮发展机遇，模具产业因此得到了快速发展，新技术的应用越来越广泛。模具是现代加工行业中的基本工艺装备，是需要进行专门设计与制造的制造业中的技术型产品。由于新技术、新材料、新工艺的广泛应用，对模具的使用寿命、尺寸精度和表面质量等不断提出新的更高的要求，对模具行业的从业人员的要求也相应提高。现代工业需要先进的模具设备和高技术人才。

　　塑料模具是模具工业中重要的组成部分。现代塑料制品生产中，合理的加工工艺、高效的设备、先进的模具是必不可少的三项重要因素，尤其是塑料模具对实现塑料加工工艺要求，塑料制件使用要求和造型设计起着重要作用。高效的全自动设备也只有安装上能自动化生产的模具才有可能发挥其效能，产品的生产和更新都是以模具制造和更新为前提，因此促使塑料模具生产不断向前发展。

　　本书从应用角度出发，系统介绍了塑料模具设计的方法与技巧，并列举了典型实例进行解读。本书内容涵盖了塑料模具设计的各方面知识，从理论和实践两个方面做了深入细致的讲解，对注射模具、压缩模具、传递模具及挤出模具在设计过程中需要掌握的设计计算方法和步骤、模具结构设计的方法与技巧进行了详细的阐述，每章均配有相应的设计实例。本书内容紧贴生产实际，可供从事塑料模具设计、制造相关工作的工程技术人员使用，也可供大中专院校相关专业师生学习参考。

　　本书由王树人编著，弋大鹏、王莉、裴清、王记、张少华、余国亮为本书的编写提供了大力支持与帮助，特此致谢。

　　由于编者水平所限，疏漏之处在所难免，敬请广大读者和专家不吝赐教。

编　者

目录

第1章

塑料概述

1.1 塑料的组成与分类

塑料是以树脂为主要成分，在一定的温度和压力下可塑制成一定形状，并在常温下能保持既定形状的材料。

1.1.1 塑料的组成

塑料是以分子量高的合成树脂为主要成分，并加入其他助剂，可在一定温度和压力下塑化成型的高分子化合物，简称聚合物。由于其聚合度非常高，故也称之为高聚物。

塑料均以合成树脂为基本原料，并视需要加入适当的助剂，其组成成分如下：

（1）合成树脂

合成树脂是塑料的主要成分，塑料用树脂含量为 40%～100%。它是塑料中最基本、最重要的组成成分，它决定了塑料的基本性质。树脂的作用是使塑料具有可塑性和流动性，将各种助剂粘接在一起，并决定了塑料的类型（热塑性或热固性）及使塑料具有一定的物理性能、力学性能和化学性能等。

（2）助剂（添加剂）

根据需要，树脂中可以加入称为助剂的成分，用于作为塑料配料，以改善或调节树脂性能。常用的助剂有：

① 填充剂　填充剂是塑料中的一种重要但并非必要的成分，在塑料中的用量为 10%～50%。填充剂在塑料中主要起增强作用，有时还可使塑料具有树脂所没有的新性能。正确使用填充剂，可以改善塑料的性能，扩大其使用范围，也可减少树脂含量。

对填充剂的一般要求：易被树脂浸润，与树脂有很好的粘附性，本身性质稳定，价格低廉，来源丰富。

填充剂按其化学性能可分为无机填充剂和有机填充剂，其形状有粉状、纤维状和片状。常用的粉状填料有木粉、滑石粉、铁粉、石墨粉等；纤维状填料有玻璃纤维、石棉纤维等；片状填料有麻布、棉布、玻璃布等。

② 增塑剂　增塑剂是为改善塑料的性能和提高柔软性而加入塑料中的一种低挥发性物质。

对增塑剂的基本要求是：能与树脂良好地混溶而不起化学变化；不易从制品中析出及挥发；不降低制品的主要性能；无毒、无害、无色、无味、不吸潮、成本低等。

常用的增塑剂有邻苯二甲酸二丁酯、石油酯、环氧大豆油等。

③ 稳定剂 稳定剂是能阻缓材料变质的物质。塑料在成型、储存和使用过程中，因受热、光、氧等外界因素的作用而性能发生变化，需在树脂中添加一些稳定其化学性能的物质，这种物质称为稳定剂。

对稳定剂的要求：除对树脂的稳定效果好之外，还应能耐水、耐油、耐化学药品腐蚀，并与树脂有很好的相容性，在成型过程中不分解、挥发少、无色。

常用的稳定剂有二碱式亚磷酸铅、三碱式硫酸铅、硬脂酸钙、硬脂酸钡等。

④ 着色剂 为了增加制品的美观性常在塑料中添加着色剂，有时着色剂也用于区分不同的制品对象。

工业上常用的着色剂有两类：

a. 无机颜料。如钛白粉、铬黄、镉红、群青等。它们耐光、耐热、化学稳定性较好，吸油量小、游离现象小、遮盖力强、价格低，但其着色能力、透明性、鲜艳性较差。

b. 有机颜料。如联苯胺黄、酞菁蓝、酞菁绿等，在塑料制品生产中应用广泛。这些着色剂一般色彩鲜艳、着色能力强。

还有固化剂、抗氧剂、阻燃剂、发光剂、润滑剂、导电剂、导磁剂等。另外泡沫塑料中还需加入发泡剂。并非所有塑料配料中都必须加入上述各种助剂，而是根据塑料的预定用途和树脂的基本性能有选择地加入某些助剂。

不同的塑料品种，不仅由于树脂主链化学组成和结构的差异、所取代基本化学组成和排列规律（构型）的不同而有颇大差别，而且以同一树脂为基础的塑料，因所含的助剂品种、数量不同，塑料性能也会有很大区别，这就使得塑料的品种、品级出现了多样性，性能和应用具有广泛性。

1.1.2 塑料的分类

塑料的品种很多，分类的方法也是多种多样，但常用的塑料分类方法主要有以下两种。

（1）按受热时的行为分类

根据树脂的分子结构及热性能，塑料可以分为热塑性塑料和热固性塑料两类。热塑性塑料大多数是由聚合树脂制成的；热固性塑料大多数是以缩聚树脂为主，分别再加入各种助剂构成的。

① 热塑性塑料 热塑性塑料是在特定的温度范围内能多次反复加热软化和冷却硬化的塑料。它在加热时软化并熔融，只发生物理变化，不产生化学交联反应，成为可流动的黏稠液体，在此状态下可塑制成一定形状的塑件，冷却后保持已成型的形状，这种过程是可逆的。这类塑料中树脂的分子结构是线型或支链型结构（树枝状），称为线型聚合物。如聚乙烯、聚丙烯、聚氯乙烯、聚苯乙烯、ABS、聚甲基丙烯酸甲酯、聚酰胺、聚甲醛、聚碳酸酯、聚砜、聚苯醚等都是热塑性塑料。

② 热固性塑料 热固性塑料是由加热硬化的合成树脂制得的塑料。这类塑料中的合成树脂分子固化后呈体型网状结构。加热之初分子呈线型结构，故具有可塑性和可溶性，可成型为一定形状。当继续加热温度达到一定程度后，线型分子间交联形成网状结构，树脂变成不溶解也不熔融的体型结构。塑件固化成型后，如再热不再软化，也不再具有可塑性，如果加热温度过高，只能炭化。在这一过程中，既有物理变化又有化学变化，其变化过程是不可逆的。如三聚氰胺、酚醛、脲醛、不饱和塑料、环氧塑料、有机硅等都属热固性塑料。

（2）按塑料的用途分类

塑料根据用途可分为通用塑料、工程塑料和特殊塑料。

① 通用塑料 通用塑料是指生产量大、货源广、价格低、适用于大量应用的塑料。通用塑料一般都具有良好的成型工艺性，可采用多种成型工艺加工出不同用途的制品。一般情

况下通用塑料不具有突出的综合力学性能和耐热性，不宜用于承载要求较高的结构件和在较高温度下工作的耐热件。但通用塑料的各品种，都有各自的某些优异性能，使得它们具有广泛的用途，主要包括聚乙烯、聚丙烯、聚氯乙烯、聚苯乙烯、酚醛塑料和氨基塑料 6 大类。它们的产量约占世界塑料总产量的 80%，构成了塑料工业的主体。

② 工程塑料　工程塑料是指可用作工程结构材料的塑料。它们的力学性能、耐摩擦性、耐腐蚀性及尺寸稳定性均较高，尤其具有某些金属特性，可以代替金属作某些机械构件。常见的有聚碳酸酯、ABS、聚甲醛、聚酰胺、聚苯醚、聚苯硫醚、聚砜、聚四氟乙烯及各种增强塑料。

③ 特殊塑料　具有某种特殊功能（如耐高温、耐磨性、耐腐蚀、耐辐射或高电绝缘性），适用于某种特殊用途的塑料。有些特殊塑料是专门合成的特种树脂，也有一些是采用通用塑料或工程塑料用树脂经特殊处理或改性后获得特殊性能。氟塑料、聚酰亚胺塑料、有机硅塑料、环氧塑料等均属特殊塑料。另外还包括为某些专门用途而改性制得的塑料，如导磁塑料、导电塑料、导热塑料等。

1.2　塑料的成型工艺性能

模具设计必须掌握所用塑料的成型特性及成型时的工艺特性。

1.2.1　热固性塑料的工艺特性

常用热固性塑料有酚醛、氨基（脲醛、三聚氰胺）塑料等。主要用于压塑、挤塑、注射成型；环氧树脂塑料和硅铜塑料等主要作为低压挤塑封装电子元件及浇注成型等用。

（1）成型收缩性

塑件从模具中取出冷却到室温后，发生尺寸收缩，这种性能称为收缩性。塑件的收缩与树脂本身的热胀冷缩有关，同时也取决于各种成型因素，所以成型后塑件的收缩应称为成型收缩。

① 成型收缩的形式及特点　塑件成型收缩主要表现在以下几个方面；

a. 塑件线性尺寸的收缩。由于热胀冷缩，塑件脱模时的弹性恢复、塑性变形等因素导致塑件脱模冷却到室温后其尺寸缩小，因此，在设计模具型腔或型芯时必须考虑并予以补偿。

b. 塑件收缩方向性。成型时塑料分子按方向排列，使塑件呈现各向异性，沿料流方向（平行方向）则收缩大、强度高，沿料流直角方向（垂直方向）则收缩小、强度低。另外，因塑件各部位密度及填料分布不匀，也会引起塑件收缩的不均匀，这使塑件容易发生翘曲、变形、裂纹，尤其在挤塑及注射成型时其方向性更为明显。因此，在设计模具时应考虑收缩方向性，按塑件形状、料流方向选取收缩率。

c. 塑件的后收缩。塑件成型时，由于受各种成型因素（成型压力、剪切应力、模温不匀、硬化不匀、各向异性、密度不匀、填料分布不匀、塑性变形等）的影响，会引起一系列的应力作用，在黏流态时不能全部消失，塑件在应力状态下成型时存在残余应力。当脱模后应力趋向平衡和储存条件的影响，使残余应力发生变化而使塑件发生再收缩称为后收缩。一般塑件在脱模后 10h 内变化最大，24h 后基本定型，但最后稳定要经 30～60d。通常热固性塑料的后收缩比热塑性塑料小，挤塑及注射成型的比压塑成型的大。

d. 塑件后处理收缩。由于塑件按其性能及工艺要求，在成型后需进行热处理，热处理后亦会导致塑件尺寸发生变化，称为后处理收缩。因此，在模具设计时，对高精度的塑件则应考虑后收缩及后处理收缩的误差并予以补偿。

② 收缩率计算　塑件成型收缩值可用收缩率来表示，如式（1-1）及式（1-2）所示。

$$S_p = \frac{a-b}{b} \times 100\% \tag{1-1}$$

$$S = \frac{c-b}{b} \times 100\% \tag{1-2}$$

式中　S_p——实际收缩率，%；

　　　　S——计算收缩率，%；

　　　　a——塑件在成型温度时的单向尺寸，mm；

　　　　b——塑件在室温下单向的尺寸，mm；

　　　　c——模具在室温下的单向尺寸，mm。

实际收缩率表示塑件实际所发生的收缩，因其值与计算收缩率相差很小，所以模具设计时以计算收缩率 S 为设计参数来设计型腔及型芯尺寸。

③ 影响收缩率变化的因素　在实际成型时不仅不同品种塑料其收缩率各不相同，而且不同批次的同品种塑料或同一塑件的不同部位其收缩值也经常不同。影响收缩率变化的主要因素如下：

a. 塑料品种。各种塑料都有其各自的收缩范围，同种塑料由于填料、分子量及配比等不同，则其收缩率及各向异性也各不相同。

b. 塑件特性。塑件的形状、尺寸、壁厚、有无嵌件、嵌件的数量及布局对收缩率都有很大的影响。

c. 模具结构。模具的分型面及加压方向，浇注系统的形式、布局及尺寸对收缩率及方向性影响也较大，尤其在挤塑及注射成型时更为明显。

d. 成型工艺。挤塑和注射成型工艺一般收缩率较大，方向性明显。预热情况、成型温度、成型压力、保压时间、填装料形式及硬化均匀性对收缩率及方向性均有影响。

综上所述，模具设计时应根据各种塑料的收缩率范围，并按塑件形状、尺寸、壁厚、有无嵌件情况、分型面及加压成型方向、模具结构、进料口形式、尺寸和位置、成型工艺等诸因素综合来考虑选取收缩率数值。

另外，成型收缩还受各成型因素的影响，但主要取决于塑料品种、塑件形状及尺寸，所以成型时调整各项成型条件也能够适当地改变塑件的收缩情况。

（2）流动性

塑料在一定温度与压力下填充型腔的能力称为流动性。流动性是模具设计时必须考虑的一个重要工艺参数。流动性大易造成溢料过多，填充型腔不密实，塑料组织疏松，树脂、助剂分头聚积，易粘模、脱模及清理困难，硬化过早等弊端。但流动性小则填充不足，不易成型，成型压力大。所以选用塑料的流动性必须与塑件要求、成型工艺及成型条件相适应。模具设计时应根据流动性能来考虑浇注系统、分型面及进料方向等。热固性塑料流动性通常以拉西格流动性（以 mm 计）来表示，数值大则流动性好。每一品种的塑料通常分三个不同等级的流动性，以供不同塑件及成型工艺选用。一般塑件面积大、嵌件多、型芯及嵌件细弱，有狭窄深槽及薄壁的复杂形状对填充不利时，应采用流动性较好的塑料。注射成型时应用拉西格流动性 200mm 以上的塑料，挤塑成型时应选用拉西格流动性 150mm 以上的塑料。为了保证每批塑料都有相同的流动性，在实际中常用并批方法来调节，即将同一品种而流动性有差异的塑料加以配用，使各批塑料流动性互相补偿，以保证塑件质量。但必须指出塑料的流动性除了取决于塑料品种外，在填充型腔时还常受各种因素的影响而使塑料实际填充型腔的能力发生变化。如粒度细匀（尤其是圆状粒料），湿度大、含水分及挥发物多、预热及成型条件适当、模具表面粗糙度好、模具结构适当等则都有利于改善流动性。反之，预热或成型条件不良、模具结构不良、流动阻力大或塑料储存期过长，储存温度高（尤其对氨基塑料）等则都会导致塑料填充型腔时实际的流动性能下降而造成填充不良。

（3）质量体积及压缩率

质量体积为每一克塑料所占有的体积（以 cm^3/g 表示）。压缩率为塑粉与塑件两者体积或质量体积之比值（其值恒大于 1）。它们都可被用来确定压模装料室的大小，其数值大即要求装料室体积要大，同时又说明塑粉内充气多，排气困难，成型周期长，生产效率低。质量体积小则相反，而且有利于压制。但质量体积的值也常因塑料的粒度大小及颗粒不匀而有所不同。

（4）水分及挥发物含量

各种塑料中含有不同程度的水分、挥发物含量，过多时流动性增大、易溢料、保持时间长、收缩增大，易发生波纹、翘曲等弊病，影响塑件机电性能。但当塑料过于干燥时也会导致流动性不良，成型困难，所以不同塑料应按要求进行预热干燥，对收湿性强的原料，尤其在潮湿季节即使对预热后的原料也应防止再吸湿。

由于各种塑料中含有不同成分的水分及挥发物，同时在缩合反应时会产生缩合水分，这些成分都需在成型时变成气体排出模外，有的气体对模具有腐蚀作用，对人体也有刺激作用，因此在模具设计时应对各种塑料的此类特性有所了解，并采取相应措施，如预热、模具镀铬、开排气槽或成型时设排气工序等措施。

（5）硬化特性

热固性塑料在成型过程中在加热受压下软化转变成可塑性粘流状态，随之流动性增大填充型腔，与此同时发生缩合反应，交联密度不断增加，流动性迅速下降，融料逐渐固化。模具设计时对硬化速度快、保持流动状态短的物料则应注意便于装料，装卸嵌件及选择合理的成型条件和操作等，以免过早硬化或硬化不足，导致塑件成型不良。

硬化速度与塑料品种、壁厚、塑件形状、模具温度有关，但还受其他因素影响，尤其是预热状态。适当的预热是在使塑料能发挥出最大流动性的条件下，尽量提高其硬化速度，一般预热温度高、时间长（在允许范内）则硬化速度加快。另外，成型温度高、加压时间长则硬化速度也随之增加。因此，硬化速度也可通过调节预热或成型条件予以适当控制。

硬化速度还应适合成型方法要求，例如注射、挤塑成型时应要求在塑化、填充时化学反应慢、硬化慢，应保持较长时间的流动状态，但当充满型腔后在高温、高压下应快速硬化。

1.2.2　热塑性塑料的工艺性能

这类塑料品种繁多，性能各异。即使同一品种也由于树脂分子量及附加物配比不同而使其使用及工艺特性也有所不同。另外，为了改变原有品种的特性，可通过共聚、接枝、共混、交联、改性及增强等各种化学或物理方法，成为具有新的使用及工艺特性的改性品种。由于热塑性塑料品种多、性能复杂，即使同一种类的塑料也有供注射用或挤出用之分。这里主要介绍各种注射用的热塑性塑料。

（1）成型收缩性

热塑性塑料成型收缩的形式及计算与热固性塑料类似。影响热塑性塑料成型收缩的因素如下：

① 塑料品种　热塑性塑料成型过程中由于存在结晶化引起的体积变化，内应力强，塑件内的残余应力大，分子取向性强等因素，因此与热固性塑料相比收缩率大，方向性明显。另外，脱模后收缩和后处理也比热固性塑料大。

② 塑件特性　塑件成型时，熔料与型腔表面接触外层立即冷却，形成低密度的固态外壳。由于塑料导热性差，使塑件内层缓慢冷却而形成收缩大的高密度固态层。因此塑件壁愈厚则收缩愈大。另外，有无嵌件及嵌件布局、数量都直接影响料流方向、密度分布及收缩阻力大小等，所以塑件的特性对收缩大小、方向性影响较大。

③ 浇口形式、尺寸及分布　这些因素直接影响料流方向、密度分布、保压补缩作用及成型时间。采用直接浇口，浇口截面大时则收缩小，但方向性明显，浇口宽及长度短则方向性小。距进料口近或与料流方向平行则收缩大。

④ 成型条件　模具温度、注射压力、保压时间等成型条件对塑件收缩均有直接影响。模具温度高，熔料冷却慢，密度高，收缩大，尤其对结晶料，因其体积变化大，故收缩更大。模温分布是否均匀也直接影响到塑件各部分收缩量的大小及方向性。注射压力高，熔料黏度差小，层间剪切应力小，脱模后弹性回跳大，收缩也可适量减小。保压时间对收缩也有较大影响，保压时间长则收缩小，但方向性明显。因此在成型时调整模温、注射压力、保压时间等诸因素也可适当地改变塑件的收缩情况。

模具设计时根据各种塑料的收缩范围，塑件壁厚、形状、进料口形式、尺寸及分布情况，按经验确定塑件各部位的收缩率，再来计算型腔尺寸。对高精度塑件及难以掌握收缩率时，一般用以下方法设计模具。

a. 对塑件外径取较小收缩率，内径取较大收缩率，以留有试模后修正的余地。

b. 试模确定浇注系统形式、尺寸及成型条件。

c. 要后处理的塑件经后处理确定尺寸变化情况（测量时必须在脱模后 24h 以后）。

d. 按实际收缩情况修正模具。

e. 再试模并可适当地改变工艺条件略微修正收缩值以满足塑件要求。

（2）流动性

① 塑料流动性分类　塑料流动性大小，可从塑料的分子量、熔融指数、阿基米德螺旋线长度、表观黏度及流动比（流程长度/塑件壁厚）等进行分析。分子量小、熔融指数高、螺旋线长度长、表观黏度小、流动比大的塑料，则流动性好。对同一品名的塑料必须检查其说明书判断其流动性是否适用于注射成型。按模具设计要求，可将常用塑料的流动性分为3类：

a. 流动性好。尼龙、聚乙烯、聚苯乙烯、聚丙烯、醋酸纤维素、聚 4-甲基-1-戊烯。

b. 流动性中等。改性聚苯乙烯（例如 ABS、AS）、有机玻璃、聚甲醛、聚氯醚。

c. 流动性差。聚碳酸酯、硬聚氯乙烯、聚苯醚、聚砜、聚芳砜、氟塑料。

② 影响各类塑料流动性的因素　各种塑料的流动性也随各成型因素而变，主要影响的因素有如下几点：

a. 温度。料温高则流动性增大，但不同塑料也各有差异，聚苯乙烯（尤其耐冲击型及 MI 值较高的）、聚丙烯、尼龙、改性聚苯乙烯（例如 ABS、AS）、有机玻璃、醋酸纤维素、聚碳酸酯等塑料的流动性随温度变化较大。对聚乙烯、聚甲醛等则温度增减对其流动性影响较小。

b. 压力。注射压力增大则融料受剪切作用大，流动性也增大，特别是聚乙烯、聚甲醛较为敏感，所以成型时宜调节注射压力来控制流动性。

c. 模具结构。浇注系统的形式、尺寸、布置，冷却系统设计，融料流动阻力（如型面的表面粗糙度、料道截面厚度、型腔形状、排气系统）等因素都直接影响融料在型腔内的实际流动性，凡促使融料降低温度，增加流动阻力的则流动性就降低。

模具设计时应根据所用塑料的流动性，选用合理的结构。成型时也可控制料温、模温及注射压力和注射速度等因素来适当地调节填充情况以满足成型需要。

（3）结晶性

热塑性塑料按其冷凝时有无出现结晶现象可划分为结晶型塑料和非结晶型（又称无定形）塑料两类。

塑料结晶现象是指塑料由熔融状态到冷凝的过程中，分子由无次序的自由运动状态而逐渐排列成为正规模型倾向的一种现象。

可根据塑料的厚壁塑件的透明性来判别这两类塑料，一般结晶型塑料是不透明和半透明的，非结晶型塑料是透明的。但也有例外情况，如聚 4-甲基-1-戊烯为结晶型塑料，却有高透明性，ABS 为非结晶形塑料，但却不透明。

对结晶型塑料在模具设计及选择注射机时应注意以下几点：

① 料温上升到成型温度所需的热量多，要选用塑化能力大的设备。

② 冷凝时放出热量大，模具要充分冷却。

③ 塑件成型后收缩大，易发生缩孔、气孔。

④ 塑件壁薄，冷却快，结晶度低，收缩性小。塑件壁厚，冷却慢，结晶度高，收缩性大，物理性能好。所以对结晶型塑料应按塑料要求控制模温。

⑤ 塑料各向异性明显，内应力大，脱模后塑件易发生变形、翘曲。

⑥ 塑料结晶熔点范围窄，易发生未熔粉末注入模具或堵塞进料口。

（4）热敏性和水敏性

① 热敏性　指某些塑料对热较为敏感，在料温高和受热时间长的情况下就会产生变色、降聚、分解的特性，具有这种特性的塑料称为热敏性塑料，如硬聚氯乙烯、聚甲醛、聚三氟氯乙烯、醋酸乙烯共聚物等。热敏性塑料在分解时产生单体、气体、固体等副产物，特别是有毒气体，对人体有刺激，对设备、模具有腐蚀作用。因此，在模具设计、选择注射机及成型时都应注意。为防止热敏性塑料在成型过程中出现变色、分解现象，一方面可在塑料中加入热稳定剂，另一方面应选用螺杆式注射机，正确控制成型温度和成型周期，同时应及时清除分解产物，对模具和设备采取防腐措施。

② 水敏性　有的塑料（如聚碳酸酯）即使含有少量水分，但在高温、高压下也会发生分解，这种性能称为水敏性，对此必须预先加热干燥。

（5）应力开裂及熔融破裂

① 有些塑料对应力敏感，成型时易产生内应力且质脆易裂，塑件在外力作用下或在溶剂作用下会发生开裂现象。为此，除在原料内加入附加剂提高抗裂性外，对原料应注意干燥，同时选用合理的成型条件和使塑件形状结构尽量合理。在模具设计时应增大脱模斜度，选用合理的进料口和顶出机构。在成型时应适当调节料温、模温、注射压力及冷却时间，尽量避免塑件在冷脆的情况下脱模。在塑件成型后要进行后处理以提高抗裂性，消除内应力。

② 当一定熔融指数的聚合物熔体，在恒温下通过喷嘴孔时，其流速超过一定值后，挤出的熔体表面发生明显的横向裂纹称为熔融破裂。发生熔融破裂会影响塑件的外观和性能，故若选择熔融指数高的聚合物，在模具设计时应增大喷嘴、流道和浇口截面，减少注射速度和提高料温。

（6）热性能及冷却速度

① 各种塑料有不同的比热容、热导率、热变形温度等热性能。比热容高的塑料在塑化时需要热量大，应选用塑化能力大的注射机。热变形温度高的塑料冷却时间短，脱模早，但脱模后要防止冷却变形。热导率低的塑料冷却速度慢，必须充分冷却，要加强模具冷却效果。热浇道模具适用于比热容低、热导率高的塑料。比热容大、热导率低、热变形温度低、冷却速度慢的塑料则不利于高速成型，必须用适当的注射机及加强模具冷却。

　　② 各种塑料按其品种特性及塑件形状，要求必须保持适当的冷却速度。所以模具必须按成型要求设置加热和冷却系统，以保持一定模温。当料温使模温升高时应宜冷却，以防止塑件脱模后变形，缩短成型周期，降低结晶度。当塑料余热不足以使模具保持一定温度时，则模具应设有加热系统，使模具保持在一定温度，以控制冷却速度，保证流动性，改善填充条件或用以控制塑件使其缓慢冷却，防止厚壁塑件内外冷却不匀及提高结晶度等。有流动性好、成型面积大、料温不均的则按塑件成型情况需加热或冷却交替使用或局部加热与冷却并用。为此模具应设有相应的冷却和加热系统。

　　(7) 吸湿性

　　塑料中因有各种助剂，使其对水分各有不同的亲疏程度，所以塑料大致可分为吸水、黏附水分及不吸水也不易黏附水分两种。塑料含水量必须控制在允许范围内，不然在高温、高压下水分变成气体或发生水解作用，使树脂起泡、流动性下降、外观及机电性能不良。所以对吸湿性塑料必须按要求采用适当的加热方法及规范进行预热，在使用时还需用红外线照射以防止再吸湿。

1.3　常用塑料

1.3.1　热固性塑料

　　热固性塑料具有刚度大，在承载下弹性和塑性变形极小，且温度对刚度影响小，在相同载荷和温度条件下，蠕变量比热塑性塑料小得多；耐热性能好，塑件固化后对热相当稳定；塑件尺寸稳定性好，受温度和湿度影响小且成型后收缩小，塑件尺寸精度比热塑性塑料要高；电性能优良；耐腐蚀性好，不受强酸、弱碱及有机溶剂的腐蚀；加工性好，可以采用多种成型方法加工等优点。其缺点是力学性能较差。常用的热固性塑料及其成型特性见表 1-1。

表 1-1　常用热固性塑料及其成型特性

塑料名称	成 型 特 性
酚醛塑料	①成型性好，适用于压塑成型，部分适用于挤塑成型，个别适用于注射成型 ②含水分、挥发物，应预热、排气。不预热者应提高模温及成型压力并注意排气 ③收缩及方向性一般比氨基塑料大 ④模温对流动性影响大，一般超过160℃时流动性迅速下降 ⑤硬化速度一般比氨基慢，硬化时放出热量大，厚壁大型塑件内部温度易过高，故易发生硬化不匀及过热
氨基塑料	①成型收缩率大，脲甲醛塑料等不宜压注大型塑件 ②流动性好，硬化速度快，故预热及成型温度要适当，装料、合模及加压速度要快 ③含水分挥发物多，易吸湿、结块，成型时应预热干燥，并防止再吸湿，但过于干燥则流动性下降。成型时有水分及分解物，有弱酸性，模具应镀铬，防止腐蚀，成型时应排气 ④成型温度对塑件质量影响较大。温度过高易发生分解、变色、气泡、开裂、变形、色泽不匀；温度低时流动性差，不光泽，故应严格控制成型温度 ⑤料细、质量体积大、料中充气多，用预压锭成型大塑件时易发生波纹及流痕，故一般不宜采用 ⑥性脆，嵌件周围易应力集中，尺寸稳定性差 ⑦储存期长、储存温度高时，会导致流动性迅速下降
有机硅塑料	①流动性好，硬化速度慢，用于压塑成型 ②要较高温度压制 ③压塑成型后要经高温固化处理

塑料名称	成 型 特 性
聚硅氧烷	①主要用于低压挤塑成型,封装电子元件等。一般成型压力为 4～10MPa,成型温度为 160～180℃ ②流动性极好、易溢料、收缩小、储存温度高,流动性会迅速下降 ③硬化速度慢、成型后需高温固化,易发生后收缩,塑件厚度大于 10mm 时应逐渐升温和适当延长保温时间,否则易脆裂 ④用于封装集成电路等电子元件时,进料口位置及截面应注意防止融料流速太快,或直接冲击细弱元件,并宜在进料口相对方向开设溢料槽,一般常用于一模多腔,主流道截面不宜过小
环氧树脂	①流动性好,硬化速度快 ②硬化收缩小,但热刚性差不易脱模;硬化时一般不需排气,装料后应立即加压 ③预热温度一般为 80～100℃,成型温度为 140～170℃,成型压力一般为 10～20MPa,保持时间一般在 0.6min/mm ④常适用于浇注成型及低压挤塑成型,供封装电子元件等
玻璃纤维增强塑料	①流动性比一般塑料差,但物料渗入力强,飞边厚,不易去除。故选择分型面时,应注意飞边方向。上、下模及镶拼件宜取整体结构,若采用组合结构,其装配间隙不宜取大,上、下模可拆的成型零件宜取 IT8～IT9 级间隙配合 ②收缩小,收缩率一般取 0.1%～0.2%,但有方向性,易出现熔接不良、变形、翘曲、缩孔、裂纹、应力集中和树脂填料分布不匀等现象。薄壁件易碎,不易脱模,大面积塑件易发生波纹及物料聚积等现象 ③成型压力大,物料渗挤力大,模具型芯和塑件嵌件应有足够的强度,以防变形、位移与损坏,尤其是细长型芯与型腔间空隙较小时更应注意 ④质量体积、压缩比都比一般塑料大。故设计模具时应取较大的加料室,一般物料体积取塑件体积的 2～3 倍 ⑤适宜于成型通孔,避免成型如直径 5mm 以下的盲孔。大型塑件尽量不设计小孔。孔间距和孔边距宜取大值,大密度排列的小孔不宜压塑成型。成型盲孔时,其底部应成半球面或圆锥面,以利于物料流动。孔径与孔深之比一般取 1:2～1:3 ⑥加压方向宜选塑件投影面大的方向,不宜选尺寸精度高的部位和嵌件、型芯的轴线垂直方向 ⑦模具脱模斜度宜取 1°以上。顶杆应有足够的强度,顶出力分布均匀,顶杆不宜兼作型芯 ⑧快速成型料可在成型温度下脱模,慢速成型料的模具应有加热及强冷却的措施

1.3.2　热塑性塑料

热塑性塑料质轻,密度为 $0.83～2.20g/cm^3$;电绝缘性好,不导电及耐电弧等;化学稳定性好,能耐一般的酸、碱、盐及有机溶剂;有良好的耐磨性和润滑性;比强度高;着色性好,可以采用喷涂、热压印等方法获得各种外观颜色的塑件;可以采用多种成型方法加工,生产效率高。缺点主要是耐热性差,热膨胀系数大,尺寸稳定性差;在载荷作用下易老化等。

常用热塑性塑料及其成型特性见表 1-2,热塑性塑料成型条件见表 1-3。

表 1-2　常用热塑性塑料及其成型特性

塑料名称	成 型 特 性
聚苯乙烯(PS)	①无定形塑料,吸湿性小,不易分解,性脆易裂,热膨胀系数大,易产生内应力 ②流动性较好,溢边值 0.03mm 左右 ③塑件壁厚应均匀,不宜有嵌件(如有嵌件应预热)、缺口、尖角,各面应圆滑连接 ④可用螺杆或柱塞式注射机加工,喷嘴可用直通式或自锁式 ⑤宜高料温,高模温,低注射压力,延长注射时间有利于降低内应力,防止缩孔、变形(尤其对壁厚塑件),但料温高易出银丝,料温低或脱模剂多则透明性差 ⑥可采用各种形式浇口,浇口与塑件应圆弧连接,防止去除浇口时损坏塑件。脱模斜度宜取 2°以上,顶出均匀以防止脱模不良发生开裂、变形,可用热浇道结构

塑料名称	成 型 特 性
聚乙烯(低压) (PE)	①结晶塑料,吸湿性小 ②流动性极好,溢边值 0.02mm 左右,流动性对压力变化敏感 ③可能发生熔融破裂,与有机溶剂接触可发生开裂 ④加热时间长则发生分解、烧焦 ⑤冷却速度慢,因此必须充分冷却,宜设冷料穴,模具应有冷却系统 ⑥收缩率范围大,收缩值大,方向性明显,易变形、翘曲,结晶度及模具冷却条件对收缩率影响大,应控制模温,保持冷却均匀、稳定 ⑦不宜采用直接浇口,易增大内应力或产生收缩不匀,方向性明显增大变形,应注意选择进料口位置,防止产生缩孔、变形 ⑧宜用高压低温注射,料温均匀,填充速度应快,保压充分 ⑨质软易脱模,塑件有浅的侧凹槽时可强行脱模
聚氯乙烯 (硬质) (PVC)	①无定形塑料,吸湿性小,但为了提高流动性,防止发生气泡则宜先干燥 ②流动性差,极易分解,特别在高温下与钢、铜金属接触更易分解,分解温度为200℃,分解时有腐蚀及刺激气体 ③成型温度范围小,必须严格控制料温 ④用螺杆式注射机及直通喷嘴,孔径宜大,以防止死角滞料,滞料必须及时处理清除 ⑤模具浇注系统应粗短,进料口截面宜大,不得有死角滞料,模具应冷却,其表面应镀铬
聚丙烯 (PP)	①结晶性塑料,吸湿性小,可能发生熔融破裂,长期与热金属接触易发生分解 ②流动性极好,溢边值 0.03mm 左右 ③冷却速度快,浇注系统及冷却系统应散热适度 ④成型收缩范围大,收缩率大,易发生缩孔、凹痕、变形,方向性强 ⑤注意控制成型温度,料温低方向性明显,尤其低温高压时更明显,模具温度低于50℃以下塑件无光泽,易产生熔接不良、流痕,90℃以上时易发生翘曲、变形 ⑥塑件应壁厚均匀,避免缺口、尖角,以免应力集中
改性聚甲基丙 烯酸甲酯(372♯ 有机玻璃)	①无定形塑料,吸湿性大,不易分解 ②质脆、表面硬度低 ③流动性中等,溢边值 0.03mm 左右,易发生填充不良、缩孔、凹痕、熔接痕 ④宜取高压注射,在不出现缺陷的条件下宜取高料温、高模温,可增加流动性,降低内应力、取向性,改善透明性及强度 ⑤模具浇注系统应对料流阻力小,脱模斜度应大,顶出均匀,表面粗糙度值应小,注意排气 ⑥要注意防止出现气泡、银丝、熔接痕及滞料分解,混入杂质
聚酰胺 (尼龙) (PA)	①结晶性料熔点较高,熔融温度范围较窄,熔融状态热稳定性差,料温超过300℃,滞留时间超过30min即分解 ②较易吸湿,成型前应预热干燥,并为防止再吸湿,含水量不得超过0.3%,吸湿后流动性下降,易出现气泡、银丝等弊病,高精度塑件应经调湿处理,处理后尺寸胀大 ③流动性极好,溢边值一般为0.02mm,易溢料,要发生"流涎现象",用螺杆式注射机注射时喷嘴宜用自锁式结构,并应加热,螺杆应带止回环 ④成型收缩率范围大,收缩率大,方向性明显,易发生缩孔、凹痕、变形等弊病,成型条件应稳定 ⑤融料冷却速度对结晶影响较大,对塑件结构及性能有明显影响,故应正确控制模温,一般为20~90℃按壁厚选取,模温低易产生缩孔、结晶度低等现象,对要求伸长率高、透明度高、柔软性好的薄壁塑件宜取低模温,对要求硬度高、耐磨性好,以及在使用时变形小的厚壁塑件宜取高模温 ⑥成型条件对塑件成型收缩、缩孔、凹痕影响较大,料筒温度按塑料品种、塑件形状及注射机类型而异,柱塞式注射机宜取高温,但一般料温不宜超过300℃,受热时间不得超过30min,料温高则收缩大,易出飞边。注射压力因注射机类型、料温、塑件形状尺寸、模具浇注系统而异,注射压力高易出飞边,收缩小、方向性强,注射压力低易发生凹痕、波纹。成型周期因塑件壁厚而异,厚则取长,薄则取短,注射时间及高压时间对塑件收缩率、凹痕、变形、缩孔影响较大,为了减少收缩、凹痕、缩孔一般宜取低模温、低料温、高注射压力的成型条件,以及采用白油作脱模剂 ⑦模具浇注系统形式及尺寸与加工聚苯乙烯相似,但增大流道及进料口截面尺寸可改善缩孔、凹痕现象。收缩率一般按壁厚而定,厚壁取大值,薄壁取小值,模温分布应均匀,应注意防止飞边,设置排气措施 ⑧塑件壁不宜过厚,并应均匀,脱模斜度不宜取小,尤其对厚壁及深高塑件更应取大值

塑料名称	成 型 特 性
聚碳酸酯 （PC）	①无定形塑料，热稳定性好，成型温度范围宽，超过 330℃才会严重分解，分解时产生无毒、无腐蚀性气体 ②吸湿性极小，但水敏性强，含水量不得超过 0.2％，加工前必须干燥处理，否则会出现银丝、气泡及强度显著下降现象 ③流动性差，溢边值为 0.06mm 左右，流动性对温度变化敏感，冷却速度快 ④成型收缩率小，如成型条件适当，塑件尺寸可控制在一定公差范围内，塑件精度高 ⑤可能发生熔融开裂，易产生应力集中，应严格控制成型条件，塑件宜退火处理消除内应力 ⑥熔融温度高，黏度高，对质量大于 200g 的塑件应用螺杆式注射机成型，喷嘴应加热，宜用开敞式延伸喷嘴 ⑦黏度高，对剪切作用不敏感，冷却速度快，模具浇注系统应以粗、短为原则，并宜设冷料穴。进料口宜取直接进料口，进料口附近有残余应力，必要时可采用调节式进料口。模具宜加热，模温一般以 70～120℃为宜，应注意顶出均匀，模具应用耐磨钢并淬火 ⑧塑件壁不宜取厚，应均匀，避免尖角，缺口及金属嵌件造成应力集中，脱模斜度宜取 2°，若有金属嵌件应预热，预热温度一般为 110～130℃ ⑨料筒温度对控制塑件质量是一个重要因素，料温低会造成缺料，表面无光泽，银丝紊乱；温度高时易溢边，出现银丝暗条，塑件变色有迹。注射压力不宜取低 ⑩模温对塑件质量影响很大，薄壁塑件宜取 80～100℃，厚壁塑件宜取 80～120℃，模温低则收缩率、伸长率、抗冲击强度大，抗弯、抗压、抗张强度低，模温超过 120℃塑件冷却慢，易变形粘模，脱模困难，成型周期长
聚甲醛 （POM）	①结晶性塑料，熔融范围很窄，熔融或凝固速度快，结晶化速度快，料温稍低于熔融温度时发生结晶化，流动性下降 ②热敏性强，极易分解（但比聚氯乙烯稍弱），分解温度为 240℃，但 200℃中滞留 30min 以上也即发生分解，分解时产生有刺激性、腐蚀性气体 ③流动性中等，溢边值为 0.04mm 左右，流动性对温度变化不敏感，但对注射压力变化敏感 ④结晶度高，结晶化时体积变化大，成型收缩率范围大，收缩率大 ⑤吸湿性低，水分对成型影响极小，一般可不干燥处理，但为了防止树脂表面附粘水分，不利成型，加工前可进行干燥并起预热作用，特别是对大面积薄壁塑料，改善塑件表面光泽有较好效果，干燥条件一般用烘箱加热，温度为 90～100℃，时间 4h，料层厚度 30mm ⑥摩擦系数低，弹性高，浅侧凹槽可强行脱模，但易产生表面缺陷，如毛斑、皱折、熔接痕、缩孔、凹痕等 ⑦宜用螺杆式注射机成型，余料不宜过多和滞留太长，一般塑件质量（包括主流道、分流道）不应超过注射机注射质量的 75％，或取注射容量与料筒容量之值为 1：6～1：10，料筒喷嘴等应防止死角、间隙而滞料，预塑时螺杆转速宜取低，并采用单线、全螺纹、等矩、压缩突变型螺杆 ⑧喷嘴孔径应取大，并采用直通式喷嘴，为防止流涎现象，喷嘴孔可呈喇叭形，并设置单独控制的加热装置，以适当地控制喷嘴温度 ⑨模具浇注系统对料流阻力要小，进料口宜小，要尽量避免死角积料。模具应加热，模温高时应防止滑动配合部件卡住。模具应选用耐磨、耐腐蚀材料，并淬硬、镀铬，要注意排气 ⑩必须严格控制成型条件，嵌件应预热（100～150℃），料温取稍高于熔点（一般为 170～190℃）即可，不宜轻易提高温度。模温对塑件质量影响较大，提高模温可改善表面凹痕，有助于融料流动。塑件内外均匀冷却，防止缺料、缩孔、皱折。模温对结晶度及收缩也有很大影响，必须正确控制，一般取 75～120℃。壁厚大于 4mm 的取 90～120℃，小于 4mm 的取 75～90℃。宜用高压、高速注射，塑件可在较高温度时脱模，冷却时间可短，但为防止收缩变形、应力不匀，脱模后宜将塑件放在 90℃左右的热水中缓冷或用整形夹具冷却
氯化聚醚 （聚氯醚）	①结晶性塑料，内应力较小，而且在室温下会自行消失，成型收缩小，尺寸稳定性好，宜成型高精度、形状复杂、多嵌件的中小型塑料 ②吸湿性极小，成型前不必预热，如物料表面有水分则可在 80～100℃的烘箱中干燥 1～2h 即可使用 ③流动性中等，对温度变化敏感，树脂分子小的熔融黏度低，选低料温即可，反之亦然。成型温度为 180～220℃，分解温度约 270℃，分解时产生有腐蚀性气体 ④可采用柱塞和螺杆式注射机加工，宜用直通式喷嘴，孔径可呈喇叭形，宜加热 ⑤树脂分子量大，塑件壁厚，成型周期短时，一般料筒温度应取高一些，并宜用高压注射。模温对塑件性能的影响显著，模温高结晶度增加，抗拉、抗弯、抗压强度均有一定程度的提高，坚硬而不透明，但冲击强度及伸长率下降，模温低则柔韧而半透明，故模温应按要求选用，常用 90～100℃，最低为 50～60℃。成型周期对塑件性能无明显影响 ⑥成型时有微量氯化氢等腐蚀性气体，熔体对金属黏附力强，模具应淬硬，表面镀铬抛光，浇注系统应首先考虑料流方向、阻力和压力损耗，宜取粗而短的

塑料名称	成 型 特 性
苯乙烯-丁二烯-丙烯腈共聚体（ABS）	①无定形塑料,品种很多,各品种的机电性能及成型特性也各异,应按品种确定成型方法及成型条件 ②吸湿性强,含水量应小于 0.3%,必须充分干燥,要求表面光泽的塑件应要求长时间预热干燥 ③流动性中等,溢边值 0.04mm 左右(流动性比聚苯乙烯、AS 差,比聚碳酸酯、聚氯乙烯好) ④比聚苯乙烯加工困难,宜用高料温、高模温(对耐热、高抗冲击和中等抗冲击型树脂,料温更宜取高)。料温对特性影响较大,料温过高易分解(分解温度为 250℃左右),对要求精度较高塑件,模温宜取 50～60℃,要求光泽及耐热型料温宜取 60～80℃,注射压力一般用柱塞式注射机时料温为 180～230℃,注射压力为 100～140MPa,螺杆式注射机则以 160～220℃、70～100MPa 为宜 ⑤模具设计要注意浇注系统对料流阻力小,应选择好进料口位置、形式。脱模斜度宜取 2°以上
苯乙烯-丙烯腈共聚体（AS）	①无定形塑料,吸湿性大,热稳定性好,不易分解。流动性比 ABS 好,不易出飞边 ②易发生裂纹,塑件应避免尖角、缺口,顶出均匀,脱模斜度宜取大 ③浇口处易发生裂纹
聚砜（PSU）	①无定形塑料,易吸湿,含水量超过 0.125%即可出现银丝、云母斑、气泡,甚至开裂现象,应充分干燥,并在使用时防止再吸湿 ②宜用螺杆式注射机加工,喷嘴宜用直通式并加热,加工前必须彻底清除对温度敏感的树脂,最好用聚苯乙烯、聚乙烯、聚丙烯进行清洗 ③成型性能与聚碳酸酯相似,热稳定性比聚碳酸酯差,分解温度 360℃左右,可能发生熔融破裂 ④流动性差,对温度变化敏感,冷却速度快 ⑤要求成型加工温度高,宜用高压成型,压力低易产生波纹、气泡、凹痕,过高则脱模困难。模温以壁厚而定,一般取 90～100℃,对加工复杂或长而薄、厚壁塑件则取 140～150℃ ⑥模具应有足够刚度和强度,浇注系统应短而粗,散热慢,阻力小,宜用直接式、圆片式、扁平式或扇形。侧向进料口,截面厚度宜取塑件壁厚的 1/2～2/3。用点浇口时直径应取大,进料口宜设在厚壁处。对薄长塑件宜多用点浇口,模具宜设冷料穴
聚芳砜（PAS）	①流动性差,料温在 380℃以下流动性迅速下降,热变形温度高(为 274℃),可在 260℃以下脱模(但要防止变形),热稳定性好,不易分解,易吸湿,水敏性强,必须充分干燥 ②要高温、高压成型,宜用螺杆式注射机,直通加热喷嘴加工,模温 180～200℃,注射及保压时间宜长 ③模具应有足够刚度和强度,浇注系统应短而粗,截面大,散热慢,注意选择配合间隙,防止高温时活动部位卡住
聚苯醚（PPO）	①无定形塑料,吸湿性小,但宜干燥后加工,易分解(熔点 300℃,分解温度 350℃) ②流动性差(介于聚碳酸酯和 ABS 之间),对温度变化敏感,凝固速度快,成型收缩小 ③宜用螺杆式注射机,直通喷嘴,孔径宜取 3～6mm,并应加热,但应比前段料筒温度低 10～20℃,防止漏料 ④料温在 300～330℃时有足够流动性可供加工复杂及薄壁塑件,注射压力宜取高压、高速注射,保压及冷却时间不宜太长 ⑤模温以 100～150℃为宜,可防止过早冷却,提高充模速度,降低料温及注压,改善表面光泽、防止出现分层、熔接痕、皱纹及分解。模温低于 100℃,尤其对薄壁塑件易造成充模不足、分层,高于 150℃易出现气泡、银丝、翘曲 ⑥模具主流道锥度宜大及用拉料钩,浇注系统对料流阻力小,冷却慢,进料口宜厚,浇道短粗,宜用直接进料口或扇形、扁平进料口,用点浇口时截面应大,对长浇道也可采用热浇道结构
醋酸纤维素（CA）	①无定形塑料,吸湿性大,要预干燥 ②极易分解,分解时对设备、模具有腐蚀作用而生锈,模具应镀铬,不得有死角滞料 ③流动性比聚苯乙烯差些,对温度变化敏感 ④宜用螺杆式注射机,直通喷嘴加工,仅防滞料分解
氟塑料（聚三氟氯乙烯、聚偏二氟乙烯、聚全氟乙丙烯）（PCTFE、PVDF、FEP）	①结晶性塑料(三氟料结晶化速度快),吸湿性小,聚全氟乙丙烯易发生熔融破裂 ②热敏料,极易分解,分解时有毒、有腐蚀气体,三氟料分解温度为 260℃,偏二氟乙烯为 340℃,必须严格控制成型温度 ③流动性差,熔融温度高,偏二氟乙烯成型较方便,成型温度范围窄,要高温、高压成型 ④宜用螺杆式注射机成型加工,模具要有足够强度及刚度,仅防死角滞料,浇注系统对料流阻力小,模具应加热,并淬硬镀铬
聚 4-甲基-1-戊烯（TPX）	①结晶性塑料,吸湿性小,可能产生熔融破裂 ②流动性好,成型收缩范围大,易产生缩孔、凹痕 ③成型性与聚丙烯相似,宜取高压力、长注射时间成型 ④进料口宜大,设于厚壁处,不易脱模宜用脱料板结构

表 1-3 热塑性塑料成型条件

塑料名称		聚乙烯(低压)	聚氯乙烯(硬质)	聚丙烯	聚碳酸酯	聚甲醛(共聚)	聚苯乙烯	苯乙烯-丁二烯-丙烯腈共聚物	改性聚甲基丙烯酸甲酯(372②)	氯化聚醚
缩写		PE	PVC	PP	PC	POM	PS	ABS	PMMA	CPT
注射成型机类型		柱塞式	螺杆式	螺杆式	螺杆式	螺杆式	柱塞式	螺杆式	柱塞式	螺杆式
密度/(g/cm³)		0.94~0.96	1.38	0.9~0.91	1.18~1.20	1.41~1.43	1.04~1.06	1.03~1.07	1.18	1.4
计算收缩率/%		1.5~3.6	0.6~1.5	1.0~2.5	0.5~0.8	1.2~3.0	0.6~0.8	0.3~0.8	0.5~0.7	0.4~0.8
预热	温度/℃	70~80	70~90	80~100	110~120	80~100	60~75	80~85	70~80	100~105
	时间/h	1~2	4~6	1~2	8~12	3~5	2	2~3	4	1
料筒温度/℃	后段	140~160	160~170	160~180	210~240	160~170	140~160	150~170	160~180	170~180
	中段	—	165~180	180~200	230~280	170~180	—	165~180	—	185~200
	前段	170~200	170~190	200~220	240~285	180~190	170~190	180~200	—	210~240
喷嘴温度/℃		—	—	—	240~250	170~180	—	170~180	210~240	180~190
模具温度/℃		60~70	30~60	80~90	90~110①	90~120①	32~65	50~80	40~60	80~110①
注射压力/MPa		60~100	80~130	70~100	80~130	80~130	60~110	60~100	80~130	80~120
成型时间/s	注射时间	15~60	15~60	20~60	20~90	20~90	15~45	20~90	20~60	15~60
	高压时间	0~3	0~5	0~3	0~5	0~5	0~3	0~5	0~5	0~5
	冷却时间	15~60	15~60	20~90	20~90	20~60	15~60	20~120	20~90	20~60
	总周期	40~130	40~130	50~160	40~190	50~160	40~120	50~220	50~150	40~130
螺杆转速/(r/min)		—	28	48	28	28	48	30	—	28
适用注射机类型		螺杆、柱塞均可	螺杆式	螺杆、柱塞均可	螺杆式较好	螺杆式	螺杆、柱塞均可	螺杆、柱塞均可	螺杆、柱塞均可	螺杆式较好
后处理	方法				红外线灯、鼓风烘箱	红外线灯、鼓风烘箱	红外线灯、鼓风烘箱	红外线灯、鼓风烘箱	红外线灯、鼓风烘箱	
	温度/℃				100~110	140~145	70	70	70	
	时间/h				8~12	4	2~4	2~4	4	
说明		高压聚乙烯除模成型条件为35~55℃外,其他均与低压聚乙烯相似				均聚类料成型条件与共聚型条件相似	丁苯橡胶改性及甲基丙烯酸甲酯,改性的聚苯乙烯成型条件与上相似	该成型条件为加工通用级ABS料时所用,苯乙烯-丙烯腈共聚物(即AS)成型条件与上相似		

① 塑料模具以加热为宜。

② 372 为有机玻璃。

模具设计注意事项：

① 塑件形状及壁厚特别应考虑有利于料流畅通填充型腔，尽量避免尖角、缺口。

② 脱模斜度应取大，含纤维15％的可取$1°\sim2°$，含纤维30％的可取$2°\sim3°$。当不允许有脱模斜度时则应避免强行脱模，宜采用横向分型结构。

③ 浇注系统截面宜大，流程平直而短，以利于纤维均匀分散。

④ 设计进料口应考虑防止填充不足，异向性变形，纤维分布不匀，易产生熔接痕等因素。进料口宜取薄膜、宽薄、扇形、环形及多点式以使料流乱流，纤维分散，以减少异向性，最好不取针状进料口，进料口截面可适当增大，其长度应短。

⑤ 模具型芯、型腔应有足够刚性及强度。模具应淬硬、抛光，选用耐磨钢材，易磨损部位应便于修换。

⑥ 模具应设有排气溢料槽，并宜设于易发生熔接痕部位。

⑦ 顶出应均匀有力，便于修换。

第2章

注射模具设计

注射成型是现在成型热性塑件的主要方法，近年来也成功地用于某些热固性塑料的成型，因此应用范围很广。注射成型生产中使用的模具称为注射模具。它是实现注射成型生产的工艺装备。注射模、塑料原材料和注射机通过注射成型工艺联系在一起，形成注射成型生产。当塑料原材料、注射机和注射工艺参数确定后，塑件的质量优劣与生产率的高低就基本取决于注射模的结构和工作特性。

2.1 注射模的基本结构及分类

2.1.1 注射模的结构组成

注射模的结构是由注射机的形式、制品的复杂程度及模具内的型腔数目所决定的。但无论是简单还是复杂，注射模均由定模和动模两大部分组成。定模安装在注射机固定模板上，动模安装在注射机移动模板上。注射时，动模、定模闭合构成型腔和浇注系统；开模时，动模、定模分离，取出制品。图 2-1 为一典型的单分型面注射模结构。

根据模具中各零件所起的作用，一般注射模可分为表 2-1 中的几个部分。

表 2-1　注射模具的结构组成

结构名称	说　　　明	零件名称（以图 2-1 为例）
成型零部件	是指定模、动模中构成决定塑件形状和尺寸的型腔的零件。通常由凹模、型芯镶件等组成，凹模形成塑件的外表面形状，型芯形成塑件的内表面形状	动模板 1、定模板 2 和型芯 7 等
浇注系统	是熔融塑料从注射机喷嘴进入模具型腔所流经的通道。它包括主流道、分流道、浇口和冷料穴等	浇口套 6、拉料杆 15、动模板 1 和定模板 2
导向机构	用导向部件对模具的动模、定模导向与定位，以使模具合模时准确对合，以保证塑件形状和尺寸的准确度	导柱 8、导套 9
脱模机构	指开模后将塑件从模具中脱出的装置。常见的脱模机构形式有推杆推出机构、推管推出机构、推件板推出机构等	推板 13、推杆固定板 14、拉料杆 15、推板导柱 16、推板导套 17、推杆 18 和复位杆 19

续表

结构名称	说　明	零件名称(以图2-1为例)
调温系统	为满足注射工艺对模温的要求,必须对模温进行控制,以保证塑料熔体的顺利充填和塑件的固化定型	冷却水道3
排气系统	为了排除型腔中的空气及注射成型过程中塑料本身挥发出来的气体,以免在塑件内形成气孔或充填不满。排气系统通常是在分型面上开设排气槽,或利用型腔附近一些配合进行排气。小型塑件的排气量不大,一般不另设排气槽	
支承零部件	用来安装固定或支承成型零部件及上述各种功能结构的零部件	定模座板4、定位圈5、动模座板10、支承板11、垫块20
侧向分型与抽芯机构	适用于侧向有孔或凹坑、凸台的塑件,在被脱出模具之前,必须先进行侧向分型将型芯从塑件上脱开或抽出,然后塑件方能顺利脱模	

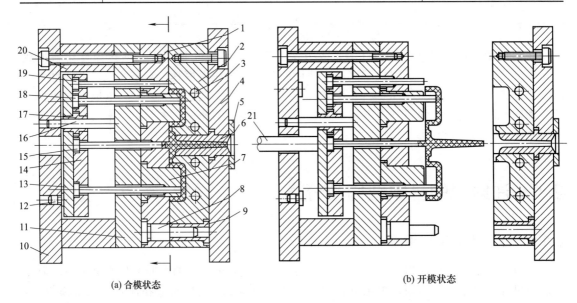

(a) 合模状态　　　　　　　　　　　(b) 开模状态

图 2-1　典型的单分型面注射模结构

1—动模板；2—定模板；3—冷却水道；4—定模座板；5—定位圈；6—浇口套；7—型芯；8—导柱；
9—导套；10—动模座板；11—支承板；12—支承钉；13—推板；14—推杆固定板；15—拉料杆；
16—推板导柱；17—推板导套；18—推杆；19—复位杆；20—垫块；21—注射机顶杆

2.1.2　注射模的分类

　　注射模具的分类方法很多,表2-2列出了一般的分类方法。但是,从模具设计的角度来看,还是按模具的总体结构特征分类较为合适。注射模按总体结构特征分类见表2-3。

表 2-2　注射模的分类

分类方法	模具类型
按塑料材料类别	热塑性塑料注射模、热固性塑料注射模
按模具型腔数目	单型腔注射模、多型腔注射模
按模具安装方式	移动式注射模、固定式注射模
按注射机类型	卧式注射机用注射模、立式注射机用注射模、角式注射机用注射模
按模具浇注系统	冷流道模、绝热流道模、热流道模

表 2-3　注射模按总体结构特征分类

类型	图　例	说　明

单分型面注射模

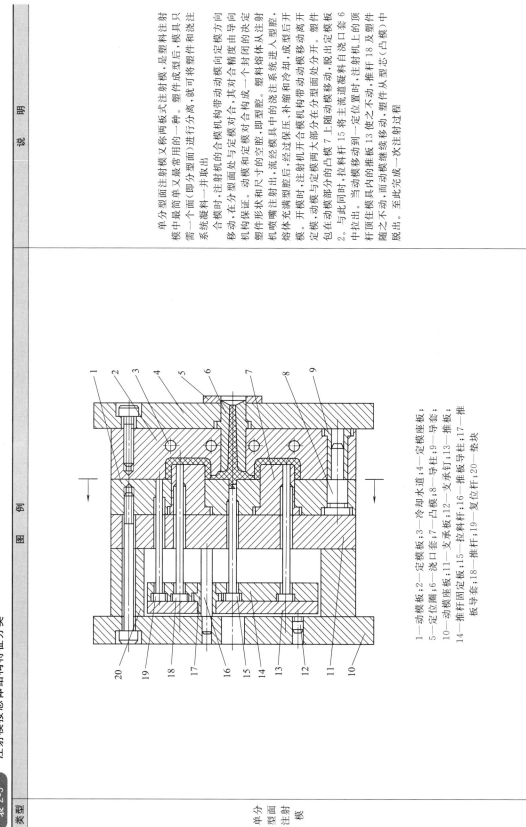

1—动模板；2—定模板；3—冷却水道；4—定模座板；5—定位圈；6—浇口套；7—凸模；8—导柱；9—导套；10—动模座板；11—支承板；12—支承钉；13—推板；14—推杆固定板；15—拉料杆；16—推料杆；17—推板导套；18—推杆；19—复位杆；20—套块

单分型面注射模又称两板式注射模，是塑料注射模中最常用的一种。塑料成型后，模具只需一个面（即分型面）进行分离，就可将塑件和浇注系统凝料一并取出

合模时，注射机的合模机构带动动模向定模方向移动，在分型面处与定模对合，其对合精度由导柱、机构保证。动模和定模对合成一个封闭的型腔，塑件形状和尺寸的空腔，即型腔。塑料熔体从注射机喷嘴注入型腔中的浇注系统进入型腔，熔体充满型腔后，经过保压、补缩和冷却、成型后开模。开模时，注射机开合模机构带动动模移动离开定模，动模与定模两大部分在分型面处分开，包括动模部分的凸模 7 上随之随动模移动，脱出定模板 6 中拉料。当动模移动到一定位置时，注射机上的顶杆顶住模具内的推板 13 使之不动，推杆 18 及塑件随之不动，而动模继续移动，塑件从型芯（凸模）中脱出。至此完成一次注射过程

2。与此同时，拉料杆 15 将主流道凝料自浇口套 6 中拉出。当动模移动到一定位置时，注射机上的顶杆顶住模具内的推板 13 使之不动，推杆 18 及塑件随之不动，而动模继续移动，塑件从型芯（凸模）中脱出。至此完成一次注射过程

续表

类型	图例	说明
双分型面注射模	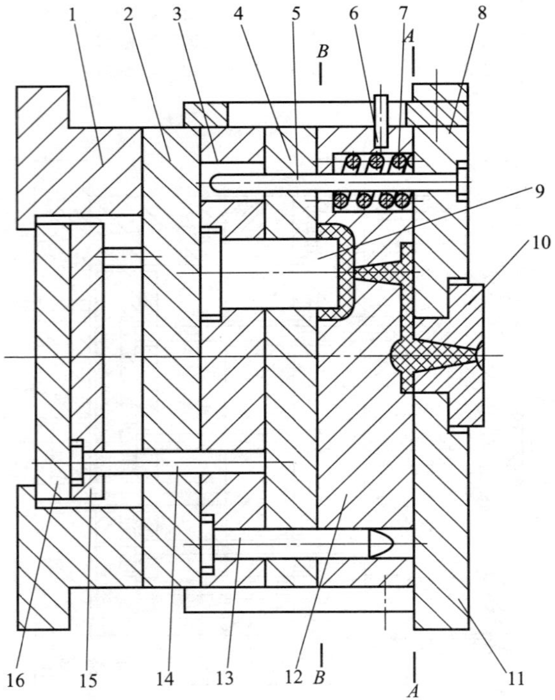 1—模脚;2—支承板;3—动模板;4—推件板;5—导柱; 6—限位销;7—弹簧;8—定距拉板;9—凸模; 10—浇口套;11—定模座板;12—中间板;13—导柱; 14—推杆;15—推杆固定板;16—推板	双分型面注射模具也称三板式注射模。模具设置了两个分型面,一个分型面用来取出浇注系统凝料,另一个分型面用来取出塑件 开模时,注射机开合模机构带动模板而使中间板随动模移动,定模部分的分型面 A—A 首先分开,此时主流道凝料由定模中脱出,当中间板移动到一定距离后,固定在定模座板上的定距拉板 8 挡住固定在中间板上的限位销 6,使中间板分型面 B—B 分开,塑件包紧在凸模上,浇口与动模继续随动模移动,分型面 B—B 分开,而浇注系统凝料则留在人工取出,动模继续移动,塑件自凸模上脱离。当注射机顶杆碰到推板 16 时动模停止运动,塑件自凸模上脱落,推件板 4 及塑件止运动,推件板推件 4 及塑件自 B—B 处脱落 这种注射模具用途广泛,主要用于设点浇口的单型整或多型腔整注射模具,侧向分因抽芯机构设在定模一侧的注射模具,以及因分型面塑件结构特殊需顺序分型或流动性较差的塑料成型大型塑件。双分型面注射模一般在大型塑件或流动性较差的注射模成型中不常用

续表

类型	图　例	说　明
带侧向分型抽芯机构注射模 斜导柱侧向抽芯注射模	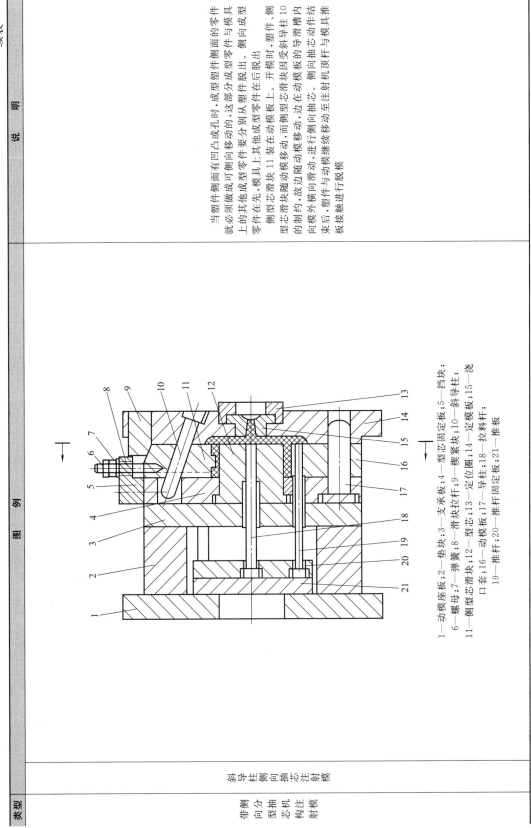 1—动模座板;2—垫块;3—支承板;4—型芯固定板;5—挡块; 6—螺母;7—弹簧;8—侧型芯滑块;9—楔紧块;10—斜导柱; 11—侧向成型型芯滑块;12—型芯;13—定位圈;14—定模板;15—浇口套;16—动模板;17—导柱;18—拉料杆; 19—推杆;20—推杆固定板;21—推板	当塑件侧面有凹凸或孔时,成型塑件侧面的零件就必须做成可侧向移动的,这部分成型零件的零件上的其他成型零件要分别从塑件在后脱出。侧向成型零件上的其他成型零件要在动模板上脱出。开模时,塑件、侧型芯滑块随动模板移动,而侧型芯滑块因受斜导柱 10 的制约,故边滑向模板,边在动模抽芯。侧向抽芯的导滑槽内向模外横向滑动,进行侧向抽芯。侧向抽芯至注射机顶杆与模具推束后,塑件与动模继续移动至注射机顶杆与模具推板接触动模作结进行脱模

续表

类型	图例	说明
带侧向分型抽芯机构注射模（斜滑块侧向分型注射模）	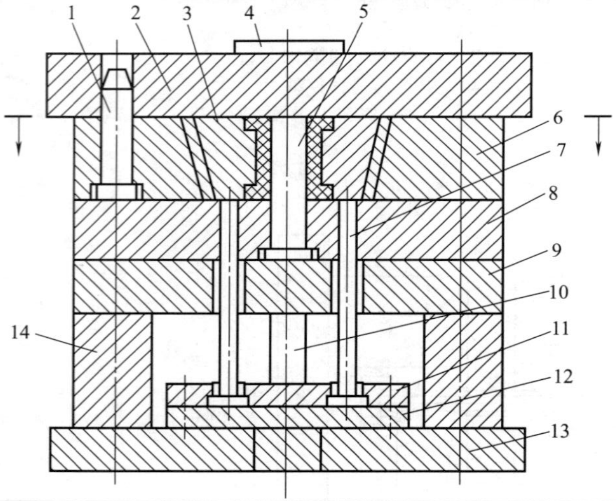 　1—导柱；2—定模板；3—斜滑块；4—定位圈；5—型芯；6—动模板；7—推杆；8—型芯固定板；9—支承板；10—拉料杆；11—推杆固定板；12—推板；13—动模座板；14—垫板	开模时，动模板 6 随动模部分向下移动，与定模板 2 分离，至一定距离后，注射机的顶杆开始与推板 12 接触，推杆 7 将斜滑块 3 与塑件一起从动模板之间有斜导槽，由于斜滑块 3 与塑件滑出的过程中，沿动模板向两侧移动，所以斜滑块推出塑件从侧向抽除斜导柱，斜滑块等机构利用开模力作为侧向抽芯或动分型外，还可以在模具中装上液压缸或气压带动分型向分型完成合带动分型动作
带活动镶块注射模	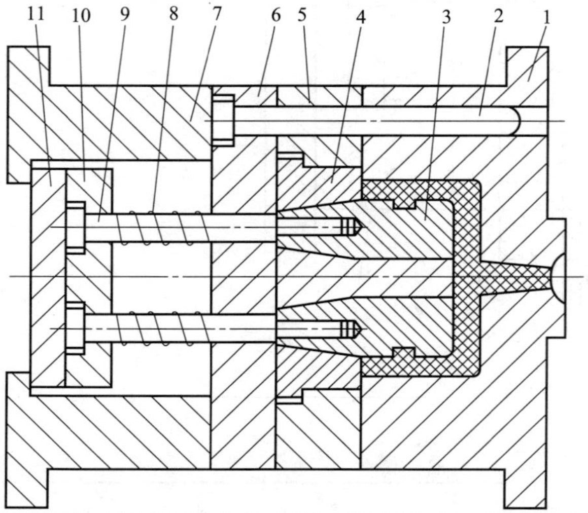 　1—定模板；2—导柱；3—活动镶块；4—型芯；5—动模板；6—支承板；7—模脚；8—弹簧；9—推杆；10—推杆固定板；11—推板	若塑件形状特殊，需在模具上设置活动的型芯、螺纹型芯等镶件。开模时，动模板 5 和定模板 1 分开，塑件的外形包在型芯 4 和活动镶块 3 上。当动模继续脱开后退，设置在活动镶块上的阶梯推板 11 接触到型芯 4 和活动镶块 3 上，再由人工将活动镶块 9 将活动镶块上的塑件取下。然后，推杆 9 先在弹簧 8 的作用下复位，然后由人工将活动镶块 3 插入型芯的相应孔中，再合模后进行下一次注射动作。这类模具手工操作多，生产效率低，劳动强度大。适用于小批量生产

续表

类型	图例	说明
自动脱螺纹的注射模	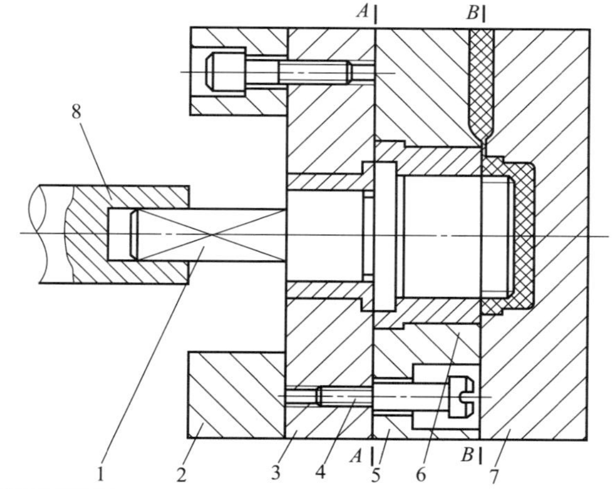 1—螺纹型芯；2—模脚；3—动模垫板；4—定距螺钉；5—动模板；6—衬套；7—定模板；8—注射机开合模丝杆	对带有内、外螺纹的塑件，当要求自动脱螺纹时，可在模具中设置能转动的螺纹型芯或成型环，利用注射机的往复运动或旋转运动，或设置专门的驱动（如电动、液压动马达）和传动机构，带动螺纹型芯或型环转动，使塑件脱出 该图为自动脱螺纹用的注射模。开模时，A—A分型面先分开，同时注射机开合模丝杆8旋转目后移，此时带目在定模中，仍留在定模中。待A—A面分开一段距离后，螺纹型芯在塑件内还剩一牙时，定距螺钉4拉动动模板5使B—B分型面分开、脱出定模后，塑件随型芯稍作旋转自B—B分型面空间取出
定模部分带推出机构的注射模	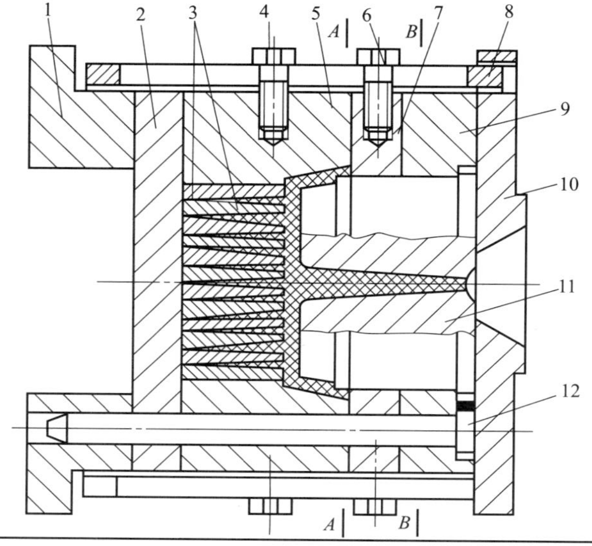 1—模脚；2—支承板；3—成型镶块；4—紧固螺钉；5—动模板；6—定距螺钉；7—推件板；8—拉板；9—定模板；10—定模座板；11—型芯；12—导柱	注射机的顶出机构设置在注射机的动模部分，为了设计的方便，注射模的推出机构也应该相应地设置在模具的动模部分。但有些模具，为使塑件脱出模具，塑件应设计为留在定模一侧。图例为塑件有特殊要求需将塑件留在定模部分，塑件应设计为变形状需制需将定模一侧的推出机构。开模时，A—A分型面先分型，为使塑件脱出型芯11的抱紧力较大，脱出而留在定模部分；由于塑件对型芯11成型镶块3上拉紧，使开模板拉到一定距离以后，拉动定距螺钉6，使推件板4触到一定距离时，拉动定距螺钉6，使推件板4移动，B—B分型面带动定距螺钉，最后使塑件从型芯11上脱出

续表

类型	图例	说明
无流道凝料注射模	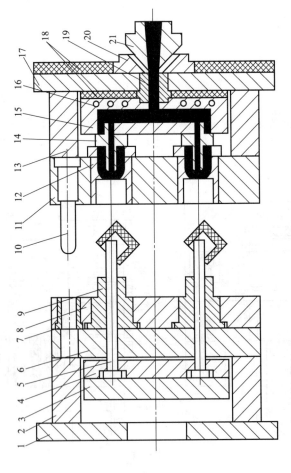 1—动模座板；2—垫块；3—推板；4—推杆固定板；5—推杆；6—动模垫板；7—导套；8—动模板；9—型芯；10—导柱；11—定模板；12—凹模；13—垫块；14—喷嘴；15—热流道板；16—加热器孔；17—定模座板；18—绝热层；19—浇口套；20—定位圈；21——一级喷嘴	无流道凝料注射模有用于热塑性塑料的绝热流道和热流道模具和用于热固性塑料的温流道注射模。这类模具通过采用对流道加热或成绝热成热的办法来使从注射机喷嘴到浇口处之间的塑料熔融凝状态。只需脱出塑件而无需注射成型后流道内均没有塑料凝料，在每次注射成型后无需脱出成型后流道凝料，缩短了成型周期，保证了注射成型了分型面的流道凝料。有利于提高生产率和改善型压力在分型面的流道凝料注射模易来和改善全塑件的质量。此外无流道凝料注射模还有塑料凝自动操作，但无流道凝料注射模结构复杂，造价高，模温控制要求严格，对塑件的形状和材质有一定的限制

2.2　注射模与注射机的关系

设计注射模时首先要选择、确定模具的结构、类型、一些基本参数和尺寸，如模具的型腔数、需要的注射量、塑件在分型面上的投影面积、成型时所需的锁模力、注射压力、模具厚度、模具安装固定尺寸及开模行程等，这些数据与注射机的有关技术参数密切相关，应该相互匹配，否则设计出的模具无法使用。这里主要是对注射模和注射机两者之间的有关参数进行校核。

2.2.1　注射量的校核

注射机的公称注射量有容量和质量两种表示方法。公称注射容量是指注射机对空注射时，螺杆一次最大行程所注射的塑料体积，以立方厘米（cm^3）表示；公称注射质量是指注射机对空注射时，螺杆作一次最大注射行程所能注射的聚苯乙烯塑料质量，以克（g）表示。由于聚苯乙烯的密度是 $1.04 \sim 1.06 g/cm^3$，即它的单位容量与单位质量相近，所以通常也用其质量克作粗略计量。由于各种塑料的密度及压缩比不同，在使用其他塑料时，实际最大注射量与聚苯乙烯塑料的公称注射量可进行如下换算：

$$m_{max} = m \frac{\rho_1}{\rho_2} \times \frac{f_2}{f_1}$$

式中　m_{max}——实际用塑料时的最大注射量，g；

m——以聚苯乙烯塑料为标准的注射机的公称注射量，g；

ρ_1——实际用塑料在常温下的密度，g/cm^3；

ρ_2——聚苯乙烯在常温下的密度，常为 $1.06 g/cm^3$；

f_1——实际用塑料的体积压缩比，由试验测定；

f_2——聚苯乙烯的压缩比，常取 2.0。

以实际注射量初选某一公称注射量的注射机型号，为了保证正常的注射成型，模具每次需要的实际注射量必须在注射机公称注射量的 80％以内。在一个注射成型周期内，需注射入模具内的塑料熔体的容量或质量应该是塑件和浇注系统两部分容量或质量之和，即

$$V_容 = nV_塑 + V_浇$$

$$m_质 = nm_塑 + m_浇$$

式中　$V_容$（$m_质$）——一个成型周期内所需注射的塑料容量（cm^3）或质量（g）；

n——型腔数量；

$V_塑$（$m_塑$）——单个塑件的容量（cm^3）或质量（g）；

$V_浇$（$m_浇$）——浇注系统所需的塑料容量（cm^3）或质量（g）。

即　　　　　　　　　　　　　　$nV_塑 + V_浇 \leqslant 0.8V$

$$nm_塑 + m_浇 \leqslant 0.8m$$

式中　$V(m)$——注射机公称注射量，cm^3（g）。

2.2.2　注射压力的校核

注射压力的校核是校验注射机的额定注射压力能否满足塑件成型的需要。注射机额定注射压力是注射机料筒内柱塞或螺杆对塑料熔体所施加的单位面积上的压力。塑料成型所需要的注射压力由塑料品种，注射机类型，喷嘴结构形式和塑件的壁厚、精度、形状的复杂程度以及浇注系统，型腔的流动阻力等因素决定，其值一般在 $70 \sim 150 MPa$ 范围内。部分塑料所

需的注射压力见表 2-4。

表 2-4　部分塑料所需的注射压力　　　　　　　　　　　　　　　MPa

塑　　料	注　射　条　件		
	厚壁件(易流动)	中等壁厚件	难流动的薄壁窄浇口件
聚乙烯	70～100	100～120	120～150
聚氯乙烯	100～120	120～150	>150
聚苯乙烯	80～100	100～120	120～150
ABS	80～110	100～130	130～150
聚甲醛	85～100	100～120	120～150
聚酰胺	90～101	101～140	>140
聚碳酸酯	100～120	120～150	>150
有机玻璃	100～120	110～150	>150

2.2.3　锁模力的校核

锁模力是指注射机的锁模机构对模具所施加的最大夹紧力。为防止模具分型面被胀模力顶开而产生溢料现象，必须对模具施加足够的锁模力，也就是塑料熔体对模具分型面的胀模力应小于注射机额定锁模力，即

$$F_{锁} \geqslant pA_{分}$$

式中　$F_{锁}$——注射机额定锁模力，N；

　　　p——注射时型腔内注射压力，它与塑料品种和塑件有关，表 2-5、表 2-6 分别为型腔压力的推荐值，MPa；

　　　$A_{分}$——塑件和浇注系统在分型面上的垂直投影面积之和，mm^2。

表 2-5　常用塑料推荐选用的型腔压力　　　　　　　　　　　　　MPa

塑料	型腔平均压力	塑料	型腔平均压力
高压聚乙烯	10～15	AS	30
低压聚乙烯	20	ABS	30
中压聚乙烯	35	有机玻璃	30
聚丙烯	15	醋酸纤维树脂	30
聚苯乙烯	15～20		

表 2-6　不同塑件形状和精度时推荐选用的型腔压力　　　　　　　　MPa

条　　件	型腔平均压力	举　　例
易成型的塑件	25	聚乙烯、聚苯乙烯等壁厚均匀的日用品、容器类
普通塑件	30	ABS、聚甲醛等机械零件、精度高的塑件、精度高的机械
高黏度塑料、高精度	35	零件
黏度特别高、精度高	40	

2.2.4　安装尺寸的校核

(1) 喷嘴尺寸

注射机喷嘴头部一般是球面，有的角式注射机喷嘴头部是平面。对于注射机喷嘴头部是球面的球面半径 R_1 应与模具主流道始端的球面半径 R_2 相适应，以免高压熔体从缝隙处溢出。一般球面半径 R_2 应比喷嘴头半径 R_1 大 1～2mm，主流道小端直径 d 应比喷嘴直径 d_0 大 0.5～1mm，否则主流道内的塑料凝料无法脱出。

(2) 定位圈尺寸

为使模具主流道的中心线与注射机喷嘴的中心线重合，模具的定模座板上应设计一个与主流道同心的凸圈（定位圈）使之与注射机定模固定板上的定位孔呈间隙配合，以便定位与

安装。定位圈高度应小于定位孔深度。一般小型模具定位圈高度为 $8\sim10\text{mm}$，大型模具为 $10\sim15\text{mm}$。

（3）模具的外形尺寸

① 模具厚度　模具厚度是指模具闭合的厚度，又称闭合高度。注射机允许的模具最大与最小厚度是指注射机模板闭合后达到规定锁模力时动模固定板和定模固定板之间的最大和最小距离。因此，所设计的模具厚度应在注射机允许的模具最大与最小厚度之间，否则将不可能获得规定的锁模力，即

$$H_{\min} \leqslant H_{\text{m}} \leqslant H_{\max}$$

式中　　H_{m}——模具厚度，mm；

$H_{\max}$，$H_{\min}$——注射机允许的最大、最小模具厚度，mm。

如出现 $H_{\text{m}} < H_{\min}$ 的情况，可采用加设垫板的方法增大 H_{m}，以解决合模问题；对于 $H_{\text{m}} > H_{\max}$ 的情况，则只能重新设计模具厚度或更换注射机。

② 模具长度与宽度　模具需从注射机的拉杆之间装入机内，因此，模具的外形尺寸（长×宽）应与注射机模板尺寸和拉杆间距相适应，保证模具能穿过拉杆空间在注射机动、定模固定板上安装固定。

（4）螺孔尺寸

注射模的动模和定模座板上的螺孔尺寸应分别与注射机动模板和定模板上的螺孔尺寸相适应。模具在注射机上的安装方法有用螺栓直接固定和用压板固定两种。当用螺栓直接固定时，模具座板与注射机模板上的螺孔应完全吻合，而用压板固定时，只要在模具座板需安放压板的外侧附近有螺孔就能紧固，因此压板式具有较大的灵活性。但对质量较大的大型模具，采用螺栓直接固定则较安全。

2.2.5　开模行程的校核

开模行程是指从模具中取出塑件所需的最小开模距离，用 H 表示，它必须小于注射机移动模板的最大行程 $S_{\max}$。由于注射机的锁模机构不同，开模行程可按以下两种情况进行校核。

（1）开模行程与模具厚度无关

对于带有液压-机械合模系统的注射机（如 XS-Z-60、XS-ZY500、G54-S200/400 等注射机），它们的开模行程均由连杆机构的行程或其他机构（如 XS-ZY-1000 注射机中的闸杆）的行程决定，与模具厚度无关。当模具厚度变化时，可由调节装置进行调整。故校核时只需使注射机最大开模行程大于模具所需开模距离即可。

① 单分型面模具的开模行程如图 2-2 所示。

可按下式进行校核：

$$S_{\max} \geqslant H_1 + H_2 + (5\sim10)\text{mm}$$

式中　$S_{\max}$——注射机最大开模行程，mm；

H_1——塑件脱模所需推出距，mm；

H_2——塑件高度（包括浇注系统凝料），mm。

② 双分型面模具的开模行程如图 2-3 所示。

可按下式进行校核：

$$S_{\max} \geqslant H_1 + H_2 + a + (5\sim10)\text{mm}$$

式中　a——取出浇注系统凝料所需距离，mm。

（2）开模行程与模具厚度有关

对于合模系统为全液压式的注射机（如 XS-ZY-250 等）以及带有丝杆传动合模系统的角式注射机（如 SYS-45、SY-60 等），它们的最大开模行程受到模具厚度的影响，即

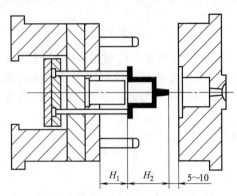

图 2-2　单分型面模具的开模行程

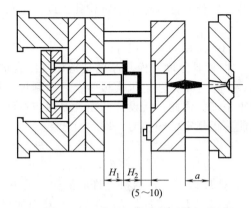

图 2-3　双分型面模具的开模行程

$$S_{max} = S_k - H_m$$

式中　S_k——注射机定模固定板和动模固定板的最大间距，mm。

① 角式单分型面模具的开模行程如图 2-4 所示。

可按下式进行校核：

$$S_{max} = S_k - H_m \geqslant H_1 + H_2 + (5 \sim 10)mm$$

② 双分型面注射模可按下式进行校核：

$$S_k \geqslant H_m + H_1 + H_2 + (5 \sim 10)mm$$

或　　　　　　$$S_{max} = S_k - H_m \geqslant H_1 + H_2 + (5 \sim 10)mm$$

$$S_k \geqslant H_m + H_1 + H_2 + a + (5 \sim 10)mm$$

（3）模具有侧向抽芯时的开模行程

当模具需要利用开模动作完成侧向抽芯动作时，如图 2-5 所示，开模距离的校核还应考虑为完成侧向抽芯动作所需的开模距离。设完成抽芯动作的开模距离为 H_c，则当最大开模行程与模具厚度无关时，其校核按下述两种情况进行：

① 当 $H_c > H_1 + H_2$ 时，可按下式校核：

$$S_{max} \geqslant H_c + (5 \sim 10)mm$$

② 当 $H_c \leqslant H_1 + H_2$ 时，仍按上式校核，即

$$S_{max} \geqslant H_1 + H_2 + (5 \sim 10)mm$$

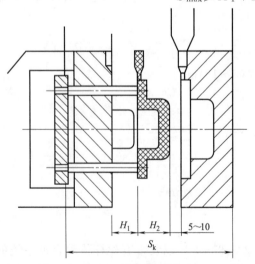

图 2-4　角式单分型面模具的开模行程

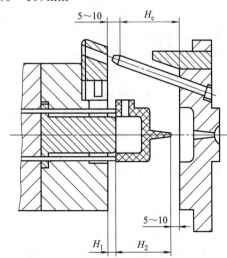

图 2-5　有侧抽芯模具的开模行程

2.2.6 推出机构的校核

各种型号注射机的推出装置和最大推出距离各不相同，国产注射机的推出装置大致可分为以下四种形式：

① 中心推出杆机械推出　如卧式 XS-ZY-60、XS-ZY-250，立式 SYS-30，直角式 SYS-45、SYS-60 等型号注射机。

② 两侧双推杆机械推出　如卧式 XS-ZY-30、XS-ZY-125 等型号注射机。

③ 中心推杆液压推出与两侧双推杆机械推出联合作用　如卧式 XS-ZY-250、XS-ZY-500 等型号注射机。

④ 中心推杆液压推出与开模辅助液压缸联合作用　如卧式 XS-ZY-1000 注射机。

模具设计时需根据注射机推出装置的推出形式、推出杆直径、推出杆间距和推出距离，校核其与模具的推出装置是否相适应。

2.3 注射模的设计步骤

2.3.1 模具设计前应明确的工作

模具设计者首先要明确的是塑件的外观特征与结构。通常，设计者以模具设计任务书为依据设计模具。模具设计任务书通常由塑件生产部门提出，或者在接受订货的同时由供货与订货双方共同协商制订。任务书记录着对模具设计的各项要求和限定，是模具设计的工作准绳，也是以后模具设计审核的依据。在任务书中至少应有如下内容。

① 经过审签的正规塑件图样。通常模具设计者只需通过图样来理解塑件。最好能附上样品，因为样品除了比图样更形象和直观外，还能够给模具设计者提供许多有价值的信息，如样品所采用的浇口位置、分型面、推出位置及推杆数量等。

② 塑件的生产数量及所使用的注射机。

③ 塑件说明书及技术要求。

④ 注射模主要结构、交货期限及价格等。

模具设计者除了看懂塑件图样及熟悉设计任务书外，还应充分了解塑件的用途、塑料牌号，明确塑件的成型收缩率范围、透明度要求、尺寸精度及表面粗糙度允许范围等。并对塑件进行成型工艺性检查，以确认塑件的各个细节是否符合注射成型工艺条件。在此基础上制订注射成型工艺卡。

注射成型工艺卡一般应包括如下内容：

① 塑件概况，包括简图、塑料牌号、质量、壁厚、外形尺寸、投影面积、有无侧凹和嵌件等。

② 塑件所用塑料情况，如品名、生产厂家、颜色、形状、干燥情况等。

③ 注射机的相关数据，如注射量，动、定模压板尺寸，模具最大空间，螺杆类型，额定功率等。

④ 注射成型条件，包括加料筒各段温度、注射温度、模具温度、冷却介质温度、锁模力、螺杆背压、注射压力、注射速度、成型周期等。

⑤ 压力与行程简图。

2.3.2 模具设计的一般步骤

(1) 确定型腔的数目

模具设计者必须根据注射机规格、塑件尺寸的精度要求、经济性等方面确定型腔数目。

(2) 选定分型面

模具设计中，分型面的选择很关键，它决定模具结构。塑件的使用要求、成型要求和分型面确定原则是分型面设计的主要依据。分型面的形状力图简单，同时还必须考虑浇口的位置及形状，应将它设置在无凹槽的部位处。

(3) 型腔的配置

型腔的配置实质上是模具结构总体方案的规划和确定。通常配置方式有圆形排列、H形排列、直线形排列以及它们的复合排列等。不管采用哪种排列方式，冷却系统和脱模机构在配置型腔时必须给予充分注意，保证冷却通道和推杆孔位置的合理布置。当型腔、浇注系统、冷却系统和脱模机构的位置初步决定后，模板的外形尺寸基本上便已确定。

(4) 确定浇注系统

浇注系统包括浇口和流道，是设计的重点。在确定浇口和流道时，设计的合理性对塑件质量和生产效率有着决定性的影响。

(5) 确定脱模方式

首先要确定塑件是在定模部分脱模还是在动模部分脱模。选用何种顶出方式，需根据塑件形状、材料及推顶装置残留痕迹等因素而定。如果采用一种方式不能全部顶出时，则可用两种方法组合起来使用。通常最常用的是使用推杆推出机构，但应注意不要使推出力过分集中。当塑件内部有较高的圆筒状凸台时，则要推管推出。若要利用整个塑件的周边来推出，那就必须用推件板推出机构。不仅要充分考虑塑件的脱模问题，同时还要考虑浇道废料的脱模及拉料杆形式。特别是在三板式结构的模具中，需确定拉出流道废料的形式。

(6) 确定温度控制的形式

实施温度控制的目的是在提高成型性能、防止变形的基础上，缩短成型周期。实施温度控制对调整成型材料的结晶度及保持塑件的尺寸精度也是必不可少的。在热流道及其他无流道模具中，不仅需对型芯、型腔实施温度控制，而且对流道及喷嘴等也需进行温度控制。

(7) 确定凹模和型芯的结构和固定方式

当采用镶块式凹模或型芯时，必须确定其固定方法。应合理地划分镶块并同时考虑到这些镶块及镶块固定板的强度、刚度、可加工性、紧固性及可更换性。

(8) 确定排气形式

由于在一般的中小型注射模中注射成型的气体可以通过分型面和推杆处的空隙排出，因此，注射模的排气问题往往被忽视。对于大型和高速成型的注射模，排气问题必须引起足够的重视。

(9) 有侧面凹槽的处理方法

对带有外螺纹或内螺纹的塑件，虽然它也与型腔排列有关，但究竟是采用直线形排列还是圆形排列，应采用何种脱卸螺纹的方法，是用手动脱卸还是自动脱卸，若采用自动脱卸则需解决哪些与开模有关的问题。

此外，在脱卸侧向凹槽时，是用斜导柱、弹簧、平板凸轮或油压、气压，还是用滑动型芯进行内侧凹槽抽芯等，应根据塑件的具体情况及模具结构来决定。

(10) 绘制模具的结构草图

在以上工作的基础上绘制注射模完整的结构草图。在总体结构设计时应优先考虑采用简单的模具结构形式，因为在注射成型的实际生产中所出现的故障，大多是模具结构复杂而引起的。结构草图绘制完成后应与有关部门共同研究讨论使之相互认同。

（11）校核模具与注射机的有关尺寸

每套模具要能安装在与其相适应的注射机上使用，因此必须对模具与注射机的有关技术参数进行校核，做到安全可靠。需要校核的主要技术参数有注射量、锁模力、注射压力和注射速度、工作台尺寸和安装螺孔位置及拉杆的间距、模具的最大和最小闭合高度、合模行程尺寸、顶出行程和顶杆直径及位置、喷嘴前端孔径及球面的半径尺寸。

（12）校核模具相关零件的刚度与强度

注射模是承受很高型腔压力的耐压容器，对成型零件及主要受力的零部件应进行刚度与强度的校核。

（13）绘制模具的装配图

装配图应按照国家制图标准，同时结合注射模具图的习惯画法进行绘制。装配图中要清楚地表明各个零件的装配关系、以便于模具钳工装配。装配图上应包括必要的尺寸，如外形尺寸、定位圈直径、安装尺寸、极限尺寸（如活动零件移动的起止点）。装配图上应将全部零部件按顺序编号，并填写明细表和标题栏。装配图上还应标注技术要求，包括叙述动作过程、模板的平行度要求、装配要求、试模要求、脱模行程、抽拔距、所用注射机型号等。

（14）绘制模具的零件图

零件图的绘制主要是非标准零件图的绘制。非标准零件图须按国家机械制图标准绘制。

（15）校对、审图

校对的内容包括模具及其零件与塑件图纸的关系、成型收缩率的选择、成型设备的选用、模具结构的确定等。

审图是审核模具装配图、零件图的绘制是否正确，验算成型零件的工作尺寸、装配尺寸、安装尺寸等是否准确，技术要求是否合理，尺寸、精度有无遗漏等。

2.4 塑件在模具中的位置

注射模具每一次注射循环所能成型的塑件个数是由模具型腔的数目所决定的。型腔数目及布置方案和分型面的选择决定了塑件在模具中的位置。

2.4.1 型腔数目的确定

对于一个塑件的模具设计，应根据塑件的尺寸大小，塑件的精度高低及塑件的结构形式来确定型腔数目。表 2-7 列出了单型腔或多型腔的优缺点及适用范围，表 2-8 为确定型腔数目的方法。

表 2-7 单型腔或多型腔的优缺点及适用范围

类型	优　缺　点	适用范围
单型腔模具	优点：塑件精度高；工艺参数易于控制；模具结构简单；模具制造成本低、周期短 缺点：塑件成型的生产率低、成本高	塑件尺寸较大，精度要求较高或结构上不宜选用多型腔模具的，用于小批量生产
多型腔模具	优点：塑件成型的生产率高、成本低 缺点：塑件精度低；工艺参数难以控制；模具结构复杂；模具制造成本高、周期长	大批量、长期生产的小型塑件

表 2-8 确定型腔数目的方法

序号	依据	方法
1	根据经济性	$$n = \sqrt{\dfrac{NYt}{60C_1}}$$ 式中　n——模具中的型腔数目 　　　N——计划生产塑件的总量 　　　Y——单位小时模具加工的费用，元/h 　　　t——成型周期，min 　　　C_1——每一个型腔的模具加工费用，元
2	根据锁模力	$$n \leqslant F - p_{m}A_2 / p_{m}A_1$$ 式中　F——注射机额定锁模力，N 　　　p_{m}——型腔内塑料熔体的平均压力，MPa 　　　A_1——单个制品在分型面上的投影面积，mm^2 　　　A_2——浇注系统在分型面上的投影面积，mm^2
3	根据注射量	$$n \leqslant (0.8G - W_2) / W_1$$ 式中　G——注射机最大注射量，g 　　　W_2——浇注系统的质量，g 　　　W_1——单个制品的质量，g
4	根据塑件精度	$$n \leqslant 25\delta / \Delta sL - 24$$ 式中　L——塑件的基本尺寸，mm 　　　δ——塑件的尺寸公差 　　　Δs——多型腔模具注射时可能产生的尺寸误差 　根据经验，在模具中每增加一个型腔，塑件尺寸精度要降低 4%。单型腔模具塑件的尺寸公差为：聚甲醛为 ±0.2%，聚己二酰己二胺为 ±0.3%，聚碳酸酯、聚氯乙烯、ABS 等非结晶型塑料为 ±0.05%。对于高精度的塑件，通常推荐型腔数目不超过 4 个

2.4.2　多型腔的排列

（1）多型腔排列的注意事项

多型腔在模板上的排列方式通常有圆形排列、直线排列、H 形排列及复合排列等。在进行多型腔排列时，应注意的事项见表 2-9。

表 2-9 多型腔排列的注意事项

序号	图　　例	注意事项
1	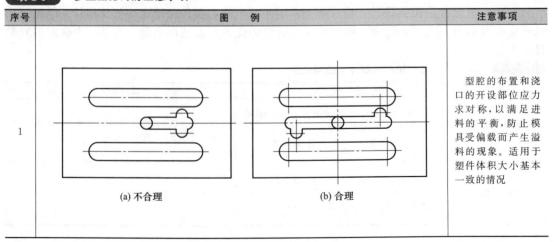 (a) 不合理　　　　　(b) 合理	型腔的布置和浇口的开设部位应力求对称，以满足进料的平衡，防止模具受偏载而产生溢料的现象。适用于塑件体积大小基本一致的情况

序号	图　例	注意事项
2	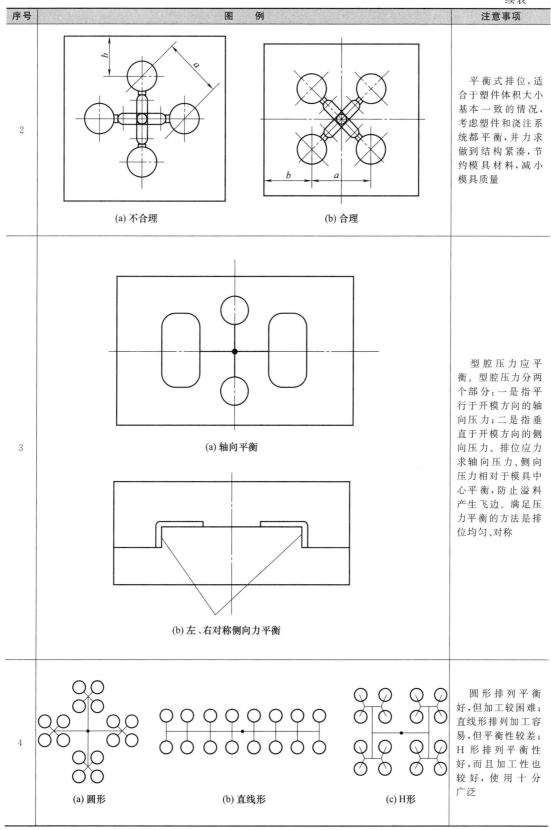 (a) 不合理　　(b) 合理	平衡式排位,适合于塑件体积大小基本一致的情况,考虑塑件和浇注系统都要平衡,并力求做到结构紧凑,节约模具材料,减小模具质量
3	(a) 轴向平衡 (b) 左、右对称侧向力平衡	型腔压力应平衡。型腔压力分两个部分:一是指平行于开模方向的轴向压力;二是指垂直于开模方向的侧向压力。排位应力求轴向压力、侧向压力相对于模具中心平衡,防止溢料产生飞边。满足压力平衡的方法是排位均匀、对称
4	(a) 圆形　　(b) 直线形　　(c) H形	圆形排列平衡好,但加工较困难;直线形排列加工容易,但平衡性较差;H形排列平衡性好,而且加工性也较好,使用十分广泛

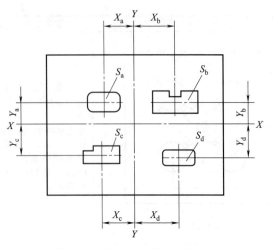

图 2-6   不同塑件采用一模多腔

（2）多型腔排列压力平衡的计算

多型腔结构一般分成两种情况：一种是同一形状的塑件采用一模多腔；另一种是不同形状的塑件采用一模多腔。对于前一种情况只需考虑型腔与模具中心的位置；对于后一种情况，还需考虑各个塑件在分型面上的投影面积。如图 2-6 所示，对于不同塑件采用一模多腔的型腔排列，一般是先确定三个型腔的临时中心位置，以此根据下式求出第四个型腔的中心位置。

对于 X 轴的两侧，根据两边的压力平衡，可得

$$Y_d = \frac{S_a Y_a + S_b Y_b - S_c Y_c}{S_d}$$

对于 Y 轴的两侧，根据两边的压力平衡，可得

$$X_d = \frac{S_a X_a + S_c X_c - S_b X_b}{S_d}$$

式中 S_a，S_b，S_c，S_d——塑件的投影面积，mm^2；

X_a，X_b，X_c，X_d——各塑件中心到 Y 轴的距离，mm；

Y_a，Y_b，Y_c，Y_d——各塑件中心到 X 轴的距离，mm。

2.4.3   分型面的选择

分型面是指分开模具取出塑件和浇注系统凝料的可分离的接触表面。一副模具根据需要可能有一个或两个以上的分型面，分型面可以是垂直于合模方向，也可以与合模方向平行或倾斜。

（1）分型面的形式

分型面的形式与塑件几何形状、脱模方法、模具类型、排气条件及浇口形式等有关。分型面应尽可能简单，以便于塑件的脱模和模具的制造。分型面常见的形式如图 2-7 所示。

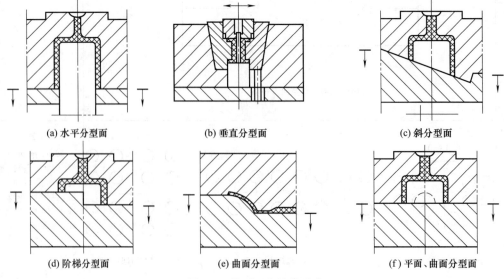

(a) 水平分型面   (b) 垂直分型面   (c) 斜分型面

(d) 阶梯分型面   (e) 曲面分型面   (f) 平面、曲面分型面

图 2-7   分型面常见的形式

（2）选择分型面的原则

分型面除受型腔排列方式的影响外，还受塑件的形状、外观、精度、浇口位置、滑块、推出、加工等多种因素影响。分型面选择是否合理是塑件能否完好成型的先决条件。因此，在选择分型面时，应遵循以下的原则，见表 2-10。

表 2-10　选择分型面的原则

选择原则	推荐形式	不妥形式	说　明
有利于脱模	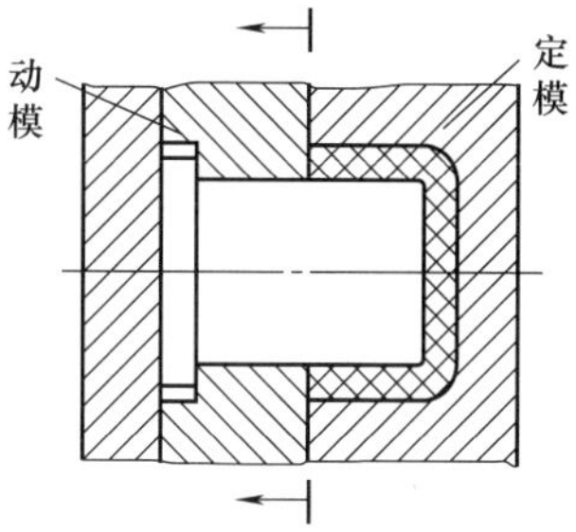	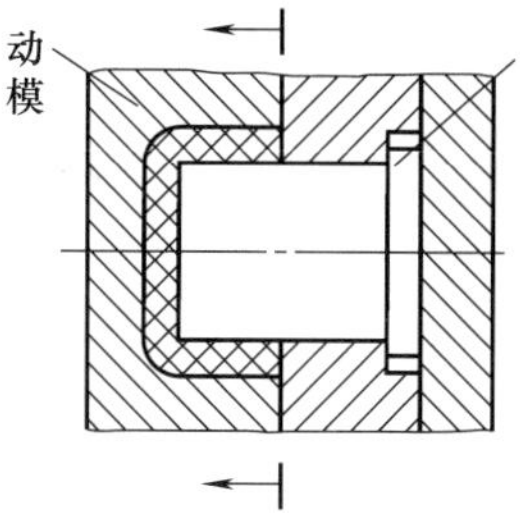	分型后塑件应尽可能留在动模或下模，以便从动模或下模推出，简化模具结构
	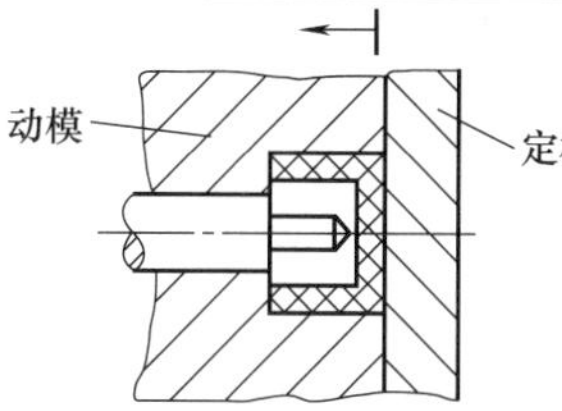	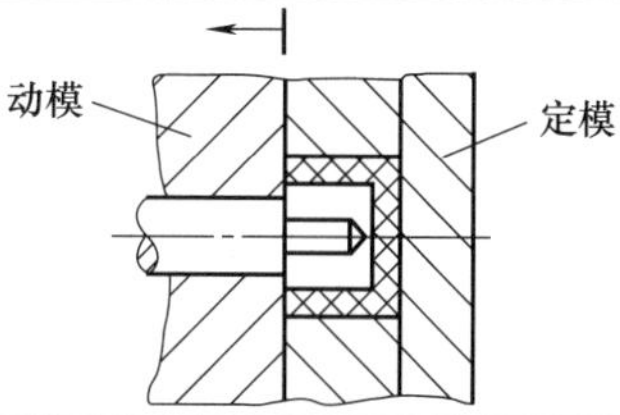	当塑件设有金属嵌件时，由于嵌件不会收缩，对型芯无包紧力会造成黏附在型腔内，因此型腔考虑在动模部分
有利于抽芯	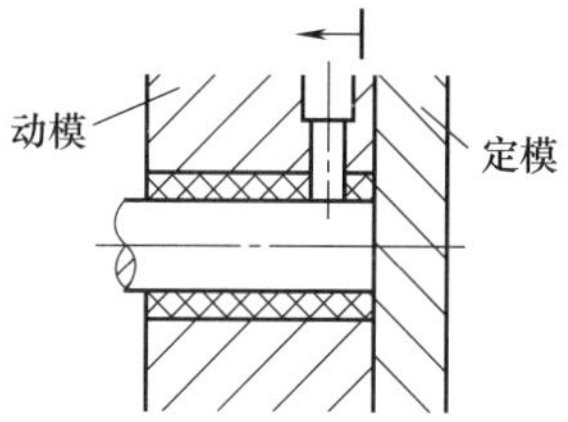	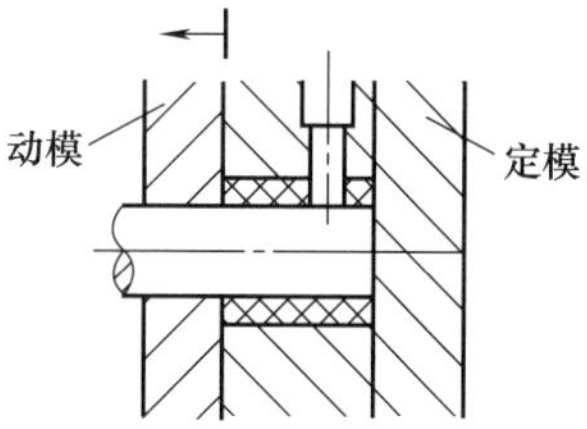	当塑件有侧抽芯时，应尽可能将侧抽芯部分放在动模，避免定模抽芯，以简化模具结构
	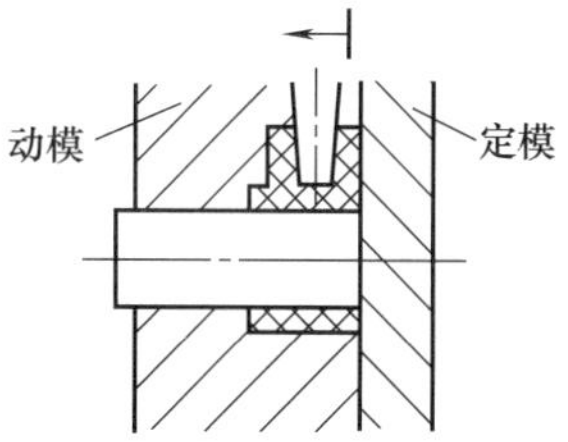	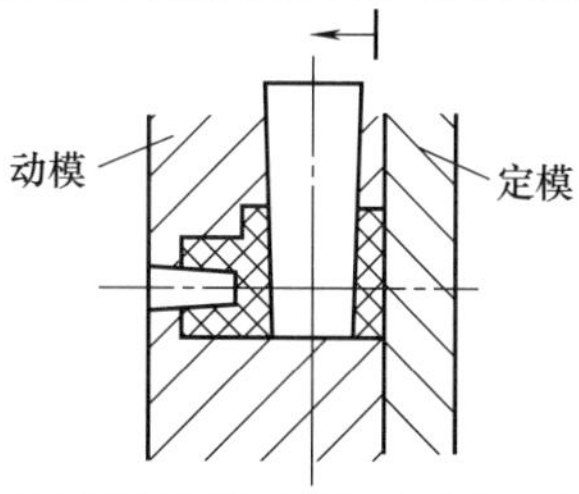	当塑件有多组抽芯时，应尽量避免长端侧向抽芯
保证塑件质量	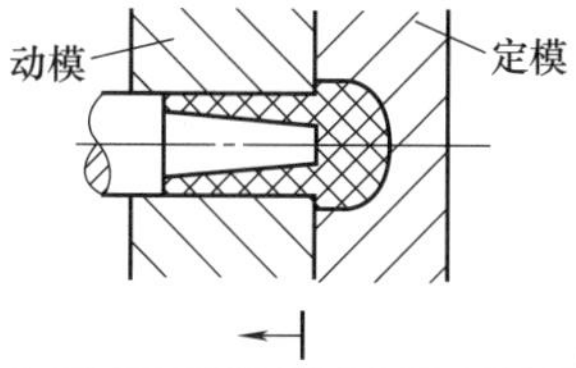	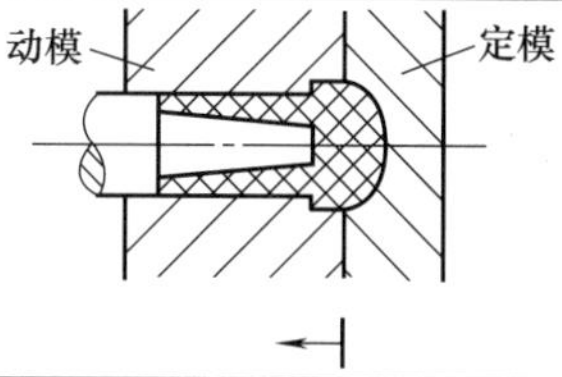	分型面不能选择在塑件光滑的外表面，以避免损伤塑件的表面质量
	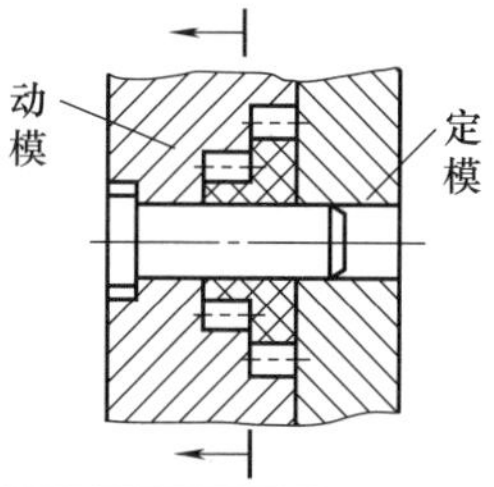	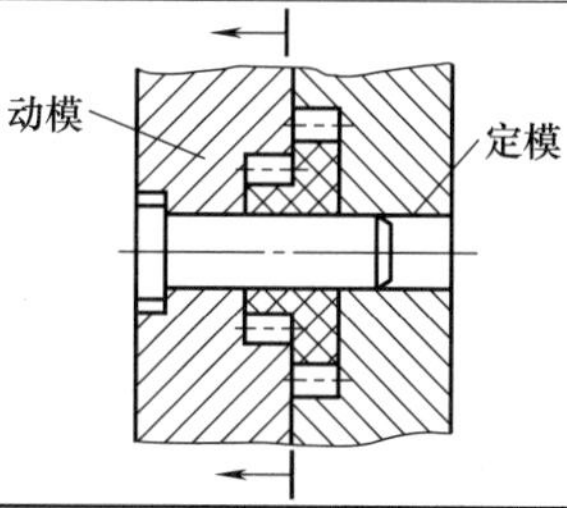	塑件的同轴度要求高，应将型腔全部设在动模一边，以确保塑件的同轴度

选择原则	推荐形式	不妥形式	说　明
有利 于排气			一般分型面应尽可能地设在塑料熔体流动方向末端,有利于排气
有利成型, 防止溢料			选择塑件在合模方向上投影面积较小的表面,以减少锁模力
	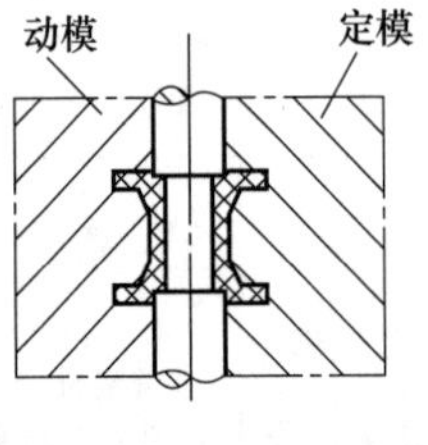	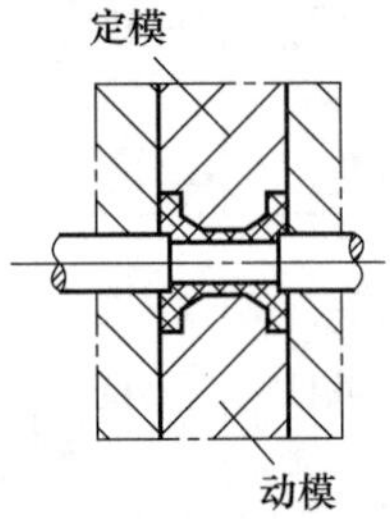	斜滑块受力成型时过大易飞边,采用分型结构增强锁模力
满足塑件 外观要求	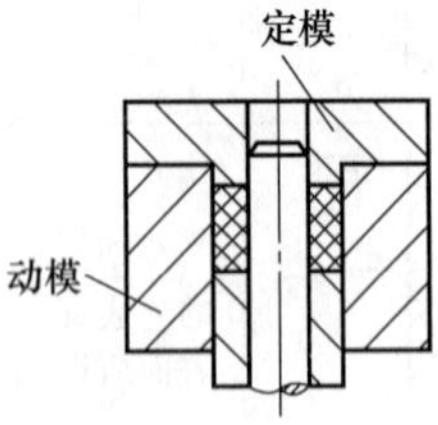	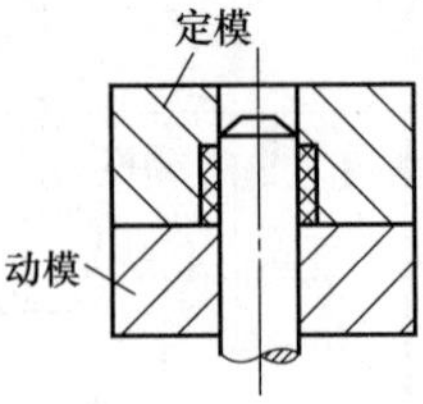	对流动性好易溢料的塑料,成型时采用左图结构可防止溢料过多、飞边过大
便于模 具加工	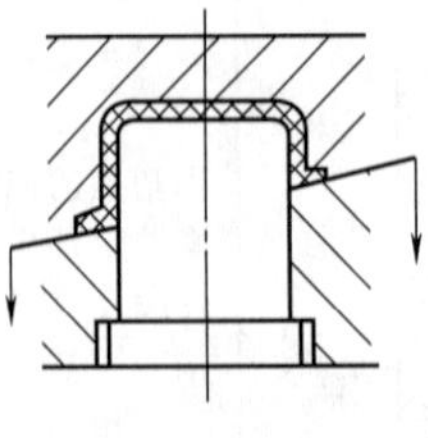	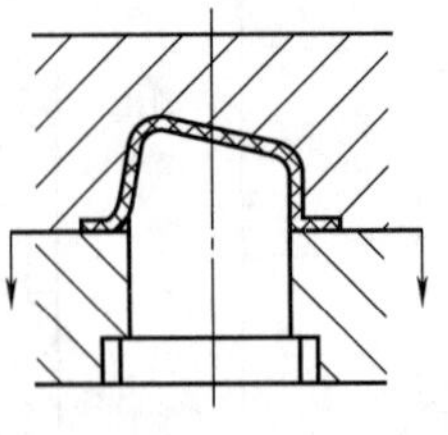	选用倾斜分型面时,型芯和型腔加工比较容易

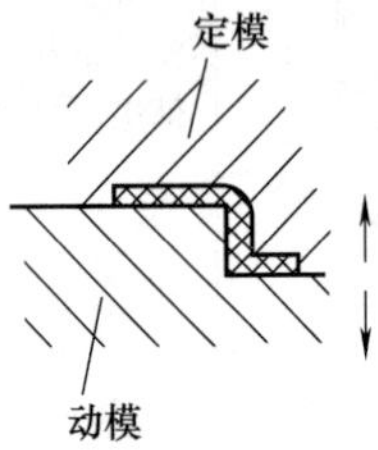

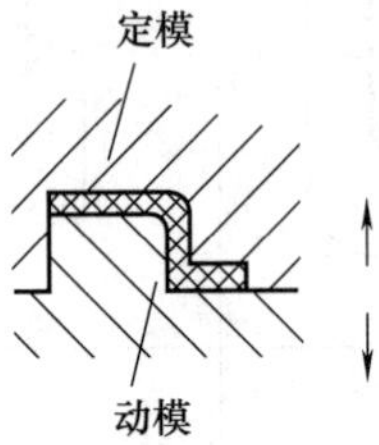

2.5 浇注系统设计

注射模的浇注系统，是指从主流道的始端到型腔之间的熔体流动通道，具有传质、传压和传热的功能，对塑件质量影响很大。浇注系统的作用是使塑料熔体平稳而有序地充填到型腔中，以获得组织致密、外形轮廓清晰的塑件。它的设计合理与否，直接影响着模具的整体结构及其工艺操作的难易。

2.5.1 浇注系统的设计原则

（1）浇注系统的组成

普通浇注系统一般由主流道、分流道、浇口和冷料穴四部分组成，如图 2-8 所示。

① 主流道 是从塑射机喷嘴与模具接触部位起，到分流道为止的这一段流道。主流道的轴线与喷嘴的轴线在一条线上。主流道的作用是负责将塑料熔体输往分流道。

② 分流道 分流道开设在分型面上，是介于主流道和浇口之间的一段流道，其作用是将主流道送来的物料分配输往各个浇口，因而物料到分流道后即改变流动方向。在多腔模具中分流道是必不可少的，在单腔模具中，有时可不用分流道。

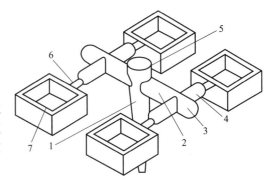

图 2-8 浇注系统的组成

1—主流道；2——级分流道；3—分流道冷料穴；4—二级分流道；5—主流道冷料穴；6—浇口；7—塑件

③ 浇口 浇口是连接分流道与型腔之间的一段细短流道。浇口起调节料流充模速度，控制补料时间的作用。

④ 冷料穴 冷料穴一般开设在主流道的末端，有时分流道末端也开设。它是专门用来储藏冷料的。在注射停歇的这段时间里，注射机喷嘴口部塑料因喷嘴与冷模具接触或与空气接触而温度变低，使注射的前锋冷料进入冷料穴，避免冷料阻塞浇口或注入型腔使塑件产生冷疤或冷接缝。

（2）浇注系统的设计原则

在设计浇注系统时应考虑的有关因素：

① 塑料成型特性。设计浇注系统应适应所用塑料的成型特性的要求，以保证塑件质量。

② 塑件大小及形状。根据塑件大小、形状、壁厚、技术要求等因素，结合选择分型面，同时考虑设置浇注系统的形式、浇口数量及位置，应有利于熔体流动，避免产生湍流、涡流、喷射和蛇形流动，并有利于排气和补缩。还应注意防止流料直接冲击嵌件及细小型芯或型芯受力不匀，以及应充分估计可能产生的质量弊端和部位等问题，从而采取相应的措施或留有修整的余地。

③ 塑件外观。设置浇注系统时应考虑到去除、修整浇口方便，同时不影响塑件的外表美观。

④ 结合型腔布置。设置浇注系统应考虑到模具是一模一腔还是一模多腔，浇注系统需按型腔布局设计。对于多型腔模具的浇注系统尽可能采用平衡式分流道布置。在平衡式布置中，从主流道末端到各型腔的分流道和浇口，其长度、截面面积和尺寸都对应相等。

⑤ 尽量缩短熔体的流程。流程要短，以便降低压力损失、缩短充模时间。断面尺寸应合理，应尽量减少流道的弯折。

⑥ 冷料。在注射间隔时间，喷嘴端部的冷料必须去除，防止注入型腔影响塑件质量。在设计浇注系统时应考虑储存冷料的措施。

2.5.2 主流道设计

主流道是连接注射机喷嘴与分流道的一段通道。它是熔体到模具的首段流道，其形状和尺寸最先影响熔体的流速、压力和温度的传递。在卧、立式注射模中，主流道设计为圆锥形，以便其凝料顺利脱出。角式注射模的主流道是沿着合模分型面开设的，一般设计为圆柱形。主流道通常和注射机喷嘴在同一轴线上，注射机的喷嘴与模具的浇口套（主流道衬套）的关系如图 2-9 所示。主流道的主要设计要点为：

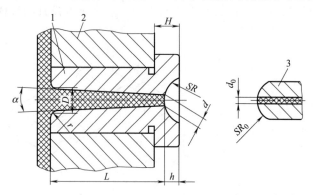

$$d = d_0 + (0.5 \sim 1) \text{mm}, \ SR = SR_0 + (1 \sim 2) \text{mm}, \ \alpha = 2° \sim 6°, \ r = \frac{1}{8}D, \ h = \left(\frac{1}{3} \sim \frac{2}{5}\right)SR$$

图 2-9 主流道参数

1—浇口套；2—定模座板；3—注射机喷嘴

① 为了防止浇口套与注射机喷嘴对接处溢料，主流道与喷嘴的对接处应设计成半球形凹坑，凹坑深度为 $3 \sim 5$mm，其球面半径 SR 应比注射机喷嘴头球面半径 SR_0 大 $1 \sim 2$mm；主流道小端直径 d 应比注射机喷嘴直径 d_0 大 $0.5 \sim 1$mm，以防止主流道口部积存凝料而影响脱模。

② 主流道的圆锥角设得过小，会增加主流道凝料的脱出难度；过大又会产生湍流或涡流，卷入空气，为此通常取 $\alpha = 2° \sim 4°$，对流动性差的塑料可取 $3° \sim 6°$。圆锥角 α 可由下式表示：

$$\tan\alpha = (D - d)/2L$$

式中　D——主流道大端直径，mm；

d——主流道小端直径，mm；

L——主流道长度，mm。

③ 主流道大端呈圆角，半径 $r = 1 \sim 3$mm，以减小料流转向过渡时的阻力。

④ 在模具结构允许的情况下，主流道的长度应尽可能短，一般取 $L \leqslant 60$mm，过长则会增加压力损失，使塑料熔体的温度下降，从而影响熔体的顺利充型。另外，过长的流道还会浪费塑料材料，增加冷却时间。

⑤ 为了减小对塑料熔体的阻力及顺利脱出主流道凝料，浇口套内壁表面粗糙度应加工到 $Ra0.8\mu$m。

⑥ 最常见的主流道浇口套的类型已经标准化。由于浇口套在工作时经常与注射机喷嘴反复接触、碰撞，所以，浇口套常用优质合金钢制造，也可选用 T8、T10，并进行热处理，其硬度为 $50 \sim 55$HRC。

⑦ 对小型模具主流道浇口套与定位圈可设计为整体式，如图 2-10（a）所示。但大多数情况下是将主流道浇口套和定位圈设计成两个零件，然后配合固定在模板上，如图 2-10（b）、（c）所示。主流道浇口套与定模座板采用 H7/m6 过渡配合，与定位圈为 H9/f9 间隙配合。

⑧ 当浇口套的底部与塑料熔体接触面较小时，仅靠注射机喷嘴的推力就能使浇口套压紧，此时可不设固定装置。当浇口套的底部与塑料熔体接触面较大时，塑料熔体对浇口套产

生的反作用力较大，为了防止浇口套被挤出，应用螺钉固定。

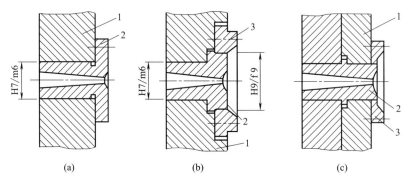

图 2-10　主流道浇口套与定位圈

1—定模座板；2—主流道浇口套；3—定位圈

2.5.3　冷料穴设计

冷料穴是用来储藏在注射间隔时期内由于喷嘴嘴部温度低而构成的所谓冷料渣，以及用它拉出凝固在流道内的塑料，一般设在主流道和分流道的末端，采用的形式见表 2-11。

表 2-11　冷料穴及拉料杆的形式

类型		图　例	说　明
主流道冷料穴	钩形（Z形）拉料杆	1—定模座板；2—浇口套；3—拉料杆；4—动模板；5—冷料穴；6—定模板	钩形拉料杆，可将主流道凝料钩住，开模时即可将凝料从主流道中拉出。主流道凝料被Z形拉料杆拉出后不能自动脱落，需由人工摘掉，因此不宜用于全自动机构中
	球头拉料杆	（a）　　　　（b） 1—定模座板；2—脱模板；3—拉料杆；4—型芯固定板	图（a）所示为球头拉料杆，图（b）所示为菌形拉料杆，是球头拉料杆的变异形式。适用于脱模板推出机构，塑料进入冷料穴后，紧包在拉料杆的球头上，开模时即可将主流道凝料从主流道中拉出。拉料杆的尾部固定在动模边的型芯固定板上，不随拉出机构移动，故当推板推动塑件时，就将主流道凝料从球形拉料杆上硬刮下来，实现主流道凝料的自动脱落

类型	图　例	说　明
圆锥形拉料杆	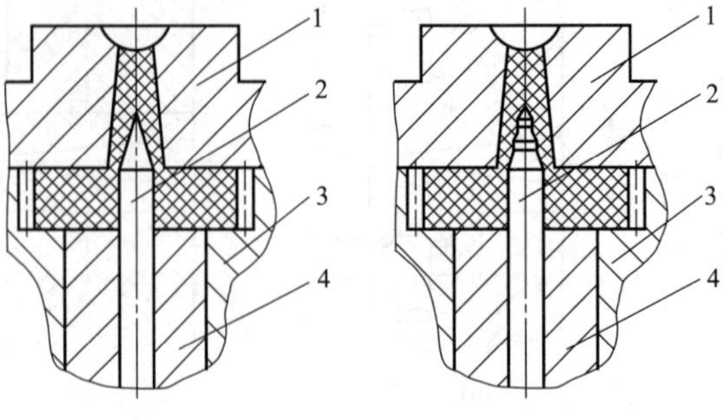 (a)　　　　　　(b) 1—定模座板；2—拉料杆；3—动模板；4—推块	图(a)所示为圆锥形拉料杆，图(b)所示为复式圆锥形拉料杆。圆锥形拉料杆与推板推出机构同时使用。这种拉料杆既起到拉料作用，又起到分流锥的作用，广泛用于单腔注射模成型带有中心孔的塑件
主流道冷料穴	带推杆推出的冷料穴	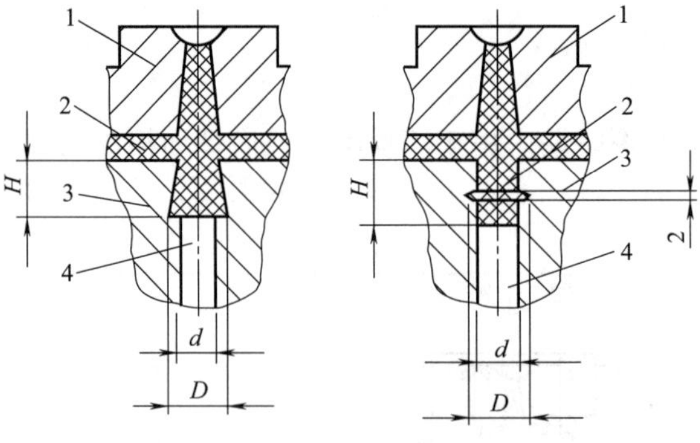 (a)　　　　　　(b) 1—定模座板；2—冷料穴；3—动模板；4—推杆	图(a)所示为圆锥孔冷料穴，图(b)所示为圆环槽冷料穴。$H=8\sim12\mathrm{mm}$。这两种形式的推杆与 Z 形拉料杆的固定方式一样，开模时依靠锥孔或侧壁起拉料作用，然后利用推杆对凝料强制脱模。宜用于弹性较好的塑料成型 冷料穴的倒扣深度 $(D-d)/2$ 可根据塑料不同的伸长率来确定，只有满足 $(D-d)/D<\delta$，才能将冷料穴中的凝固塑料顺利地强行推出。δ 是塑料的伸长率，常见塑料的伸长率见表 2-12。从表中看出 PS 的伸长率为 0.5%，这类脆性材料不适用这种方式
	无拉料杆冷料穴	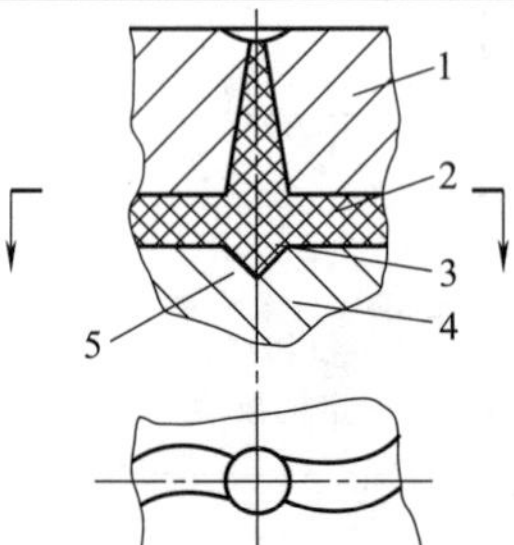 1—定模板；2—分流道；3—冷料穴；4—动模板；5—小盲孔	在主流道对面的动模板上开一锥形凹坑，再在凹坑的锥形壁上钻一深度不大不小的通孔。分模时靠小孔的固定作用将主流道凝料从主流道中拉出，推出时推杆顶在塑件或分流道上，这时冷料头先沿着小孔的轴线移动，然后被全部拔出。为了能让冷料头进行这种斜向移动，分流道必须设计成 S 形或类似的带有挠性的形状
	分流道冷料穴	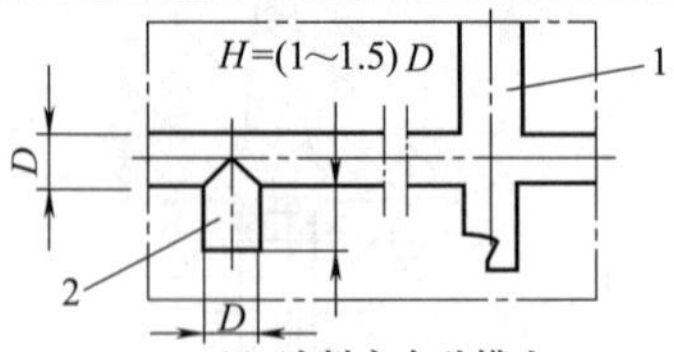 **(a) 冷料穴在动模上** 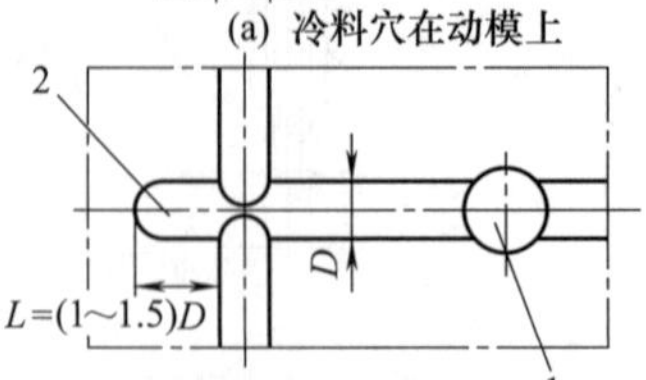 **(b) 冷料穴为分流道的延伸** 1—主流道；2—冷料穴	分流道冷料穴一般采用两种形式；图(a)是将冷料穴开设在动模的深度方向，其设计方式与主流道冷料穴类似；图(b)是将分流道在分型面上延伸成为冷料穴

表 2-12　塑料的伸长率　　　　　　　　　　　　　　　　　　　　　　　　　　%

塑料	PS	AS	ABS	PC	PA	POM	LDPE	HDPE	RPVC	SPVC	PP
δ	0.5	1	1.5	1	2	2	5	3	1	10	2

2.5.4　分流道设计

分流道是主流道与浇口之间的通道，一般开设在分型面上，起分流和转向的作用。分流道是塑料熔体进入型腔前的通道，可通过优化设置分流道的横截面形状、尺寸大小及方向，使塑料熔体平稳充型，从而保证最佳的成型效果。

（1）分流道设计应考虑的因素

① 塑件的几何形状、壁厚、尺寸大小及尺寸的稳定性、内在质量及外观质量要求。

② 要考虑塑料的种类、塑料的性能，即塑料的流动性、熔融温度与熔融温度区间、固化温度及收缩率。

③ 主流道和分流道的脱料方式。

④ 型腔布置、浇口位置及浇口形式的选择。

⑤ 注射机的压力、加热温度及注射速度等。

（2）分流道横截面形状的选择及尺寸确定的方法

① 分流道横截面形状的选择　分流道的横截面形状通常有圆形、矩形、梯形、U 形和正六边形等。为了减少流道内的压力损失和传热损失，希望流道的横截面积大、表面积小，因此可用流道横截面积 S 与其周长 L 的比值来表示流道的效率。不同横截面形状分流道的性能及等效尺寸见表 2-13。

表 2-13　不同横截面形状分流道的性能及等效尺寸

名称		圆形	正六边形	U 形	正方形	梯形	半圆形
流道截面形状	图例及尺寸代号						
使截面均为 πR^2 时应取的尺寸		$D=2R$	$H=0.953D$ $B=1.1D$	$r=0.459D$ $H=0.918D$	$B=0.886D$	$H=0.76D$ $B=1.14D$	$r=\sqrt{2}R$ $d=\sqrt{2}D$
效率 $(P=S/L)$	通用表达式	$0.25D$	$0.217B$	$0.25H$	$0.25B$	$0.287H$	$0.153d$
	使 $S=\pi R^2$ 时的 P 值	$0.25D$	$0.239D$	$0.230D$	$0.222D$	$0.213D$	$0.217D$
热量损失		最小	小	较小	较大	大	最大
加工性能		难	难	易	易	易	易
等效尺寸(使效率值均为 $0.25D$ 时应取的尺寸)		$D=2R$	$B=1.152D$	$r=R$ $H=D$	$B=D$	$H=0.871D$ $B=1.307D$	$r=1.634R$ $d=1.634D$

由表 2-13 得出：在等截面的条件下，圆形的周长最短；在截面、分流道长度等均相同的前提下，圆形截面分流道的流道表面积最小。因此，从流动的压力损失和热量损失要尽量小这一要求考虑，圆形截面的分流道是最理想的选择。而圆形截面分流道的加工工艺比较困难。但随着模具加工技术的不断发展，圆形横截面的分流道应用越来越广泛。

U 形横截面的流动效率低于圆形，但加工容易，又比圆形横截面流道容易脱模，因此，使用也比较广泛。

梯形横截面的流道与圆形相比有较大的热量损失，但是其流道便于选择加工刀具，加工较容易，是目前最常用的一种分流道。

正六边形流道加工困难，热量损失和压力损失比圆形大，正方形流道凝料脱模困难，半圆形流道热量损失最大，这三种分流道的形状一般不用。

常用的分流道的横截面尺寸的确定可参考表 2-14。

表 2-14　常用分流道的横截面形状及尺寸

圆形横截面分流道		D	5	6	(7)	8	(9)	10	11	12
U 形横截面分流道		H	6	7	(8.5)	10	(11)	12.5	13.5	15
		r	2.5	3	(3.5)	4	(4.5)	5	5.5	6
梯形横截面分流道		B	5	6	(7)	8	(9)	10	11	12
		r	1～5	1～5	(1～5)	1～5	(1～5)	1～5	1～5	1～5
		H	3.5	4	(4.5)	5	(6)	6.5	7	8

注：表中带括号的尺寸尽量不用。

② 分流道横截面尺寸确定的方法　确定分流道横截面尺寸的方法有以下三种：

a. 用查表法确定分流道横截面尺寸。因为各种塑料的流动性有差异，所以可以根据塑料的品种来粗略地估计分流道的直径。常用塑料的圆形横截面分流道直径推荐值见表 2-15。

表 2-15　常用塑料圆形横截面分流道直径推荐值

塑料名称	分流道横截面积直径/mm	塑料名称	分流道横截面积直径/mm
ABS、AS	4.8～9.5	聚苯乙烯	3.5～10
聚乙烯	1.6～9.5	软聚氯乙烯	3.5～10
尼龙	1.6～9.5	硬聚氯乙烯	6.5～16
聚甲醛	3.5～10	聚氨酯	6.5～8.0
聚丙烯酸酯塑料	8～10	热塑性聚酯	3.5～8.0
抗冲击聚丙烯酸酯塑料	8～12.5	聚苯醚	6.5～10
醋酸纤维素	5～10	聚砜	6.5～10
聚丙烯	5～10	离子聚合物	2.4～10
异质同晶体	8～10	聚苯硫醚	6.5～13

注：表中所列数据，对于非圆形分流道，可作为当量半径，并乘以比 1 稍大的系数。

实践证明：对于大多数塑料，分流道直径 D 在 6mm 以下时，其变动对流动性影响较大；在 8mm 以上时，再增大直径则对流动性的影响很小。

分流道直径 D 与塑料流动的关系：对于流动性好的塑料，分流道直径应取较小值；对于流动性差的塑料，分流道直径应取较大值。

b. 用计算法确定分流道横截面尺寸。当塑件厚度在 3mm 以下，塑件质量不超过 200g，分流道直径 D 在 3.2～9.5mm 范围内时可采用下列经验公式确定分流道直径。

$$D = 0.2654K \sqrt{M} \sqrt[4]{L}$$

式中　M——塑件的质量，g；

L——分流道的长度，mm；

K——黏度调节系数，在一般情况下，$K=1$；对于高黏度塑料，如硬 PVC、丙烯酸等，$K = 1.25$。

大多数模具设计采用梯形截面分流道，是因为其机械加工工艺性好，熔体热量损失和流动压力损失均比较小。梯形大底边宽度 B 可由下式求出。

$$B = 0.2654K \sqrt{M} \sqrt[4]{L}$$

梯形高度 H 为

$$H = \frac{2}{3}B$$

实践中常用外切圆法来确定梯形分流道的截面形状：即用恰好能容纳一个直径为 D 的整圆，其侧边与垂直于分型面的方向成 $5° \sim 10°$ 夹角的这样一个梯形截面的分流道。

U 形截面的分流道，可采用下式确定尺寸。

U 形截面分流道高度：

$$H = 1.25D$$

U 形截面分流道底圆半径：

$$R = \frac{1}{2}D$$

c. 以主流道截面尺寸确定分流道截面尺寸。在确定主流道的尺寸后，分流道的尺寸可按下式计算：

$$\phi D' = (0.8 \sim 0.9)\phi D$$

式中　ϕD——主流道大端直径，mm；

　　　$\phi D'$——分流道的当量直径（如果分流道的横截面不是圆形可按面积相等的原则进行计算），mm。

d. 初步确定分流道横截面尺寸后，在设计模具时还要按分流道中的剪切速率对确定的分流道尺寸进行校核。

校核分流道剪切速率的步骤如下：

·确定分流道体积流量。

计算一次注射注入该模具中总的塑料熔体的体积 V_z。

$$V_z = nV_s + V_n$$

式中　n——型腔数目；

　　　V_s——塑件的体积，cm³；

　　　V_n——浇注系统的总体积，cm³。

计算注射机的公称注射量 V_g，并查表 2-16 确定注射时间。

$$V_g = V_z/0.8$$

计算分流道体积流量 q_f。

$$g_f + \frac{V_f + V_s}{t}$$

式中　V_f——凝料体积（cm³）。（为分流道长度与分流道截面积的乘积）。

　　　t——注射时间（s），由表 2-16 查得。

·计算剪切速率。

$$\gamma = \frac{3.3q_f}{\pi R_n^3}$$

式中　R_n——分流道截面的半径，mm。

表 2-16	注射机公称注射量 V_g 与注射时间 t 的关系		
公称注射量 V_g/cm^3	注射时间 t/s	公称注射量 V_g/cm^3	注射时间 t/s
60	1.0	4000	5.0
125	1.6	6000	5.7
250	2.0	8000	6.4
350	2.2	12000	8.0
500	2.5	16000	9.0
1000	3.2	24000	10.0
2000	4.0	32000	10.6
3000	4.6	64000	12.8

·实践表明，注射模主流道和分流道的剪切速率 $\gamma = 5 \times 10^2 \sim 5 \times 10^3 s^{-1}$、浇口的剪切速率 $\gamma = 10^4 \sim 10^5 s^{-1}$ 时所成型的塑件质量较好。如果计算的结果在上述的剪切速率范围内，则确定的分流道的尺寸是合理的，否则需要作适当的调整。计算剪切速率的公式也适用于主流道和浇口的尺寸校核。

（3）分流道的长度及表面粗糙度

① 分流道的长度　分流道的长度应尽量短，弯折少，以减少压力和热量损失，提高材料利用率，其具体数值应根据型腔总体布局而定。

② 分流道表面粗糙度　分流道的表面不必很光滑，表面粗糙度可设为 $Ra1.25 \sim 2.5\mu m$。这是因为相对较粗糙的表面能增加外层塑料熔体的阻力，使与其表面相接触的塑料熔体凝固并形成一层绝热层，从而有利于内部的塑料熔体的保温。

（4）分流道与浇口的连接

分流道与浇口的连接处应加工成斜面，并用圆弧过渡，有利于塑料熔体的流动及充填，如图 2-11 所示。图中 $l = 0.7 \sim 2mm$，$r = 0.5 \sim 2mm$。

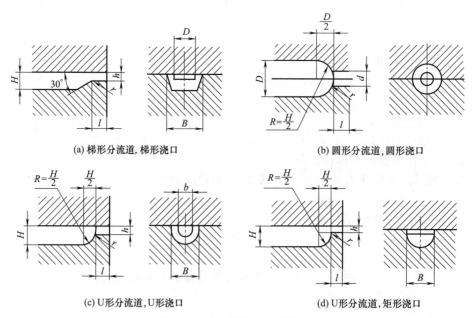

(a) 梯形分流道，梯形浇口

(b) 圆形分流道，圆形浇口

(c) U形分流道，U形浇口

(d) U形分流道，矩形浇口

图 2-11　分流道与浇口的连接

（5）分流道的布置

在多型腔模具中，研究分流道的布局，实质上就是研究型腔的布局问题。分流道的布局是围绕型腔的布局设置的，即分流道的布局形式取决于型腔的布局，两者应统一协调，相互制约。

分流道和型腔的分布有平衡式和非平衡式两种。

① 平衡式布置　平衡式布置是从主流道到各个型腔的分流道，其长度、横截面尺寸及其形状都完全相同，以保证各型腔同时均衡进料，同时充满型腔。主要有以下几种形式。

a. O 形（辐射式）。是将型腔均匀分布在以主流道为圆心沿圆周处，分流道将均匀辐射至型腔处，如图 2-12 所示。图（a）的布局中，由于分流道中没有设置冷料穴，有可能会使冷料流入型腔。图（b）比较合理，在分流道的末端设置冷料穴。图（c）是最理想的布局，节省了凝料用量，加工也比较方便。O 形排列不够紧凑，在同等情况下使成型区域的面积较大，分流道较长，必须在分流道上设置顶料杆。

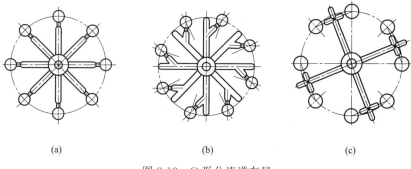

(a)　　　　　　　　　　(b)　　　　　　　　　　(c)

图 2-12　O 形分流道布局

b. I 形。I 形排列的基本形式如图 2-13 所示。主要适用于开侧向抽芯的多型腔模中，为了简化模具结构和均衡进料，往往采用图（b）的分流道结构形式，但必须将分流道设在定模一侧，便于流道凝料完整取出和不妨碍侧分型的移动。

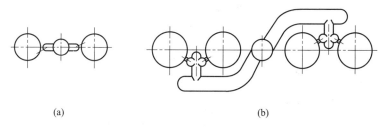

(a)　　　　　　　　　　　　　　(b)

图 2-13　I 形分流道布局

c. Y 形。用于以 3 个型腔为一组按 Y 形布局，如图 2-14 所示，以型腔数为 3 的倍数布局分流道。它们共同存在分流道上都没有设置冷料穴，但只要在流道交叉处设一钩形拉料杆的冷料穴就是很理想的布局。

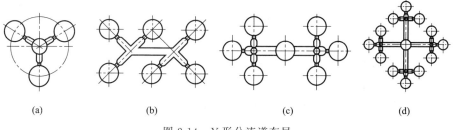

(a)　　　　　　(b)　　　　　　(c)　　　　　　(d)

图 2-14　Y 形分流道布局

d. H形。用于以 4 个型腔为一组按 H 形排列，如图 2-15 所示，以型腔数为 4 的偶倍数布局分流道。H 形分流道的特点是排列紧凑、对称平衡易于加工，在多型腔的模具中得到了广泛应用。

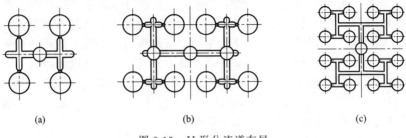

(a)　　　　　　(b)　　　　　　(c)

图 2-15　H 形分流道布局

e. X形。X 形布局以 4 个型腔为一组，分流道呈交叉状，如图 2-16 所示。

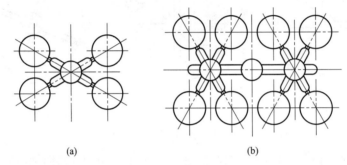

(a)　　　　　　(b)

图 2-16　X 形分流道布局

f. 混合形。多型腔的分流道有时采用 Y 形、X 形、H 形的混合形式，如图 2-17 所示，图 (a) 是 X 形和 H 形组合成的分流道；图 (b) 则是 Y 形和 H 形组合成的分流道。混合形排列能充分利用模具有效面积，便于冷却系统的安排。

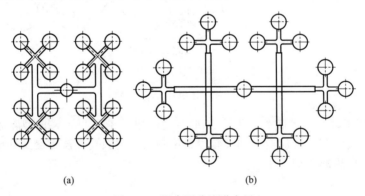

(a)　　　　　　(b)

图 2-17　混合形分流道布局

② 非平衡式布置　非平衡式布置分流道主要有两种情况：一种是各个型腔的尺寸和形状相同，只是诸型腔距主流道的距离不同，如图 2-18 (a) 所示；另一种是各型腔大小与流道长度均不相同，如图 2-18 (b) 所示。

非平衡式布置要使各个型腔同时均衡进料，必须将各型腔的浇口做成不同大小的横截面或不同长度。

分流道的布置应尽量缩小模具外形尺寸，缩短流程，力求锁模力的平衡。在实践中分流

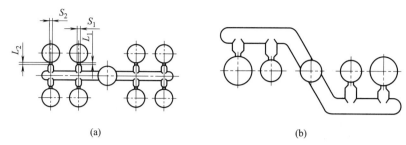

图 2-18　分流道非平衡式布置

道的布置应根据具体情况综合考虑，灵活应用。

2.5.5　浇口设计

浇口（又称进料口）是连接分流道与型腔的通道。浇口在多数情况下，系整个流道中截面尺寸最小的部分（除主流道型的浇口外）。浇口是浇注系统的关键部分，其形状和尺寸对塑件质量影响很大。

（1）浇口的分类

注射模的浇口结构形式较多，不同类型的浇口，其尺寸、特点及应用情况各不相同。按浇口的特征可分为限制性浇口（即封闭式浇口，在分流道与型腔之间有突然缩小的阻尼式浇口）和非限制式浇口（即开放式浇口，又称直接浇口或主流道式浇口）；按浇口形状可分为点浇口、扇形浇口、盘形浇口、环形浇口及薄片式浇口；按浇口的特殊性可分为潜伏式浇口和护耳浇口；按浇口所在塑件的位置可分为中心浇口和侧浇口等。

（2）浇口的类型、特点及应用范围

各种浇口类型、特点及应用范围见表 2-17。

表 2-17　各种浇口的类型、特点及应用范围

类型	浇口形式简图	特点	应用范围
直接浇口	浇口除去后，可以在此贴标签，掩盖痕迹 I放大	又称主流道型浇口，它的位置一般在模具中心。在单型腔模中，塑料熔体直接流入型腔，因而压力损失小、流动阻力小、进料速度快，有利于排气，成型比较容易；传递压力好，保压补缩作用强；模具结构简单紧凑，制造方便。只适用于单型腔模具，除浇口凝料困难，塑件上有明显的浇口痕迹	用于各种塑料成型，尤其是加工热敏性及高黏度材料成型高质量的大型或深腔壳体、箱形塑件，常用塑料有硬聚氯乙烯、聚乙烯、聚丙烯、聚碳酸酯、聚苯乙烯、聚酰胺、聚甲醛、AS、ABS、聚丙烯酸酯等
中心浇口	中心浇口（包括盘形浇口、轮辐式浇口、爪形浇口、环形浇口）	熔体从中心流向型腔。这种浇口的进料点对称，充型均匀；能消除拼缝线，模具排气顺利；浇口的余料去除方便	用于单型腔模，适用于圆筒形、圆环形或中心带孔的塑件

类型		浇口形式简图	特点	应用范围
中心浇口	盘形浇口	 0.2～1.2 1—盘形浇口;2—塑件;3—型芯 (a) (b) 0.25～1.6 1 盘形浇口 盘形流道 进料口	是直接浇口的变异形式,熔体从中心的环形四周进料,减少内应力,提高塑件尺寸的稳定性;型芯受力均匀,空气容易排出,可以避免熔接痕的产生;容易除去浇口凝料,表面上看不出痕迹。但因浇口与型腔形成密封的空间,塑件脱模时内部会形成真空状态,阻碍脱模,因此必须设置进气杆或进气槽等进气通道	这种浇口有两种形式,适用于圆筒形或中间带有比主流道直径大的孔的塑件。常用塑料有聚碳酸酯、聚苯乙烯、聚酰胺、聚甲醛、AS、ABS等。另外,聚氯乙烯、聚乙烯、聚丙烯、聚碳酸酯、聚丙烯酸酯等也可参考使用
	轮辐式浇口	0.8～1.8 0.8～1.8 内孔进料 端面进料 1.6～6.4	轮辐式浇口是盘形浇口的变异形式。是将盘形浇口的整个圆周进料改为轮辐式几小段圆弧形进料。轮辐式浇口除有盘形浇口的特点外,浇口较小,易于消除浇口凝料,同时它还解决了盘形浇口因形成真空,塑件难以脱模的问题	主要用圆桶形、扁平和杯形塑件。常用塑料有聚苯乙烯、聚酰胺、聚甲醛、AS、ABS等。另外,聚氯乙烯、聚乙烯、聚丙烯、聚碳酸酯、聚丙烯酸酯等也可参考使用
	爪形浇口	$\left(\frac{1}{3}～\frac{2}{3}\right)t$ 端面进料 ≈1.5 内孔进料 $\left(\frac{1}{3}～\frac{2}{3}\right)t$	爪形浇口是分流浇口和轮辐式浇口的变异形式。它的浇口较小,易于清除浇口凝料。它在型芯头部圆锥体上或在主流道的内壁上均匀地开设几处浇口,其进料方式可采用端进料或内孔侧壁进料。除具有分流浇口和轮辐式浇口共有特点外,型芯还具有定位作用,能保证塑件内外形同轴度和壁厚均匀性	主要用于成型高管形或同轴度要求较高的塑件。常用于聚苯乙烯、聚酰胺、聚甲醛、AS、ABS等
	环形浇口	0.8～2 0.2～1.2 1 2 3 浇口 1—环形浇口;2—塑件;3—型芯	熔体可以从圆筒状塑件底部或上部四周均匀进入用于型芯两端定位的管状塑件。环形浇口设置在与管状塑件同心的内侧或外侧均匀同时进料,减小小料流对型芯的冲击,保证塑件壁厚均匀	用于型芯两端定位的管状塑件。常用塑料有聚苯乙烯、聚酰胺、聚甲醛、AS、ABS等。另外,聚氯乙烯、聚乙烯、聚丙烯、聚碳酸酯、聚丙烯酸酯等也可参考使用

类型	浇口形式简图	特点	应用范围
侧浇口（包括矩形侧浇口、扇形侧浇口、薄片式侧浇口）		一般设在分型面上，从塑件的侧边进料。侧浇口多为扁平形状，可缩短浇口的冷却时间，从而缩短成型周期	广泛用于多型腔模具，适用于成型各种形状的塑件
侧浇口　矩形侧浇口	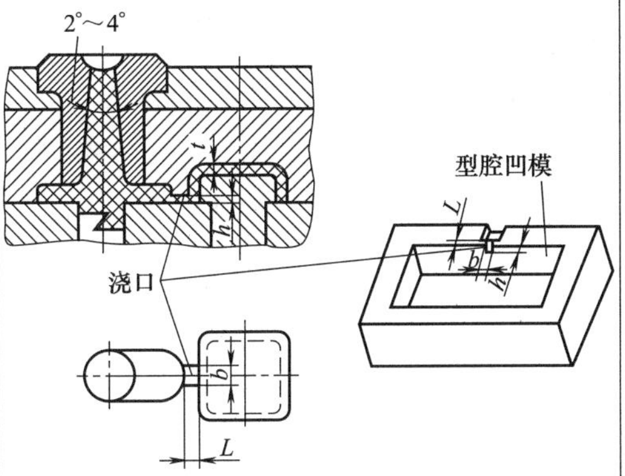	矩形侧浇口的横截面形状为矩形，能方便地调整充模时的剪切速率和封闭时间，从而缩短成型周期。易去除浇注系统凝料，痕迹小；截面形状简单，容易加工，浇口位置选择灵活	广泛用于两板式多型腔模具以及断面尺寸较小的塑件。常用塑料有硬聚氯乙烯、聚乙烯、聚丙烯、聚碳酸酯、聚苯乙烯、聚酰胺、聚甲醛、AS、ABS、聚丙烯酸酯等
扇形侧浇口	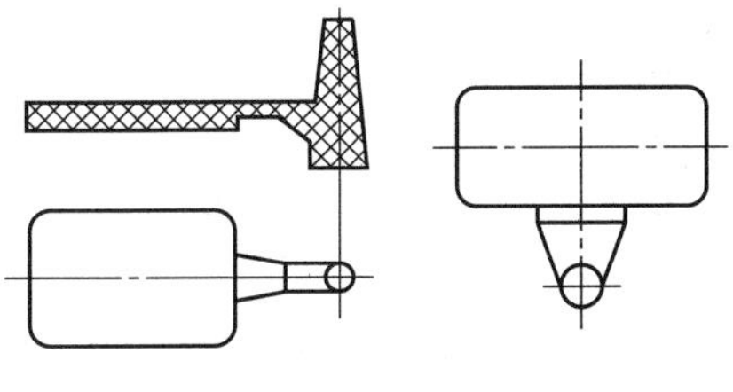	扇形侧浇口是逐渐展开的浇口，是侧浇口的变异形式。当使用侧浇口成型大型平板状塑件而浇口宽度太小时，则改用扇形浇口。浇口沿进料方向逐渐变宽，厚度逐渐变成最薄。塑料熔体可在宽度方向得到均匀分配，可降低塑件内应力，减小翘曲变形，型腔排气良好	常用于多型腔模具，用来成型宽度较大的板状类塑件。常用塑料有聚甲醛、ABS 等，除此之外，聚乙烯等一类塑料也可参考使用
薄片式侧浇口	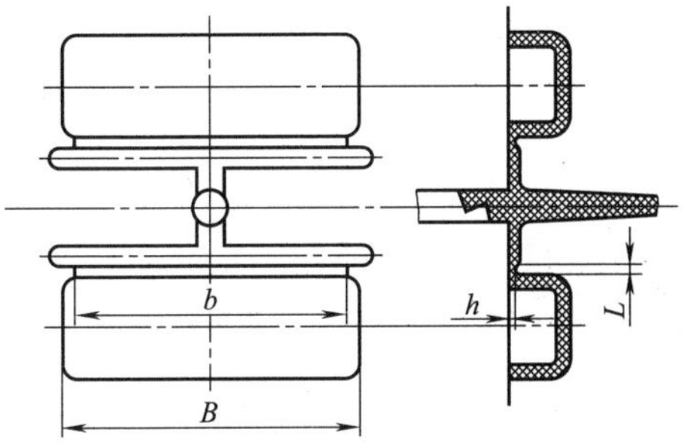	薄片式侧浇口也是侧浇口的变异形式。薄片式侧浇口浇道与塑件平行，其长度则等于或小于塑件宽度。它能以较低的速度均匀平稳地进入型腔，其料流呈平行流动，避免平板制品变形	适用于薄板状或长条状制品，浇口切除较困难，须用专用工具。常用塑料有聚甲醛、ABS 等，除此之外，聚乙烯等一类塑料也可参考使用

类型	浇口形式简图	特点	应用范围
点浇口	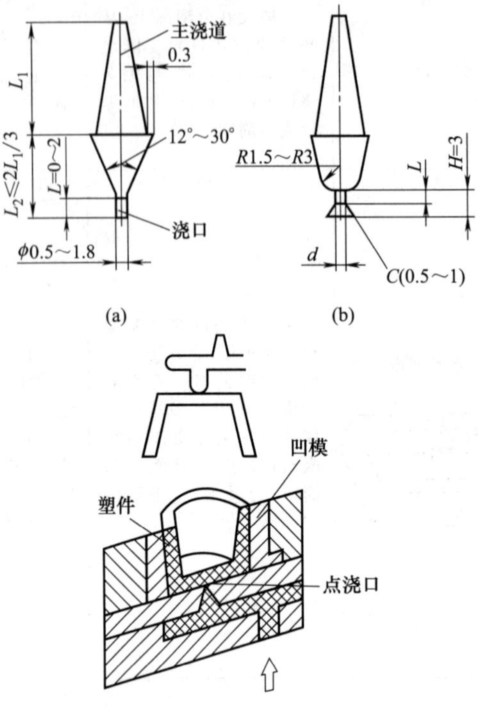 (a)　(b) (c)	又称点式浇口、橄榄形浇口或菱形浇口，是比较常用的一种形式。截面为圆形。注射时点浇口前后存在较大的压差，增大熔体的剪切速率，产生剪切热，增加流动性，有利于填充。浇口痕迹小。易达到浇注系统的平衡	常用于成型中、小型塑件的多型腔模具，也可用于单型腔模具或表面不允许有较大痕迹的塑件。常用塑料有 PE、PP、PC、PS、PA、POM、AS、ABS 等
潜伏式浇口	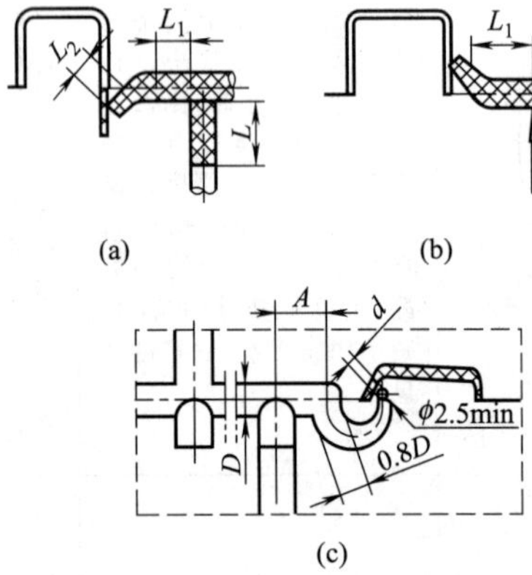 (a)　(b) (c) (a)推切式浇口；(b)拉切式浇口；(c)弯钩式浇口	又称隧道式浇口或剪切浇口，是点浇口的一种变形形式，除具有点浇口的特点外，还具有浇口位置选择范围更广、开模时可自动切断浇口凝料的优点。潜伏式浇口有专用的铣切工具，给加工带来方便	应用于多型腔模具以及塑件外表面不允许有任何痕迹的场合。常用塑料有 ABS、HIPS，而不适用于 POM、PBT 等结晶型材料，也不适用于 PC、PMMA 等脆性大的材料
护耳形浇口	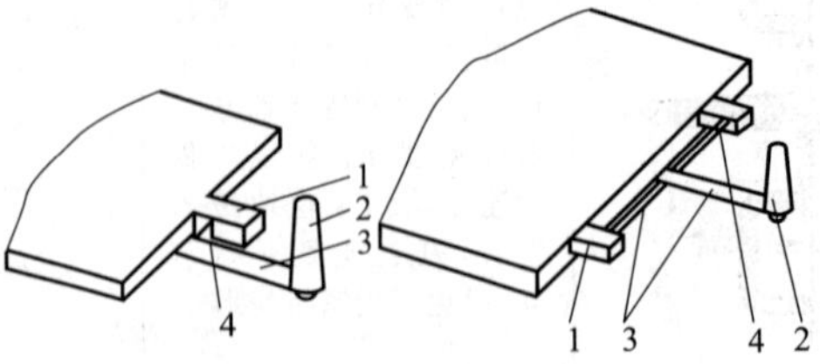 (a)　(b) 1—耳槽；2—主流道；3—分流道；4—浇口	又称分接式浇口或调整式浇口。它在型腔侧面开设耳槽，塑料熔体通过浇口冲击在耳槽侧面上，经调整方向和速度后再进入型腔，因此可以防止喷射现象	用于流动性差的塑料，如 PC、PVC、PMMA 等。此浇口应设在塑件的厚壁处

（3）各种浇口尺寸的计算

浇口的横截面积，一般取分流道横截面积的 3％～9％，对于流动性差、壁厚较厚和尺寸较大的塑件，其浇口尺寸取较大值，反之取较小值。浇口的长度为 1～1.5mm，浇口的表面粗糙度取 $Ra0.4\mu m$ 以下。各种浇口尺寸的经验数据及计算公式见表 2-18。

表 2-18　各种浇口尺寸的经验数据及计算公式

浇口形式		经验数据	经验计算公式	说　明
直浇口		$d=d_1+(0.5\sim1.0)$mm $\alpha=2°\sim6°$ $D\leqslant2t$ $L<60$mm 为佳 $r=1\sim3$mm		d——主流道入口直径 d_1——注射机喷孔直径 α——对流动性差的塑料取$3°\sim6°$ D——流道直径 t——塑件壁厚 L——主流道长度
盘形浇口		$l=0.75\sim1.0$mm $h=0.25\sim1.6$mm	$h=0.7nt$ $h_1=nt$ $l_1\geqslant h_1$	n——塑料成型系数 h_1——浇口深度 l_1——浇口长度
环形浇口		$l=0.75\sim1.0$mm	$h=0.7nt$	h——浇口的深度，不宜过大，否则难以去除
点浇口		$l_1=0.5\sim0.75$mm，有倒角 c 时取 $0.75\sim2$mm $c=R0.3$ 或 $0.3\times45°$ $d=0.3\sim2$mm $\alpha=2°\sim4°$ $\alpha_1=6°\sim15°$ $L<2/3L_0$ $\delta=0.3$mm $D_1\leqslant D$	$d=nk\sqrt[4]{A}$	k——系数，是塑件壁厚的函数 A——型腔表面积，mm^2
侧浇口		$\alpha=2°\sim4°$ $\alpha_1=6°\sim15°$ $b=1.5\sim5.0$mm $h=0.5\sim2.0$mm $l=0.5\sim0.75$mm $r=1\sim3$mm $c=R0.3$ 或 $0.3\times45°$	$h=nt$ $b=\dfrac{n\sqrt{A}}{30}$	n——塑料成型系数，由塑料性质决定 A——型腔表面积，mm^2
薄片浇口		$l=0.65\sim1.5$mm $b=(0.75\sim1.0)B$ $h=0.25\sim0.65$mm $c=R0.3$ 或 $0.3\times45°$	$h=0.7nt$	
扇形浇口		$l=1.3$mm $h_1=0.25\sim1.6$mm $b=6\sim B/4$ $c=R0.3$ 或 $0.3\times45°$	$h_1=nt$ $h_2=bh_1/D$ $b=\dfrac{n\sqrt{A}}{30}$	浇口横截面积不能大于流道横截面积。 A——型腔表面积，mm^2

续表

浇口形式		经验数据	经验计算公式	说　明
潜伏式浇口		$l=0.7\sim1.3$mm $L=2\sim3$mm $\alpha=25°\sim45°$ $\beta=15°\sim20°$ $d=0.3\sim2$mm L_1保持最小值	$d=nk\sqrt[4]{A}$	软质塑料 $\alpha=30°\sim45°$；硬质塑料 $\alpha=25°\sim30°$ L 在允许条件下尽量取大值；当 $L<2$mm 时采用二次浇口 A——型腔表面积/mm^2
护耳浇口		$L\geqslant1.5D$ $B=D$ $B=(1.5\sim2)h_1$ $h_1=0.9t$ $h=0.7t\approx0.78h_1$ $l\leqslant1.5$mm	$h=nt$ $b=\dfrac{n\sqrt{A}}{30}$	n——塑料成型系数，由塑料性质决定 A——型腔表面积，mm^2

注：1. 表中公式符号：h 是浇口深度；l 是浇口长度；b 是浇口宽度；d 是浇口直径；t 是塑件壁厚；A 是型腔表面积；B 是浇口处塑件宽度。

2. 塑料成型系数 n 由塑料性质决定，通常 PE、PS：$n=0.6$；PA、ABS、PP：$n=0.7$；CA、POM：$n=0.8$；PVC：$n=0.9$。

3. k 是系数，塑件壁厚的函数，$k=0.206\sqrt{t}$。k 值适用于 $t=0.75\sim2.5$。

此外，常用塑料的侧浇口与点浇口的推荐值见表 2-19。

表 2-19　侧浇口和点浇口的推荐值

塑件壁厚/mm	侧浇口横截面尺寸/mm		点浇口直径 d/mm	浇口长度 l/mm
	深度 h	宽度 b		
<0.8	~0.5	~1.0		
$0.8\sim2.4$	$0.5\sim1.5$	$0.8\sim2.4$	$0.8\sim1.3$	
$2.4\sim3.2$	$1.5\sim2.2$	$2.4\sim3.3$		1.0
$3.2\sim6.4$	$2.2\sim2.4$	$3.3\sim6.4$	$1.0\sim3.0$	

（4）浇口位置选择

合理选择浇口的开设位置，是提高塑件质量、合理进行模具设计的重要环节，除应遵循系统设计原则以外，还需注意以下几方面：

① 避免产生喷射和蛇形流。如果小浇口正对着宽度和厚度都较大的型腔空间，则高速的塑料熔体从浇口注入型腔时，因受到很高的剪切刀，将产生喷射和蛇形流现象。克服喷射现象的办法是，加大浇口断面尺寸或采用冲击型浇口等，使熔体平稳流入型腔。

② 尽量缩短流动距离，以减少压力、热量的损失，提高材料利用率，使熔体迅速、均匀充模。

③ 当塑件壁厚相差较大时，在避免喷射的前提下，浇口应开设在塑件最厚处，以利用熔体流动、排气和补料，避免塑件产生缩孔或表面凹陷。

④ 尽量减少或避免熔接痕。熔体因模具结构、塑件形状、浇口位置等原因在充填型腔时形成两股或多股汇聚，此汇聚之处易产生熔接痕，从而影响塑件的质量，这在成型玻璃纤锥增强塑料的制品时尤为严重。可采用直接浇口、环形浇口、盘形浇口、点浇口等来避免熔接痕。

⑤ 有利于塑料熔体流动。当塑件上有加强筋时，可利用加强筋作为改善熔体流动的通道。浇口位置的选择应使熔体能沿着加强筋的方向流动。

⑥ 有利于型腔排气。在浇口位置确定后，应在型腔最后充满处或远离浇口的部位，开设排气槽或利用分型面、推杆间隙等模内活动部分的间隙排气。

⑦ 考虑塑件的受力状况。塑件浇口附近残余应力大、强度差，通常浇口位置不能设置在塑件承受弯曲载荷或受冲击力的部位。

⑧ 减小塑件翘曲变形。对于大型平板形塑件，若只采用一个中心浇口或一个侧浇口，都会造成塑件翘曲变形。若改用多个点浇口或薄片浇口，则可有效地克服这种现象。

⑨ 避免高压熔体对小型芯或小嵌件产生横向冲击，防止型芯变形、偏心或嵌件移位。

⑩ 尽量使去除浇口后的残留痕迹不影响塑件的使用要求及外观质量。

以上这些方面在应用时会产生某些不同程度的矛盾，必须以保证得到优良塑件为主，根据具体情况决定。典型零件的浇口位置选择实例见表 2-20。

表 2-20 浇口位置选择实例

塑件形状	简 图	说 明
圆环形	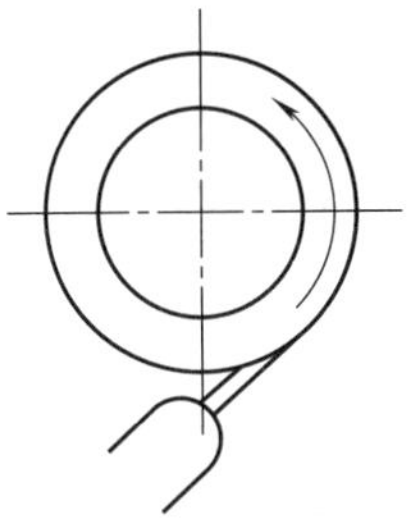	对于环形塑件采用切向浇口可减少熔接痕,提高熔接部分强度,有利于排气
箱体形	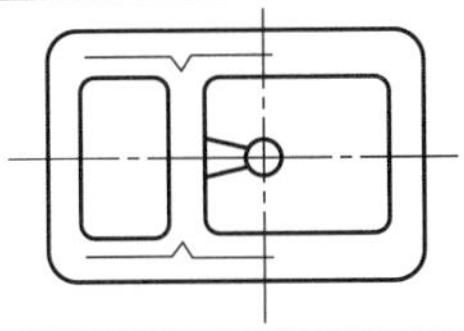	对于箱体形的塑件,采用直接浇口或点浇口,流程短,熔接痕少,熔接强度好
框形	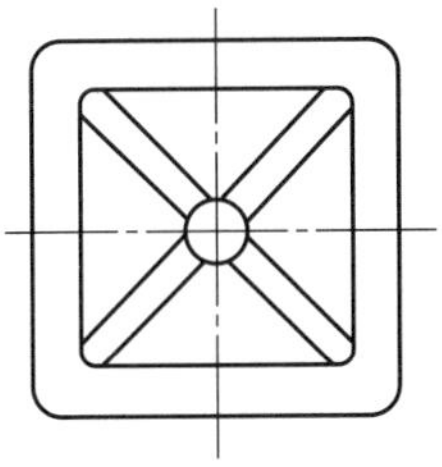	对于框形塑件浇口最好对角设置,可以改善收缩引起的塑件变形,圆角处有反料作用,可增大流速,有利于成型
长框形	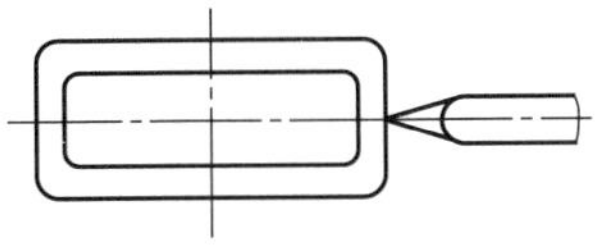	对于长框形塑件设置浇口应考虑产生熔接痕的部位,选择浇口位置应不影响塑件的强度
圆锥形	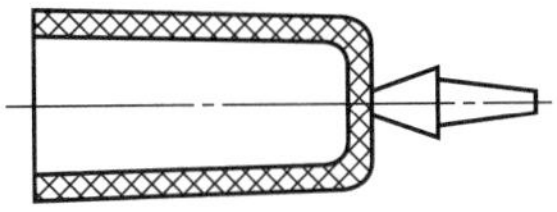	对于外观无特殊要求的塑料制品,采用点浇口进料较为合适
壁厚不均	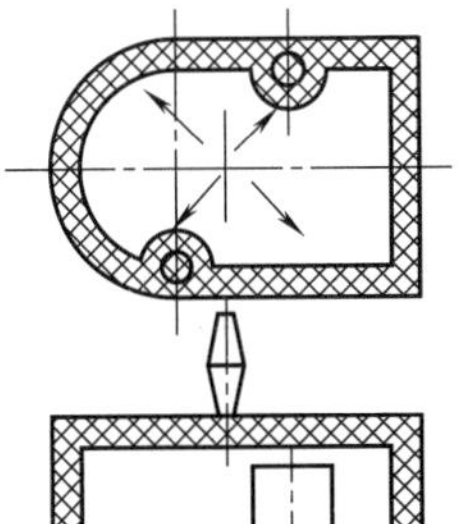	对于壁厚不均匀的塑件,浇口位置应保证流程一致,避免涡流而造成明显熔接痕

塑件形状	简　　图	说　　明
骨架形		对于骨架形塑件,设置浇口使塑料从中部分两路填充型腔,缩短了流程,减少了填充时间,适用于壁薄而大的塑件
多层骨架形		对于多层骨架形的塑件,可采用多点浇口,以便改善填充条件
		也可采用两个点浇口进料,塑件成型良好,适用于大型塑件及流动性好的塑料
圆形齿轮		对齿轮形的塑件,可采用爪形浇口进料,不仅能避免接缝的产生,同时齿轮齿形不会受到损坏
薄壁板形		薄壁板形塑件的外形尺寸较大时,浇口设在中间长孔中,由于两面有浇口,缩短了流程,防止缺料和熔接痕,塑件质量较好,但是去除浇口困难
长条形		塑件有纹向要求时,可以采用从一端切线进料,单流程较长;如无纹向要求时,可以采用两端切线方向进料,这样可以缩短流程
圆片形		对于圆片形塑件可采用径向扇形浇口,进料可以防止旋涡,并且可获得良好的塑件

2.5.6 排气结构设计

在注射成型过程中，模具内除了型腔和浇注系统中原有的空气外，还有塑料受热或凝固产生的低分子挥发气体和塑料中的水分在注射温度下汽化形成的水蒸气。这些气体若不能顺利排出，则可能因充填时气体被压缩而产生高温，引起塑件局部炭化烧焦，同时，这些高温高压的气体也有可能挤入塑料熔体内而使塑件产生气泡、空洞或填充不足等缺陷。因此，在注射成型中及时地将这些气体排出到模具外是十分必要的，对于成型大型塑件、精密制品以及聚氯乙烯、聚甲醛等易分解产生气体的树脂来说尤为重要。

通常，注射模有四种排气方式：

① 分型面排气　虽然成型的时候分型面被锁紧，但分型面两侧模板的表面总有一定的不平度，因此可以利用其间隙排气，如图 2-19 所示。

② 经配合间隙排气　塑件下方的推杆、侧面型芯都与模具间隙配合，可利用这些间隙进行排气，如图 2-20 所示。

③ 用专门加工的排气槽、排气塞排气　如图 2-21 所示，图 2-21（a）是在分型面表面需要排气的位置开设排气槽；图 2-21（b）是镶嵌排气塞来排气，该排气塞由球粒状金属烧结而成，具有良好排气效果，其下方通气孔不宜过大，避免承力能力不足。

④ 利用溢料槽排气　距离浇口最远端或几股料流最后汇合处，会因料温低而接缝严重，若无法解决时，可开设溢料槽将冷料头溢出型腔。该处也是腔内气体最后到达的地方，所以溢料的同时也可排气，如图 2-22 所示。

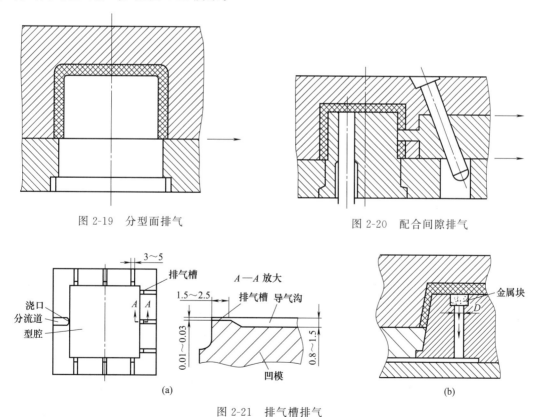

图 2-19　分型面排气

图 2-20　配合间隙排气

图 2-21　排气槽排气

一般中小型模具靠分型面和配合间隙就可以排气。成型大型塑件时，模具常需设专门排气槽排气。设计排气槽时，首先应找准排气的位置。排气槽应开设在型腔最后充填

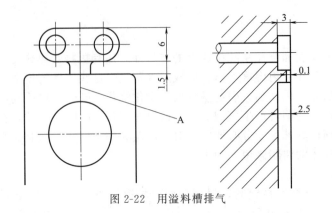

图 2-22 用溢料槽排气

的部位，如图 2-22 所示 A 处为气体和料流最后的汇合处。排气槽最好开设在型腔一侧，使所产生的飞边、凝料也较容易脱模或去除。另外，排气槽应尽量设在便于清模的位置，以防止积存冷料。排气槽的深度与塑料品种的流动性、注射压力和注射温度有关。常用塑料的排气槽深度见表2-21。排气槽的宽度根据具体情况而定。

表 2-21 常用塑料排气槽深度

塑料名称	排气槽深度/mm	塑料名称	排气槽深度/mm
聚乙烯(PE)	0.02	苯乙烯-丙烯腈(SAN)	0.03
聚丙烯(PP)	0.01~0.02	聚甲醛(POM)	0.01~0.03
聚苯乙烯(PS)	0.02	聚酰胺(PA)	0.01
苯乙烯-丁二烯(SB)	0.03	聚酰胺(含玻璃纤维)(PA)	0.01~0.03
ABS	0.03	聚碳酸酯(PC)	0.01~0.03
AS	0.03	聚碳酸酯(含玻璃纤维)(PC)	0.05~0.07

2.6 成型零件设计

模具中构成型腔的零件称作成型零件，主要包括凸模、凹模、型芯、镶块、成型杆及成型环等。成型零部件在工作时直接与熔料接触，在一定的温度下承受熔体的高压和摩擦，因此必须要有合理的结构，较高的强度和刚度，较好的耐磨性，正确的几何形状，较高的尺寸精度和较低表面粗糙度值。因此，如何使成型零件结构设计得更加合理，实现易于加工、加工时间最短，是成型零件设计的主要目的。

2.6.1 成型零件的结构设计

（1）凹模结构设计

凹模是成型制品外表面的成型零件，其结构可分为整体式、整体嵌入式、组合式和镶嵌式四种形式。

① 整体式凹模 它是由一整块金属材料直接加工而成的，如图 2-23 所示。其特点是强度和刚度高；不会使塑件产生拼接线痕迹；结构简单，稳定性好。近年来型腔加工技术发展很快，加工中心、电火花、数控铣加工技术被较多地应用于较复杂整体式凹模的加工中，因此广泛用于中小型模具上。

② 整体嵌入式凹模 型腔数量多而制品尺寸小的模具，一般是将每个凹模单独加工后压入定模板中，这种结构可保证各

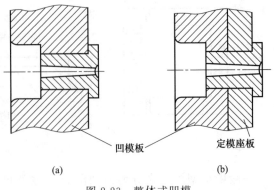

(a) (b)

图 2-23 整体式凹模

型腔尺寸、形状的一致性，更换方便。凹模常常由侧面定位，其定位方式有所不同。如图 2-24（a）所示的带有台阶结构的凹模镶块，通常由凹模固定板固定；对于图 2-24（b）所示的不带台阶结构的凹模，常采用螺钉直接固定；当凹模镶块与定模板之间采用过盈配合时，可以不用螺钉连接，如图 2-24（c）所示。当图 2-24（a）中的凹模镶块的横截面是圆形的，且凹模具有方向性时，则需要设置圆柱销用来止转。

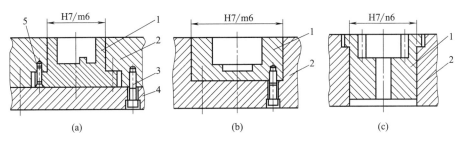

图 2-24　整体嵌入式凹模

1—凹模镶件；2—定模板；3—螺钉；4—定模座板；5—止转销钉

③ 组合式凹模　这种结构形式广泛用于形状较复杂的凹模或尺寸较大的模具。可把凹模做成通孔，再镶以垫板，如图 2-25 所示。通孔凹模在刀具切削、线切割、磨削、抛光及热处理时较为方便。

图 2-25（a）所示的组合式凹模的强度和刚度较差。在高压熔体作用下组合垫板变形时，熔体会渗入连接面，在塑件上造成飞边，使脱模困难并损伤棱边。图 2-25（b）、（c）所示的结构，制造成本虽高些，但由于配合面密闭可靠，能防止熔体渗入，应用较广。

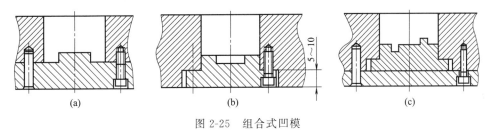

图 2-25　组合式凹模

④ 镶嵌式凹模　各种结构的凹模，都可以用镶件或拼块组成凹模的型腔。镶嵌式凹模包括局部镶拼式凹模和侧壁镶拼嵌入式凹模。

a. 局部镶拼式凹模。对于型腔复杂、加工难度比较大却又容易磨损、经常需要更换的零件，可做成镶件嵌入凹模，如图 2-26 所示。

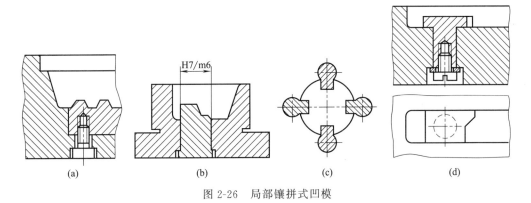

图 2-26　局部镶拼式凹模

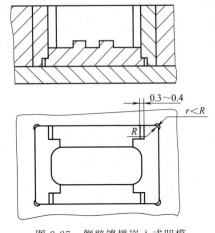

图 2-27 侧壁镶拼嵌入式凹模

b. 侧壁镶拼嵌入式凹模。对于大型和复杂的模具，可采用图 2-27 所示的侧壁镶拼嵌入式结构，将四侧壁与底部分别加工、热处理、研磨、抛光后压入模套，四壁相互锁扣连接。为使内侧接缝紧密，其连接处外侧应留有 0.3～0.4mm 间隙，在四角嵌入件的圆角半径 R 应大于模套圆角半径 r。

在凹模的结构设计中，采用镶拼结构有以下好处：

① 简化凹模加工，将复杂的凹模内形的加工变成镶件的外形加工，降低了凹模整体的加工难度。

② 镶件选用高碳钢或高碳合金钢淬火，淬火后变形较小，可用专用磨床研磨复杂的形状和曲面。凹模中使用镶件的局部凹模有较高精度和耐磨性，并可方便地更换镶件。

③ 可节省优质模具钢，对于大型模具可大大地降低模具造价。

④ 有利于排气系统和冷却系统通道的设计和加工。

然而，在结构设计中应注意以下几点：

① 凹模的强度和刚度有所削弱，故模框板应有足够的强度和刚度。

② 镶件之间应采用凹凸槽相互扣锁并准确定位。镶件与模框之间应设计可靠的紧固装置。

③ 镶拼接缝必须配合紧密，转角和曲面处不能设置拼缝，拼缝线方向应与脱模方向一致。

④ 镶拼件的结构应有利于加工、装配和调换。镶拼件的形状和尺寸精度应有利于凹模总体精度，保证动模和定模能准确对中，还应有避免误差累积的措施。

(2) 凸模结构设计

凸模和型芯是成型塑件内表面的零件，凸模（又称主型芯或大型芯）一般是指成型塑件中较大内腔的零件。型芯（又称成型杆、小型芯）一般是指成型塑件上孔槽之类较小内腔的零件。两者之间并不存在严格的、具体尺寸上的区分标准。在工厂，通常将凸模和成型杆统称为型芯。

① 凸模结构 凸模结构一般可分为整体式和组合式两类。

a. 整体式凸模。如图 2-28 所示，将成型的凸模与动模板做成一个整体，结构牢固。对于大尺寸的凸模来说，这种结构消耗模具钢材较多，加工不便。多用于形状简单的中小型模具。

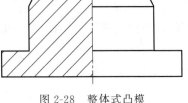

图 2-28 整体式凸模

b. 组合式凸模。它是将凸模单独加工后与动模板进行装配而成的，如图 2-29 所示。图 2-29 (a) 采用台阶连接，是较为常用的连接形式，凸模的侧面和动模垫板与凸模固定板之间用销钉共同定位，由螺钉连接凸模固定板，固定板压住凸模的台阶。当台阶为圆形而成型部分是非回转体时，为了防止凸模在固定板中转动，需要在台阶处用销钉止转。图 2-29 (b)、(c) 采用局部嵌入式，使用凸模的侧面定位，用螺钉连接，其连接强度不及台阶固定式，适用于较大型的模具。图 2-29 (d) 采用销钉定位，螺钉连接，节省模具钢材、加工方便，但是这种结构不适用于受侧向力的场合。

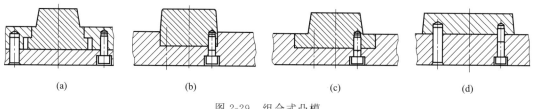

图 2-29　组合式凸模

② 小型芯结构及装配

a. 圆柱小型芯。最常见的圆柱型芯结构，如图 2-30 所示。小型芯从模板背面压入的方法称为反嵌法。它采用台阶与垫板的固定方法，定位配合部分的长度是 3～5mm，用小间隙或过渡配合。在非配合长度上扩孔，以利于装配和排气，台阶的高度应大于 3mm，台阶侧面与沉孔内侧面的间隙为 0.5～1mm。为了保证所有的型芯装配后在轴向无间隙，型芯台阶的高度在嵌入后都必须高出模板装配平面，经磨削成同一平面后再与垫板连接。

当模板较厚而型芯较细时，为了便于制造和固定，常将型芯下段加粗或将型芯的长度减小，并用圆柱衬垫或用螺钉压紧，如图 2-31 所示。

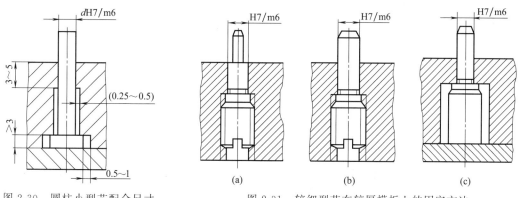

图 2-30　圆柱小型芯配合尺寸　　　　图 2-31　较细型芯在较厚模板上的固定方法

当模具内有多个小型芯时，各型芯之间距离较近，如果对每个型芯分别单独加工沉孔，则孔间壁厚较薄，固定板强度降低，同时热处理时易破裂。可采用在固定板上加工出一个大的公用沉孔，如图 2-32（a）所示。或者将压板采用整体式，如图 2-32（b）所示。也可以

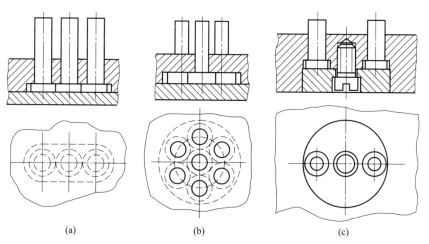

图 2-32　多个小型芯的固定

用局部压板将型芯固定，如图 2-32（c）所示。

对于成型 3mm 以下孔的圆柱型芯可采用正嵌法，小型芯从型腔表面压入，结构与配合要求如图 2-33 所示。

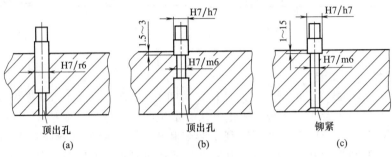

图 2-33　采用正嵌法固定小型芯

b. 异型型芯结构。非圆形的异型型芯在固定时大都采用反嵌法，如图 2-34（a）所示。在模板上加工出相配合的异型孔，但下部支承和台阶部分均为圆柱体，以便于加工和装配。对于径向尺寸较小的异型型芯也可采用正嵌法结构，如图 2-34（b）所示。异型型芯的下部做成圆柱形螺钉用螺母和弹簧垫圈拉紧。

c. 镶拼型芯结构。对于形状复杂的型芯，为了便于加工，可以采用镶拼结构，如图 2-35所示。与整体式型芯相比，镶拼型芯使机加工和热处理工艺大为简化，但应注意镶拼结构的合理性。

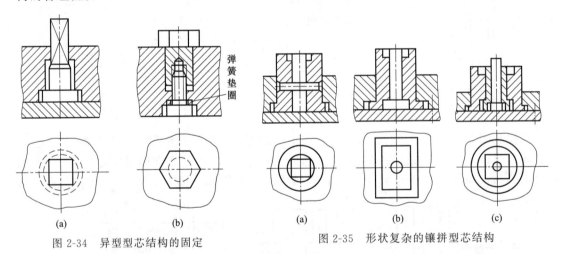

图 2-34　异型型芯结构的固定　　　　图 2-35　形状复杂的镶拼型芯结构

当有多个相同的细长嵌件组合在一起时，可以采用型芯中间加工成槽形用长销固定，或将型芯加工成台阶将其固定，如图 2-36 所示。

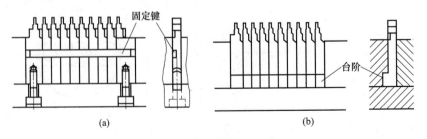

图 2-36　多个相同细长型芯的固定

当嵌件数目较多时，由于累积误差的存在，将导致无法组合或产生较大的间隙，这时可以在嵌件的边缘增加楔紧块，如图 2-37 所示。将楔紧块紧固后，再依次拧紧各个嵌件的固定螺钉。

对于一些收缩率难以精确把握的塑料，其模具中相应的镶件及其安装孔也要作一些改动。在图 2-38（a）中，当 $D_p = D$ 时，如果所选用的收缩率比预计的大，不仅要更换直径更大的型芯镶件，而且型芯镶件安装孔的直径 D_p 也要加大。因此，可先将型芯镶件安装孔的直径设计得大一点，即 $D_p > D$［图 2-38（b）］，这样如果遇到同样的问题，只需更换型芯镶件即可。

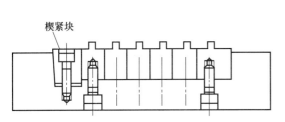

图 2-37　用楔紧块锁紧固定方法

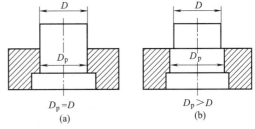

图 2-38　要求尺寸精确的塑件型芯镶件安装

（3）螺纹型芯和型环的结构设计

螺纹型芯用于成型塑件上的内螺纹，螺纹型环用于成型塑件上的外螺纹。此外，它们还可用来固定金属螺纹嵌件。无论螺纹型芯还是螺纹型环，在模具上都有模内自动卸除和模外手工卸除两种类型。对于自动卸除的结构将在"脱模机构设计"一节中讨论，这里只介绍模外手动卸除的结构。

在模具内安装螺纹型芯或型环要定位可靠，安装处不发生溢料，开模时能方便取出，并能从塑件上顺利地卸除。

① 螺纹型芯　螺纹型芯分为用于成型塑件上的螺纹孔和安装金属螺母嵌件两类，其基本结构相似，差别在于工作部分。前者除了必须考虑塑件螺纹的设计特点及其收缩外，还要求有较小的表面粗糙度（$Ra0.08 \sim 0.16\mu m$）；后者仅需按普通螺纹设计且表面粗糙度只要求达到 $Ra0.63 \sim 1.25\mu m$。

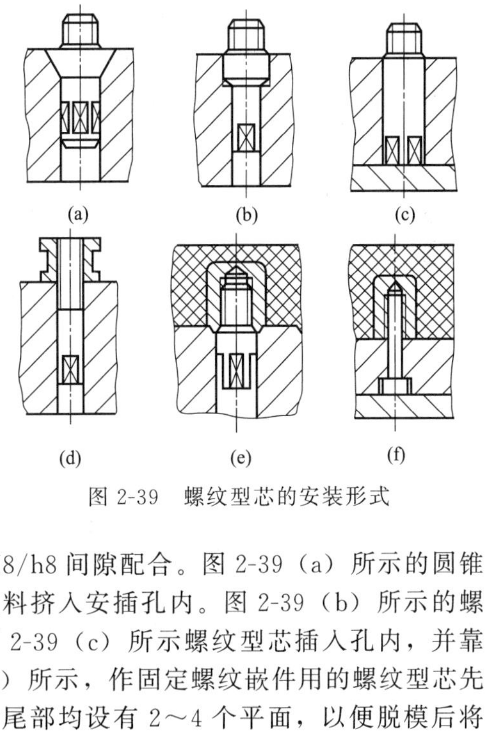

螺纹型芯在模具内的安装形式如图 2-39 所

图 2-39　螺纹型芯的安装形式

示，螺纹型芯直接抽入模具对应孔中，一般采用 H8/h8 间隙配合。图 2-39（a）所示的圆锥面有良好的密封和定位作用，使用方便，可防止塑料挤入安插孔内。图 2-39（b）所示的螺纹型芯做成圆柱的台阶可实现径向和轴向定位。图 2-39（c）所示螺纹型芯插入孔内，并靠接触下面垫板的表面防止下沉。如图 2-39（d）、（e）所示，作固定螺纹嵌件用的螺纹型芯先要与嵌件旋拢，再插入模具的定位孔中。螺纹型芯尾部均设有 2～4 个平面，以便脱模后将其从塑件上拧下。图 2-39（e）是当螺纹型芯直径小于 M3 时，将其沉入模板安装，以提高嵌件的稳定性，同时又能阻止塑料挤入嵌件的固定孔内。图 2-39（f）是对于嵌件螺纹孔为不通孔，并且受料流冲击力不大时，可直接插在固定于模具上的光杆（定位杆）上。对于小直径（M3.5 以下）螺纹通孔嵌件，也可采用此种简易安装方式，因为螺牙很小，即使挤入很少塑料，也不影响使用，省略了模外卸除螺纹型芯的操作。

　　上述各种固定螺纹型芯的方法多用于立式注射机的下模和卧式注射机的定模。

　　对于上模或合模时冲击振动较大的卧式注射机的动模，螺纹型芯常以弹性连接安装固定，如图2-40所示。图2-40（a）、（b）所示的螺纹型芯尾部开有豁口槽，借助豁口槽弹力将型芯固定，适用于直径小于8mm的螺纹型芯。图2-40（c）所示的螺纹型芯上装有直径0.8～1.2mm的弹簧钢丝，其卡入型芯柄部的槽内以张紧型芯，常用于8～16mm的螺纹型芯。若螺纹型芯直径超过16mm时，可采用图2-40（d）所示的结构，用弹簧顶起钢球卡住螺纹型芯的凹槽来固定。图2-40（e）是在螺纹型芯沟槽内安装弹簧卡圈，结构简单，适用于直径大于15mm的螺纹型芯。图2-40（f）是弹性夹头连接式，三夹头或四夹头，连接力强，但制造复杂。图2-40（g）的结构用于移动式模具，嵌件安装牢固，但使用不便。

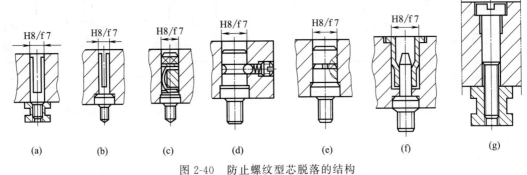

图2-40　防止螺纹型芯脱落的结构

　　② 螺纹型环　螺纹型环是在模具闭合前装入型腔内，成型后随塑件一起脱模，并在模外将螺纹型环从塑件上卸除。螺纹型环常见的结构如图2-41所示。图2-41（a）是整体式螺纹型环，型环与模板的配合为H8/f8，配合段长度为3～5mm，其余高度做成斜度3°～5°的锥体，型环的下端铣成四方的截面以便使用扳手，将螺纹型环从塑件上拧下。图2-41（b）是组合式螺纹型环，型环1由两瓣拼合而成，两瓣用销钉2定位。型环下端设为锥体，放入锥形模套后螺纹型环被锁紧。在拼块拼合面外侧开设两条楔形槽，型环脱模后，用楔形卸模架或工具便能使两块拼块轻易地分离。这种结构卸除螺纹型环迅速而省力，但会在成型的塑件上留下难以修整的拼合痕迹，因此，只适用于精度要求不高的粗牙螺纹的成型。

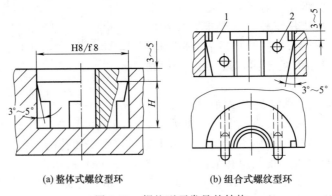

(a) 整体式螺纹型环　　　　(b) 组合式螺纹型环

图2-41　螺纹型环常见的结构
1—型环；2—销钉

2.6.2　成型零件工作尺寸计算

　　所谓工作尺寸是指成型零件上直接用以成型塑件部分的尺寸，主要有凹模（型腔）和凸模（型芯）的径向尺寸（包括矩形或异型零件的长和宽）、型腔或型芯的深度尺寸、中心距尺寸等。任何塑料制品都有一定的尺寸要求，在使用或安装中有配合要求的塑料制品，其尺寸精度要求较高。在设计模具时，必须根据塑件的尺寸和精度要求来确定相应的成型零件的尺寸和精度等级。

（1）成型零件工作尺寸的规定

塑件上的内孔，是由模具上的型芯所成型的。塑件的外形，是由模具上的凹模所成型的。塑件上内孔的深度，是由模具上型芯的高度决定的。塑件外形的高度，是由模具上凹模的深度决定的。一般来说，当其他条件一定时，塑件内孔的内径和深度，是由模具型芯的外径和高度决定的；塑件外形的外径和高度，是由模具型腔的内径和深度决定的。因此，要保证塑件的尺寸与精度，就必须正确计算或给出模具成型零件的尺寸及精度。正确判断塑件每一个尺寸的类型及其相应成型零件尺寸的类型是关键。

在计算之前，有必要对它们的标注形式及其偏差分布做一些规定。模具成型零件工作尺寸与塑件尺寸的关系如图 2-42 所示。

塑件公差规定按单向极限制，塑件外轮廓尺寸公差取负值（$-\Delta$），塑件内腔尺寸公差取正值（$+\Delta$），塑件孔中心距尺寸公差按对称分布原则计算，取 $\pm\Delta/2$，若塑件上原有公差的标注方法与上不符，则应按以上规定进行转换。

为了方便理论计算和实际装配，减少失误，易于纠错，对塑件和模具尺寸标注形式的规定如下：

① 塑件的内腔（相当于孔类）尺寸为 L $(D)^{+\Delta}_{0}$（记录为：$L_\mathrm{s}{}^{+\Delta}_{0}$），对应于模具上的成型零件凸模（相当于轴类）的尺寸为 $l(d)^{0}_{-\delta_z}$（可记录为：$l_\mathrm{m}{}^{0}_{-\delta_z}$）；

② 塑件的外形（相当于轴类）的尺寸为 l $(d)^{0}_{-\Delta}$（可记录为：$l_\mathrm{s}{}^{0}_{-\Delta}$），对应于模具上的成型零件凹模（相当于孔类）的尺寸为 $L(D)^{+\Delta}_{0}$（可记录为：$L_\mathrm{m}{}^{+\Delta}_{0}$）；

③ 塑件的内腔深度（相当于孔类）尺寸为 $H^{+\Delta}_{0}$（可记录为：$H_\mathrm{s}{}^{+\Delta}_{0}$），对应于模具上的成型零件凸模高度（相当于轴类）的尺寸为 $h^{0}_{-\delta_z}$（可记录为：$h_\mathrm{m}{}^{0}_{-\delta_z}$）；

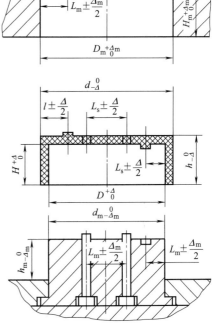

图 2-42　塑件与成型零件的尺寸标注

④ 塑件的外形高度（相当于轴类）的尺寸为 $h^{0}_{-\Delta}$（可记录为：$h_\mathrm{s}{}^{0}_{-\Delta}$），对应于模具上的成型零件凹模深度（相当于孔类）的尺寸为 $H^{+\Delta}_{0}$（可记录为：$H_\mathrm{m}{}^{+\Delta}_{0}$）；

⑤ 塑件上中心距尺寸为 $L\pm\Delta/2$（可记录为 $L_\mathrm{s}\pm\Delta/2$），对应于模具上的成型零件中心距尺寸为 $L'\pm\Delta/2$（可记录为 $L_\mathrm{m}\pm\Delta/2$）。中心距尺寸属于定位尺寸。

需要说明的几点：

① 下标 s 代表塑件，下标 m 代表模具，以此来区别后面的尺寸是塑件的还是模具的。例如尺寸 $l_\mathrm{s-\Delta}^{0}=150.6^{0}_{-0.3}$ 指的是塑件尺寸，而尺寸 $l_{\mathrm{m}-\delta_z}^{0}=150.6^{0}_{-0.3}$ 指的是模具尺寸。

② 大写字母代表孔类尺寸，下公差一定为 0，上公差为正数；小写字母代表轴类尺寸，上公差一定为 0，下公差为负数，可以根据字母的大小写来判断公式里的尺寸是孔类尺寸还

是轴类尺寸。

③ Δ 为塑件的尺寸公差，δ_z 为模具的制造公差。

（2）影响制品尺寸误差的因素及控制

影响塑件尺寸误差的因素较为复杂，引起制品产生尺寸误差的原因也很多，但制品尺寸可能出现的误差 δ 主要是如下五方面因素综合作用的结果。

$$\delta = \delta'_s + \delta_s + \delta_z + \delta_c + \delta_j$$

式中　δ——塑料制品尺寸可能出现的总误差值；

δ'_s——因采用的成型收缩率不准确而引起的制品尺寸误差；

δ_s——因制品的成型收缩波动引起的制品尺寸误差；

δ_z——模具成型零件的制造偏差；

δ_c——成型零件的磨损引起的制品尺寸误差；

δ_j——模具活动零件的配合间隙引起的制品尺寸误差。

① 塑料制品的成型收缩　塑件从模具中取出发生尺寸收缩的特性称为塑料制品的收缩性。因为塑料制品的收缩不仅与塑料本身的热胀冷缩性质有关，而且还与模具结构及成型工艺条件等因素有关，故将塑料制品的收缩统称为成型收缩。

塑料制品的成型收缩的大小可用制品的成型收缩率 S 表征，即

$$S = \frac{L_m - L_s}{L_m} \times 100\%$$

式中　L_m——本为成型温度时的制品尺寸，由于该尺寸无法测量，这里采用室温时模具成型零件的尺寸 L_m 代替，mm；

L_s——室温时制品的尺寸，mm。

换算得

$$L_m = \frac{L_s}{1 - S}$$

由于 $\frac{1}{1-S} = 1 + S + S^2 + S^3 + \cdots$（$|S| < 1$，又因 S 在 $10^{-3} \sim 10^{-2}$ 之间，可忽略高阶项），得

$$L_m \approx L_s(1 + S)$$

成型收缩引起制品产生尺寸误差的原因有两方面，一方面是设计所采用的成型收缩率与制品生产时的实际收缩率之间的误差（δ'_s）；另一方面是成型过程中，成型收缩率受注射工艺条件的影响，可能在其最大值和最小值之间波动而产生的误差（δ_s）。Δ_s 的最大值为

$$\delta_{smsx} = (S_{max} + S_{min})L_s$$

式中　δ_{smax}——成型收缩引起塑料制品最大尺寸误差；

S_{max}——塑料的最大成型收缩率；

S_{min}——塑料的最小成型收缩率；

L_s——塑件尺寸，mm。

表 2-22 为部分热塑性塑料的成型收缩率。这些数据往往是在一定试验条件下以标准试样实测获得的，或者是带有一定规律性的统计数值，有些甚至是某些工厂的经验数据。塑件在成型生产过程中产生的实际收缩率不一定就正好与表中的数值相符，所以常称表中的成型收缩率为计算成型收缩率。

② 成型零件的制造偏差　成型零件的制造偏差包括加工偏差和装配偏差。加工偏差与成型零件尺寸的大小、加工方法及设备有关；装配偏差主要由镶拼结构装配尺寸不精确所引起。因此，在设计模具成型零件时，一定要根据塑件的尺寸精度要求，选择比较合理的成型

表 2-22　部分热塑性塑料的成型收缩率

成型物体		线胀系数	成型收缩率
塑料名称	填充材料(增强材料)	/10⁻⁵℃⁻¹	/%
聚乙烯(低密度)	—	$10.0 \sim 20.0$	$1.5 \sim 5.0$
聚乙烯(中密度)	—	$14.0 \sim 16.0$	$1.5 \sim 5.0$
聚乙烯(高密度)	—	$11.0 \sim 13.0$	$2.0 \sim 5.0$
聚丙烯	—	$5.8 \sim 10.0$	$1.0 \sim 2.5$
聚丙烯	玻璃纤维	$2.9 \sim 5.2$	$0.4 \sim 0.8$
聚酰胺(6)	—	8.3	$0.6 \sim 1.4$
聚酰胺(6/10)	—	9.0	1.0
聚酰胺	$20\% \sim 40\%$玻璃纤维	$1.2 \sim 3.2$	$0.3 \sim 1.4$
聚缩醛	—	8.1	$2.0 \sim 2.5$
聚缩醛	20%玻璃纤维	$3.6 \sim 8.1$	$1.3 \sim 2.8$
聚苯乙烯(通用)	—	$6.0 \sim 8.0$	$0.2 \sim 0.6$
聚苯乙烯(抗冲击型)	—	$3.4 \sim 21.0$	$0.2 \sim 0.6$
聚苯乙烯	$20\% \sim 30\%$玻璃纤维	$1.8 \sim 4.5$	$0.1 \sim 0.2$
AS	—	$3.6 \sim 3.8$	$0.2 \sim 0.7$
AS	$20\% \sim 33\%$玻璃纤维	$2.7 \sim 3.8$	$0.1 \sim 0.2$
ABS(抗冲击型)	—	$9.5 \sim 13.0$	$0.3 \sim 0.8$
ABS	$20\% \sim 40\%$玻璃纤维	$2.9 \sim 3.6$	$0.1 \sim 0.2$
丙烯酸类树脂	—	$5.0 \sim 9.0$	$0.2 \sim 0.8$
聚碳酸酯	—	6.6	$0.5 \sim 0.7$
聚碳酸酯	$10\% \sim 40\%$玻璃纤维	$1.7 \sim 4.0$	$0.1 \sim 0.3$
聚氯乙烯(硬质)	—	$5.0 \sim 18.5$	$0.1 \sim 0.5$
醋酸纤维素	—	$8.0 \sim 18.0$	$0.3 \sim 0.8$

注: 表中第一列左侧为「结晶型」(聚乙烯~聚缩醛)和「非结晶型」(聚苯乙烯~醋酸纤维素)。

零件结构及相应的加工方法,使由制造偏差所引起的塑件尺寸偏差保持在尽可能小的程度。

工作尺寸愈大,实际制造偏差愈大,其相应的制造公差 Δ_m 也愈大。Δ_m 与 Δ 的关系见表 2-23。

表 2-23　模具制造公差 Δ_m 在塑件公差 Δ 中所占的比例

塑件基本尺寸 L/mm	Δ_m/Δ	塑件基本尺寸 L/mm	Δ_m/Δ
$0 \sim 50$	$1/3 \sim 1/4$	$>250 \sim 355$	$1/6 \sim 1/7$
$>50 \sim 140$	$1/4 \sim 1/5$	$>355 \sim 500$	$1/7 \sim 1/8$
$>140 \sim 250$	$1/5 \sim 1/6$		

③ 成型零件的磨损　模具成型零件的磨损主要来自熔体冲刷和塑件脱模时的刮磨,其中被刮磨的型芯径向表面的磨损最大。因成型零件的磨损而引起的塑件尺寸误差 δ_c 与塑件尺寸大小无关,而与尺寸类型、塑料和模具材料的物理性能有关。当塑料中带有玻璃纤维等硬质填料、成型表面粗糙度较大、使用时间较长,以及结构形状复杂时,成型零件的表面就会在成型过程中产生较大的磨损。在实际生产中,一般要求 δ_c 不大于塑件尺寸公差的 1/6。这对于低精度、大尺寸的塑件,由于 Δ 值较大,容易达到要求,对于高精度、小尺寸的塑件则难以保证,因此必须采用镜面钢等耐磨钢种才能达到。根据经验,生产中实际注射 25 万次,型芯径向尺寸磨损量为 0.02~0.04mm。

④ 模具活动零件配合间隙的影响　δ_j 为模具活动零件的配合表面间隙变大而引起的塑件尺寸误差。模具在使用中导柱与导套之间的间隙会逐渐变大,引起塑件径向尺寸误差增加。模具分型面间隙的波动,也会引起塑件深度尺寸误差的变化。

在模具成型零件工作尺寸计算时,必须保证塑件总尺寸误差 δ,不超过塑件规定的公差值 Δ,即

$$\delta \leqslant \Delta$$

为了确保上式成立，应从下述几方面来减小塑件的尺寸误差：

a. 塑件总的尺寸误差虽然与多种因素有关，但每种原因引起的塑件尺寸误差并不一定同时存在，而且各种尺寸误差同时出现最大值的可能性也很小，它们之间有时甚至还会出现相互抵消的可能性。因此，在实际工作中，需要针对具体的塑件情况和技术设备条件，从影响塑件尺寸的诸多因素中筛选出最主要的因素进行分析，以找到减小尺寸误差的措施。

b. 为了减小因采用的成型收缩率不准确而引起的塑件尺寸误差 δ'_s，可以采用以下两种方法。一种方法是在确定成型收缩率以前，根据塑件的结构形状尺寸、模具结构及生产工艺和生产设备条件，设计一个试验模具对待用的物料进行成型收缩率实测，以得到可靠的成型收缩率数据。这种方法特别适用于大批量生产或高精度塑件的成型。另一种方法是确定成型零件工作尺寸时，预留一定的修磨余量，待试模时通过修模工作尺寸来减小由 δ'_s 引起的塑件尺寸误差。显然，如果把这种修磨余量放在制造偏差 δ_z 或磨损量 δ_c 中考虑，则在计算工作尺寸时也可以不再考虑 δ'_s。

c. 当塑件尺寸较大时，塑件的收缩值也随之增大，此时收缩率的波动对塑件尺寸误差的影响相当重要。同时，由于对大尺寸成型零件进行加工和热处理不太方便，要从减小 δ_z 和 δ_c 的角度来控制塑件的尺寸误差也就比较困难，应从减小收缩率波动方面想办法，如稳定成型工艺条件、优化模具结构或采用收缩率较小的塑料材料等，均有可能控制收缩率的波动。

d. 当塑件尺寸较小时，塑件的收缩值不大，收缩率波动对塑件尺寸误差的影响较小，此时主要的影响因素是制造偏差 δ_z 和磨损引起的尺寸误差 δ_c，应采取减小 δ_z 和 δ_c 的方法来保证塑件的尺寸精度，例如采用加工性能和耐磨性较好的优质模具钢便会取得明显的效果。

（3）成型零件工作尺寸的计算

成型零件工作尺寸计算方法一般有两种，一种是平均值法，即是基于对 δ_s 和 δ_z 所做的统计规律，这种统计规律显示 δ_s 和 δ_z 呈正态分布，即它们取平均值的概率最大，而取最大值或最小值的概率很小，并且假设，当塑件的成型收缩率和成型零件工作尺寸或制造偏差及磨损量均为各自的平均值时，塑件尺寸误差也正好为平均值。从而推导出一套计算型腔、型芯和中心距尺寸的公式。平均值法简单方便，但采用这种方法计算出的结果误差较大，不适用于精密塑件的模具设计。

另一种是公差带法，公差带法是使成型后的塑件尺寸均在规定的公差范围内。具体方法是：先在最大收缩率时使塑件满足最小尺寸要求，计算出成型零件的工作尺寸，然后校核塑件可能出现的最大尺寸是否在其规定的公差带范围内。或者，也可以按最小收缩率满足塑件最大尺寸要求，计算成型零件工作尺寸，然后校核塑件可能出现的最大尺寸是否在其公差带范围内。在确定成型零件工作尺寸时，是先确定满足塑件最小尺寸，然后校核是否满足最大尺寸，还是先确定满足塑件最大尺寸，然后校核是否满足最小尺寸，应看哪一种方式有利于试模和修模，有利于延长模具使用寿命。一般来说，对于型芯径向尺寸，修模使得模具尺寸变小，因此应先满足塑件最大尺寸要求，以此来计算工作尺寸。同样，对于型腔尺寸，修模使得模具尺寸变大，因此应先满足塑件最小尺寸要求，以此来计算工作尺寸。同理，对于型腔深度和型芯高度计算，也要先分析修模后模具尺寸变化方向，以此来确定先满足塑件最大尺寸还是最小尺寸。

① 模腔工作尺寸计算   模腔工作尺寸计算包括型腔和型芯的径向尺寸、型腔深度及型芯高度尺寸和中心距尺寸的计算。成型零件尺寸计算方法见表 2-24。

表 2-24　成型零件尺寸计算方法

尺寸部位	简图	计 算 公 式	说 明
凹模径向尺寸		①平均尺寸法 $L_m=[(1+S_{cp})l_s-x\Delta]^{+\delta_z}_{\ 0}$ ②公差带法,按修模时凹模尺寸增大容易 $L_m=[(1+S_{max})l_s-\Delta]^{+\delta_z}_{\ 0}$ 校核: $L_m+\delta_z+\delta_c-S_{min}l_s\leqslant l_s$	x——随塑件精度和尺寸变化的系数,一般在 0.5～0.8 之间 L_m——凹模径向尺寸,mm l_s——塑件径向尺寸,mm S_{cp}——塑料的平均收缩率,% Δ——塑件公差值,mm δ_z——凹模制造公差,mm δ_c——凹模的磨损量,mm S_{max}——塑料的最大收缩率,% S_{min}——塑料的最小收缩率,%
型芯径向尺寸		①平均尺寸法 $L_m=[(1+S_{cp})l_s-x\Delta]^{\ 0}_{-\delta_z}$ ②公差带法,按修模时凹模尺寸增大容易 $L_m=[(1+S_{min})l_s+\Delta]^{\ 0}_{-\delta_z}$ 校核: $L_m-\delta_z-\delta_c-S_{max}l_s\geqslant l_s$	x——取值范围 0.5～0.8 L_m——型芯径向尺寸,mm l_s——塑件径向基本尺寸,mm δ_z——型芯制造公差,mm δ_c——型芯磨损量,mm 其余符号同上
凹模深度尺寸		①平均尺寸法 $H_m=[(1+S_{cp})H_s-x\Delta]^{+\delta_z}_{\ 0}$ ②公差带法,按修模时凹模尺寸增大容易 $H_m=[(1+S_{min})H_s-\delta_z]^{+\delta_z}_{\ 0}$ 校核: $H_m-S_{max}H_s+\Delta\geqslant H_s$	x——随塑件精度和尺寸变化的系数,一般在 0.5～0.7 之间 H_m——凹模深度尺寸,mm H_s——塑件高度基本尺寸,mm δ_z——凹模深度制造公差,mm 其余符号同上
中心距尺寸		$L_m=[(1+S_{cp})L_s]\pm\delta_z/2$	L_m——模具中心距尺寸,mm L_s——塑件中心距尺寸,mm δ_z——模具中心距尺寸制造公差,mm 其余符号同上
型芯高度尺寸		①平均尺寸法 $h_m=[(1+S_{cp})H_s+x\Delta]^{\ 0}_{+\delta_z}$ ②公差带法 a. 修模时型芯增长容易 $h_m=[(1+S_{max})H_s+\delta_z]^{\ 0}_{+\delta_z}$ 校核: $h_m-S_{min}H_s-\Delta\leqslant H_s$ b. 修模时型芯减短容易 $h_m=[(1+S_{min})H_s+\Delta]^{\ 0}_{-\delta_z}$ 校核: $h_m-\delta_z-S_{max}H_s\geqslant H_s$	x——随塑件精度和尺寸变化的系数,一般在 0.5～0.7 之间; h_m——型芯高度尺寸,mm; H_s——塑件孔深度尺寸,mm; δ_z——型芯高度制造公差,mm; 其余符号同上

②　螺纹型芯和型环尺寸计算　螺纹连接的种类很多,配合性质不尽相同。影响螺纹连接的因素十分复杂,目前尚无塑料螺纹的统一标准,也没有成熟的计算方法,因此要满足塑料螺纹配合的准确要求是比较困难的。螺纹型环成型尺寸属于型腔类尺寸,螺纹型芯成型尺寸属于型芯类尺寸。为了提高成型后塑件螺纹的旋入性能,适当缩小螺纹型环的径向尺寸和增大螺纹型芯的径向尺寸。因为螺纹中径是决定螺纹配合性质的最重要参数,它决定着螺纹的旋入和连接的可靠性,所以计算模具螺纹大中小径的尺寸,均以塑件螺纹中径公差为依据。螺纹型芯和型环径向尺寸及螺距尺寸计算公式见表 2-25。

| 表 2-25 | 螺纹型芯和型环径向尺寸及螺距尺寸计算公式 | | | |

尺寸部位	简图	计 算 公 式	说　明
螺纹型芯尺寸		大径: $d_{m大}=[(1+S_{cp})d_{s大}+\Delta_{中}]_{-\delta_{中}}^{0}$ 中径: $d_{m中}=[(1+S_{cp})d_{s中}+\Delta_{中}]_{-\delta_{中}}^{0}$ 小径: $d_{m小}=[(1+S_{cp})d_{s小}+\Delta_{中}]_{-\delta_{中}}^{0}$	$d_{m大},d_{m中},d_{m小}$——螺纹型芯的大径、中径和小径基本尺寸,mm $d_{s大},d_{s中},d_{s小}$——塑件螺孔的大径、中径及小径的基本尺寸,mm S_{cp}——塑料的平均收缩率,% $\Delta_{中}$——塑件螺纹中径公差,mm $\delta_{中}$——螺纹型芯中径制造公差(mm),一般取 $\Delta_{中}/5$
螺纹型环尺寸		大径: $D_{m大}=[(1+S_{cp})D_{s大}-1.2\Delta_{中}]_{0}^{+\delta_{中}}$ 中径: $D_{m中}=[(1+S_{cp})D_{s中}-\Delta_{中}]_{0}^{+\delta_{中}}$ 小径: $D_{m小}=[(1+S_{cp})D_{s小}-\Delta_{中}]_{0}^{+\delta_{中}}$	$D_{m大},D_{m中},D_{m小}$——螺纹型环的大径、中径和小径基本尺寸,mm $D_{s大},D_{s中},D_{s小}$——塑件螺纹的大径、中径及小径的基本尺寸,mm S_{cp}——塑料的平均收缩率,% $\Delta_{中}$——塑件螺纹中径公差,mm $\delta_{中}$——螺纹型环中径制造公差(mm),一般取 $\Delta_{中}/4$
螺距尺寸		$T_m=(1+S_{cp})T_s\pm\delta_z$	T_m——螺纹型芯、型环的螺距基本尺寸,mm T_s——塑件螺距基本尺寸,mm δ_z——螺纹型芯、型环的螺距制造公差(mm)。见表 2-28

　　由于收缩率参与计算,螺纹型芯或螺纹型环螺距尺寸含不规则的小数,这样会给加工带来困难。所以,最好将相配合的塑料螺纹件取同样塑料或收缩率相近的塑料来成型,这样计算螺距时可以不考虑收缩率。有时塑料螺纹与金属螺纹相配合,一般配合小于 8 牙的情况下,也可以不计算螺距的收缩率。若螺纹配合牙数超过 8 牙,螺纹螺距收缩率累计误差很大,则制造螺纹型芯或型环时应当考虑塑件螺距的收缩率。一般可采用车床上配置特殊齿数的变速交换齿轮的方法来加工,也可采用数控电火花技术加工。

　　普通螺纹螺距不计算收缩率时螺纹配合的极限长度,型芯和型环的直径制造公差,以及螺距制造公差,分别见表 2-26～表 2-28。

| 表 2-26 | 普通螺纹螺距不计算收缩率时螺纹配合的极限长度 | | | | | | | | |

螺纹直径	螺距/mm	中径公差/mm	收缩率 S/%							
			0.2	0.5	0.8	1.0	1.2	1.5	1.8	2.0
			可以使用的螺纹配合极限长度/mm							
M3	0.5	0.12	26	10.4	6.5	5.2	4.3	3.5	2.9	2.6
M4	0.7	0.14	32.5	13	8.1	6.5	5.4	4.3	3.6	3.3
M8	0.8	0.15	34.5	13.8	8.6	6.9	5.8	4.6	3.8	3.5
M6	1.0	0.17	38	15	9.4	7.5	6.3	5	4.2	3.8
M8	1.25	0.19	43.5	17.4	10.9	8.7	7.3	5.8	4.8	4.4
M10	1.5	0.21	46	18.4	11.5	9.2	7.7	6.1	5.1	4.6
M12	1.75	0.22	49	19.6	12.3	9.8	8.2	6.5	5.4	4.9
M14	2.0	0.24	52	20.8	13	10.4	8.7	6.9	5.8	5.2
M16	2.0	0.24	52	20.8	13	10.4	8.7	6.9	5.8	5.2
M20	2.5	0.27	57.5	23	14.4	11.5	9.6	7.1	6.4	5.8
M24	3.0	0.29	64	25.4	15.9	12.7	10.6	8.5	7.1	6.4
M30	3.5	0.31	66.5	26.6	16.6	13.3	11	8.9	7.4	8.7

表 2-27 普通螺纹型芯和型环的直径制造公差   mm

螺纹类型	螺纹直径	制造公差 δ_z		
		大径	中径	小径
粗牙	3～12	0.03	0.02	0.03
	14～33	0.04	0.03	0.04
	36～45	0.05	0.04	0.05
	48～68	0.06	0.05	0.06
细牙	4～22	0.03	0.02	0.03
	24～52	0.04	0.03	0.04
	56～68	0.05	0.04	0.05

表 2-28 螺距制造公差 δ_z mm

螺纹直径 d 或 D	配合长度	制造公差 δ_z
3～10	～12	0.01～0.03
12～22	>12～20	0.02～0.04
24～68	>20	0.03～0.05

2.6.3 凹模、凸模及动模垫板的力学计算

在模塑制品过程中,型腔受到高压熔体作用,如果型腔侧壁和底板厚度不足,则会出现强度或刚度不足的现象。强度不足时零件发生塑性变形,甚至在应力最大处产生裂纹或断裂;刚度不足时产生过大的弹性变形,使塑件尺寸及形位精度变差,发生溢料或者模具不容易打开等问题。因此,需要对模具进行强度和刚度的校核。理论和实践均证明,在塑料熔体的高压作用下,小尺寸模具主要是强度问题,只要强度足够,一般其刚度也能满足要求;对于大尺寸模具主要是刚度问题,要防止模具产生过大的弹性变形。刚度计算的条件可以从以下几个方面来考虑:

① 从模具型腔不产生溢料考虑 当高压熔体注入型腔时,型腔的某些配合面产生间隙,间隙过大则会产生溢料。在不产生溢料的前提下,将允许的最大间隙值作为型腔的刚度条件。各种常用塑料的最大不溢料间隙值见表 2-29。

表 2-29 常用塑料的最大不溢料间隙值   mm

黏度特性	塑料品种	最大不溢料间隙值
低黏度塑料	尼龙(PA)、聚乙烯(PE)、聚丙烯(PP)、聚甲醛(POM)	0.025～0.040
中黏度塑料	聚苯乙(PS)、ABS、聚甲基丙烯酸甲酯(PMMA)	0.050
高黏度塑料	聚碳酸酯(PC)、聚砜(PSF)、聚苯醚(PPO)	0.060～0.080

② 从保证塑件尺寸精度考虑 模具型腔不能产生过大的、使塑件超差的变形量。凹模壁厚的许用变形量 δ_p,应为塑件尺寸及其公差的函数,而模具的尺寸精度又与塑件精度有对应关系,因此,可根据表 2-30 直接由尺寸 W 的关系式来计算 δ_p 值。

表 2-30 注射模刚度计算的许用变形量 δ_p mm

	塑件精度(SJ1372)	2～3 级	4～8 级
	模具制造精度(GB/T 1800—2009)	IT7～IT8	IT9～IT10
组合式凹模	低黏度塑料,如 PE、PP、PA	$15i_1$	$25i_1$
	中黏度塑料,如 PS、ABS、PMMA	$15i_2$	$25i_2$
	高黏度塑料,如 PC、PSF、PPO	$15i_3$	$25i_3$
	整体式凹模	$15i_2$	$25i_2$

注:表中 i 的单位是 μm,其值为 $i_1=0.07W+0.001W$;$i_2=0.09W+0.001W$;$i_3=0.11W+0.001W$。

　　③ 从保证塑件顺利脱模考虑　当模具型腔的弹性变形量超过塑件的收缩值时，塑件成型后的弹性恢复会使塑件被凹模紧紧包住造成开模困难。因此，型腔的许用变形量 δ_p 应小于塑件壁厚 t 的收缩值。

　　在注射成型中，模具型腔内压力很高，在成型时，凸模、凹模以及动模垫板是主要的受力构件，需要对它们进行强度和刚度的计算。模具凹模、凸模及动模垫板的力学计算公式见表 2-31。

表 2-31　模具凹模、凸模及动模垫板的力学计算公式

类型	图示	部位	按强度计算	按刚度计算
圆形凹模 整体式		侧壁	$S = r\left[\left(\dfrac{\sigma_p}{\sigma_p - 2p}\right)^{\frac{1}{2}} - 1\right]$	$S = \left(\dfrac{3ph^4}{2E\delta_p}\right)^{\frac{1}{3}}$ 计算 δ_p 时：$W = h$
		底部	$T = \left(0.75\dfrac{pr^2}{\sigma_p}\right)^{\frac{1}{2}}$	$T = \left(0.175\dfrac{pr^4}{E\delta_p}\right)^{\frac{1}{3}}$ 计算 δ_p 时：$W = r$
组合式		侧壁	$S = r\left[\left(\dfrac{\sigma_p}{\sigma_p - 2p}\right)^{\frac{1}{2}} - 1\right]$	$S = r\left[\left(\dfrac{\frac{E\delta_p}{rp} + 1 - \mu}{\frac{E\delta_p}{rp} - 1 - \mu}\right)^{\frac{1}{2}} - 1\right]$ 计算 δ_p 时：$W = r$
		底部	$T = 1.1r\left(\dfrac{p}{\sigma_p}\right)^{\frac{1}{2}}$	$T = 0.91r\left(\dfrac{pr}{E\delta_p}\right)^{\frac{1}{3}}$ 计算 δ_p 时：$W = r$
矩形凹模 组合式		侧壁	①以长边为计算对象 $\dfrac{phb}{2HS_t} + \dfrac{phl^2}{2HS_t^2} \leq \sigma_p$ ②以短边为计算对象 $\dfrac{phb^2}{2HS_b^2} + \dfrac{phl^2}{2HS_b} \leq \sigma_p$	$S = 0.31l\left(\dfrac{phl}{E\delta_p H}\right)^{\frac{1}{3}}$ 计算 δ_p 时：$W = l$
		底部	$T = 0.87l\left(\dfrac{pb}{B\sigma_p}\right)^{\frac{1}{2}}$	$S = 0.54L_0\left(\dfrac{phL_0}{E\delta_p B}\right)^{\frac{1}{3}}$ 计算 δ_p 时：$W = L$
整体式		侧壁	当 $\dfrac{h}{l} \geq 0.41$： $S = \left(\dfrac{pl^2}{2\sigma_p}\right)^{\frac{1}{2}}$ 当 $\dfrac{h}{l} \geq 0.41$： $S = \left(\dfrac{3ph^2}{\sigma_p}\right)^{\frac{1}{2}}$	$S = h\left(\dfrac{Cph}{\phi_1 E\delta_p}\right)^{\frac{1}{3}}$ 计算 δ_p 时：$W = l$ 其中：$C = \dfrac{3(l^4/h^4)}{2(l^4/h^4) + 96}$ $\dfrac{b}{l} = 1$ 时，$\phi_1 = 0.6$；$\dfrac{b}{l} = 0.6$ 时，$\phi_1 = 0.7$；$\dfrac{b}{l} = 0.4$ 时，$\phi_1 = 0.8$
		底部	$T = 0.71b\left(\dfrac{p}{\sigma_p}\right)^{\frac{1}{2}}$	$T = b\left(\dfrac{C'pb}{E\delta_p}\right)^{\frac{1}{3}}$ 计算 δ_p 时：$W = l$ 其中：$C' = \dfrac{l^4/b^4}{32[(l^4/b^4) + 1]}$

类型	图示	部位	按强度计算	按刚度计算
凸模	悬臂梁	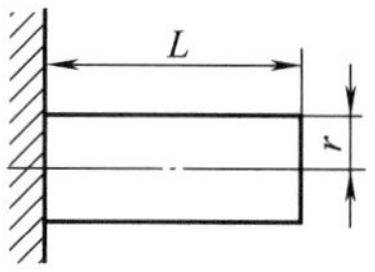	$r=2L\sqrt{\dfrac{p}{\pi\delta_p}}$	$r=\sqrt[3]{\dfrac{pL^4}{\pi E\delta_p}}$
	简支梁	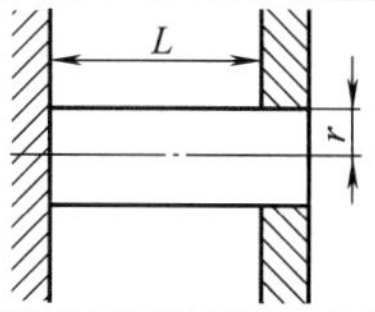	$r=2\sqrt{\dfrac{p}{\pi\delta_p}}$	$r=\sqrt[3]{\dfrac{0.0432pL^4}{\pi E\delta_p}}$
动模垫板	型芯为圆形或矩形			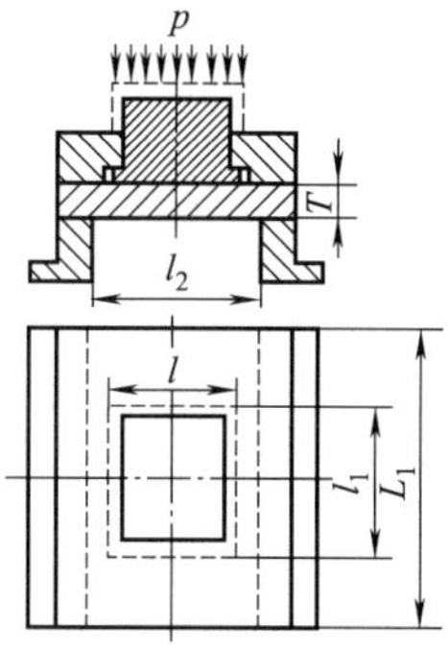 $T=0.54L\left(\dfrac{pA}{EL_1\delta_p}\right)^{\frac{1}{3}}$ A 是型芯在分型面上的投影面积，对于矩形型芯，$A=l_1l_2$；对于圆形型芯，$A=\pi R^2$
	增加支撑块			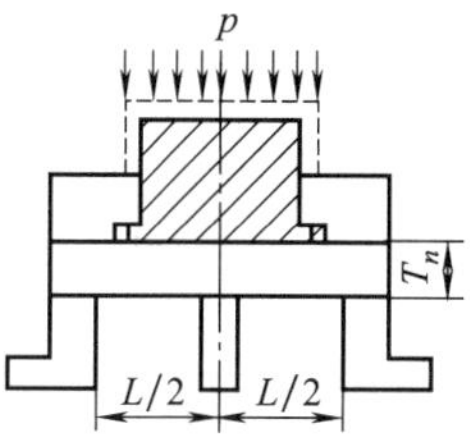 $T_n=0.54L\left(\dfrac{1}{n+1}\right)^{\frac{4}{3}}$ $\left(\dfrac{pA}{EL_1\delta_p}\right)^{\frac{1}{3}}=\left(\dfrac{1}{n+1}\right)^{\frac{4}{3}}T$ n 是支撑块或支柱的个数

注：表中，R—凹模外圆半径；E—模具材料的弹性模量（MPa），碳钢是 2.1×10^5 MPa；r—凹模内半径（mm）；S—凹模壁厚（mm）；h—凹模深度（mm）；H—凹模高度（mm）；T—垫板厚度（mm）；l—矩形凹模长边长度（mm）；b—矩形凹模短边长度（mm）；ϕ_1—系数；L—凹模的长边长度（mm）；B—凹模的短边长度（mm）；S_1—矩形凹模以长边为计算对象的壁厚（mm）；S_b—矩形凹模以短边为计算对象的壁厚（mm）。p—模具型腔内最大的熔体压力（MPa），型腔压力估算公式确定，一般是 30～50MPa；σ_p—模具强度计算的许用应力（MPa），一般中碳钢 $\sigma_p=160$ MPa（由屈服点 $\sigma_s=300$ MPa，安全系数 $n=1.875$ 算出），预硬化模具钢 $\sigma_p=300$ MPa；μ—模具钢材的泊松比，$\mu=0.25$；δ_p—模具刚度计算许用变形量（mm），主要根据表 2-30 计算；W—影响模具变形的最大尺寸，若圆筒形是 r 或 h，若矩形是 l 或 L_0。

2.7　导向与定位机构设计

2.7.1　导向机构的功用

模具开启闭合时要求开合模方向准确、位置精确。因此，模具必须具备导向机构。导向机构分为导柱导向机构和锥面定位机构两种。导柱导向机构用于动、定模之间的开合模导向和脱模机构的运动导向。锥面定位机构用于合模时动、定模之间的精密定位。

导向机构的功用：

① 导向作用　合模时，导柱首先与导套（或导向孔）配合接触，引导动模按规定方向、

顺序和精确位置与定模闭合，避免凸模先进入凹模内而发生成型零件损伤事故，为此导柱必须高出凸模端面6~8mm。

② 定位作用　指合模时保证动、定模按正确的位置闭合，以构成塑件需要的模具型腔，确保塑件形状的正确性和壁厚的均匀性。合模方向不能互换，明确合模定位的唯一性要求，可防止合模方向位置错误而损坏模具或合模后的模具型腔的形状和精度不能达到设计技术要求。因此，无论是自行设计制作还是选用标准模架，均应采取合模方向唯一性措施。

③ 承受一定的侧压力　塑料注入型腔的过程中，高压熔体作用于型腔侧壁，可能使型腔侧壁扩张变形，使导柱承受一定的侧压力。当采用推件板或双分型面模具结构时，导柱有承受推件板和型腔板重量的作用。因此导柱应具有足够的强度和刚度，以抵抗较大的侧压力。在导柱增设锥面定位合模机构中，锥面定位件也一定程度地承受注射过程中型腔向外胀开的侧压力。

④ 保持机构的运行平稳　对于大、中型模具的脱模机构，采用导柱导向，具有保持该机构运行灵活、平稳的作用。

2.7.2　导柱导向机构设计

导柱导向机构一般由导柱和导套（或导向孔）组成，二者分别设置于动、定模两侧，导柱插入导套孔中并采用间隙配合。开合模时，导柱在导套孔内滑动，对动、定模导向定位，如图2-43所示。

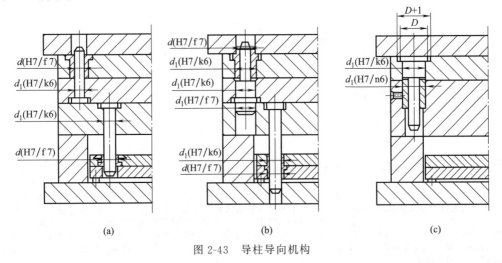

图 2-43　导柱导向机构

（1）导柱

① 导柱的结构、类型及应用　导柱应根据模具结构、大小及寿命来进行设计和选用，其常见类型特点及应用见表2-32。

表 2-32　导柱常见类型、特点及应用

类型、结构	特点及应用
引导段／导向段／固定段	带头导柱（GB/T 4169.4—2006） 　　固定段和导向段具有相同直径,但配合公差不同,固定段与固定孔采用 H7/k6,导向段与导向孔采用 H7/f6 　　导柱固定板和导向孔模板可以单独加工,也可以配加工或配加工后找正导向孔扩孔至尺寸 　　带头导柱一般用于塑件生产批量小的模具,可以不用导套

类型、结构	特点及应用
	带肩导柱Ⅰ型(GB/T 4169.5—2006) 带肩导柱除了具有轴向定位台阶和导向段外,导柱固定段直径大于配合段直径。导向孔采用衬套结构的轴套称为导套。导套外径与导柱固定段外径相同,导套外径与固定孔采用 H7/k6 配合,带肩导柱一般与导套配合使用。主要用于塑件生产批量大且精度高的模具
	带肩导柱Ⅱ型(GB/T 4169.5—2006) 特点和适用场合与带肩导柱Ⅰ型相同。带肩导柱Ⅱ型在固定台阶端带有一截柱销,使之具有将导柱固定板与其他模板进行定位的功能,无须另外设置定位销,从而节约模板空间
	直柱式导柱(螺钉固定式) 不带头的直导柱,安装时用固定板的孔定位,再以螺钉固定。与带头、带肩导柱相比,该结构不需要支承板,导向段与导向孔采用 H7/f6 配合,适用于简易模具的固定式或移动式模具中
	直柱式导柱(铆接固定式) 直柱式导柱的直径一般较小,导向段与导向孔采用 H7/f6 配合。适用于移动式模具

② 导柱直径的确定 确定导柱直径时,要根据导柱的受力状况,保证导柱具有足够的强度。导柱的长径比要合理。导柱直径随模具外形尺寸而定,一般中小型模具导柱直径为模板两直角边之和的 1/12～1/35,大型模具导柱直径为模板两直角边之和的 1/30～1/40,也可根据设计的模板尺寸参照相近尺寸标准模架的导柱直径来确定,还可按表 2-33 选择。

三板式模具中常采用两级导柱,每个分型面间各有一组导柱,两级导柱的粗细、长度、根数可以不相同。三板式模具导柱需要支承模板的重量,导柱的直径可用下式校核:

$$d = \left(\frac{64\omega L^3}{3\pi E\delta}\right)^{0.25}$$

式中 ω——1 根导柱承受的模板重力 (N),若整个模板重力为 W,导柱根数为 n,则 $\omega = W/n$;

L——模板重心距导柱根部距离,mm;

E——材料弹性模量,对钢材可取 2.1×10MPa;

δ——导柱头部弯曲变形挠度 (mm),其值应以不影响顺利合模为准,建议用 $\delta = $f7 的公差。

表 2-33 导柱直径 d 与模板外形尺寸的关系   mm

模板外形尺寸	≤150	150～200	200～250	250～300	300～400
导柱直径 d	≤16	16～18	18～20	20～25	25～30
模板外形尺寸	400～500	500～600	600～800	800～1000	＞1000
导柱直径 d	30～35	35～40	40～50	60	≥60

(2) 导套

与导柱的导向段配合的孔称为导向孔。导向孔有两种结构形式,一种是直接在模板上加工出来;另一种是加工导套,将导套镶嵌在模板中。前者结构形式适用于小批量生产,精度要求不高的模具;后者结构形式维修更换方便,可保证导向精度。因此对高寿命的模具应采用导套形式的导向孔才合理。导套结构形式见表 2-34。

表 2-34　导套结构形式和固定方式

导套结构	特点及应用
	直导套,螺钉旋入导套侧孔内即可防止脱出 适用推件板、型芯固定板、凹模固定板厚度较大或较小的场合
	直导套,采用端头铆合的方法防止导套脱出,但不易更换 适用同上
	带头导套,适用于大中型模具或模板较厚的场合
	带油槽带头导套,适用于模板较厚、大中型模具导柱直径较大减少摩擦的场合
	带肩导套,适用于推出机构推板导向的场合
	滚珠式导套,适用于合模精度较高的场合

（3）导柱的布置

根据模具形状大小,一副模具一般需要 2～4 根导柱。小型、移动式模具设 2 根导柱,大中型模具设 3～4 根导柱,常用形式一般为 4 根导柱。

图 2-44 所示为在模具上导柱分布的几种形式。为了实现合模方向唯一性原则,导柱布置通常采用两种方法:一种是对称分布,变动其中一根导柱的直径,如图 2-44（a）所示;另一种是直径均等,变动其中一根导柱的位置使之呈非对称分布,如图 2-44（b）所示。

导柱通常布置在型腔外围,模具的四角。考虑到导向孔的强度因素,导向孔的孔壁到模板边缘的距离不得过近,一般取导柱半径的 1～1.5 倍。

（4）导柱导向机构的技术要求

① 对导柱与导向孔的长度要求

a. 导柱。导柱按照功能不同可分为三段:固定段、导向段和引导段。固定段与固定板采用过渡配合,配合长度一般取导柱直径 d 的 1.5～2 倍。导向段不宜过长,其最小长度比要保护的型芯或凸模高度高出 6～8mm。引导段设计为锥形或球头形,其长度取导柱直径的 1/3。

b. 导向孔。导向孔应有足够的长度,一般取值为（1～2）d,d 越大,取值越大。为了增强入口处的强度并使导柱顺利进入,导向

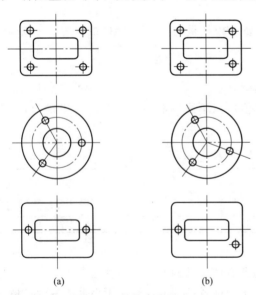

(a)　　　　　(b)

图 2-44　导柱布置形式

孔或导套的前端倒圆角 1～1.5mm。

② 对导柱、导套的配合要求 通常，导柱和导套与其固定板采取 H7/k6 过渡配合，导柱导向段与导向孔采取 H7/f6、H8/f7 间隙配合。在达到要求的配合长度之后模板孔或导套孔的其余部分孔径可扩大 0.5～1mm，以避免不必要的精加工和过长的配合。

导柱、导套固定孔及导柱固定段、导套的表面粗糙度均为 $Ra0.8\mu m$。导向孔与导柱导向段的表面粗糙度应分别为 $Ra0.8\mu m$ 和 $Ra0.4\mu m$。

③ 对材料及热处理的要求 导柱与导套均应具有足够的耐磨性，导柱还应具有优良的韧性，它们的制作材料多采用低碳钢 20 钢，经渗碳淬火处理后可达 56～60HRC；或采用碳素工具钢 T8、T10，表面淬火 50～55HRC。导柱与导套的硬度应有所差别，一般导柱的硬度要比导套的硬度高出 2～3HRC，这样可以改善二者的摩擦。

2.7.3 锥面定位机构设计

锥面定位机构主要适用于大型模具；深腔或塑件精度要求高的模具；模腔设置偏心；成型零件有多处插碰；有不对称侧向抽芯，模具要承受较大的内腔压力；分型面为非规则的斜面或曲面；生产批量大，模具寿命要求高的场合。

锥面定位机构包括锥面、斜面、锥形导柱精定位装置。

（1）精定位的结构形式

① 锥面精定位 如图 2-45 所示，锥面配合有两种形式：一种是两锥面之间有间隙，将经淬火的镶块装于模具上 ［图 2-45（b）］，使之和锥面配合，以制止偏移；另一种是两锥面直接配合 ［图 2-45（c）］，两锥面都要经淬火处理，角度为 5°～20°，高度要求大于 15mm，这类圆锥面定位机构的模具常用于圆筒类塑件成型时的精定位。

需要注意圆锥精定位时锥面所开设的方向，图 2-45 所示的形式由型芯模块环抱凹模模块，使得凹模模块受力时无法胀开，是合理的形式。图 2-46 所示的形式采用凹模模块环抱型芯模块是不正确的，因为在注射压力的作用下凹模模块会有向外胀开的可能，导致在分型面上形成间隙，影响塑件精度。

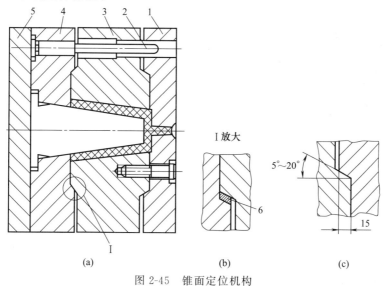

图 2-45 锥面定位机构
1—定模板；2—导柱；3—型腔板；4—动模固定板；5—动模垫板；6—镶块

② 斜面精定位 图 2-47 所示为斜面镶块定位机构，常用于矩形型腔的模具，用淬硬的斜面镶块安装在模板上。这种结构加工简单，通过对镶块斜面调整可对塑件壁厚进行修正，

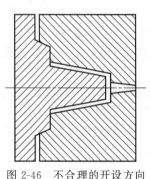

图 2-46　不合理的开设方向

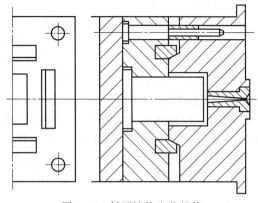

图 2-47　斜面镶块定位机构

磨损后镶块便于更换。

③ 锥形导柱　图 2-48 所示为锥形导柱定位装置，应用时，在模具设置导柱导向机构的基础上，在型腔周围增设 2～4 个锥形导柱定位件，当模具闭合的最后一瞬间，锥形导柱与圆锥孔的锥面贴合，实现精定位。锥形导柱适宜于侧向力不大的模具。

（2）锥（斜）面定位件的设计

图 2-49（a）为锥（斜）面定位块的尺寸关系图。斜角 α 取小值对定位有利，但不宜太小，否则开模阻力很大，故一般取 $\alpha = 7° \sim 15°$。锥（斜）面的高度 h 取值一般为 15～25mm。由于斜面定位块高度较小，当型腔受高压而向外扩张时，定位块除受弯矩作用外，还主要受剪切作用，其破坏形式主要是剪切破坏。因此在确定斜面定位块厚度 b 时，应综合考虑型腔侧壁作用力大小和斜面定位块楔紧凹模的长度。

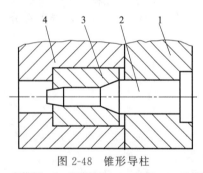

图 2-48　锥形导柱
1—定模板；2—锥形导柱；3—导套；4—动模板

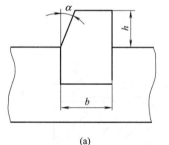

图 2-49　锥面定位件结构

因合模后，锥（斜）贴合面处于楔紧挤压状态，在开模时将产生很大的摩擦力，若锥（斜）面零件耐磨性差，则很容易定位失效。因此，应对锥面定位件进行淬火，要求达到 50HRC 以上。整体斜面也可以嵌贴淬火镶块，便于失效后撤换修复以保证精度，如图 2-49 （b）所示。

2.8　脱模机构设计

在注射成型的每一个循环中，都必须使塑件从模具凹模中或凸模上脱出，模具中这种脱出塑件的机构称为脱模机构（或称推出机构、顶出机构）。脱模机构的作用包括塑件等的脱出、取出两动作，即首先将塑件和浇注系统凝料等与模具松动分离，称为脱出，然后把其脱出物从模具内取出。

2.8.1　设计原则及分类

（1）脱模机构的结构组成

如图 2-50 所示的模具中，脱模机构由推杆 1、推杆固定板 2、推板导套 3、推板导柱 4、推板 5、拉料杆 6、复位杆 7 及限位钉 8 等组成。开模时，动模部分向左移动；开模一段距离后，当注射机的顶杆接触模具推板 5 后，推杆 1、拉料杆 6 与推杆固定板 2 及推板 5 一起静止不动；当动模部分继续向左移动时，塑件就由推杆从凸模上推出。合模时复位杆首先与定模边的分型面接触，从而将推板和所有的推杆一道推回复位。

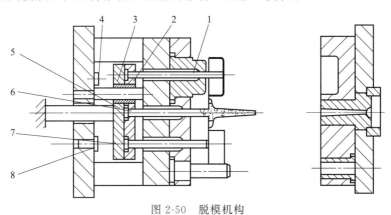

图 2-50　脱模机构

1—推杆；2—推杆固定板；3—推板导套；4—推板导柱；5—推板；6—拉料杆；7—复位杆；8—限位钉

脱模机构中，凡是直接与塑件相接触，并将塑件推出型腔或型芯的零件称为推出零件。常用推出零件有推杆、推管、推件板、成型推杆等，图 2-50 中的推出零件为推杆 1。推杆固定板 2 和推板 5 由螺钉连接，用来固定推出零件。为了保证推出零件合模后能回到原来的位置，需设置复位机构，图 2-50 中的复位部件为复位杆 7。脱模机构中，从保证推出平稳、灵活的角度考虑，通常还设有导向装置，图 2-50 中的导向零件为导柱 4 和导套 3。还有拉料杆 6，以保证浇注系统的主流道凝料从定模的浇口套中拉出，留在动模一侧。有的模具还设有限位钉，使推板与底板之间形成间隙，易保证平面度要求，并且有利于废料、杂物的清除，另外还可以通过限位钉厚度的调节来控制推出距离。

（2）脱模机构的设计原则

① 脱模机构应尽量设置在动模一侧。模具开启后应使塑件及浇口凝料滞留于带有脱模装置的动模上，以便脱模机构在注射机推杆的驱动下完成脱模动作。

② 保证塑件不因顶出而变形损坏及影响外观。这是对脱模机构最基本的要求。在设计时必须正确分析塑件对模具粘附力的大小和作用位置，以便选择合适的脱模方式和恰当的推出位置，使塑件平稳脱出。同时推出位置应尽量选塑件内表面或隐藏处，使塑件外表面不留痕迹。

③ 机构简单动作可靠。脱模机构应使推出动作可靠、灵活，制造方便，更换容易，机构本身要有足够的强度、刚度和硬度，以承受推出过程中的各种力的作用，确保塑件顺利脱模。

④ 合模时正确复位。设计脱模机构时，还必须考虑合模时机构的正确复位，并保证不与其他模具零件相干涉。

（3）脱模机构的分类

① 按动力来源分类

a. 手动脱模。当模具分型后，由人工操纵的脱模机构，推出塑件，一般多用于塑件滞留在定模一侧的情况，及产量不大的小型塑件。

b. 机动脱模。利用注射机的开模动作驱动模具上的脱模机构，实现塑件的自动脱模。

c. 液压脱模。用注射机上的液压缸或专门在模具上设置的液压缸，由液压控制系统驱动脱模机构将塑件推出。液压脱模动力大，传动平稳，在大型模具上广泛使用。

d. 气动脱模。利用压缩空气，通过型腔里微小的顶出气孔或排气阀将塑件吹出。

② 按模具结构分类

a. 简单脱模机构。又称一次脱模机构，包括常见的推杆、推管和推件板等脱模装置。

b. 二级脱模机构。一些形状特殊的塑件，如采用一次脱模，易使其变形、损坏甚至于不能从模内脱出，在这种情况下，需对塑件进行第二次脱出。

c. 双脱模机构。动模和定模两边均设置有脱模机构。

d. 顺序脱模机构。对于成型形状复杂塑件的模具，一般会有多个分型面，此时应顺序分型，才能使塑件从模内顺利脱出。

e. 带螺纹塑件的脱模机构。通过模内自动旋转，使塑件从螺纹型芯或型环上脱出。

2.8.2　脱模力的计算

塑料制品冷凝收缩对型芯产生包紧力，塑件脱模时，所需的脱模力必须克服包括塑件与模具零件间的摩擦阻力、塑件与模具零件间的黏附力、脱模机构的运动阻力以及大气压的阻力组成的脱模阻力。

摩擦阻力等于塑件对型芯或凹模表面的正压力（塑料收缩的包紧力垂直于成型零件的工作表面）与塑料和成型零件之间的摩擦因数 f 的乘积。实践证明，脱模初始瞬时阻力最大，故应计算此刻所需的脱模力大小。

（1）薄壁塑件脱模力的计算

内孔半径与壁厚之比 $\lambda = \dfrac{r}{t} \geqslant 10$ 的圆形塑件和 $\lambda = \dfrac{a+b}{\pi t} \geqslant 10$ 的矩形塑件称为薄壁塑件。

① 当塑件横截面形状为圆形时，它的脱模力计算公式为

$$F = \frac{2\pi t ESL\cos\varphi(f-\tan\varphi)}{(1-\mu)K_2} + 0.1A$$

② 当塑件横截面形状为矩形时，它的脱模力计算公式为

$$F = \frac{8tESL\cos\varphi(f-\tan\varphi)}{(1-\mu)K_2} + 0.1A$$

（2）厚壁塑件脱模力的计算

内孔半径与壁厚之比 $\lambda = \dfrac{r}{t} < 10$ 的圆形塑件和 $\lambda = \dfrac{a+b}{\pi t} < 10$ 的矩形塑件称为厚壁塑件。

① 当塑件横截面形状为圆形时，它的脱模力计算公式为

$$F = \frac{2\pi r ESL(f-\tan\varphi)}{(1+\mu+K_1)K_2} + 0.1A$$

② 当塑件横截面形状为矩形时，它的脱模力计算公式为

$$F = \frac{2(a+b)ESL(f-\tan\varphi)}{(1+\mu+K_1)K_2} + 0.1A$$

式中　F——脱模力，N；

　　　E——塑料的弹性模量（MPa），查表 2-35；

S——塑料成型的平均收缩率（％），查表 2-35；

t——塑件壁厚，mm；

L——被包型芯的长度，mm；

μ——塑料的泊松比，查表 2-35；

φ——脱模斜度（°）；

f——塑料与钢材之间的摩擦因数，查表 2-35；

r——型芯的平均半径，mm；

a——矩形型芯短边长度，mm；

b——矩形型芯长边长度，mm；

A——塑件在与开模方向垂直的平面上的投影面积（mm²），当塑件底部有通孔时，A 项视为 "0"；

K_1——由 λ 和 φ 决定的无因次数，$K_1 = \dfrac{2\lambda^2}{\cos^2\varphi + 2\lambda\cos\varphi}$，其中 λ 的值与塑件的横截面形状和相关尺寸有关；

K_2——由 f 和 φ 决定的无因次数，$K_2 = 1 + f\sin\varphi\cos\varphi$。

表 2-35　常用塑料参数

塑料名称		成型收缩率/%	弹性模量/MPa	泊松比	与钢的摩擦因数
PE	LDPE	1.50～3.50	0.212～0.216	0.49	0.30～0.50
	HDPE	1.50～3.00	0.890～0.980	0.47	0.23
PP	PP	1.00～3.00	1.600～1.700	0.43	0.49～0.51
	GFR 增强	0.40～0.80	3.100～6.200	—	—
PS	PS	0.50～0.80	3.200～3.400	0.38	0.45～0.75
	GPS	0.20～0.80	2.800～3.500	—	—
	HIPS	0.30～0.60	1.400～3.100	—	0.50
	耐热型	0.20～0.80	2.800～4.100	—	
	GFR(20%～30%)	0.30～0.50	5.800～8.900	—	
S/AN(PSAN)		0.20～0.60	3.300～3.900	—	0.50
ACS		0.40～1.00	—	—	
ABS	ABS	0.40～0.70	1.910～1.980	0.30	0.45
	抗冲型	0.50～0.70	1.590～2.280	—	
	耐热型	0.40～0.50	2.000～2.900	—	
	GFR(30%)	0.10～0.20	4.100～7.100	—	
PVC	硬 PVC	0.20～0.40	2.400～4.200	0.42	0.45～0.60
	半硬 PVC	0.50～2.50	—	—	
	软 PVC	1.50～3.00	—	—	
A/S/A(AAS)		0.40～0.80	2.280～2.550	—	
PVDC		0.50～2.50	0.340～0.550	—	0.68
PMMA	PMMA	0.20～0.90	2.700～2.900	0.40	0.30～0.50
	372	0.20～0.60	3.500	—	
PA6	PA6	0.70～1.50	1.390～1.480	0.44	0.58～0.60
	GFR(30%)	0.35～0.45	5.500～10.00	—	
PA66	PA66	1.00～2.50	1.920	0.46	0.58
	GFR(30%)	0.40～0.55	6.000～12.60	—	
PA610	PA610	1.00～2.50	2.300	—	
	GFR(30%)	0.35～0.45	6.900～11.40	—	
PA9		1.20～2.50	1.000～1.200	—	0.50
PA1010	PA1010	0.50～4.00	1.280	—	0.64
	GFR(30%)	0.30～0.60	8.700	—	

塑料名称		成型收缩率/%	弹性模量/MPa	泊松比	与钢的摩擦因数
PA11		1.00~2.50	1.400	—	0.17
PA12		0.80~2.00	1.240	—	0.10~0.20
POM		2.00~3.50	2.000~2.300	0.44	0.29~0.33
氯化聚醚		0.40~0.80	1.100	—	0.35~0.46
聚酚氧		0.30~0.40	2.410~2.690	—	0.45
PPO		0.70~1.00	2.690	0.41	0.35
PPS		1.00	3.400	—	—
PAS		0.50~0.80	2.550	—	—
PES		0.80	2.410~2.440	—	—
PSU (PSF)	PSU	0.80	2.180	0.42	0.24~0.28
	GFR(30%)	0.40~0.70	3.000	—	—
PC	PC	0.50~0.70	2.100~2.130	0.42	0.38~0.40
	GFR(20%~30%)	0.10~0.30	6.500	0.38	—
PETP (PET)	PETP	1.80	1.700	0.43	0.22~0.26
	GFR(28%)	0.20~1.00	6.900	—	0.30
PBTP (PBT)	PBTP	0.44	2.500	0.44	0.33
	GFR(23%)	0.20	8.000	—	0.33
PTFE		5.00~10.00	0.400	0.46	0.131~0.136
PCTFE		1.00~2.00	1.100~2.100	0.44	0.43
PVDF		2.00	0.840	—	0.14~0.17
FEP		2.00~5.00	0.350	—	0.25

2.8.3 简单脱模机构

凡在动模一侧施加一次推出力,就可实现塑件脱模的机构称为简单脱模机构(又称一次脱模机构)。简单脱模机构包括推杆脱模机构、推管脱模机构、推件板脱模机构、活动镶块及凹模脱模机构、多元联合脱模机构等,这类脱模机构最常见,而且应用也十分广泛。

(1)推杆脱模机构

推杆脱模机构是最简单、最常用的一种形式,具有制造简单、更换方便、推出效果好等特点。如图 2-50 所示的推杆脱模机构,它由推杆、复位杆、拉料杆、推杆固定板、推板、连接螺钉及推板导柱、导套等组成。常用推杆脱模机构的结构形式见表 2-36。

表 2-36 常用推杆脱模机构的结构形式

简 图	说 明	简 图	说 明
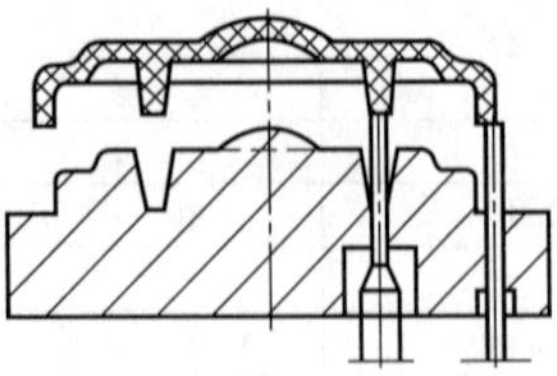	对有狭小加强筋的塑件,为了防止加强筋断裂留在凸模上,除了周边设置推杆外,肋上也设阶梯型扁推杆	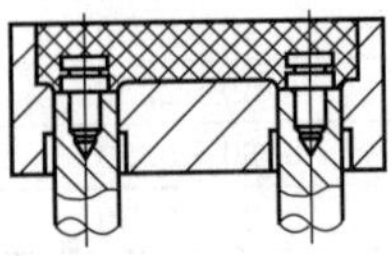	推出有嵌件的塑件时,推杆可设在嵌件上
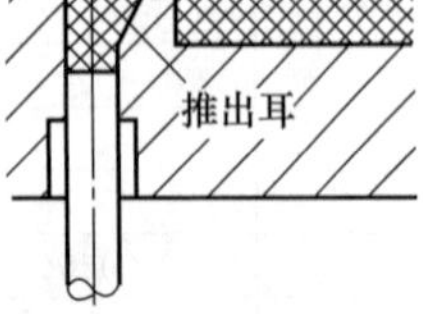	当塑件不允许有推杆痕迹,但又需要推杆推出时,可采用推出耳	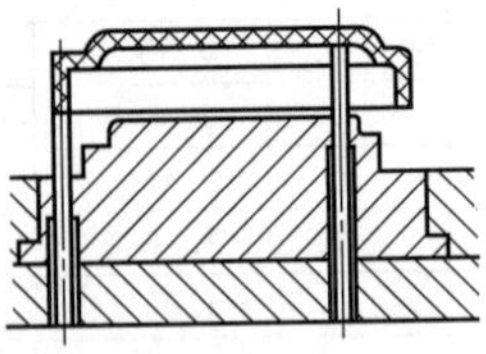	盖壳体塑件的侧面阻力大,须采用侧边与顶面同时推出,以免变形

续表

简　图	说　明	简　图	说　明
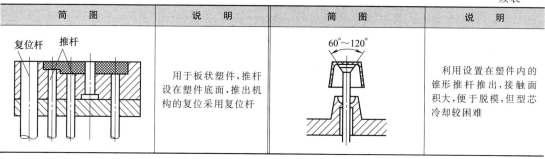	用于板状塑件,推杆设在塑件底面,推出机构的复位采用复位杆		利用设置在塑件内的锥形推杆推出,接触面积大,便于脱模,但型芯冷却较困难

① 推杆结构

a. 推杆类型及轴向结构见表 2-37。

表 2-37　推杆类型及轴向结构

图　例	说　明
R0.5, d_1, d, D, S, l, L	直通式推杆,已有 GB/T 4169.1—2006,直通式推杆除一端带凸肩供安装外,其余全长直径为 d,系列直径为 6~32mm,长度为 100~630mm
R0.5, d_1, R2, d, D, S, l, L	阶梯式推杆,因为推杆在推塑件时受轴向压力,若推杆的强度和刚度不足,会产生变形或折断,故推杆截面积不宜过小,长度要合理。当推杆设置位置受限,而直径较小,应采用阶梯式推杆
D, H, R0.5, L, t (a); D, H, R0.5, L, t (b)	异型推杆,推杆的工作断面是非圆形,但其余安装部分仍为圆形。图(a)为整体式异型推杆,工作断面为半圆形,可增大与塑件的接触面积;图(b)为嵌入式阶梯推杆,工作断面为矩形,推杆工作段为 1~4mm,插入后用钎焊连接,插入部分长度为 5~15mm
0.5, 60°	锥形推杆,也称阀式推杆。推杆的工作部分为倒锥形。它与型芯或模板以锥孔无间隙地相配合,这种结构可有效地防止溢料,适用于溢边值小的塑料成型;同时由于锥面下部的直杆置于通孔中,一旦推件脱离接触,空气能很快进入塑件与模具的贴合面之间,使塑件易于脱模
L, B (a); D, L (b)	排气式推杆,将图(a)推杆上端一定高度的杆部周边 2~4mm 处位置加工为平面,平面深度约为 0.025mm(以不溢料间隙要求为准),要求装好推杆后,该平面结构伸入到推杆与孔配合区域以外的通孔中,以利排气和消除飞边。图(b)为螺纹排气推杆,采用细牙螺纹,以不溢料为限
0.2, 0.8	斜面推杆,推杆位置在塑件的斜面处,为了防止推件时打滑并增大推杆推出的轴向推顶作用,在推杆的斜面上加工出若干条宽约 0.8mm、深为 0.2mm 的沟槽。安装斜面推杆时应注意采取防转措施

续表

图　　例	说　　明
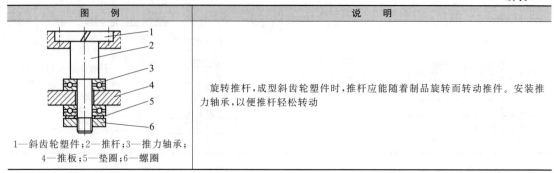 1—斜齿轮塑件；2—推杆；3—推力轴承； 4—推板；5—垫圈；6—螺圈	旋转推杆，成型斜齿轮塑件时，推杆应能随着制品旋转而转动推件。安装推力轴承，以便推杆轻松转动

b. 推杆的横截面形状。推杆的横截面形状如图 2-51 所示。常用推杆的横截面形状是圆形 [图 2-51（a）]，圆形便于加工和装配，应用最广。图 2-51（b）~（d）的推杆使用频率次于圆推杆，它们常用于推顶壳体塑件侧壁或格子状制品的隔板，此时若采用圆推杆，推杆直径太小使推出的效果欠佳，且推杆易变形折断。取矩形、半圆形或类似矩形和半圆形的推杆，可以增大推杆面积，提高推杆的强度，有效改善用圆推杆时所出现的不良状况。图2-51（e）、（f）中的推杆形状为异型形状，它们根据成型部位的形状而确定，并直接成型出该形状部位的高度。此类推杆又叫成型推杆，它仅在不宜使用圆形、矩形推杆时才采用。

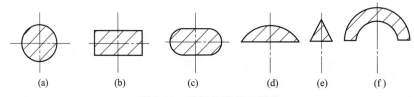

图 2-51　推杆的横截面形状

② 推杆脱模机构的设计要点

a. 推杆位置应设置在脱模阻力大的部位。盖类与箱类塑件，侧面阻力大，应尽量在其端面均匀设置推杆，推杆边缘距型芯至少 0.13mm，如图 2-52 所示。推杆设置在型芯内部时，应靠近侧壁均匀布置，但推杆边缘需距侧面 3mm 以上。

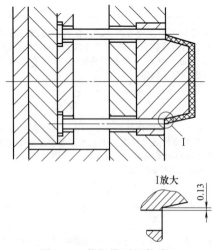

图 2-52　推杆推顶塑件端面

b. 若塑件的某个部位脱模阻力特别大，应在该处增加推杆数目。在塑件的肋、凸台、支撑等部位，应多设推杆，如图 2-53 所示。

c. 推杆不宜设置在塑件壁薄处，当结构特殊，需要推顶薄壁处时，可采用锥形推杆（见表 2-36）。对于薄壁壳体类塑件，以采用图 2-51（d）所示截面形状推顶塑件端面为宜。

d. 在型腔内排气困难的部位，应设置推杆，以便利用推杆与孔的配合间隙排气。

e. 推杆端面应以尽可能大的面积与塑件接触，直径小于 3mm 时应采用阶梯式推杆。

f. 为防止熔体溢料，推杆的工作段应有配合要求，常用 H8/f8 或 H9/f9，配合长度一般为直径的 1.5~2 倍，但至少应大于 15mm，对于非圆推杆则应大于 20mm。推杆的非工作段与孔均要有 0.5~1mm 的双边间隙，以减小摩擦，以便自动调整推杆的径向位置。

g. 推杆端面应和塑件成型表面在同一平面或比塑件成型表面高出 0.05～0.1mm。若塑件上不允许有推杆痕迹，可在塑件外侧设置冷料穴，推杆推顶冷料穴内凝料以脱出塑件。

h. 有时为了将塑件滞留在动模一侧，将推杆端部做成钩形，如图 2-54 所示。此时推杆兼作拉料杆用，但拉钩的方向必须一致，推杆固定端应有止转措施。

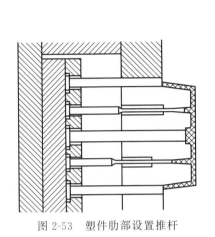

图 2-53 塑件肋部设置推杆

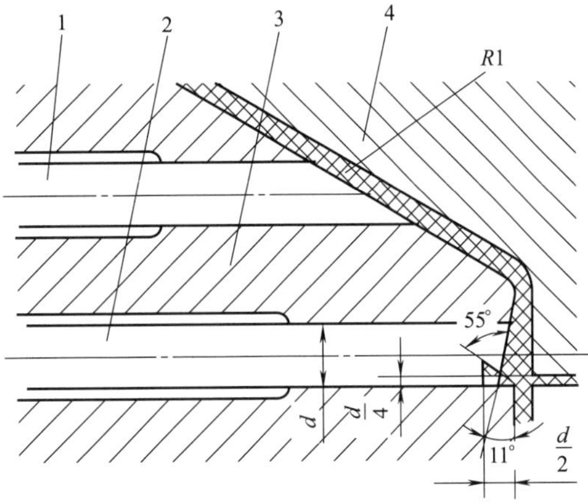

图 2-54 钩形推杆
1—推杆；2—钩形推杆；3—型芯；4—型腔

i. 在特殊场合，可采用端部装有金属嵌件的推杆，以便推出时推顶嵌件，脱出塑件，见表 2-36。

③ 推杆的固定形式 推杆在固定板中的形式如图 2-55 所示。图 2-55（a）是一种常用形式，适用于各种形式的推杆；图 2-55（b）是采用垫块或垫圈代替固定板上的沉孔的结构，此时要求各推杆的固定台肩等高，这种固定形式使各推杆安装之后高度容易保证一致；图 2-55（c）是在推杆固定端无推板时使用的一种结构，常用于推杆固定板较厚时，用螺塞旋紧固定；图 2-55（d）是利用螺钉顶紧推杆的一种结构，适用于推杆直径较大及固定板较厚的情况；图 2-55（e）是铆钉的形式，适用于直径小的推杆或推杆之间距离较近的情况；图 2-55（f）是用螺钉紧固的一种结构，用于粗大的推杆。

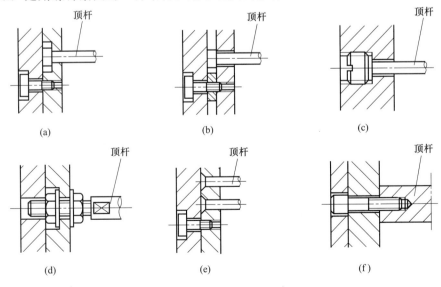

图 2-55 推杆的固定形式

④ 推出机构的导向　推出机构在模具内往复运动，除滑动配合处外，其余部分均处于悬挂浮动状态。为了防止推板和推杆固定板扭曲倾斜可能折断推杆或发生运动卡滞现象，应当在推出机构中设置导向零件进行导向。

对推出距离不大、生产批量小的小型模具，可借助于复位杆进行导向和支承，但应适当增加复位杆的直径和滑动配合长度，以减小滑动面上的压强，提高复位杆的刚度。同时，复位杆与推杆固定板的配合间隙，应小于推杆与推出固定板的间隙。

对推杆较细和推杆数量较多或推板较大的模具，应当在推出机构中设置导柱进行导向。如图 2-56 所示，推板和推杆固定板的重量由导柱来承受，消除仅由推杆悬臂支承带来的不利因素。推出机构的导柱一般为 2 根，大型模具必要时可安装 4 根导柱。当导柱足够粗，可按图 2-56（a）～（d）、（f）～（h）、（j）安装起导向和支承柱的作用。推出机构的导向孔若采用镶嵌导套的形式，磨损后便于更换。由于推板和推杆固定板的厚度不厚（一般为十多毫米），为了使导向孔达到足够的长度，导套常需跨越两板安装，因此常用带肩型导套，如图 2-56（c）～（f）、（h）～（j）所示。

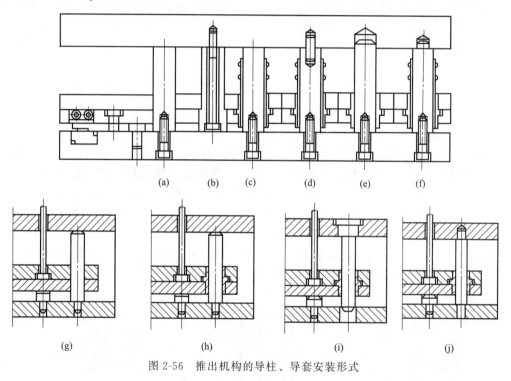

图 2-56　推出机构的导柱、导套安装形式

⑤ 推出机构的复位　脱模机构完成塑件推出后，为进行下一个循环必须回到初始位置。目前常用的复位形式主要有以下两种。

a. 复位杆复位。复位杆又称回程杆。复位杆通常装在与固定推杆的同一固定板上，一般设 2～4 根，且各个复位杆的长度必须一致。如图 2-57（a）所示为开模时推杆推出塑件状态；图 2-57（b）为合模时脱模机构的复位状态。

为避免长期对定模板的撞击，可采取两种防止措施，一种是使复位杆端面低于定模板平面 0.02～0.05mm，另一种是在复位杆底部增设弹簧缓冲装置，如图 2-58 所示。

在模具设计中，有时可以用推杆或推管兼作复位杆，起到既推出塑件又能复位的作用，如图 2-59 所示。

b. 弹簧复位。弹簧复位设计简单，还有使推杆预先复位的作用，尤其适用于带侧向抽

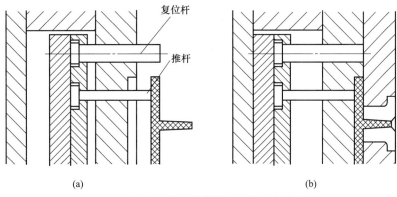

图 2-57　推出机构开合模推出塑件与复位状态

芯机构的模具。但是弹簧复位容易失效，可靠性较差，特别是推杆数量较多时易发生卡滞现象，因此常与复位杆共同使用，常用于小型模具，如图 2-60 所示。

（2）推管脱模机构

推管又称空心推杆或顶管，特别适用于环形、筒形或中间带孔的塑件。推管的特点是其整个周边与塑件接触，故塑件受力均匀，推出平衡可靠，制品不易变形，也不会在塑件上留下明显的接触痕迹。推管需与复位杆配合使用，采用推管时主型芯和型腔可以同时设计在动模一侧，有利于提高内外表面的同轴度。根据推管的形状和固定方式不同，可将推管分成以下三种类型。

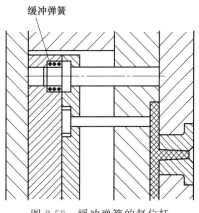

图 2-58　缓冲弹簧的复位杆

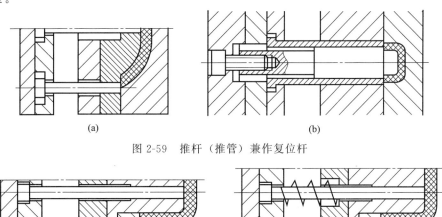

图 2-59　推杆（推管）兼作复位杆

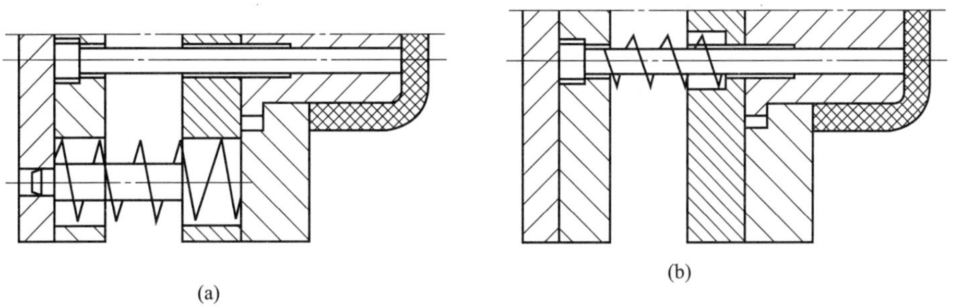

图 2-60　弹簧复位机构形式

① 型芯固定在动模底板上（长型芯）　如图 2-61 所示，型芯穿过推板固定在动模底板上。这种结构型芯较长，可作为脱模机构运动的导向柱，多用于推出距离不大的场合。推管

内径与型芯外径、推管外径与模板孔，均采用间隙配合。小直径推管取 H8/f8，大直径推管取 H8/f7。推管与型芯配合长度为推出行程加 3～5mm。为了减小摩擦阻力，可扩大推管尾部内径或减小型芯外径尾部直径 [图 2-61 (a) 是减小型芯外径尾部直径，图 2-61 (b) 是扩大推管尾部内径]，推管和动模板配合长度取 (0.8～2)D，其余部分扩孔留出间隙，推管内径扩孔时为 $d+0.5$mm，模板扩孔时为 $D+1$mm，如图 2-61 (b) 所示。

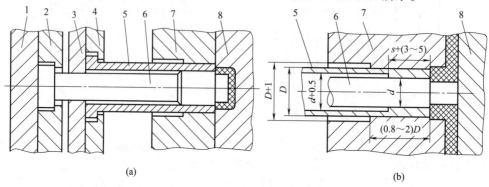

图 2-61　型芯固定在动模底板上的形式
1—动模底板；2—主型芯固定板；3—推板；4—推管固定板；5—推管；
6—型芯；7—动模板；8—定模板；s—行程

② 型芯固定在动模型芯固定板上（短型芯）　采用这种结构，型芯的长度可大为缩短，但推出行程包含在动模板内，致使动模的厚度增加，推出距离受限。该结构的型芯固定方法如图 2-62 所示，图 2-62 (a) 是增加一垫板来固定型芯；图 2-62 (b) 是加大型芯凸缘固定；图 2-62 (c) 是采用螺栓固定。

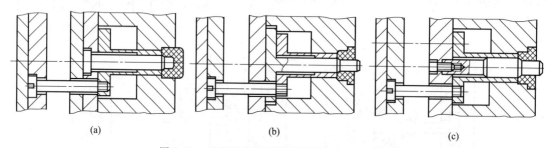

图 2-62　型芯固定在动模型芯固定板上的形式

③ 推管开槽结构（长推管）　如图 2-63 所示为推管中部开设长槽，型芯用圆销或扁销固定于动模垫板上，推管与扁销的配合采用 H8/f7 或 H8/f8，长槽在圆销以下的长度 l 应大于推出距离。这种结构型芯较短，模具结构紧凑，但型芯的紧固力较小，要求推管和型芯及

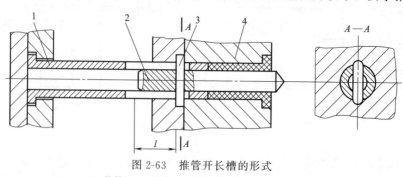

图 2-63　推管开长槽的形式
1—推管；2—型芯；3—圆（或扁）销；4—凹模板

型腔的配合精度较高,适用于型芯直径较大的模具。

(3) 推件板脱模机构

推件板又称脱模板,其特点是推出面积大,推力均匀,塑件不易变形,表面无推出痕迹,结构简单,模具无须设置复位杆,适用于大筒形塑件或薄壁容器及各种透明的塑件。

① 推件板的结构形式 推件板脱模机构的结构形式如图 2-64 所示,图 2-64 (a)、(b) 为推板与推件板之间采用固定连接,以防止推件板在推出过程中脱落。图 2-64 (a)、(e) 所示为应用最广泛的形式;图 2-64 (b) 是推件板沉入模板内,推件板在型芯上移动并不脱离型芯,使推件板加工结构简化、模具紧凑;图 2-64 (c)、(d) 为无固定连接形式,但必须严格控制推出距离,并要求导柱有足够长度保证推件板不脱模。图 2-64 (c) 所示的结构是利用注射机的顶杆直接推动推件板,使模具结构得以简化,尤其对大型模具可带来不少益处。图 2-64 (d) 是用定距螺钉的头部推顶推件板,定距螺钉的另一端与推板连接,这样可省去推杆固定板。

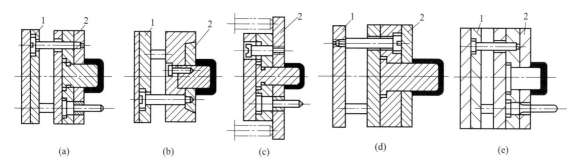

图 2-64 推件板结构形式
1—推杆固定板;2—推件板

推件板与型芯之间的间隙应小于成型塑料的溢边值,且一般在推出时,以控制推件板不脱离型芯为宜。若需脱离,应将推件板与型芯配合孔下端部分做成斜面,起引导复位的作用。推件板脱模的模具的导柱一定要装在动模一侧,便于推件板的导向。

推件板脱模时应避免推板孔的内表面与型芯的成型面相摩擦,造成型芯迅速擦伤,为此将推板的内孔与型芯面之间留出 0.2~0.3mm 的间隙,若将推件板与型芯成型面以下的配合段做成锥面则效果更好,锥面能准确定位,可防止推件板偏心,从而避免溢料。锥面的斜度为 5°~10°,如图 2-65 所示。当推件板厚度足够时,锥面斜度取大些,当推件板较薄时可适当减小锥面斜度。推件板与型芯的配合精度要求较高,为了提高耐磨性,常用强度较高的材料制造并进行淬火处理。对于大型或横截面形状复杂的塑件,要注意热处理带来的变形,需采取必要的加工方法来处理(如磨削、电火花加工等)。

大型深腔容器,尤其成型塑料为软质塑料时,用推件板推出,塑件与型芯之间极易形成真空,致使脱模时塑件易变形。为此,应考虑设置进气装置,消除大气造成的脱模阻力。用于推件板推出机构的进气装

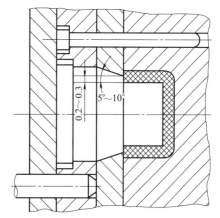

图 2-65 推件板与型芯的配合形式

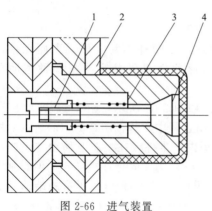

图 2-66 进气装置

1—螺母；2—推件板；3—弹簧；4—阀杆

置如图 2-66 所示，它由阀杆、弹簧和螺母组成。图示位置弹簧接近放松状态。在推件板推动初始，型芯与塑件之间的负压作用使锥面推杆随塑件上行，外界空气即可迅速进入型芯与塑件之间，一旦真空状态解除，在锥面推杆上行时，受到压缩的弹簧即使锥面推杆复位。

② 推件板的厚度计算   推件板属于推出元件，同时也是型腔的底板，必须具有一定的强度和刚度。推件板厚度的计算方法如下：

a. 圆筒形塑件。其推件板一般采用同心圆周分布的数根推杆来推动，如图 2-67（a）所示。

若按刚度计算：

$$H \geqslant \left(\frac{C_1 Q_\varepsilon R^2}{E[\delta]} \right)^{1/3}$$

若按强度计算：

$$H \geqslant \left(\frac{C_2 Q_\varepsilon}{[\sigma]} \right)^{1/2}$$

式中 H——推件板厚度，mm；

　　　　Q_ε——脱模力，N；

　　　　R——推杆轴线到推件板中心距离，mm；

　C_1，C_2——R/r 比值相关系数，按表 2-38 选取，其中 r 为推件板环形内孔（或型芯）半径；

　　　　E——钢材弹性模量，$2.1 \times 10^5 \, \text{N/mm}^2$；

　　　　$[\delta]$——推件板中心允许的变形量（mm），可取塑件高度尺寸公差的 $1/10 \sim 1/5$；

　　　　$[\sigma]$——钢材的许用应力，MPa。

b. 矩形或异环形横截面塑件。其推件板所用推杆分布如图 2-67（b）所示，若按刚度计算，则

$$H \geqslant 0.54L \left(\frac{Q_\varepsilon}{BE[\delta]} \right)$$

式中 L——矩形长度，mm；

　　　　B——矩形宽度，mm。

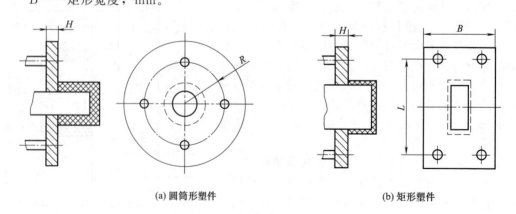

(a) 圆筒形塑件   (b) 矩形塑件

图 2-67 推件板厚度计算关系图

表 2-38 圆环形推件板系数 C_1、C_2 推荐值

R/r	C_1	C_2	R/r	C_1	C_2
1.25	0.0051	0.227	3.00	0.2099	1.205
1.50	0.0249	0.428	4.00	0.2930	1.514
2.00	0.0877	0.753	5.00	0.3500	1.745

（4）推块脱模机构

推块是推管的一种特殊形式，用于推出非圆形的大面积塑件，其结构如图 2-68 所示。图 2-68（a）无复位杆，推块的复位靠主流道中的熔体压力来实现；图 2-68（b）为复位杆在推块的台肩上，结构简单紧凑，与图 2-68（a）一样，在推出塑件时，凹模 3 与推块 1 的移动空间应足以使推块推出塑件；图 2-68（c）采用非台阶推块推出塑件，推块 1 不得脱离凹模 3 的配合面，复位杆 2 带动推杆 4 使推块 1 复位。当塑件表面不允许有推杆痕迹（如透明塑料），且表面有较高要求时，可采用这种推块式整体推出机构。

推块与凹模的配合为 H7/f6，推块材料用 T8，并经淬火后硬度为 53～55HRC 或 45 钢经调质后硬度为 235HBW。

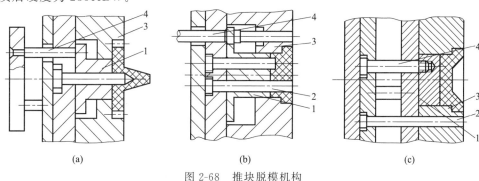

图 2-68 推块脱模机构

1—推块；2—复位杆；3—凹模；4—推杆

（5）利用成型零件的脱模机构

某些塑件由于结构形状和所用塑料的缘故，不能采用上述脱模机构，这时可利用活动成型镶件或活动型腔来脱模，如图 2-69 所示。图 2-69（a）是利用推杆推出螺纹型芯，塑件与型芯一起取出，在模具外将塑件脱出，然后经人工将型芯放入模内；图 2-69（b）推杆推出的是螺纹型环，经人工取出塑件后将型环放入模内，为便于型环安放，推杆采用弹簧复位；图 2-69（c）是利用活动镶块将塑件推出，然后人工取塑件；图 2-69（d）将镶块固定于推杆上，脱模时，镶块不与模体分离，人工取出塑件后由推杆带动镶件复位；图 2-69（e）是利用型腔带出塑件的推出机构，开模时，型腔将塑件脱离型芯后，人工将塑件从型腔中取出。这种结构适用于软质塑料，但型腔数目不宜过多，否则取件困难。

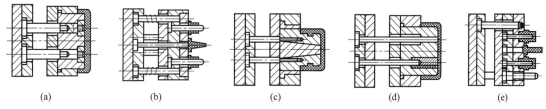

图 2-69 利用成型零件的脱模机构

（6）多元联合脱模机构

有的塑件形状和结构比较复杂，若仅采用一种脱模机构易使塑件局部受力不均而变形，甚至局部发生破裂，难以脱出。当采用数种脱模方式同时作用时，即可使塑件受力部位分

散，受力面积增大，塑件在脱模过程中不易损伤和变形。图 2-70 所示为推管与推件板联合推出，推出时，阀形推杆 4 与推件板 3 共同推顶塑件，将塑件从动模型芯 2 上脱出。图 2-71 为四元联合脱模机构，即推杆、推管、推件板及活动镶块并用的形式。

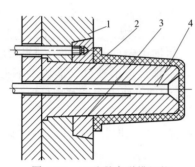

图 2-70　二元联合脱模机构
1—动模板；2—型芯；3—推件板；4—推杆

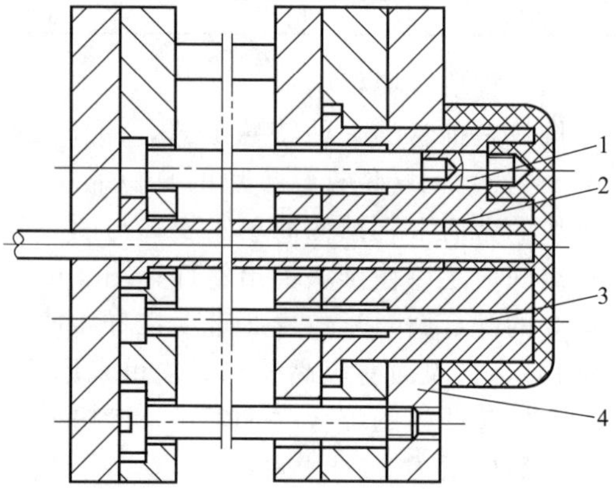

图 2-71　四元联合脱模机构
1—螺纹型芯（活动镶块）；2—推管；3—推杆；4—推件板

（7）气动脱模机构

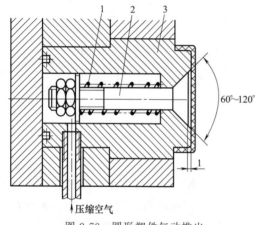

图 2-72　圆形塑件气动推出
1—弹簧；2—气动推杆；3—型芯

气动脱模机构是指以压缩空气为动力，利用压缩空气通过模内通道推动气阀（气缝），将压缩空气引入塑件与模具之间，使塑件脱模的一种装置。它适用于较软塑料制作的深腔薄壁类容器的脱模，也可与其他脱模机构协同使用。其特点是无推顶痕迹，机构结构简单。型芯和凹模均可使用气动脱模，可以在开模的任意位置脱出塑件。压缩空气压力通常为0.5～0.6MPa。

图 2-72 所示为中心阀气动推出机构，该机构适用于圆形截面塑件，当压缩空气进入气室后，单向阀气动推杆 2 被推出，阀口打开，同时弹簧 1 被压缩，压缩空气通过阀口间隙进入型芯与制品之间，均匀的压缩空气作用于塑件内表面，使塑件从型芯上脱出。

也有的不用气阀，而采用压缩空气配合推出机构将塑件推出，如图 2-73 所示是采用压

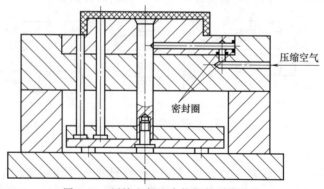

图 2-73　压缩空气配合推杆的脱模机构

缩空气配合推杆将塑件推出。由于压缩空气的引入，大大增加了脱模功能，保证了塑件的质量。

2.8.4　定模脱模机构

在设计模具时，原则上应力求使塑件开模后留在动模一侧，但有时由于塑件形状比较特殊，或者受到某些特殊要求限制，塑件留在定模上，此时定模一侧需要设置推出机构。其推出机构的推出动作及推力一般依靠开模动作和开模力，有的也可利用弹顶装置的弹力和动作。

图 2-74 所示为定模拉板推出机构。一次成型全塑刷子模，由于毛刷面不易设置浇口，故将型腔取图示方位，浇口设在毛刷背一侧。开模时，当动模后移一定距离时，螺钉 4 即带动拉板 8，继续后退，拉板 8 拉动螺钉 6，从而带动定模的推件板 7 推件。除了在模具外部两侧安装拉板的形式外，还可用链条或拉杆带动定模推出机构推件。

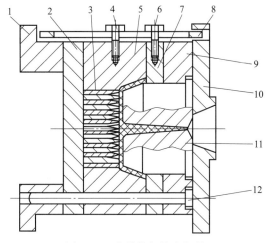

图 2-74　定模拉板推出机构
1—支架；2—支承板；3—塑件；4,6—螺钉；
5—动模板；7—推件板；8—拉板；9—定模型芯
固定板；10—定模座板；11—型芯；12—导柱

图 2-75 所示为定模挂钩推件板推出机构。开模时，由于挂钩 11 的作用，推件板 6 将塑件从定模型芯上脱出留于动模，动模部分继续后移，当移到一定距离时，滚轮 9 迫使挂钩 11 脱离锁块 12，继续抽出型芯，然后由推杆 1 从动模板 4 上推出塑件。

图 2-76 为定模摆钩推件板脱模机构。开模时，动模型腔板上的摆钩 3 与定模推件板上的挂钩 4 接触，带动定模推件板 2 运动，将塑件从定模内脱出。当定模推件板被限位后，动

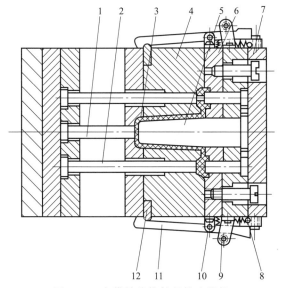

图 2-75　定模挂钩推件板推出机构
1,2—推杆；3—动模支承板；4—动模板；5—型芯；
6—推件板；7—定模座板；8—支块；9—滚轮；
10—挂钩转柱；11—挂钩；12—锁块

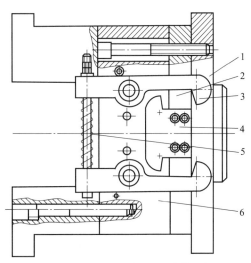

图 2-76　定模摆钩推件板脱模机构
1—定模座板；2—推件板；3—摆钩；
4—挂钩；5—弹簧；6—动模板

模继续运动，使定模推件板上的挂钩与动模板上的摆钩脱离。合模时，由于摆钩的摆动，能使摆钩恢复到图示位置。

2.8.5 双脱模机构

由于塑件结构特殊，当无法判断开模时塑件滞留在动、定模的哪一侧时，应考虑在动、定模两侧都设置脱模机构，称之为双脱模机构。在模具分型时，通常定模脱模机构首先动作，将塑件推向动模一侧，然后由动模脱模机构将塑件推出。

双脱模机构一般有三种结构形式，图 2-77 所示是弹簧式双脱模机构。开模后，在弹簧 2 的作用下 A 分型面分型，塑件从定模型芯 3 上脱下，保证其滞留在动模中；当限位螺钉 1 与定模板 4 相接触后，B 分型面分型，然后动模部分的脱模机构动作，推杆 5 将塑件从动模型腔中推出。这种形式模具结构紧凑、简单，适用于对定模附着力不大的制品，同时应注意弹簧失效问题。图 2-78 所示为摆钩式双脱模机构。开模后，由于摆钩 8 的作用使 A 分型面分型，从而使塑件从定模型芯 4 上脱出，然后由于压板 6 的作用，使摆钩 8 脱钩，于是动、定模在 B 分型面处分型，塑件留在动模一侧，最后动模部分的脱模机构动作，推管 1 将塑件从动模型芯 2 上推出。图 2-79 所示为气动双脱模机构。它在动、定模处均有进气口与气阀，开模时，定模的电磁阀开启，使塑件脱离定模而留在动模型芯上，定模电磁阀关闭。开模终止时，动模电磁阀开启把塑件吹出。

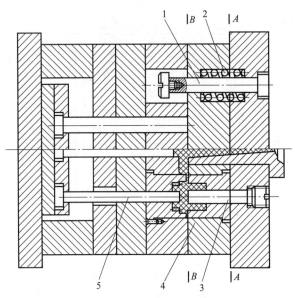

图 2-77　弹簧式双脱模机构

1—限位螺钉；2—弹簧；3—定模型芯；
4—定模板；5—推杆

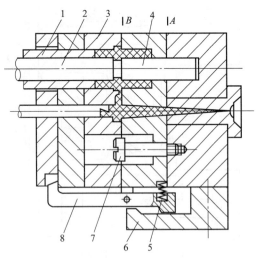

图 2-78　摆钩式双脱模机构

1—推管；2—动模型芯；3—动模板；4—定模型芯；
5—弹簧；6—压板；7—定距螺钉；8—摆钩

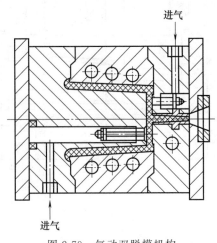

图 2-79　气动双脱模机构

2.8.6 二级脱模机构

一般塑料制品采用简单脱模机构即可保证顺利脱模，但当塑件形状比较复杂或为薄壁深腔型时，因塑件与型腔包紧接触面积大，作一次推顶动作易使塑件变形或破裂，所以采用二级脱模机构，以使脱模力分散施加，实现安全脱模。以分散脱模阻力为手段，保证塑件质量或自动脱模为目标，需完成两次脱模动作的机构称为二级脱模机构。绝大多数二级脱模机构的脱模动作是第一次推顶动模型腔板移动，使其带着塑件脱离模具型芯；第二次脱模动作是将附在型腔板内的塑件推出。

二次脱模机构的种类很多，运动形式也多种多样，但都应该遵循一个共同点：两次推出的行程一般都有一定的差值，行程大与行程小者既可以同时动作也可以滞后动作。同时动作，要求行程小者提前停止动作；若不同时动作，要求行程大者的零件滞后运动。设置二级脱模机构会使模具结构复杂，故应认真分析塑件具体情况，在确有必要时才可采用。下面介绍几种二级脱模机构。

（1）单推板二级脱模机构

这类二级脱模机构的特点是仅有一套推出装置，但需完成两次脱模动作。第一次推出往往由开模动作带动拉杆、摆杆、滑块或弹簧等零件实现。第二次由动模部分的脱模机构来实现。这里只介绍几种常用的形式。

① 弹簧式二级脱模机构　弹簧式二级脱模机构是利用弹簧力实现第一次推出，然后再由推杆实现第二次推出，如图 2-80 所示。图 2-80（a）所示为闭合状态。开模时，由弹簧 8 推动型腔板 7，使塑件离开型芯 6 一段距离 l_1，完成第一次脱模，如图 2-80（b）所示；再由推板 2 带动推杆 3 推出一段距离 l_2，使塑件脱离型腔板 7 和型芯 6，完成塑件的第二次脱模动作，如图 2-80（c）所示。要使塑件能完全脱离，需满足推出距离大于塑件嵌入型腔板内的深度 h_2，即 $l_1 > h_2$，两次推出的距离之和要大于塑件的孔深 h，即 $l_1 + l_2 > h$。此图只描述了二级推出的结构，设计时还需考虑各动作过程顺序控制及各零件的正确复位。特别要注意的是，刚开模时，弹簧不能马上起作用，以免塑件开模后滞留在定模一侧，使塑件无法脱模。要实现这一动作，必须设置定距分型装置。

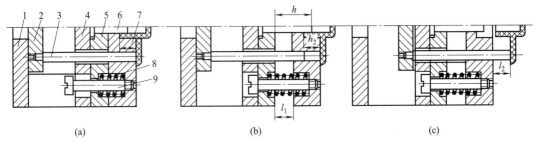

图 2-80　弹簧式二级脱模机构

1—动模座板；2—推板；3—推杆；4—动模垫板；5—型芯固定板；
6—型芯；7—型腔板（脱模板）；8—弹簧；9—限位钉

② U 形限制架式二级脱模机构　如图 2-81 所示为一个通过 U 形限制架和摆杆实现的二级脱模机构。图 2-81（a）为闭模状态，U 形限制架 4 固定在动模座板 7 上，摆杆 3 固定在推出板上，可由转动销 5 转动，圆柱销 1 装在型腔板 11 上。图 2-81（b）为当注射机推杆 6 推动推板时，摆杆受 U 形架的限制只能向前运动，推动圆柱销 1，使型腔板 11 分型，在推杆 8 和型腔板的作用下，使塑件脱离型芯 9，完成第一次推出动作。图 2-81（c）是注射机推杆 6 继续向前推，摆杆 3 脱离限制架，限位螺钉 10 阻止型腔板 11 继续向前运动，此时圆

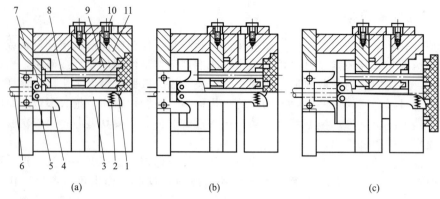

(a)　　　　　　　　　(b)　　　　　　　　　(c)

图 2-81　U 形限制架式二级脱模机构

1—圆柱销；2—弹簧；3—摆杆；4—U 形限制架；5—转动销；6—注射机推杆；

7—动模座板；8—推杆；9—型芯；10—限位螺钉；11—型腔板

柱销 1 将摆杆分开，弹簧 2 拉住摆杆紧靠在圆柱销上，当注射机推杆继续推出时，推杆 8 则推动塑件脱离型腔板 11，完成第二次动作。

③ 斜楔滑块式二级脱模机构　如图 2-82 所示利用滑块来完成二级推出，滑块的运动是由斜楔来驱动的。图 2-82（a）为闭模状态；当注射机顶杆 12 推动推板 2 时，推杆 8 推动凹模型腔 7 将塑件推出型芯 9，与此同时，斜楔接触滑块，在斜楔的作用下滑块 4 向模具中心移动，如图 2-82（b）所示状态，第一次推出结束；滑块继续移动，推杆 8 落入滑块 4 的孔内，使推杆 8 不再推动凹模型腔 7，而中心推杆 10 仍推着塑件，使塑件从凹模型腔中脱出，完成第二次推出，如图 2-82（c）所示。

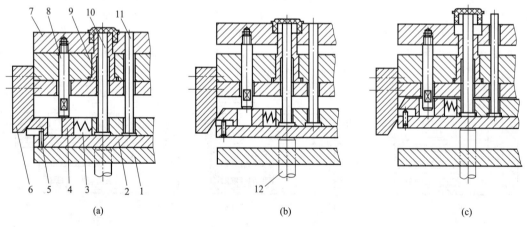

(a)　　　　　　　　　(b)　　　　　　　　　(c)

图 2-82　斜楔滑块式二级脱模机构

1—动模座板；2—推板；3—弹簧；4—滑块；5—销钉；6—斜楔；7—凹模型腔；8—推杆；

9—型芯；10—中心推杆；11—复位杆；12—注射机顶杆

④ 摆块拉杆式二级脱模机构　图 2-83 所示为摆块和拉杆组合来实现的二级脱模机构。图 2-83（a）为合模状态，摆块 7 固定在动模固定板上。当开模到一定距离时，固定在定模板上的拉杆 10 迫使摆块 7 推动动模型腔板 9 前进，使塑件脱离型芯 3 完成第一次推出，如图 2-83（b）所示。继续开模时，由于定距螺钉 2 和摆块运动距离的限制，阻止了动模型腔 9 继续向前移动，当推出机构与注射机推杆相碰时，通过推杆 11 将塑件从动模型腔 9 中推出，完成第二次推出。图中脱模机构的复位由复位杆 6 来完成，弹簧 8 用来保证摆块与动模

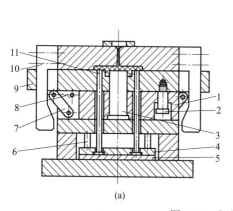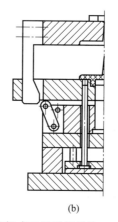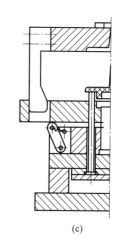

图 2-83　摆块拉杆式二级脱模机构

1—型芯固定板；2—定距螺钉；3—型芯；4—推杆固定板；5—推板；
6—复位杆；7—摆块；8—弹簧；9—动模型腔；10—拉杆；11—推杆

型腔始终相接触，以免影响拉杆的正确复位。

（2）双推板二级脱模机构

此类脱模机构是利用两块推板，分别带动一组推出装置实现二级推出的机构。两块推板往往同时开始运动，在完成一次推出动作后，一级推板在特定机构控制下停止运动，或滞后于二级推板运动，从而保证能够实现二次推出动作。常见的有以下两种形式。

① 八字形摆杆式二级脱模机构　如图 2-84 所示为八字形摆杆式二级脱模机构。图 2-84（a）为闭模状态；开模一定距离后，注射机顶杆 6 接触一级推板 7，由于定距块 5 的作用，使中心推杆 3 和型腔推杆 2 一起动作将塑件从型芯 10 上推出，直到八字形摆杆 4 与一级推板 7 相碰为止，第一次推出结束，如图 2-84（b）所示；动模继续后退，型腔推杆 2 继续推出型腔 1，而八字形摆杆 4 在一级推板 7 的作用下绕支点转动，使二级推板 8 运动的距离大于一次推板运动的距离，塑件便在中心推杆 3 的作用下从凹模型腔 1 中脱出，完成第二次推出，如图 2-84（c）所示。

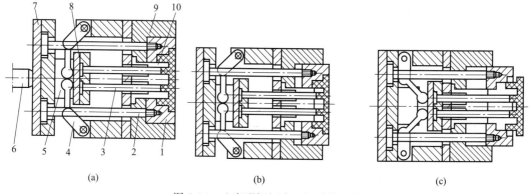

图 2-84　八字形摆杆式二级脱模机构

1—型腔；2—型腔推杆；3—中心推杆；4—八字形摆杆；5—定距块；6—注射机顶杆；
7—一级推板；8—二级推板；9—动模固定板；10—型芯

② 楔块摆钩式二级脱模机构　如图 2-85 所示为楔块摆钩式二级脱模机构。图 2-85（a）为合模状态；开模一段距离后，注射机推杆 6 推动一级推板 4，由于固定在二级推板上的摆钩 5 紧紧勾住一级推板上的圆柱销 7，所以一级推杆 9 和二级推杆 1 同步移动，使塑件脱离

型芯 12，塑件仍滞留在型腔板 11 上，完成一次脱模，如图 2-85（b）所示；当动模继续运动时，斜楔块 10 楔入两摆钩 5 之间，迫使摆钩转动，使摆钩与圆柱销 7 脱开，这时一级推杆 9 失去动力而停止，二级推杆 1 继续移动，使塑件脱离型腔板 11，实现二次推出，如图 2-85（c）所示。

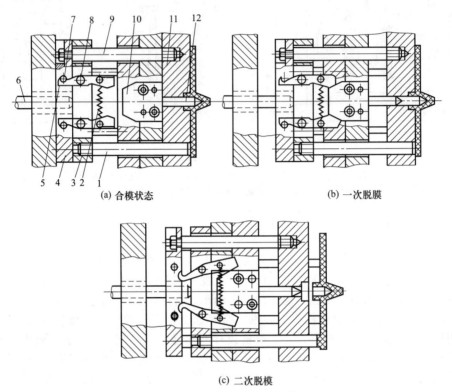

(a) 合模状态   (b) 一次脱膜

(c) 二次脱模

图 2-85   楔块摆钩式二级脱模机构

1—二级推杆；2—拉簧；3—二级推板；4——级推板；5—摆钩；6—注射机推杆；7—圆柱销；
8—摆钩固定销；9——级推杆；10—楔块；11—型腔板；12—型芯

2.8.7   顺序脱模机构

顺序脱模机构又称顺序分型机构或定距分型机构。实质上是双脱模机构在三板式模具中的应用形式。由于塑件与模具结构的需要，首先需将定模型腔板与定模分开一定距离后，再使动模与定模型腔板分开取出塑件。顺序脱模机构通常要完成两次以上的分型动作。常用的顺序脱模机构有以下几种。

（1）弹簧顺序脱模机构

弹簧顺序脱模机构的结构特点是在定模一侧两模块之间设置压缩弹簧。开模时弹簧驱动定模型腔板（或脱模板）分开一定距离。限位之后，动模与定模型腔板分开，推出制品。限位装置可以使用定距拉板或者定距拉杆。

① 弹簧定距拉板式顺序脱模机构注射模的结构如表 2-3 中的双分型面注射模所示。

② 弹簧定距拉杆式顺序脱模机构注射模的结构如图 2-86 所示。开模时，在弹簧顶销 3 的作用下，模具首先从 A—A 处分开，浇注系统凝料随塑件一起向左移动，当 A—A 分开的距离达到能取出浇注系统凝料时，限位拉杆 7 的左端与中间板（型腔板）6 相碰，使中间板停止移动。当动模部分继续向左移动时，模具从 B—B 处打开，此时塑件因包紧在型芯 4 上与动模部分一起继续向左移动。当 B—B 分开到一定距离后，注射机推杆推动推板 9，并

在推杆（兼作推出机构导柱）11 的作用下推动脱模板 5，由脱模板 5 将塑件从型芯 4 上脱下来。

弹簧顺序脱模机构结构简单，制造方便，适用于开模力（定模分型的力）不大、分型距离不长的场合。需要注意的是，弹簧的弹力和变形量均与弹簧高度有关，而模内安放的位置有限。同时也要注意弹簧失效的问题。

（2）拉钩顺序脱模机构

拉钩顺序脱模机构的结构特点是定模型腔板或脱模板，通过一对拉钩与动模连接在一起。开模时定模型腔板首先被拉开作为第一次分型，至一定距离后拉钩脱开，随即限位。然后动模与定模型腔板分开，完成第二次分型，再推出塑件。拉钩顺序脱模机构有以下几种形式：

① 拉钩压板式　如图 2-87 所示为典型的拉钩压板式顺序脱模机构的注射模。挡块 1 固定在动模垫板 10 上，拉钩 2 可绕固定在中间板（型腔板）8 上的转轴 3 转动。闭模时，拉钩在弹簧 5 的弹力作用下钩住挡块。开模时，模具首先从 A—A 处打开。开到一定距离后，拉钩在压块 4 的作用下产生摆动而脱钩。此时，中间板 8 在限位螺钉 6 的限制下停止向左移动，迫使模具从 B—B 处分开，并借助推出推杆将塑件从凸模上推出。为了便于脱模，拉钩与挡块的角度 α 一般取 $1°\sim3°$。

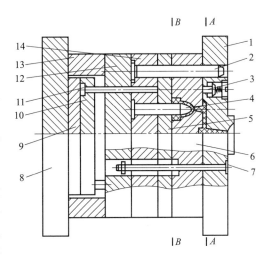

图 2-86　弹簧定距拉杆式顺序脱模
机构注射模的结构

1—定模座板；2—导柱；3—弹簧顶销；4—型芯；
5—脱模板；6—中间板（型腔板）；7—限位拉杆；
8—动模座板；9—推板；10—推杆固定板；11—推杆；
12—动模垫板；13—垫块；14—型芯固定板

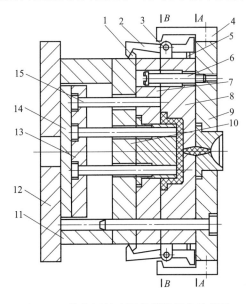

图 2-87　拉钩压板式顺序脱模机构注射模

1—挡块；2—拉钩；3—转轴；4—压块；5—弹簧；
6—限位螺钉；7—型芯固定板；8—中间板（型腔板）；
9—定模板；10—动模垫板；11—垫块；12—动模座板；
13—推杆固定板；14—推板；15—复位杆

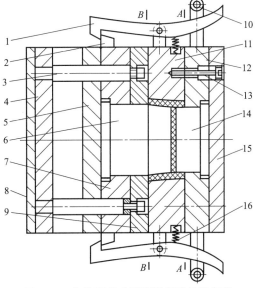

图 2-88　拉钩滚轮式顺序脱模机构注射模

1—拉钩；2—挡块；3—推杆；4—推板；5—动模垫板；
6—动模型芯；7,12—型芯固定板；8—动模底板；9—推
件板；10—滚轮；11—定模型腔板；13—限位螺钉；
14—定模型芯；15—定模底板；16—压缩弹簧

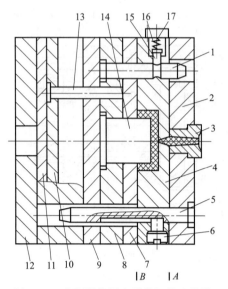

图 2-89　定距导柱顺序脱模机构注射模

1—导柱；2—定模板；3—浇口套；4—型腔板；
5—定距导柱；6—限距螺钉；7—脱模板；8—型
芯固定板；9—动模垫板；10—推杆固定板；
11—推板；12—动模座板；13—推杆；
14—型芯；15—顶销；16—弹簧；17—压块

② 拉钩滚轮式　如图 2-88 所示，由于拉钩钩住动模上的挡块 2，分型面 B—B 不能打开。开模时，先从 A—A 处拉开，定模型芯从塑件内抽出，当分型到一定距离后固定在定模上面的滚轮 10 压下拉钩尾部，使拉钩与挡块脱钩，同时限位螺钉起定距作用，模具从 B—B 面分型，动模继续左移，注射机顶杆推动推板 4，使推杆 3 推动推件板 9 从动模型芯 6 上推出塑件。

拉钩顺序脱模机构动作可靠、开模力大，适用于分型力大、分型距离较长和塑件生产批量大的场合。

（3）定距导柱顺序脱模机构

如图 2-89 所示为定距导柱顺序脱模机构注射模。开模时，由于弹簧 16 的作用，顶销 15 卡在导柱 1 的圆槽内，以便模具从 A—A 处分开。当定距导柱 5 上的凹槽与限距螺钉 6 相碰时，型腔板 4 则停止移动，强迫顶销 15 退出导柱 1 的圆形槽，模具从 B—B 处打开。动模部分继续移动时，在推杆 13 的作用下，脱模板 7 将塑件推出型芯 14。这种定距导柱，既对中间板起到支承和导向作用，又是动模、定模的导向机构，使模具板面的孔数减少，结构比较合理，比较经济。

2.8.8　浇注系统凝料脱出机构

为了保证模具自动化生产，除了要求塑件能顺利脱模外，浇注系统的凝料亦应能自动脱出。对于普通两板式模具，通常采用侧浇口、直接浇口及盘环形浇口，其浇注系统凝料一般与塑件连在一起。塑件脱出时，先用拉料杆拉住冷料，使浇注系统凝料留在动模一侧，然后用推杆或拉料杆推出，靠其自重而脱落。对于潜伏式浇口和点浇口的模具则需单独考虑浇注系统凝料脱出的问题。

（1）点浇口浇注系统凝料的脱出机构

点浇口浇注系统凝料，一般可用人工、机械手取出，但生产效率低，劳动强度大，当塑件的生产批量较大时，可采用点浇口自动脱落的方式。该机构模具结构复杂，模具加工成本高，但由于实现了高效率，大批量生产，塑件成型质量好，因而使制品生产合理化、经济化。点浇口自动脱出机构是一种将顺序脱模机构与推出机构联合起来使用的机构，有多种结构形式，下面介绍几种常见的点浇口浇注系统凝料的脱出机构。

① 分流道弹力脱出点浇口凝料　如图 2-90 所示

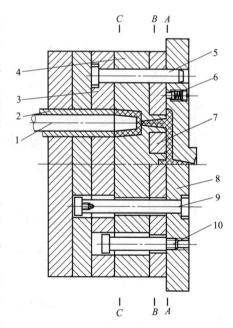

图 2-90　分流道弹力脱出点浇口凝料

1—型芯；2—推管；3—动模板；4—定模板；
5—导柱；6—弹簧；7—定模推件板；8—定模
座板；9—限位拉杆；10—限位螺钉

为一个多点浇口浇注系统脱出机构。开模时，A—A 分型面先分型，主流道凝料从定模中拉出，当限位螺钉 10 与定模推件板 7 接触时浇注系统凝料与塑件在浇口处拉断，与此同时，B—B 分型面分型，浇注系统由定模推件板 7 从凹模型腔中脱出，最后 C—C 分型面分型，塑件由推管 2 从型芯 1 上推出脱模。

② 定模推板拉断点浇口凝料　如图 2-91 所示，在定模型腔板 3 内镶一定模推板 5。开模时，由定距分型机构保证定模型腔板 3 与定模座板 4 首先沿 A—A 面分型。拉料杆 2 将主流道凝料从浇口套中拉出，当开模到 L 距离时，限位螺钉（拉杆）1 带动定模推板 5 使主流道凝料与拉料杆脱离，即实现 B—B 分型，同时拉断点浇口，浇注系统凝料便自动脱落。最后沿 C—C 分型时，利用脱模板将塑件与型芯分离。

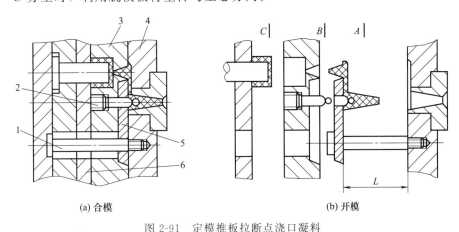

(a) 合模　　　　　　　　　　　　(b) 开模

图 2-91　定模推板拉断点浇口凝料

1—限位螺钉；2—拉料杆；3—定模型腔板（中间板）；4—定模座板；5—定模推板；6—脱模板

③ 拉料杆拉断点浇口凝料　如图 2-92 所示，图 2-92（a）为闭模状态，图 2-92（b）为开模状态。开模时，首先从 A—A 面分型，由于流道拉料杆 3 的作用，浇口凝料断开后并留在定模一边，待分开一定距离后，限位螺钉 2 带动流道推板 1 沿 B—B 面分开，并将浇注系统凝料脱掉。动模继续左移时，型腔板（中间板）5 受到限位拉杆 4 的阻碍不能移动，即实现 C—C 分型。塑件随型芯移动而脱离型腔板 5，最后在推杆 7 的作用下脱模板 6 将塑件脱离型芯，即 D—D 分型。

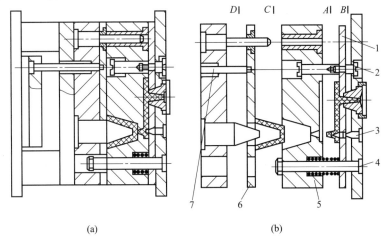

(a)　　　　　　　　　　　　　　(b)

图 2-92　拉料杆拉断点浇口凝料

1—流道推板；2—限位螺钉；3—流道拉料杆；4—限位拉杆；5—型腔板（中间板）；6—脱模板；7—推杆

（2）潜伏式浇口凝料的脱出机构

采用潜伏式浇口的模具，其脱模机构必须分别设置塑件和流道凝料的推出机构，在推出过程中，浇口被拉断，塑件与浇注系统凝料各自自动脱落。

① 利用脱模板切断浇口凝料　如图 2-93 所示，图 2-93（a）为闭模状态，图 2-93（b）为开模状态，浇口设在塑件内侧。开模时，定模座板 1 与脱模板 3 首先分开，塑件留在型芯 2 上。推出时，脱模板 3 首先移动并与型芯共同把浇口切断，然后推杆 5 将流道凝料推出而自动落下。

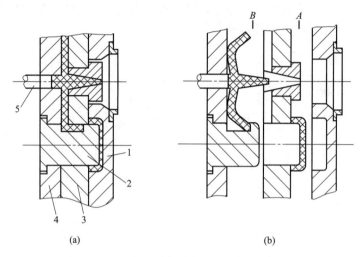

图 2-93　内侧进料及脱模板切断浇口凝料
1—定模座板；2—型芯；3—脱模板；4—型芯固定板；5—推杆

② 利用差动式推杆切断浇口凝料　为了防止潜伏式浇口被切断，脱模后弹出损伤塑件，可以设置延迟推出装置，如图 2-94 所示。图 2-94（a）为闭模状态，在脱模过程中，先由推杆 2 推动塑件，将浇口切断而与塑件分离，如图 2-94（b）所示。当推板 5 移动 l 距离后，限位圈 4 即开始被推动，从而由流道推杆 3 推动流道凝料，最终塑件和流道凝料都被推出，如图 2-94（c）所示。

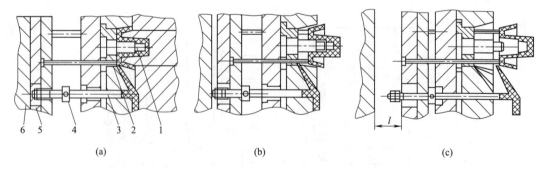

图 2-94　利用差动式推杆切断浇口凝料
1—型芯；2—推杆；3—流道推杆；4—限位圈；5—推板；6—动模座板

③ 利用推杆推出浇口凝料　如图 2-95 所示，推杆上设置过渡流道，与潜伏式浇口呈 $25°\sim45°$，推出时推杆 3 与 2 分别推顶塑件和流道，受动模板（型芯）4 在过渡流道与潜伏式浇口呈 $25°\sim45°$ 处剪切刃口的剪切力作用，将塑件和流道剪断而分离，最后分别推出。

2.8.9　螺纹塑件脱模机构

塑件的内螺纹由螺纹型芯成型,外螺纹由螺纹型环成型,所以带螺纹塑件的脱出可分为强制脱螺纹、拼合式螺纹型芯(或螺纹型环)以及旋转式脱螺纹三大类。

(1)强制脱螺纹

对于软质塑料,当螺纹精度要求不高且螺纹扣数不多时,尤其是圆牙螺纹,可考虑采取强制脱螺纹方式脱模,这样模具结构比较简单。例如聚乙烯和聚丙烯塑料制品,脱模时利用推件板较大的推力和塑料本身的弹性,使塑件从型芯上强制脱下,如图 2-96 所示。应注意推件板上用作推顶面的结构要合理,避免用圆弧形端面来推件,否则难以使塑件脱模或会顶坏塑件。

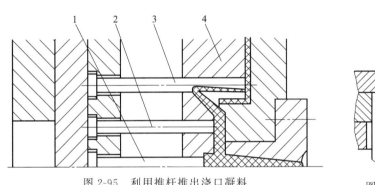

图 2-95　利用推杆推出浇口凝料

1~3—推杆;4—动模板

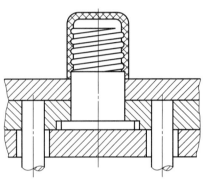

图 2-96　利用塑件的弹性强制脱模

常见的能够采用强制脱模的塑料的伸长率和弯曲弹性模量见表 2-39。

表 2-39　常用强制脱模成型材料的伸长率和弯曲弹性模量

材质	相对于侧凹的伸长率 $\delta/\%$	弯曲弹性模量 E/MPa	图　　示
PS	<0.5	—	
AS(SAN)	<1.0	—	
ABS	<1.5	2.3	
PC	<1.0	2.4	
PA	<2	2.6	
POM	<2	2.9	
PE(低密度)	<5	—	
PE(中密度)	<3	—	
PE(高密度)	<3	3.1	
PVC(硬质)	<1	—	
PVC(软质)	<10	—	
PP	<2	1.5	

注:1. $\delta=\dfrac{d_0-d_1}{d_0}\times100$。

2. δ 值系因成型品取出温度不同而异,表中介绍的是较小的数值

(2)拼合式螺纹型芯和型环

① 拼合式螺纹型环　拼合式脱螺纹适用于螺纹牙形为梯形或三角形的外螺纹塑件。采用拼合成型的外螺纹塑件,其外侧有明显的合模线,因此,只用于塑件精度和外观质量要求不高的场合。外螺纹侧向分型脱模机构如图 2-97 所示。外螺纹侧向分型即可采用斜导柱,也可采用斜滑块侧向分型。开模时,在斜导柱 4 的作用下型环上下分开,再由脱模板 2 推出塑件。

② 拼合式螺纹型芯　对于精度要求不高的内螺纹塑件，可设计成间断内螺纹，由拼合的螺纹型芯成型，如图 2-98 所示。开模后，塑件留在动模，推出时推杆 1 带动推板 2，推板 2 带动螺纹型芯 5 和脱模板 3 一起向前运动，同时螺纹型芯 5 向内收缩，使塑件脱出。

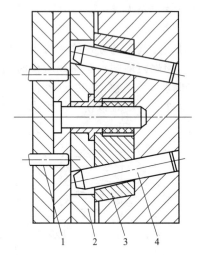

图 2-97　外螺纹侧向分型脱模机构

1—推杆；2—脱模板；3—活动型环；4—斜导柱

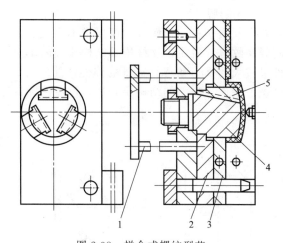

图 2-98　拼合式螺纹型芯

1—推杆；2—推板；3—脱模板；4—型芯；5—螺纹型芯

采用拼合式螺纹型环，型芯成型出的塑件螺纹上有拼缝或呈间断式，这类脱螺纹方式适用于当塑件螺纹精度要求不高的场合。但其结构较旋转式脱螺纹简单，模具制造较容易，螺纹脱出速度快，所以应用较广。

（3）旋转式脱螺纹

1）螺纹部分的止转措施

当螺纹塑件在模具中冷却凝固需要脱模时，要求塑件或模具中的某一方既能进行回转运动，又能进行轴向运动，或者仅一方进行回转运动而另一方进行轴向运动均可实现塑件自动脱螺纹。不管采用哪种运动方式脱螺纹，都要求塑件上必须带有止转结构。止转结构可以设置在塑件外侧表面，也可以在塑件内侧表面或端面，如图 2-99 所示。回转机构设置在定模或动模都可以，但一般的模具回转机构设在动模一边较多。

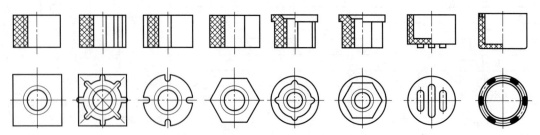

图 2-99　螺纹塑件的部分止转结构

① 塑件外部有止转结构　如图 2-100 所示是塑件外部有止转、内部有螺纹的情况。图 2-100（a）是外点浇口的塑件，凹模在定模，螺纹型芯在动模，螺纹型芯回转使塑件脱出的形式。图 2-100（b）是内点浇口的塑件，凹模在动模，使动模上的塑件回转而脱离螺纹型芯的形式。这两种脱螺纹形式都不使用推出机构，只使之回转就能达到使塑件不附着凹模或型芯而自动脱出的目的。设计时需注意，使螺纹型芯与塑件保留必要的牙数时（一般为一扣左右），塑件再脱离凹模。

图 2-101 所示为塑件有止转部分的型腔和螺纹型芯同时处于动模的例子,当止转部分长度 H 和螺纹长度 h 相等时回转终了,即使没有推出装置,塑件也能落下;当 $H>h$ 时,则需要采用推出杆将塑件推出型腔。

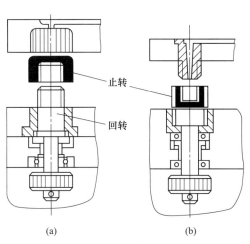

图 2-100　塑件外部有止转结构

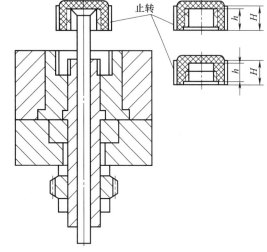

图 2-101　有推出机构的脱螺纹形式

② 塑件内部有止转结构　如图 2-102 所示是外螺纹的塑件在内侧有止转的情况。型芯回转带动塑件回转并沿轴向移动,使塑件脱离螺纹型腔,这时塑件还没有脱离止转型芯,需要用推杆将塑件继续推出,实现最终脱模。

图 2-103 是内螺纹塑件在内侧面有止转的情况。型芯回转使螺纹脱开,当塑件的螺纹部分全部脱出后,塑件的止转部分还没有脱离止转型芯。图 2-103(a)是以推杆将推板顶起,使塑件最终脱模;图 2-103(b)是使用弹簧将推板顶起,使塑件最终脱模。

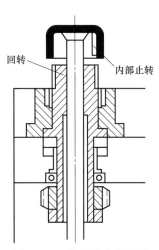

图 2-102　外螺纹内部止转

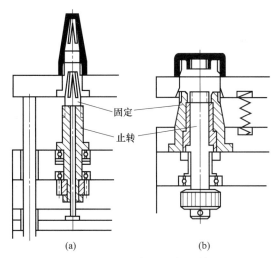

图 2-103　内螺纹内部止转

③ 塑件的端面有止转结构　图 2-104 所示为塑件的端面有止转的情况。通过螺纹型芯的回转,要在推板下设置相应的装置使推板与塑件同步沿轴向运动,保证推板上的止转机构始终与塑件上的止转凹槽不脱开,从而使塑件脱离螺纹型芯,最后在推杆的作用下使塑件脱离带有止转结构的推板。

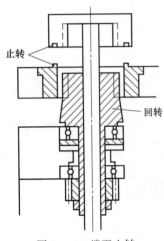

图 2-104 端面止转

2）旋转式脱螺纹的驱动方式

按驱动的动力源分，有人工驱动、电机驱动、液压缸或气缸驱动、液压马达以及利用开模行程通过大升角的丝杆螺母驱动等方式。

① 人工驱动

a. 模外手工脱螺纹。这种模具是将螺纹部分做成活动型芯（或型环），开模时随塑件一起脱模，最后在模外用手工将其与塑件脱离。这种模具结构简单，但需要数个螺纹型芯（或型环）交替使用，还需要模外取件装置。图 2-105（a）所示螺纹型芯随塑件推出后，用专用夹具夹住型芯尾部使其脱出塑件。图 2-105（b）为手工脱螺纹型环的形式，开模后螺纹型环随塑件脱出，再用专用工具使螺纹型环脱出塑件。

b. 模内手工脱螺纹。图 2-106 所示为利用端面止转花纹脱模的手动模具，开模后由操作者摇动手柄，通过锥齿轮使螺纹型芯旋转，端面止转推件板在弹簧作用下随塑件移动，最后将塑件全部旋出自由落下。限位螺钉 1 决定了推件板的最终位置。

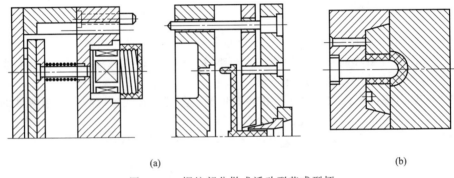

(a)   (b)

图 2-105 螺纹部分做成活动型芯或型坯

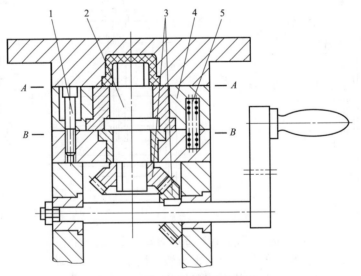

图 2-106 手动旋转脱螺纹模具

1—限位螺钉；2—螺纹型芯；3—锥齿轮；4—推板；5—弹簧

② 利用开模运动脱螺纹　这种结构是利用开模时的直线运动，通过齿条或丝杆的传动，使螺纹型芯作回转运动而脱离塑件。螺纹型芯可以一边回转一边移动脱离塑件，也可以只作回转运动脱离塑件，还可以通过大升角的丝杠螺母使螺纹型芯回转而脱离塑件。

a. 一边回转一边作往复运动结构。如图 2-107 所示是脱出侧向螺纹型芯的例子。开模时，齿条导柱 3 带动螺纹型芯 2 旋转并沿套筒螺母 4 做轴向移动，套筒螺母与螺纹型芯配合处螺纹的螺距应与塑件成型螺距一致，且螺纹型芯 2 上的齿轮宽度应保证在左右移动到两端点时都能与齿条导柱的齿形啮合。由于受齿轮齿条啮合区域的限制，使用这种脱螺纹的机构只适应于塑件上螺纹圈数较少的场合。

b. 只作回转运动的结构。如图 2-108 所示为螺纹型芯只作回转运动的脱螺纹机构。开模时，装在定模座板上的齿条 1 带动小齿轮 2，并通过锥形齿轮传动，将带螺纹的塑件及浇注系统凝料同时脱出。由于型芯与拉料杆的螺纹旋向相反，所以二者的螺纹型芯的旋向必须相反，且螺距应该相等。

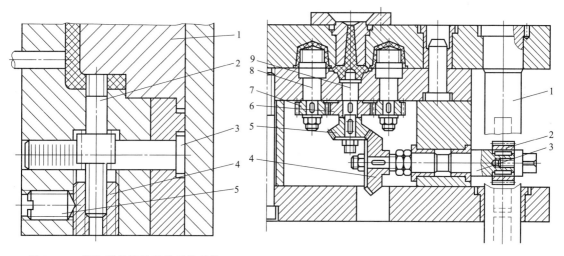

图 2-107　螺纹型芯旋转并移动的结构
1—定模型芯；2—螺纹型芯；3—齿条导柱；
4—套筒螺母；5—紧定螺钉

图 2-108　螺纹型芯只作回转运动的结构
1—齿条；2,6,7—齿轮；3—齿轮轴；4,5—锥齿轮；
8—螺纹型芯；9—螺纹拉料杆

c. 使用大升角螺杆使螺纹型芯回转。大升角螺杆可利用开模力驱动齿轮，不但非常方便，而且可简化模具结构。该结构在国内外广泛采用。螺杆的导程可根据塑件螺纹的牙数和开模或推出距离确定，一般来说螺纹升角增大则接触压力降低，传出力矩增加，使用寿命延长，但在移动相同距离时旋转圈数较少。图 2-109 所示是在行星齿轮轴上加工出大升角螺杆，与它配合的螺母固定不动，开模时动模移动，通过大升角螺杆使齿轮轴回转。

图 2-110 为大升角螺杆的结构。开模时，点浇口脱出后，当推件板 7 与凹模 8 分型时，螺杆 1 与螺套（螺母）2 作相对直线运动，因螺杆 1 被定位键固定，因此迫使螺套 2 转动，从而带动齿轮 3 及螺纹型芯 4 转动，同时弹簧 5 推动推管 6 及推件板 7 紧贴塑件，防止塑件随螺纹型芯 4 转动，从而脱出螺纹塑件。

③ 其他脱螺纹方式

a. 使用气缸和液压缸驱动脱螺纹机构。如图 2-111 所示，是液压缸或气缸驱动齿条往复运动，再带动齿轮使螺纹型芯回转的脱模机构。这种机构的复位准确可靠，但是缸的行程有限，不适用于牙数较多的螺纹。

b. 使用电动机驱动脱螺纹。如图 2-112 所示是靠电动机和蜗轮蜗杆使螺纹型芯回转的脱螺纹机构。由于电动机转速快，所以要使用传动比较大的蜗杆机构。电动机驱动脱螺纹装置的启动时间和旋转圈数不受开模程序限制，因此可根据需要在开模过程中或开模后进行旋出，并适用于螺纹牙数较多的螺纹。这种旋出方式多适用于只旋转不退回的螺纹型芯，且螺纹线起始点无确切方位要求的场合。

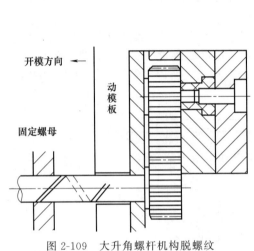

图 2-109　大升角螺杆机构脱螺纹

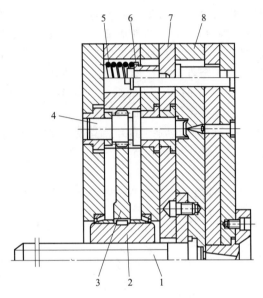

图 2-110　大升角螺杆结构
1—螺杆；2—螺套；3—齿轮；4—螺纹型芯；
5—弹簧；6—推管；7—推件板；8—凹模

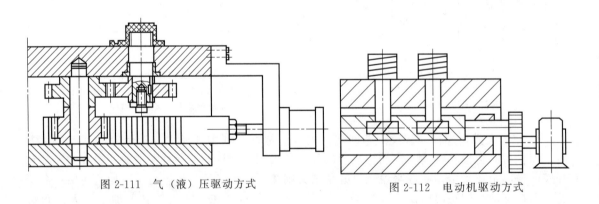

图 2-111　气（液）压驱动方式

图 2-112　电动机驱动方式

2.9　侧向分型抽芯机构的设计

2.9.1　侧向分型抽芯机构的分类和特点

在注射模设计中，当塑件上具有与开模方向不一致的孔或侧壁有凹凸形状时，必须将成型侧孔或侧凹的零件做成可实现抽出和复位的活动形式，这种零件称为侧型芯。在推动塑件脱离模具之前需先将侧型芯抽出，然后再推出塑件，完成侧型芯抽出和复位动作的机构叫做侧向分型抽芯机构。

　　侧向分型抽芯机构按动力类别分为手动侧向分型抽芯机构、机动侧向分型抽芯机构和液压气动侧向分型抽芯机构；按结构方式分为弯销、斜导槽、斜滑块、齿轮齿条、螺旋侧向分型抽芯机构。侧向分型抽芯机构的分类、特点及适用范围见表 2-40。

表 2-40　侧向分型抽芯机构的分类、特点及适用范围

侧向分型抽芯机构类型		特点和适用范围
手动侧向分型抽芯机构	①模内手动侧向分型抽芯机构：分为螺纹、齿轮齿条、活动镶件和其他形式的分型抽芯机构 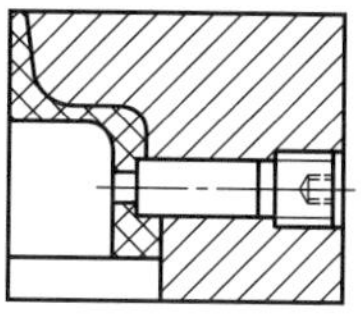 	模具结构简单,易制造,但操作烦琐,生产率低,劳动强度大。 　适用于定模抽芯和便于模内抽拔的小型芯和小批量生产的模具
	②模外活动镶件手动侧向分型抽芯机构 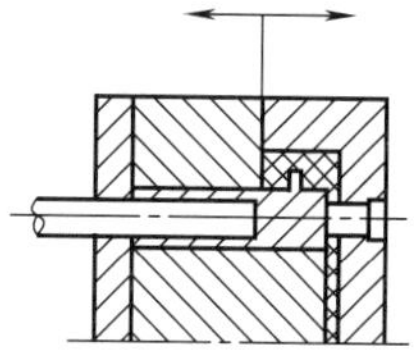 	模外分型和抽芯,可简化模具结构。适用于复杂成型零件的分型和抽芯,不便采用一般分型抽芯机构的场合和小批量生产的模具
机动侧向分型抽芯机构	①斜销侧向分型抽芯机构 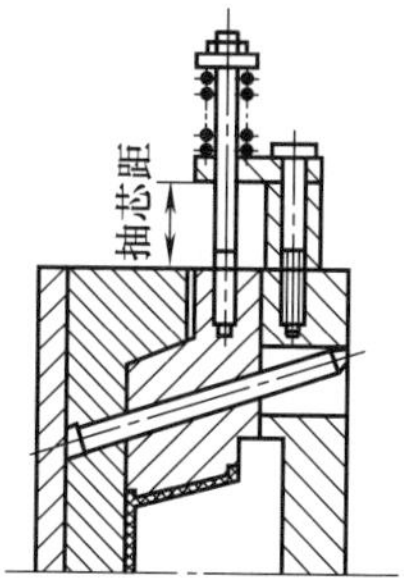 	借助开模力等为侧向分型抽芯动力,抽拔方向与分型面平行或呈较小的夹角。结构简单,生产率高。 　适用于抽拔力和分型抽芯距均较小的场合
	②弯销侧向分型抽芯机构 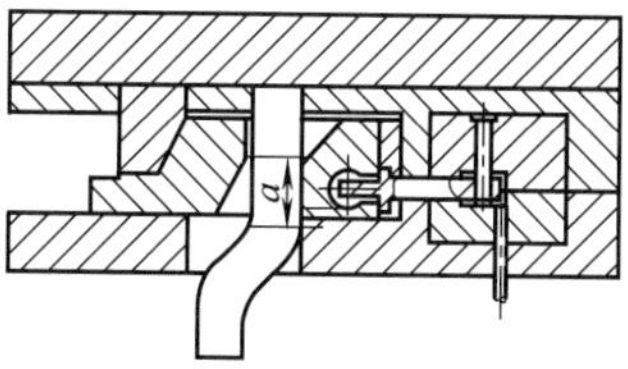 	借助开模力等为侧向分型抽芯动力,可设置较长的延时抽芯,弯销可设置在模内和模具外侧,结构简单紧凑。 　适用于抽拔力和分型抽芯距均较大的场合
	③斜导槽侧向分型抽芯机构 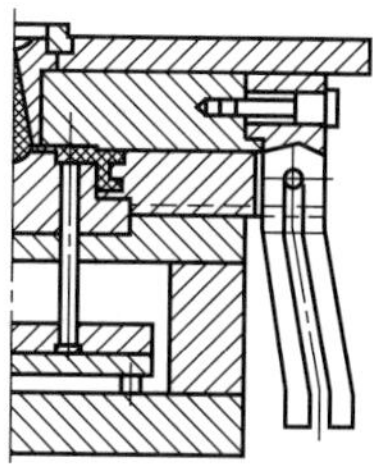 	借助开模力等为侧向分型抽芯动力,可分段设置不同斜角抽芯,可设置较长的延时抽芯,可设置在模内和模具外侧,结构简单紧凑。 　适用于抽拔力和分型抽芯距均较大的场合

侧向分型抽芯机构类型	特点和适用范围
机动侧向分型抽芯机构	
④斜滑块侧向分型抽芯机构	借助推出力等为侧向分型抽芯动力,分型抽芯与推出塑件同时进行,斜滑块间隙利于排气。 适用于分型抽芯距较小和抽拔面积较大的场合
⑤齿轮齿条侧向分型抽芯机构 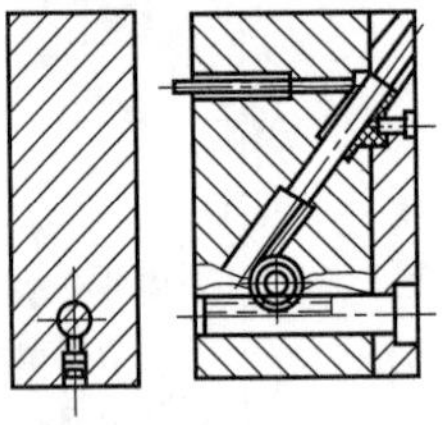	借助开模力和推出力为侧向分型抽芯动力,抽芯距离较长,抽芯方向可与分型面呈任意角度,可实现较长的延时抽芯,结构较复杂。 适用于抽拔力较小和分型抽芯距均较大的场合
⑥弹簧抽芯机构 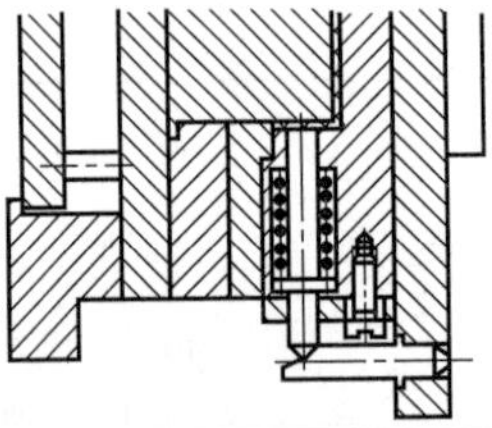	借助弹簧力为侧向分型抽芯动力,抽拔方向与分型面平行或呈较小的夹角,结构简单。 适用于抽拔力和分型抽芯距均较小的场合
液压气动侧向分型抽芯机构 ⑦液压气动侧向分型抽芯机构 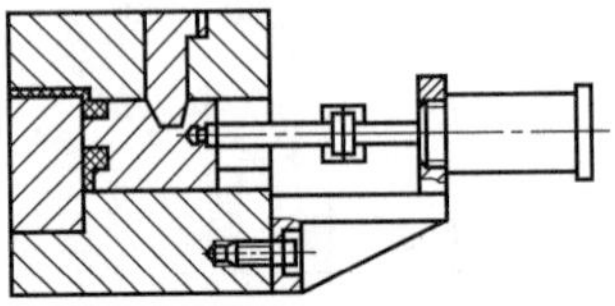	借助液压气动力为侧向分型抽芯动力,传动平稳,抽芯距离较长,抽芯方向可与分型面呈任意角度,可实现较长的延时抽芯。由于液压气动元件为标准件,故简化了模具设计。 适用于抽拔力较小和分型抽芯距均较大的大、中型模具

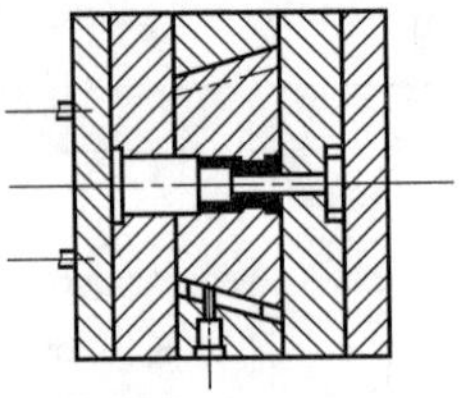

2.9.2　抽拔距和抽拔力的计算

（1）抽拔距的计算

将侧型芯或拼合凹模（滑块）从成型位置抽至不妨碍塑件脱模的位置，侧型芯或拼合凹模（滑块）在抽拔方向移动的距离称为抽拔距（或抽芯距）。

一般情况下，抽拔距取塑件侧孔、侧凹、侧凸深度加 2～3mm 安全系数，见表 2-41。

表 2-41　侧向分型抽芯类型和抽拔距的计算

侧向分型抽芯零件类型	抽拔距的计算公式
侧孔、侧凹、侧凸深度塑件 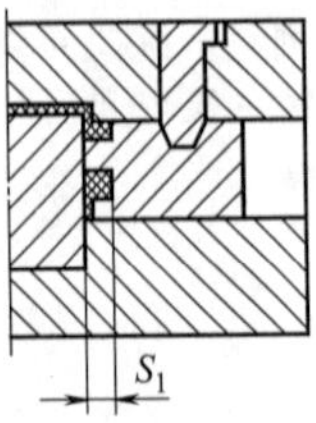	$S = S_1 + k = S_1 + (2 \sim 3)\text{mm}$ 式中　S——抽芯距,mm; 　　　S_1——临界抽芯距,mm; 　　　k——安全系数

侧向分型抽芯零件类型	抽拔距的计算公式
矩形线圈骨架(两 HALF) 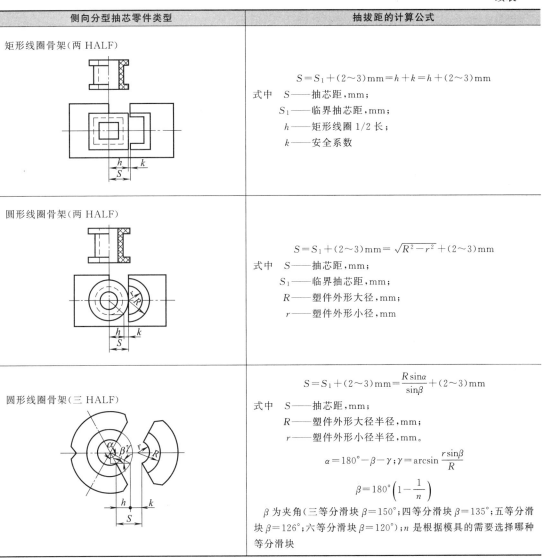	$S=S_1+(2\sim3)\text{mm}=h+k=h+(2\sim3)\text{mm}$ 式中　S——抽芯距,mm; 　　　S_1——临界抽芯距,mm; 　　　h——矩形线圈 1/2 长; 　　　k——安全系数
圆形线圈骨架(两 HALF)	$S=S_1+(2\sim3)\text{mm}=\sqrt{R^2-r^2}+(2\sim3)\text{mm}$ 式中　S——抽芯距,mm; 　　　S_1——临界抽芯距,mm; 　　　R——塑件外形大径,mm; 　　　r——塑件外形小径,mm
圆形线圈骨架(三 HALF)	$S=S_1+(2\sim3)\text{mm}=\dfrac{R\sin\alpha}{\sin\beta}+(2\sim3)\text{mm}$ 式中　S——抽芯距,mm; 　　　R——塑件外形大径半径,mm; 　　　r——塑件外形小径半径,mm。 $\alpha=180°-\beta-\gamma;\gamma=\arcsin\dfrac{r\sin\beta}{R}$ $\beta=180°\left(1-\dfrac{1}{n}\right)$ β 为夹角(三等分滑块 $\beta=150°$;四等分滑块 $\beta=135°$;五等分滑块 $\beta=126°$;六等分滑块 $\beta=120°$);n 是根据模具的需要选择哪种等分滑块

（2）抽拔力的计算

抽出侧向型芯或分离侧向凹模所需的力称为抽拔力。塑料制品冷凝收缩对型芯产生包紧力，塑件脱模时，所需的抽拔力，必须克服塑件与模具零件间的摩擦阻力、塑件与模具零件间的黏附力、抽拔机构的运动阻力以及大气压的阻力。由于塑件与模具零件间的黏附力、抽拔机构的运动阻力较小，可忽略不计，所以通常非通孔壳体塑件应考虑大气压力的阻力和塑件与模具零件间的摩擦阻力，而通孔塑件只考虑塑件与模具零件间的摩擦阻力。

① 抽拔力的计算公式见表 2-42。

② 影响抽拔力的主要因素

a. 侧型芯侧面表面积越大，形状越复杂，对侧型芯的包紧力越大，所需的抽拔力越大。

b. 塑料收缩率越大，对侧型芯的包紧力越大，所需的抽拔力越大。

c. 包容面积相等、形状相似的塑件，厚壁塑件收缩大，对侧型芯的包紧力大，所需抽拔力大。

d. 塑料对型芯的摩擦因数大，所需抽拔力大。

表 2-42   抽拔力的计算

侧向抽拔成型零件类型	计算公式	说　明
侧向型芯抽拔	$F=F_f+F_b$ $F_c=\dfrac{ps\cos\alpha(f-\tan\alpha)}{1+f\sin\alpha}$ 一般 α 很小，所以 $F_c=psf\cos\alpha$	F 为抽拔力，N；F_f 为塑件对型芯包紧的脱模阻力，N；F_b 为使封闭壳体脱模需克服的真空吸力，N，可不计位为 MPa；s 为塑件包紧型芯的侧面积，cm^2；p 为单位面积包紧力，一般取 $8\sim20MPa$；f 为塑料与钢材的摩擦因数，见表 2-35
侧向分型	$F=2\dfrac{2\pi E\varepsilon f(R^2-r^2)}{n(1-\mu)}$	E 为塑料的拉伸弹性模量，MPa，见表 2-35；ε 为塑料收缩率，见表 2-35；μ 为塑料的泊松比，见表 2-35；R 为塑件外半径，mm；r 为塑件内半径，mm；n 为圆周上等分的滑块数

e. 塑料成型工艺的注射压力大、保持压力大、冷却时间长，对侧型芯的包紧力大，所需抽拔力大。

2.9.3　手动分型抽芯机构

在推出制品前或脱模后用手工方法或手工工具将活动型芯或侧向成型镶块取出的方法，称为手动抽芯方法。手动分型抽芯机构的结构简单，但劳动强度大，生产效率低，故仅适用于：小型多用型芯、螺纹型芯、成型镶块的抽出距离较长的场合；因为塑件的形状特殊不宜采用其他侧抽芯的场合。手动分型抽芯机构分为模外手动分型抽芯和模内手动分型抽芯。

（1）模外手动分型抽芯

模外手动分型抽芯一般是把侧型芯做成成型镶块放在模内，成型后随塑件一道脱出模外，然后用人工或简单机械将镶块与塑件分离，在下一模注射前将活动镶块或活动型芯重新

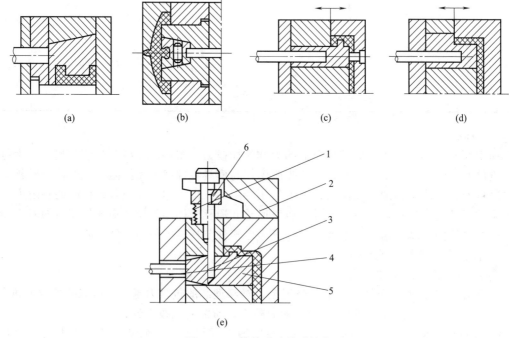

图 2-113　模外手动分型抽芯

1—弹簧；2—斜楔；3—定位销；4—推杆；5—活动镶块；6—定位销固定板

装入模内，镶块在模内要可靠定位，成型后要便于取出。图 2-113（a）所示为装在锥形模套内的瓣合模，可用于成型线轴形制品或成型有粗牙外螺纹等有外侧凹的制品，锥形模套内腔可为圆形或矩形。图 2-113（b）为局部瓣合模，制品内部中间的球结构由活动的两瓣凹模镶块成型，镶块由导钉导向对合后，放入型芯锥孔内，注射压力将活动镶块压紧。图 2-113（c）、（e）是成型制品内侧凹。图 2-113（c）的定位是利用活动镶件的顶面与定模型芯的顶面紧密接触。图 2-113（d）是利用分型面压紧镶块突出的边缘。图 2-113（e）是开模后斜楔 2 与定位销固定板 6 脱离，在弹簧的作用下，定位销 3 抽出后开始推塑件。闭模过程是推杆 4 复位后，将活动镶块 5 放入模内，然后合模，定位销在斜楔的作用下插入活动镶块的孔内，起定位作用。

（2）模内手动分型抽芯

它是指在开模前，用扳手拧动模具上的带有螺纹侧抽芯机构、分型抽芯机构、手动齿轮齿条等机构完成抽芯动作，然后开模，推出塑件。常见有以下几种形式。

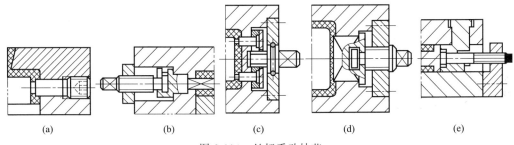

（a）　　　　　（b）　　　　　（c）　　　　　（d）　　　　　（e）

图 2-114　丝杆手动抽芯

① 丝杆手动抽芯　用丝杆抽出省力，同时注塑时螺纹有很好的自锁作用，可避免型芯受压退回。丝杆可用手柄、手轮或扳手进行转动。图 2-114（a）为抽圆型芯，型芯与丝杆做成一体，可一面旋转一面退回。图 2-114（b）～（e）为矩形或其他截面型芯或多头型芯，抽出时型芯不能旋转只能平移，为此丝杆与型芯间应采用使丝杆旋转、型芯平移的方式连接。

② 手动斜槽分型抽芯　手动斜槽可抽单个型芯或同时抽多个型芯。如图 2-115 所示为抽单个型芯。开模前，扳动手柄使转盘 7 转动，通过销钉 5 连接连接杆 9 带动型芯 10 向上直线移动，型芯 10 脱离塑件，开模后取出塑件。

③ 手动齿轮齿条抽芯　如图 2-116 所示，齿条与型芯连成一体，转动手柄 1 使齿轮 2 转动，带动齿条型芯 4 沿直线抽出。由于齿轮齿条无自锁作用，合模时由锁紧楔 3 锁住型芯。

2.9.4 机动分型抽芯机构

机动分型抽芯机构是利用注射机的开模力，通过传动机构改变运动方向，将侧向的活动型芯抽出。机

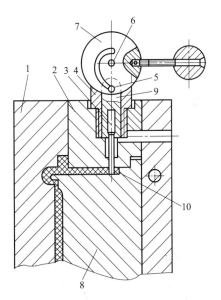

图 2-115　手动斜槽分型抽芯

1—定模；2—动模；3—销钉；4—支杆；
5—销钉；6—心轴；7—转盘（偏心轮）；
8—镶件；9—连接杆；10—型芯

动分型抽芯机构的结构比较复杂，但抽芯不需人工操作，抽芯力大，具有灵活、方便、生产效率高、容易实现全自动操作、无须另外添置设备等优点，在生产中被广泛采用。机动分型

抽芯机构的驱动方式有很多种，常见的有弹簧、斜导柱、弯销、斜导槽、斜滑块、楔块、齿轮齿条等。

（1）弹簧侧向抽芯机构

当塑件的侧凹比较浅，所需的抽拔力和抽拔距不大时，可以利用弹簧作为抽芯动力来实现抽芯动作。弹簧抽芯机构具有结构简单、模具结构紧凑、加工简单的优点，但存在弹簧弹力有限、弹簧失效等问题，因此适用于抽芯力小，生产批量不大的模具。如图 2-117 所示为弹簧侧向抽芯机构，在合模状态下，锁紧楔 3 使侧型芯 1 保持在成型位置，开模后，锁紧楔脱离侧型芯，侧型芯在弹簧 2 的作用下抽出塑件。该图中弹簧的位置是内置式的。

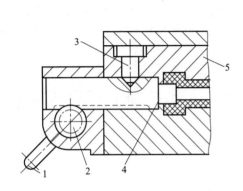

图 2-116 齿软齿条抽芯
1—手柄；2—齿轮；3—锁紧楔；4—齿条型芯；5—定模

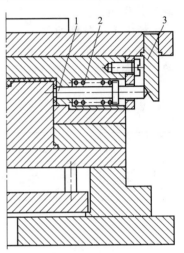

图 2-117 弹簧侧向抽芯机构
1—侧型芯；2—弹簧；3—锁紧楔

图 2-118 所示为弹簧外侧抽芯。开模时，在弹簧的作用下，顶销 1 推动推件板推顶塑件，由于塑件对型芯的包紧力较大，促使型芯随着移动一定距离，此时，滚轮 3 脱开侧型芯 4，侧型芯在弹簧的作用下完成抽芯。合模时滚轮 3 使侧型芯 4 复位并锁紧。

图 2-119 所示为弹簧内外滑块抽芯。开模后，楔紧块 2 脱开滑块 3、4，在弹簧作用下，内外滑块分别完成抽芯。合模时楔紧块压内外滑块复位并锁紧。

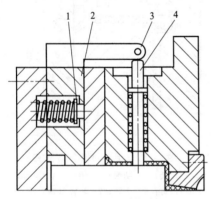

图 2-118 弹簧外侧抽芯
1—顶销；2—推件板；3—滚轮；4—侧型芯

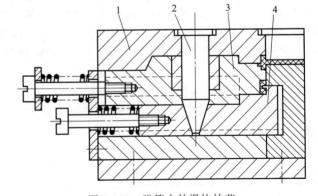

图 2-119 弹簧内外滑块抽芯
1—定模座板；2—楔紧块；3—外侧型芯滑块；4—内侧型芯滑块

（2）斜导柱侧向分型抽芯机构

斜导柱侧向分型抽芯机构是利用斜导柱等零件将开模力传给侧型芯或侧向成型块，使之产生侧向运动完成分型与抽芯动作。这类侧向分型抽芯机构的特点是结构紧凑、动作安全可靠、加工制造方便，是设计和制造注射模抽芯最常用的机构，但它的抽拔力和抽拔距受模具结构的限制，一般使用于抽拔力不大及抽拔距小于 60~80mm 的场合。

斜导柱侧向分型抽芯机构主要由以下部分组成（见图 2-120）。

① 成型元件：成型塑件的侧孔，如侧型芯 7、侧型腔滑块 11。

② 运动元件：带动侧型芯或型块在导滑槽内运动，如滑块 5、11。

③ 传动元件：驱动运动元件抽芯和复位，如斜导柱 8、12。

④ 锁紧元件：合模后压紧运动元件，防止注射时因模腔压力作用而产生侧型芯位移，如楔紧块 6、14。

⑤ 限位元件：使运动元件在开模后停留在所要求的位置，保证合模时传动元件工作顺利，如挡块 4。

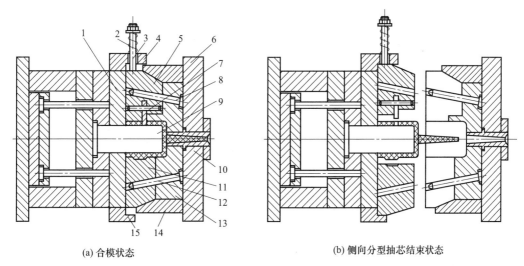

(a) 合模状态　　　　　　　　　(b) 侧向分型抽芯结束状态

图 2-120　斜导柱侧向分型抽芯机构

1—推件板；2—弹簧；3—螺杆；4,15—挡块；5—侧型芯滑块；6,14—楔紧块；7—侧型芯；
8,12—斜导柱；9—凸模；10—定模座板；11—侧型腔滑块；13—定模板

如图 2-120 所示，塑料制品的上侧有通孔，下侧有凹凸结构。这样，上侧就需要带有侧型芯 7 的侧型芯滑块 5 成型，下侧用侧型腔滑块 11 成型，斜导柱 8 通过定模板 13 固定在定模座板 10 上。开模时，塑件包在凸模 9 上随动模部分一起向左移动，在斜导柱 8 和 12 的作用下，侧型芯滑块 5 和侧型腔滑块 11 随推件板 1 后退的同时，在推件板的导滑槽内分别向上和向下移动，于是侧型芯和侧型腔逐渐脱离塑件，直至斜导柱分别与两滑块脱离，侧向抽芯和分型才结束。为了合模时斜导柱能准确地插入斜滑块上的斜导孔中，在滑块脱离斜导柱时要设置滑块的定距限位装置。在压缩弹簧 2 的作用下，侧型芯滑块 5 在抽芯结束的同时紧靠挡块 4 而定位，侧型腔滑块 11 在侧向分型结束时由于自身的重力定位于挡块 15 上。动模部分继续向左移动，直至脱模机构动作，推杆推动推件板 1 把塑件从凸模 9 上脱下来。合模时，滑块靠斜导柱复位，在注射时，滑块 5、11 分别由楔紧块 6、14 锁紧，以使其处于正确的成型位置而不因受塑料熔体压力的作用向两侧松动。

1）斜导柱设计

① 斜导柱结构设计　斜导柱的结构如图 2-121 所示，其工作端的端部可以设计成锥台形或半球形。因半球形制造较困难，所以一般都设计成锥台形。设计锥台形时必须注意斜角 θ 应大于斜导柱倾斜角 α，通常 $\theta = \alpha + (2°\sim3°)$。为了减少斜导柱与滑块上的斜导孔之间的

摩擦，可在斜导柱工作长度部分的外圆轮廓铣出两个对称的平面，如图 2-121（b）所示。

斜导柱的材料多为 T8、T10 等碳素工具钢，也可以用 20 钢渗碳处理，热处理要求硬度不小于 55HRC，表面粗糙度 $Ra \leqslant 0.8\mu m$。

斜导柱与其固定板之间采用过渡配合 H7/m6。为了运动的灵活，滑块在斜导孔与斜导柱之间可以采用较松的间隙配合 H11/b11，或两者之间保留 0.5～1mm 的间隙。在特殊情况下（如斜导柱固定在动模，滑块固定在定模的结构），为了使滑块的运动滞后于开模动作，以便分型面先打开一定距离，让塑件与凸模之间先松动之后再驱动滑块做侧抽芯，这时的间隙可放大至 2～3mm。

② 斜导柱倾斜角的确定　斜导柱轴向与开模方向的夹角称为斜导柱的倾斜角 α，如图 2-122 所示，它是决定斜导柱抽芯机构工作效果的重要参数。α 的大小对斜导柱的有效工作长度、抽芯距离和受力状况等起着决定性的作用。

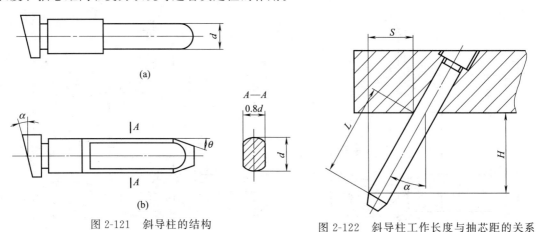

图 2-121　斜导柱的结构　　　　　图 2-122　斜导柱工作长度与抽芯距的关系

由图 2-122 可知：

$$L = S/\sin\alpha \tag{2-1}$$

$$H = S\cot\alpha \tag{2-2}$$

式中　L——斜导柱的工作长度，mm；

　　　S——抽拔距，mm；

　　　α——斜导柱的倾斜角，(°)；

　　　H——与抽拔距 S 对应的开模距，mm。

图 2-123 所示是斜导柱抽芯时的受力图，从图中可知：

$$F_w = \frac{F_t}{\cos\alpha} \tag{2-3}$$

$$F_k = F_t \tan\alpha \tag{2-4}$$

式中　F_w——侧抽芯时斜导柱所受的弯曲力，N；

　　　F_t——侧抽芯时的脱模力，其大小等于抽拔力，N；

　　　F_k——侧抽芯时所用的开模力，N。

由式（2-1）～式（2-4）可知，α 增大，L 和 H 减小，有利于减小模具尺寸，但 F_w 和 F_k 增大，影响斜导柱和模具的强度和刚度；反之，α 减小，斜导柱和模具受力减小，但要在获得相同抽芯距的情况下，斜导柱的长度要增长，开模距离要变大，因此模具尺寸会加大。综合考虑，经过实际的计算推导，α 取 22°33′ 比较理想，一般在设计时，α＜25°，最常采用的是 12°≤α≤22°。

当抽芯方向与模具开模方向不垂直而成一定
交角 β 时，也可采用斜导柱抽芯机构。图 2-124
（a）所示为滑块外侧向动模一侧倾斜 β 角度的情
况，影响抽芯效果的斜导柱有效倾斜角 $\alpha_1 = \alpha +$
β，斜导柱的倾斜角 α 值应在 $12° \leqslant \alpha + \beta \leqslant 22°$ 中选
取，与不倾斜时相比要取得小些。图 2-124（b）
所示为滑块外侧向定模一侧倾斜 β 角度的情况，
影响抽芯效果的斜导柱的有效倾斜角 $\alpha_2 = \alpha - \beta$，
斜导柱的倾斜角 α 值应在 $12° \leqslant \alpha - \beta \leqslant 22°$ 中选取，
与不倾斜时相比可取得大些。

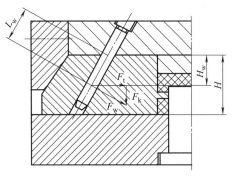

图 2-123　斜导柱抽芯时的受力图

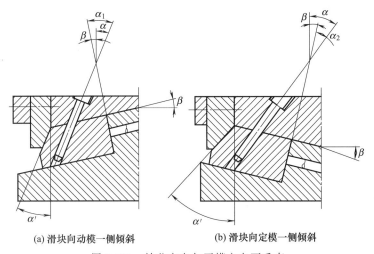

(a) 滑块向动模一侧倾斜　　　　**(b) 滑块向定模一侧倾斜**

图 2-124　抽芯方向与开模方向不垂直

在确定斜导柱倾斜角 α 时，通常抽芯距短时 α（α_1 或 α_2）可适当取小些，抽芯距长时取
大些；抽芯力大时可取小些，抽芯力小时可取大些。同时应注意，斜导柱对称布置时，抽芯
力可相互抵消，α 可取大些，而斜导柱非对称布置时，抽芯力无法抵消，α 要取小些。

③ 斜导柱的长度计算　斜导柱的长度见图 2-125，其工作长度与抽芯距离有关，见式
（2-1）。当滑块向动模一侧或向定模一侧倾斜 β 角度后，斜导柱的工作长度 L（或为有效长
度）为

$$L = \frac{\cos\beta}{\sin\alpha} \tag{2-5}$$

斜导柱的总长度与抽芯距、斜导柱的直径和倾斜角以及斜导柱固定板厚度等有关。斜导
柱的总长为

$$L_z = L_1 + L_2 + L_3 + L_4 + L_5$$
$$= \frac{d_2}{2}\tan\alpha + \frac{h}{\cos\alpha} + \frac{d}{2}\tan\alpha + \frac{S}{\sin\alpha} + (5 \sim 10)\text{mm} \tag{2-6}$$

式中　L_z——斜导柱总长度，mm；
　　　d_2——斜导柱固定部分直径，mm；
　　　d——斜导柱工作部分直径，mm；
　　　h——斜导柱固定板厚度，mm；
　　　S——抽芯距，mm。

④ 斜导柱的直径计算　斜导柱的直径主要受弯曲力的影响，根据图 2-123，斜导柱所受

的弯矩为

$$M_w = F_w L_w \tag{2-7}$$

式中 M_w——斜导柱所受弯矩；

L_w——斜导柱的弯曲力臂。

由材料力学可知

$$M_w = [\sigma]W \tag{2-8}$$

式中 $[\sigma]$——斜导柱所用材料的许用弯曲应力
（MPa），对于碳钢 $[\sigma]$ =
137.2MPa；

W——抗弯截面系数。

斜导柱的截面一般为圆形，其抗弯截面系数为

$$W = \frac{\pi}{32}d^3 \approx 0.1d^3 \tag{2-9}$$

所以斜导柱的直径为

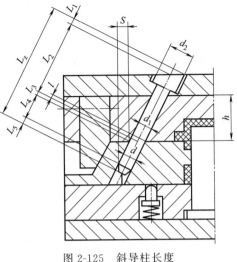

图 2-125 斜导柱长度

$$d = \sqrt[3]{\frac{F_w L_w}{0.1[\sigma]}} + \sqrt[3]{\frac{10F_t L_w}{[\sigma]\cos\alpha}} + \sqrt[3]{\frac{10F_c H_w}{[\sigma]\cos^2\alpha}} \tag{2-10}$$

式中 H_w——侧型芯滑块受的脱模力作用线与斜导柱中心线的交点到斜导柱固定板的距离
（mm），它并不等于滑块高的一半；

F_c——抽芯力，N。

由于计算比较复杂，也可以用查表的方法确定斜导柱的直径。先按抽芯力 F_c 和斜导柱的倾斜角 α 在表 2-43 中查出最大弯曲力，然后根据 F_w 和 H_w 以及 α 在表 2-44 中查出斜导柱的直径 d。

表 2-43　最大弯曲力与抽芯力和斜导柱倾斜角的关系

| 最大弯曲力 F_w/kN | 斜导柱倾斜角 α/(°) | | | | | |
| | 8 | 10 | 12 | 15 | 18 | 20 |
	抽芯力 F_c/kN					
1.00	0.99	0.98	0.97	0.96	0.95	0.94
2.00	1.98	1.97	1.95	1.93	1.90	1.88
3.00	2.97	2.95	2.93	2.89	2.85	2.82
4.00	3.96	3.94	3.91	3.86	3.80	3.76
5.00	4.95	4.92	4.89	4.82	4.75	4.70
6.00	5.94	5.91	5.86	5.79	5.70	5.64
7.00	6.93	6.89	6.84	6.75	6.65	6.58
8.00	7.92	7.88	7.82	7.72	7.60	7.52
9.00	8.91	8.86	8.80	8.68	8.55	8.46
10.0	9.90	9.85	9.78	9.65	9.50	9.40
11.0	10.89	10.83	10.75	10.61	10.45	10.34
12.0	11.88	11.82	11.73	11.58	11.40	11.28
13.0	12.87	12.80	12.71	1254	12.35	12.22
14.0	13.86	13.79	13.69	13.51	13.30	13.16
15.0	14.85	14.77	14.67	14.47	14.25	14.10
16.0	15.84	15.76	15.64	15.44	15.20	15.04

最大弯曲力 F_w/kN	斜导柱倾斜角 α/(°)					
	8	10	12	15	18	20
	抽芯力 F_c/kN					
17.0	16.83	16.74	16.62	16.40	16.15	15.93
18.0	17.82	17.73	17.60	17.37	17.10	16.80
19.0	18.81	18.71	18.58	18.33	18.05	17.92
20.0	19.80	19.70	19.56	19.30	19.00	18.80
21.0	20.79	20.68	20.53	20.26	19.95	19.74
22.0	21.78	21.67	21.51	21.23	20.90	20.68
23.0	22.77	22.65	22.49	22.19	21.85	21.62
24.0	23.76	23.64	23.47	23.16	22.80	22.56
25.0	24.75	24.62	24.45	24.12	23.75	23.50
26.0	25.74	25.61	25.42	25.09	24.70	24.44
27.0	26.73	26.59	26.40	26.05	25.65	25.38
28.0	27.72	27.58	27.38	27.02	26.60	26.32
29.0	28.71	28.56	28.36	27.98	27.55	27.26
30.0	29.70	29.65	29.34	28.95	28.50	28.20
31.0	30.69	30.53	30.31	29.91	29.45	29.14
32.0	31.68	31.52	31.29	30.88	30.40	30.08
33.0	32.67	32.50	32.27	31.84	31.35	31.02
34.0	33.66	33.49	33.25	32.81	32.30	31.96
35.0	34.65	34.47	34.23	33.77	33.25	32.00
36.0	35.64	35.46	35.20	34.74	34.20	33.81
37.0	36.63	36.44	36.18	35.70	35.15	34.78
38.0	37.62	37.43	37.16	36.67	36.10	35.72
39.0	38.61	38.41	38.14	37.63	37.05	36.66
40.0	39.60	39.40	39.12	38.60	38.00	37.60

2）滑块与导滑槽的设计

① 滑块设计　滑块是斜导柱侧向分型抽芯机构中的一个重要零部件，它上面安装有侧向型芯或侧向成型块，注射成型时塑件尺寸的准确性和开合模时机构运动的可靠性都需要靠它的运动精度保证。滑块的结构形状可以根据具体塑件和模具结构灵活设计，可分为整体式和组合式两种。在滑块上直接制出侧向型芯或侧向型腔的结构称为整体式，这种结构仅适用于结构形状十分简单的侧向移动零件，尤其是适于对开式瓣合模侧向分型。在一般的设计中，把侧向型芯或侧向成型块和滑块分开加工，然后再装配在一起，成为组合式结构。采用组合式结构可以节省优质钢材，加工容易，因此应用广泛。

图 2-126 所示为几种常见的滑块与侧型芯连接方式。图 2-126（a）为小型芯在非成型端用 H7/m6 的配合镶入滑块，然后用一个圆柱销定位；图 2-126（b）是为了提高型芯的强度，适当增加型芯镶入部分的尺寸，并用两个骑缝销钉固定；图 2-126（c）为采用燕尾形式连接，一般也用圆柱销定位；图 2-126（d）的方式适于细小型芯的连接，在细小型芯后部制出台肩，从滑动的后部以过渡配合镶入后用螺塞固定；图 2-126（e）的方式适用于薄片型芯，采用通槽嵌装和销钉定位；图 2-126（f）的方式适用于多个型芯的场合，把各个型芯镶入一个固定板后用螺钉和销钉从正面与滑块连接定位，如正面影响塑件成型，螺钉和销钉可以从滑块的背面深入侧型芯固定板。

表2-44　斜导柱倾角、高度、最大弯曲力、斜导柱直径之间的关系

斜导柱倾角 α/(°)	高度 H_w/mm	最大弯曲力 F_w/kN 斜导柱直径 d/mm																												
		1	2	3	4	5	6	7	8	9	10	11	12	13	14	15	16	17	18	19	20	21	22	23	24	25	26	27	28	29	30
8	10	8	10	10	12	12	14	14	14	15	15	16	16	18	18	18	18	18	20	20	20	20	20	20	20	22	22	22	22	22	22
	15	8	12	12	14	14	15	16	16	18	18	18	20	20	20	20	20	22	22	22	22	22	24	24	24	24	24	24	25	25	25
	20	10	12	14	14	15	16	18	18	20	20	20	20	22	22	22	24	24	24	24	24	25	25	25	26	26	26	28	28	28	28
	25	10	12	14	15	18	18	18	20	20	22	22	22	24	24	24	24	25	25	26	26	26	28	28	30	28	30	30	30	30	30
	30	12	14	16	16	18	18	20	20	22	22	22	24	25	25	25	26	26	28	28	28	28	30	30	32	30	32	32	32	32	32
	35	12	14	16	18	18	20	20	20	22	24	24	25	25	26	26	28	28	28	30	30	30	30	30	32	32	32	34	34	34	34
	40	12	14	16	18	20	20	22	22	24	24	25	26	26	28	28	28	30	30	30	30	32	32	32	32	34	34	34	34	34	35
10	10	8	10	12	12	12	14	14	14	15	15	16	18	18	18	18	18	18	20	20	20	20	20	20	22	22	22	22	22	22	22
	15	10	12	12	14	14	15	16	16	18	18	18	20	20	20	20	22	22	22	22	22	22	24	24	24	24	24	24	25	25	25
	20	10	12	14	14	15	16	18	18	20	20	20	20	22	22	24	24	24	24	24	26	26	26	28	28	28	28	28	30	30	28
	25	10	12	14	15	18	18	18	20	20	22	22	22	24	24	25	24	26	25	26	26	26	28	30	30	30	30	30	30	30	30
	30	12	14	16	16	18	18	20	22	22	22	22	24	24	26	26	26	28	28	30	28	30	30	32	32	32	32	32	32	34	34
	35	12	14	16	18	18	20	20	22	22	24	24	24	25	26	26	28	28	28	30	30	30	30	32	32	32	32	32	34	34	34
	40	12	14	18	18	20	20	22	24	24	24	25	26	26	28	28	28	30	30	30	32	32	32	32	34	32	34	34	34	34	36
12	10	8	10	12	12	12	14	14	14	15	16	16	16	18	18	18	18	18	20	20	20	20	20	20	22	22	22	22	22	22	22
	15	8	12	12	14	14	15	16	16	18	18	18	20	20	20	20	22	22	22	22	22	24	24	24	24	24	24	24	25	25	25
	20	10	12	14	14	16	16	18	18	20	20	20	22	22	22	24	24	24	24	24	26	26	26	28	28	26	28	28	30	30	28
	25	10	12	15	16	18	18	20	20	20	22	22	24	24	25	25	24	26	25	26	28	26	28	30	30	28	30	30	30	30	30
	30	12	14	16	16	18	20	22	22	22	24	24	24	24	25	26	25	28	28	30	30	30	30	32	32	30	32	32	32	34	34
	35	12	14	16	18	20	20	22	22	24	24	24	24	25	25	26	26	28	28	30	30	30	32	32	32	32	34	34	34	34	34
	40	12	14	18	18	20	22	24	24	24	24	25	26	26	28	28	28	30	30	30	32	32	32	32	34	34	34	34	34	34	35
15	10	8	10	12	12	12	14	14	16	15	16	16	16	18	18	18	18	20	20	20	20	20	20	22	22	22	22	22	22	22	22
	15	10	12	12	14	14	15	16	18	18	18	18	20	20	20	20	22	22	22	22	22	24	24	24	24	24	24	25	25	25	25
	20	10	12	14	14	16	16	18	18	20	20	20	22	22	22	24	24	24	24	26	26	25	25	26	28	26	28	30	30	30	28
	25	10	12	15	16	18	18	20	20	22	22	22	24	24	24	25	26	26	25	26	28	28	28	30	30	28	30	30	30	30	30
	30	12	14	16	16	18	20	22	22	24	24	24	24	26	25	28	28	28	28	30	30	30	30	32	32	32	32	32	34	34	34
	35	12	14	16	18	20	20	22	22	24	24	24	26	26	26	28	28	28	30	30	30	30	30	32	32	32	32	34	34	35	35
	40	12	15	18	18	20	22	24	24	24	25	25	26	28	28	28	30	30	30	30	32	32	32	32	34	34	34	34	34	35	36
18	10	8	10	12	12	14	14	14	14	16	16	16	18	18	18	18	18	20	20	20	20	20	20	22	22	22	22	22	22	22	22
	15	10	12	12	14	14	14	18	18	18	18	18	20	20	20	20	22	22	22	22	22	24	24	24	24	24	24	25	25	25	25
	20	10	14	14	14	16	18	20	20	20	20	20	22	22	24	24	24	24	24	24	25	25	25	26	28	26	28	28	30	30	28
	25	12	14	15	16	18	18	20	20	22	22	22	24	24	24	25	25	26	26	28	26	28	28	30	28	30	30	30	30	30	30
	30	12	14	16	18	20	20	22	22	24	24	24	24	26	26	28	28	28	28	30	30	30	30	32	32	32	32	32	34	34	34
	35	12	14	18	18	20	20	22	24	24	24	25	26	28	28	28	30	30	30	30	30	30	32	32	32	32	32	34	34	34	34
	40	12	15	18	18	20	22	24	24	24	25	25	26	28	28	30	30	30	30	32	32	32	32	32	34	34	34	34	34	35	35
20	10	8	10	12	12	14	14	14	14	15	16	16	18	18	18	18	18	20	20	20	20	20	20	22	22	22	22	22	22	22	22
	15	10	12	12	14	14	15	16	18	18	18	18	20	20	22	20	22	22	22	22	22	24	24	24	24	24	24	25	25	25	25
	20	10	12	14	14	16	18	18	18	20	20	20	22	22	24	22	24	24	24	24	25	25	25	26	26	26	28	28	28	30	28
	25	10	14	14	16	18	20	20	20	22	22	24	24	24	24	25	25	25	26	28	26	28	28	28	28	30	30	30	30	30	30
	30	12	14	16	18	18	20	22	24	24	24	24	24	26	26	28	28	28	28	30	30	30	32	32	32	32	32	32	34	34	34
	35	12	14	18	18	20	20	22	24	24	24	25	26	28	28	28	30	30	30	30	30	30	32	32	34	34	34	34	34	34	34
	40	14	14	18	18	20	22	24	24	24	25	25	26	28	28	28	30	30	30	30	32	32	32	32	34	34	34	34	35	35	35

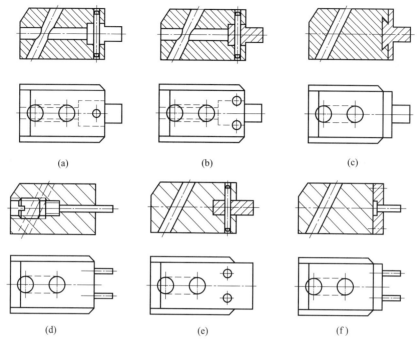

(a)　　　　　　　　(b)　　　　　　　　(c)
(d)　　　　　　　　(e)　　　　　　　　(f)
图 2-126　滑块与侧型芯的连接

侧向型芯或侧向成型块是模具的成型零件，常用 T8、T10、45 钢或 CrWMn 钢等，热处理要求硬度不小于 40HRC。

② 导滑槽的设计

a. 导滑槽的形式。根据模具型芯的大小，以及各工厂的情况，滑块与导滑槽的常用配合形式各不相同，总的要求是在抽芯过程中，保证滑块运动平稳，无上下窜动和卡滞现象。为此导滑槽一般采用 T 形直槽结构，要求滑块与导滑槽有两处采用间隙配合，一是在水平方向滑块的相对滑动侧面处，二是在高度方向滑块被压紧的台肩面处，如图 2-127（a）所示

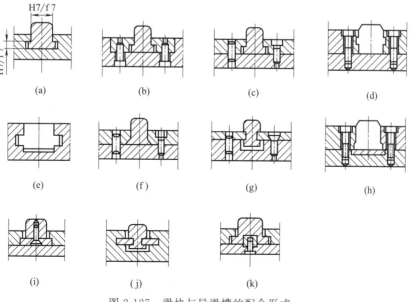

(a)　　　(b)　　　(c)　　　(d)
(e)　　　(f)　　　(g)　　　(h)
(i)　　　(j)　　　(k)
图 2-127　滑块与导滑槽的配合形式

的 H7/f7 配合。

滑块与导滑槽的酡合形式如图 2-127 所示。图 2-127 (a)、(e) 是整体式滑块与整体式导滑槽，这种结构的加工工艺性较差，主要用于小型模具的抽芯机构，同时制造较困难，精度难于控制；图 2-127 (b)～(d)、(h) 的导滑槽为组合式，导滑槽部分敞开，便于制造，能保证其精度和硬度，图 2-127 (d) 在滑槽板上开油槽，图 2-127 (h) 在滑块支承板上设置耐磨板，达到其耐磨性；图 2-127 (e) 是将滑块导滑台肩结构设于滑块中部，这种形式适用于滑块安装板的上下方无压紧板的场合，多用于定模抽芯时，定模板上设置滑槽的场合；图 2-127 (g) 和图 2-127 (j) 是在滑块两侧设置导滑槽，在滑块安装模板上过渡配合安装与滑块槽间隙配合的耐磨凸筋板；图 2-127 (i) 为组合式滑块，便于磨削加工，保证其精度和硬度；图 2-127 (k) 是当滑块宽度较大时，导滑槽的加工误差增大，易造成侧型芯位置波动大，因此采取减小宽度方向的配合尺寸，在滑块的底部中间开设一条较窄的导槽，由嵌入其中的条形镶块进行导滑，以提高其导滑精度。

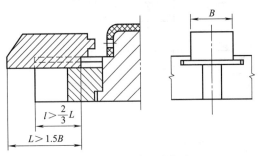

图 2-128　滑块导滑长度

b. 滑块导滑长度。滑块的导滑长度 L 应大于滑块宽度 B 的 1.5 倍，滑块完成抽芯动作后应继续留在导滑槽内，并保证在导滑槽内的长度 l 大于滑块全长 L 的 2/3，滑块的滑动长度应大于滑块的高度，见图 2-128。否则滑块极易歪斜，造成运动不畅或发生卡滞现象。

c. 滑块的定位装置。为了保证在合模时斜导柱的伸出端可靠地进入滑块的斜孔，滑块在抽芯后的终止位置必须定位（即必须停留在固定位置），其常见定位形式如图 2-129 所示。

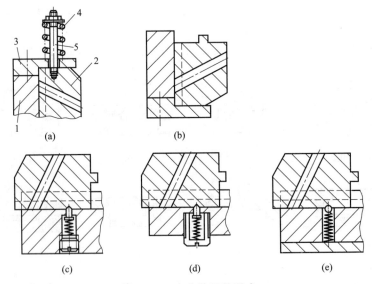

图 2-129　定位装置的形式

1—导滑槽板；2—滑块；3—限位挡块；4—弹簧；5—拉杆

图 2-129 (a) 为依靠压缩弹簧的弹力使滑块停留在限位挡块处，俗称弹簧拉杆挡块式，它适用于任何方向的抽芯动作，尤其用于向上方向的抽芯。在设计弹簧时，为了使滑块 2 可靠地在限位挡块 3 上定位，压缩弹簧 4 的弹力应是滑块重量的 2 倍左右，其压缩长度须大于

抽芯距 S，一般取 $1.3S$ 较合适。拉杆 5 端部的垫片和螺母也可制成可调的，以便调整弹簧的弹力，使这种定位机构工作切实可靠。这种定位装置的缺点是增大了模具的外形尺寸，有时甚至给模具安装带来困难。图 2-129（b）的形式适于向下抽芯的模具，其利用滑块的自重停靠在限位挡块上，结构简单。图 2-129（c）、（d）为弹簧顶销式定位装置，适用于侧面方向的抽芯动作，顶销的头部制成半球状。图 2-129（e）的结构和使用场合与图 2-129（c）、（d）相似，只是钢球代替了顶销，称为弹簧钢球式，是优选形式。顶销和钢球定位形式及推荐尺寸见表 2-45。

表 2-45　顶销和钢球定位形式及推荐尺寸　　　　　　　　　　　　　　　　　　　　　mm

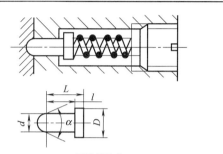 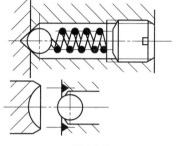

圆头销定位　　　　　　　　　　　　　钢珠定位

圆头销					钢球			弹簧	
材料	45	热处理		43～48HRC	标准代号	GB/T 308.1—2013		材料	65Mn
d	D	l	L	$\alpha/(°)$	钢球直径/in[①]	钢球孔径	螺塞直径	钢丝直径×直径×自由长度×圈数	
6	7.5	3	7	90～120	9/32	7.9～8.4	M10	1×6×30×8	
8	10.5	4	9	90～120	13/32	10.9～12	M14	1.2×8×40×8	
10	13	5	11	90～120	17/32	13.7	M16	1.5×11×50×8	

① 1in=0.0254m。

3）楔紧块的设计

① 楔紧块的形式　当塑料熔体注入型腔后，侧型芯和滑块会受到模具型腔内高压塑料的推力作用，若由斜导柱承受，则因斜导柱为细长杆件，受力后容易变形。因此，必须设置楔紧块锁紧滑块。

楔紧块作为承受侧向力的构件，其结构形式主要根据滑块的形状和承力大小进行设计。楔紧块的表面硬度为 52～56HRC，以免擦伤和变形。图 2-130 所示为各种形式的楔紧块，其中图 2-130（a）是与模板加工成一体的整体式，牢固可靠，但加工切割量较大，适用于滑块受力大的场合；图 2-130（b）是当滑块外表面可拼合成圆锥形时，采用内圆锥形楔紧套是非常可靠的；图 2-130（c）是用螺钉和销钉连接在模板上的楔紧块，加工方便，用于滑块受力较小的场合；图 2-130（d）是为了改善受力状况，在动模边增加一凸起的台阶，合模后对楔紧块起增强的作用；图 2-130（e）～（h）均为嵌入式连接的楔紧块，这类结构能承受较大的侧向推力。图 2-130（e）是用 T 形槽加螺钉、销钉固定楔紧块；图 2-130（f）、（g）是在模板上开矩形或圆形孔，再嵌入矩形或圆形楔紧块；图 2-130（h）是嵌入长槽中的形式，加工方便，适于宽度较大的滑块。

② 锁紧角的选择　楔紧块的工作部分是斜面，其锁紧角 α' 如图 2-124 所示，为了保证斜面能在合模时压紧滑块，而在开模时又能迅速脱离滑块，以避免楔紧块影响斜导柱对滑块的驱动，锁紧角 α' 一般都有应比斜导柱倾斜角 α 大一些。

当滑块移动方向垂直于合模方向时，$\beta = 0$，$\alpha' = \alpha + (2°～3°)$。

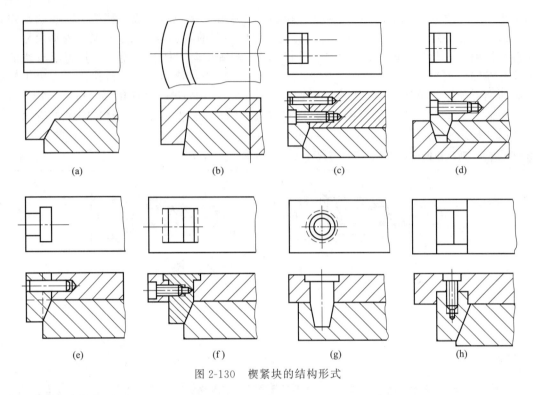

图 2-130　楔紧块的结构形式

当滑块向动模一侧倾斜 β 角度时，$\alpha' = \alpha + (2° \sim 3°) = \alpha_1 - \beta + (2° \sim 3°)$。

当滑块向定模一侧倾斜 β 角度时，$\alpha' = \alpha + (2° \sim 3°) = \alpha_2 + \beta + (2° \sim 3°)$。

4）斜导柱侧向分型抽芯的常见形式

斜导柱和滑块在模具上不同的安装位置，组成了侧向分型抽芯机构的不同应用形式，各种不同形式具有不同的特点，在设计时应根据塑料制品的具体情况合理选用。

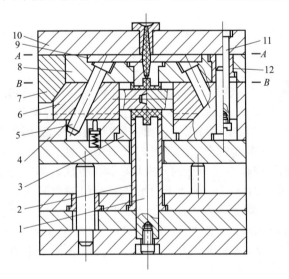

图 2-131　斜导柱在定模、滑块在动模的双分型注射模
1—型芯；2—推管；3—动模镶件；4—动模板；5—斜导柱；
6—侧型芯滑块；7—楔紧块；8—中间板；9—垫板；10—定
模座板；11—拉杆导柱；12—导套

① 斜导柱安装在定模，滑块安装在动模　该结构是在斜导柱侧向分型抽芯机构的模具中应用最广泛的形式，它既可使用于结构比较简单的单分型面注射模（如图 2-120 所示），也可使用于结构比较复杂的双分型面注射模（如图 2-131 所示）。在图 2-131 中，斜导柱 5 固定于中间板 8 上，为了防止在 A 分型面分型后，侧向抽芯的斜导柱往后移动，在其固定端后部设置一块垫板 9 加以固定。开模时，动模部分向后移动，A 面首先分型，当 A 分型面之间达到可以从中取出浇口凝料时，拉杆导柱 11 的下端与导套 12 接触，继续开模，B 面分型，斜导柱 5 驱动侧型芯滑块 6 在动模板 4 的导滑槽内做侧向抽芯，继续开模，在侧向抽芯结束后，脱模机构开始工作，推管 2 将塑件从型芯 1 和动模镶件 3 中推出。

这种形式在设计时必须注意，滑块与推杆在合模复位过程中不能发生"干涉"现象。所谓干涉现象是指滑块的复位先于推杆的复位致使活动侧型芯与推杆相碰撞，造成活动侧型芯或推杆损坏的事故。侧向型芯与推杆发生干涉的可能性出现在两者在垂直于开模方向平面上的投影发生重合的条件下，如图 2-132 所示。如果受到模具结构的限制而侧型芯的投影下一定要设置推杆，首先应考虑能否使推杆推出一定距离后仍低于侧型芯的最低面，当这一条件不能满足时，就必须分析产生干涉的临界条件和采取措施使脱模机构先复位，然后才允许侧型芯滑块复位，这样才能避免干涉。下面介绍避免侧型芯与推杆干涉的条件。

图 2-132 （a）为开模侧抽芯后推杆推出塑件的情况；图 2-132 （b）是合模复位时，复位杆使推杆复位，斜导柱使侧型芯复位，而侧型芯与推杆不发生干涉的临界状态；图 2-132 （c）是合模复位完毕状态。从图中可知，在不发生干涉的临界状态下，侧型芯已复位 s'，还需复位的长度为 $s-s'=s_c$，而推杆需复位的长度为 h_c，如果完全复位，应该为

$$h_c = s_c \cot\alpha$$

即

$$h_c \tan\alpha = s_c$$

在完全不发生干涉的情况下，需要在临界状态时侧型芯与推杆还有一段微小距离 Δ，因此不发生干涉的条件为

$$h_c \tan\alpha = s_c + \Delta$$

或者

$$h_c \tan\alpha > s_c$$

式中　h_c——在完全合模状态下推杆端面到侧型芯的最近距离，mm；

s_c——在垂直开模方向的平面上，侧型芯与推杆投影重合的长度，mm；

Δ——在完全不干涉的情况下，推杆复位到 h_c 位置时，侧型芯沿复位方向距推杆侧面的最小距离，一般取 $\Delta = 0.5$mm。

在一般情况下，只要使 $h_c \tan\alpha - s_c > 0.5$mm 即可避免干涉。

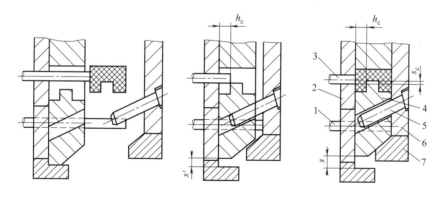

(a) 开模推出状态　　(b) 合模过程中不发生干涉的临界状态　　(c) 合模复位完毕状态

图 2-132　干涉分析

1—复位杆；2—动模板；3—推杆；4—侧型芯滑块；5—斜导柱；6—定模板；7—楔紧块

② 斜导柱安装在动模，滑块安装在定模　由于在开模时一般要求塑件包于动模部分的型芯上，而侧型芯则安装在定模上，这样就会产生以下两种情况：一种情况是侧抽芯与脱模同时进行时，由于侧型芯在合模方向对塑件有阻碍作用，使塑件从动模部分的凸模上强制脱下而留于定模型腔，侧抽芯结束后，塑件无法从定模型腔中取出；另一种情况是由于塑件包紧于动模凸模上的力大于侧型芯使塑件留于定模型腔的力，则可能会出现塑件被侧型芯撕破或细小侧型芯被折断的现象，导致模具损坏或无法工作。通过上述分析，斜导柱安装在动模、滑块安装在定模结构的模具特点是脱模与侧型芯的抽芯动作不能同时进行，两者之间要

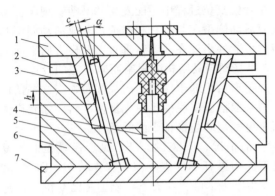

图 2-133　先脱模后侧向分型抽芯的结构
1—定模座板；2—导滑槽；3—凹模滑块；
4—凸模；5—斜导柱；6—动模板；7—动模座板

有一个滞后的过程。

图 2-133 所示为先脱模后侧向分型抽芯的结构。该模具特点是不设脱模机构，凹模制成可侧向滑动的瓣合式模块，斜导柱 5 与凹模滑块 3 上的斜导孔之间存在着较大的间隙 c（$c=1.6\sim3.6$mm），开模时，在凹模滑块侧向移动之前，动模、定模将先分开一段距离 h（$h=c/\sin\alpha$），同时由于凹模滑块的约束，塑件与凸模 4 也将脱一段距离 h，然后斜导柱才与凹模滑块上的斜导孔接触，侧向分型抽芯动作开始。这种形式的模具结构简单，加工方便，但操作不方便，塑件需人工从模内取出，仅适用于小批量生产的模具。

图 2-134 所示为先侧抽芯后脱模的结构。为了使塑件不留在定模，设计的特点是凸模 13 与动模板 10 之间有一段可相对运动的距离，开模时，动模部分向下移动，而被塑件紧包住的凸模不动，这时侧型芯滑块 14 在斜导柱 12 的作用下开始侧抽芯，侧抽芯结束后，凸模上的塑件随动模一起向下移动从型腔镶件 2 中脱出，最后在推杆 9 的作用下，推件板 4 将塑件从凸模上脱下。在这种结构中，弹簧 6 和顶销 5 的作用是在刚开始分型时把推件板压紧在型腔镶件的端面，以防止塑件从型腔中脱出。

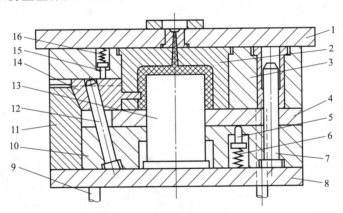

图 2-134　先侧抽芯后脱模的结构
1—定模座板；2—型腔镶件；3—定模板；4—推件板；5—顶销；6—弹簧；7—导柱；8—支承板；
9—推杆；10—动模板；11—楔紧块；12—斜导柱；13—凸模；14—侧型芯滑块；15—定位顶销；16—弹簧

③ 斜导柱和滑块同时安装在定模　该结构要先完成两者之间的相对运动，否则就无法实现侧向分型与抽芯动作。要实现两者之间的相对运动，就必须在定模部分增加一个分型面。因此就需要用顺序分型机构。

图 2-135 所示为采用弹簧式顺序分型机构的形式。开模时，动模部分向下移动，在弹簧 8 的作用下，A 分型面首先分型，主流道凝料从主流道衬套中脱出，开始侧向抽芯，侧向抽芯动作完成后，分型结束。动模继续向下移动，B 分型面开始分型，塑件包在凸模 3 上脱离定模板 6，最后在推杆 4 的作用下，由推件板 5 将塑件从凸模上脱下。采用这种结构时，弹簧必须有足够的弹力，以满足 A 分型侧向抽芯时开模力的需要。

图 2-136 所示为采用摆钩式顺序分型机构的形式。合模时，在弹簧 7 的作用下，用转轴

6 固定于定模板 10 上的摆钩 8 勾住固定在动模板 11 上的挡块 12。开模时，由于摆钩勾住挡块，模具首先从 A 分型面分型，同时在斜导柱 2 的作用下，侧型芯滑块 1 开始侧向抽芯，侧向抽芯结束后，固定在定模座板上的压块 9 的斜面压迫摆钩作逆时针方向摆动而脱离挡块，定模板在定距螺钉 5 的限制下停止运动。动模继续向下移动，B 分型面分型，塑件随凸模 3 保持在动模一侧，然后推件板 4 在推杆 13 的作用下使塑件脱出。设计这种结构时必须注意，挡块 12 与摆钩 8 勾接处应有 1°～3° 的斜度，同时应将摆钩和挡块成对并对称布置于模具的两侧。

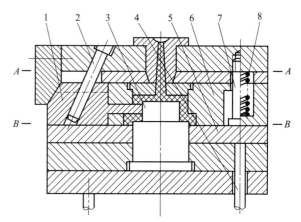

图 2-135　斜导柱和滑块同在定模的结构（弹簧式）
1—侧型芯滑块；2—斜导柱；3—凸模；4—推杆；
5—推件板；6—定模板；7—定距螺钉；8—弹簧

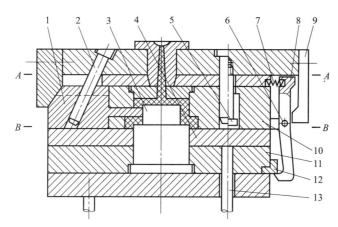

图 2-136　斜导柱和滑块同在定模的结构（摆钩式）
1—侧型芯滑块；2—斜导柱；3—凸模；4—推件板；5—定距螺钉；6—转轴；
7—弹簧；8—摆钩；9—压块；10—定模板；11—动模板；12—挡块；13—推杆

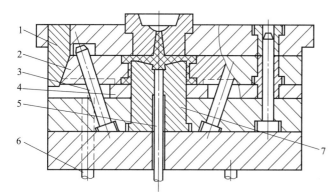

图 2-137　斜导柱和滑块同时安装在动模的结构
1—楔紧块；2—侧型芯滑块；3—斜导柱；4—推件板；5,6—推杆；7—凸模

斜导柱和滑块同时安装在定模的模具中，斜导柱的长度可适当加长，而让定模部分分型后斜导柱工作端仍留在侧型芯滑块的斜导孔内，因此不需设置滑块的定位装置。

④ 斜导柱和滑块同时安装在动模　斜导柱和滑块同时安装在动模时，斜导柱与侧型芯滑块的相对运动可以通过推出机构来实现。如图 2-137 所示，侧型芯滑块 2 安装在推件板 4 的导滑槽内，合模时靠设置在定模板上的楔紧块锁紧。开模

时，侧型芯滑块和斜导柱 3 一起随动模部分下移和定模分开，当脱模（推出）机构开始工作时，推杆 6 推动推件板 4 使塑件脱模的同时，侧型芯滑块 2 在斜导柱 3 的作用下在推件板 4 的导滑槽内向两侧滑动而侧向分型抽芯。这种结构的模具，由于侧型芯滑块始终不脱离斜导柱，所以不需设置滑块定位装置。这种结构主要适合抽芯力和抽芯距不大的场合。

(3) 弯销侧向分型抽芯机构

弯销侧向分型抽芯机构的工作原理和斜导柱侧向分型抽芯机构相似，弯销是斜导柱的一种变异形式，所不同的是在结构上以矩形截面的弯销代替了斜导柱，如图 2-138 所示是弯销侧抽芯的典型结构。

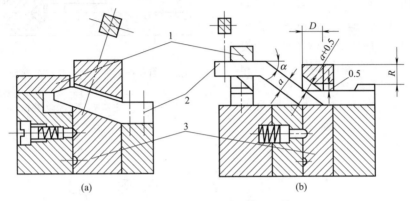

图 2-138 弯销侧向分型抽芯机构
1—支持块；2—弯销；3—滑块

① 弯销侧向分型抽芯机构的结构特点

a. 强度高，可采用较大的倾斜角。弯销一般采用矩形截面，抗弯截面系数比斜导柱大，因此抗弯强度较高，倾斜角可达 30°，所以在开模距相同的条件下，使用弯销可比斜导柱获得较大的抽拔距。由于弯销的抗弯强度较高，所以在注射熔料对侧型芯总压力不大时，弯销本身即可对侧型芯滑块起锁紧作用，但在熔料对侧型芯总压力较大时，仍应考虑设置楔紧块用来锁紧弯销，或直接锁紧滑块。

b. 可以延时抽芯。弯销可以方便地设计为延迟侧分型或延迟侧抽芯的结构，如图 2-138（b）所示，图中 D 即为延迟距离。

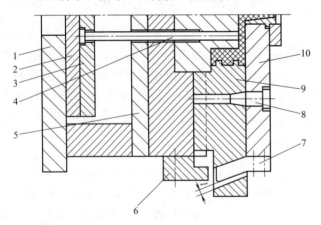

图 2-139 弯销在模外安装结构
1—动模座板；2—推板；3—推杆固定板；4—推杆；5—动模板；6—挡块；7—弯销；8—止动销；9—侧型芯滑块；10—定模座板

② 弯销在模具上的安装方式　弯销在模具上可安装在模外，也可以安装在模内，但是一般以安装在模外居多，这样安装时较方便。

a. 模外安装。如图 2-139 所示为安装在模外的结构。在该图中，塑件的下半侧由侧型芯滑块 9 成型，滑块抽芯结束时定位由固定在动模板 5 上的挡块 6 完成，固定在定模座板 10 上的止动销 8 在合模时对侧型芯滑块起锁紧作用。开模时，当分型至止动销端部完全脱出侧型芯滑块后，弯销 7 的工作面才开始驱动侧型芯滑块抽芯。

b. 模内安装。弯销安装在模内的结构如图 2-140 所示。在该图中，塑件内带有侧凹，模具采用滑块式顺序分型机构。弯销 3 固定在弯销固定板 6 内，侧型芯滑块 2 安装在组合凸模 1 的斜向方形孔中。开模时，由于顺序定距分型机构的作用，摆钩 11 拉住定模板 13，模具从 A 面首先分型，弯销 3 的作用使侧型芯滑块 2 抽出一定距离，抽芯结束后，摆钩的斜面与滚轮 7 接触并使摆钩转动而脱钩，动模继续后退使 B 面分型，最后推出机构工作，推件板 10 将塑件推出。这种形式的内侧抽芯主要依靠弯销本身弯曲强度来克服注射时熔料对侧型芯的侧向压力，因此只适于侧型芯截面积较小的场合，同时还应适当增大弯销的截面积。

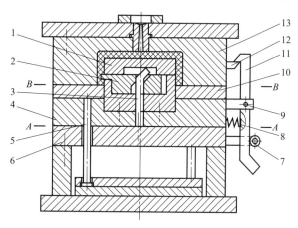

图 2-140 弯销在模内安装结构

1—组合凸模；2—侧型芯滑块；3—弯销；4—动模板；5—推杆；6—弯销固定板；7—滚轮；8—弹簧；9—转轴；10—推件板；11—摆钩；12—挡块；13—定模板

（4）斜导槽侧向抽芯机构

这种机构也是斜导柱的一种变异形式，如图 2-141 所示。斜导槽板用螺钉和销钉安装在定模外侧，开模时，侧型芯滑块的侧向移动受固定在它上面的圆柱销在斜导槽内的运动轨迹限制。当槽与开模方向没有斜度时，滑块无侧抽芯动作；当槽与开模方向成一定角度时，滑块可以侧抽芯；槽与开模方向的角度越大，侧抽芯的速度越大，槽越长，侧抽芯的抽拔距也就越大。

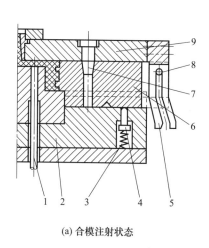

(a) 合模注射状态

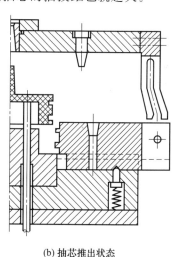

(b) 抽芯推出状态

图 2-141 斜导槽侧向抽芯机构

1—推杆；2—动模板；3—弹簧；4—顶销；5—斜导槽板；6—侧型芯滑块；7—止动销；8—滑销；9—定模板

如图 2-142 所示为斜导槽的几种形状，一般斜导槽起抽芯作用的斜角 α 在 25°以下较好，如图 2-142（a）所示；图 2-142（b）的形式是开模后，滑销先在直槽内移动，这样有一段延时抽芯动作，直至滑销进入斜槽部分，侧抽芯开始；图 2-142（c）是先在倾斜角 α_1 较小的斜导槽内侧抽芯，然后进入斜角 α_2 较大的斜导槽内侧抽芯，这种形式适于抽芯距较大的场合。由于起始抽芯力较大，第一段的倾斜角一般为 $12° < \alpha_1 < 25°$，一旦侧型芯与塑件松动，以后的抽芯力较小，因此第二段的倾斜角可适当增大，但 α_2 应小于 40°。图中，第一段

抽芯距为 E_1，第二段抽芯距为 E_2，总的抽芯距为 E。

斜导槽的宽度比滑销大 0.2mm，斜导槽与滑销常用 T8、T10 等材料制造，热处理硬度一般大于 55HRC，表面粗糙度 $Ra \leqslant 0.8\mu m$。

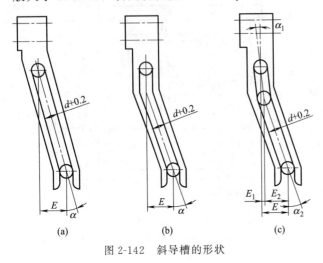

图 2-142 斜导槽的形状

（5）斜滑块侧向分型抽芯机构

斜滑块侧向分型抽芯机构是一种常用的分型和抽芯机构。它具有结构简单、制造方便、安全可靠等特点，适宜于侧向凹凸较浅、抽芯距较小、成型面积较大、所需的抽拔力较大的场合。

1）斜滑块侧向分型抽芯机构的工作原理及类型

① 工作原理　工作原理如图 2-143 所示。由图 2-143（a）可见，斜滑块 1 的两个侧面沿其高度斜面处设有凸耳结构，与锥形模套 5 斜向滑槽相配合，脱模时斜滑块在推杆 2 的推动下，沿着斜向滑槽上行，同时向两侧分开，塑件被斜滑块一并带动上行，与型芯 4 脱松，当斜滑块与塑件脱离后，塑件从模腔内脱出。图 2-143（b）为开模状态，定距螺钉 7 起防止斜滑块脱出模套的作用。

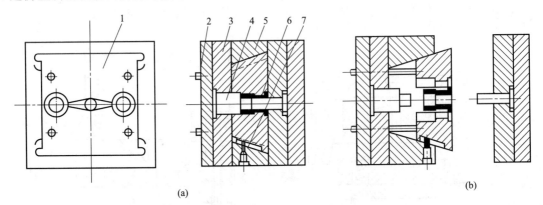

图 2-143　斜滑块侧向分型抽芯机构的工作原理

1—斜滑块；2—推杆；3—型芯固定板；4,6—型芯；5—模套；7—定距螺钉

② 斜滑块侧向分型抽芯机构的类型　根据导滑部位作用的不同，可分为以下三种类型。

a. 斜滑块导滑。利用斜滑块侧面的凸耳与锥形模套内壁对应的斜向滑槽滑动配合，达到凹模侧向分型与定位的目的。如图 2-143 所示为凹模斜滑块外侧分型机构。凹模由两块斜滑块组成，斜滑块 1 在推杆 2 的作用下，沿斜滑槽移动的同时向两侧分型，并使塑件脱离型芯［图 2-143（b）］。滑块推出高度一般不超过导滑槽的 2/3，否则会影响复位。滑块斜度不宜超过 30°。

b. 斜推杆导滑。斜推杆导滑利用斜滑块与推杆连成整体，在锥形模套的斜孔内滑动，达到凹模滑块开合的目的。由于斜推杆刚性差，承受抽拔力小，斜角一般在 10°～20°，适用于斜滑块数目较多、抽拔距不大的场合。斜推杆截面通常为矩形，以便防止转动。

如图 2-144 所示为斜推杆外侧向抽芯机构。在推出过程中，推杆固定板 1 推动滚轮 2 迫使斜推杆 3 沿动模板 4 的斜方孔运动，与推杆 5 共同推出塑件的同时，完成侧向抽芯动作。

图 2-145 所示为斜推杆内侧向抽芯机构，斜滑块 2 的上端为侧向型芯，它安装在凸模 3 的斜孔中，一般用 H8/f7 或 H8/f8 的配合，其下端与滑块座 6 上的转销 5 连接（转销可以在滑块座的滑槽内左右移动），并能绕转销转动，滑块座固定在推杆固定板内。开模后，注射机顶出装置通过推板 8 使推杆 4 和斜滑块 2 向前运动，由于斜孔的作用，斜滑块同时向内侧移动，从而在推杆推出塑件的同时斜滑块完成内侧抽芯的动作。

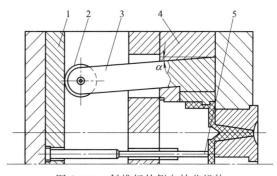

图 2-144　斜推杆外侧向抽芯机构
1—推杆固定板；2—滚轮；3—斜推杆；4—动模板；5—推杆

c. 摆杆摆动与平移。摆杆摆动抽芯机构如图 2-146 所示，摆杆 4 头部是成型塑件的外凸缘，尾端以铰链与推板 1 相连。推出开始时，摆杆 4 右移推动塑件，当头部伸出动模板 6 时，摆杆凸缘 A 处与镶块 5 接触，从而向上摆动脱离塑件，完成外侧分型。

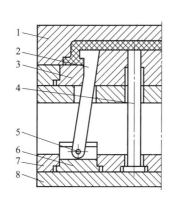

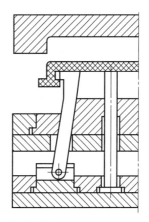

图 2-145　斜推杆内侧向抽芯机构
1—定模；2—斜滑块；3—凸模；4—推杆；5—转销；6—滑块座；7—推杆固定板；8—推板

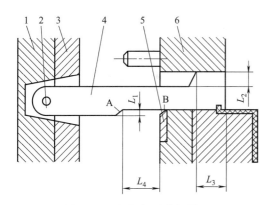

图 2-146　摆杆摆动外侧抽芯
1—推板；2—销；3—摆杆固定板；
4—摆杆；5—镶块；6—动模板

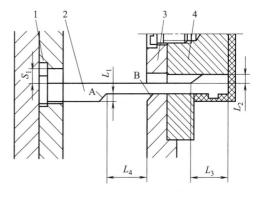

图 2-147　推杆平移内侧抽芯
1—摆杆固定板；2—摆杆；3—动模板；4—型芯

推杆平移内侧抽芯机构如图 2-147 所示。在推出过程中，当推杆后部斜面 A 与动模板 3 接触时，迫使推杆向内平移，达到内侧抽芯的目的。

设计推杆摆动与平移应保证 $L_2 > L_1$；$L_4 > L_3$。图示 "A" 和 "B" 处容易磨损，须提高此处硬度。

2）斜滑块的组合与导滑形式

① 斜滑块的组合形式　斜滑块的组合形式如图 2-148 所示。图 2-148（a）是由两个滑块对拼形成的组合式凹模；图 2-148（b）～（d）分别为三、四、六个斜滑块形成的组合式凹模，可分别朝三、四、六个方向滑移抽芯。也可用更多滑块拼合形成组合式凹模，设计时应根据塑件具体需要来决定，原则是满足塑件顺利脱模，要求滑块的拼合部位有足够的强度，间隙不应大于成型塑料的溢边值，同一凹模的各组合滑块应达到同时分型，为此各个滑块的加工必须一致性良好。滑块组合数量不宜过多，越多则模具制造的要求就越高。

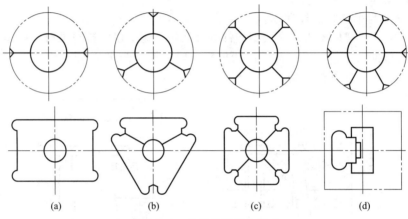

图 2-148　斜滑块的组合形式

② 斜滑块的导滑形式　斜滑块的导滑槽按其截面形状分为矩形、半圆形和燕尾形等形式，如图 2-149 所示。图 2-149（a）～（c）均为矩形导滑槽，而图 2-149（a）的导滑槽是用镶嵌楔形块组合而成的，图 2-149（b）、（c）为整体式，该形式加工精度不易保证，又不能热处理，但结构紧凑，宜用于小型或批量不大的模具；图 2-149（d）为燕尾槽导滑，这种形式加工难度较大，但它占据面积较小，易于零件布置；图 2-149（e）和图 2-149（f）为镶嵌圆柱作为导轨，图 2-149（e）用圆柱径向外径作为导轨，适用于斜滑块较小和导向精度低的场合；而图 2-149（f）用圆柱轴向外径作为导轨，圆柱的 1/3 部分起导滑作用，可用于导向精度较高的场合。

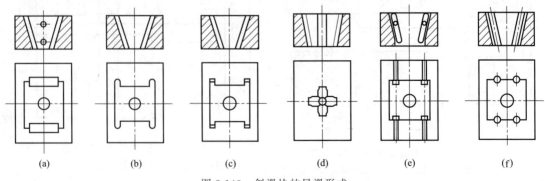

图 2-149　斜滑块的导滑形式

斜滑块与导滑槽的双面配合间隙见表 2-46。

表 2-46	斜滑块与导滑槽的双面配合间隙				mm
	斜滑块宽度 b				
	<20	>20～40	>40～60	>60～80	>80～100
	0.02～0.03	0.03～0.05	0.04～0.06	0.05～0.07	0.07～0.09
	>100～120	>120～140	>140～160	>160～180	>180～200
	0.08～0.11	0.09～0.12	0.11～0.13	0.13～0.15	0.14～0.17

3）设计斜滑块侧向分型与抽芯注意事项

① 正确选择主型芯位置　为了使塑件顺利脱模，必须合理选择主型芯的位置，如图 2-150 所示。当主型芯位置设在动模一侧时，在塑件脱模过程中主型芯起到导向作用，塑件不至于黏附在斜滑块一侧。因此，一般使主型芯尽可能安装在动模一侧。

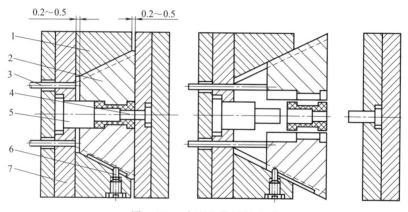

图 2-150　主型芯位置的选择
1—锥形模套；2—斜滑块；3—推杆；4—型芯；5—动模型芯；6—限位钉；7—型芯固定板

若主型芯设在定模一侧，开模后，主型芯立即从塑件中抽出，然后斜滑块才能分型，所以塑件很容易在斜滑块上黏附于某处收缩值较大的部位，因此不能顺利从斜滑块中脱出。

② 开模时斜滑块的止动　斜滑块通常设置在动模部分，并要求塑件对动模的包紧力大于对定模的包紧力。但有时因为塑件的特殊结构，定模部分的包紧力大于动模部分或者相等，此时，如果没有止动装置，则斜滑块在开模动作一开始之时便有可能与动模产生相对运动，导致塑件损坏或滞留在定模而无法取出，如图 2-151（a）所示。为了避免这种现象发生，可设置弹簧顶销止动装置，如图 2-151（b）所示。开模后，弹簧顶销 6 紧压斜

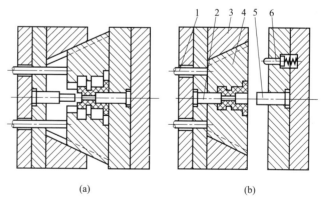

(a)　　　　　　　(b)

图 2-151　斜滑块止动装置
1—推杆；2—动模型芯；3—模套；4—斜滑块；5—定模型芯；6—弹簧顶销

滑块 4 防止其与动模分离，使定模型芯 5 先从塑件中抽出，继续开模，塑件留在动模上，然后由推杆 1 推动侧滑块侧向分型并推出塑件。

③ 斜滑块的倾斜角和推出行程　斜滑块的导向斜角可比斜导柱的大些，但也不应大于 30°，一般取 10°～25°。在同一副模具，如果塑件各处和侧凹深浅不同，所需的斜滑块推出行程也不相同，为了解决这一问题，使斜滑块运动保持一致，可将各处的斜滑块设计成不同的倾斜角。斜滑块推出模套的行程，立式模具不大于斜滑块高度的 1/2，卧式模具不大于斜滑块高度的 1/3。

④ 斜滑块的装配要求　为了保证斜滑块在合模时其拼合面密合，避免注射成型时不产生飞边，斜滑块装配后必须使其底面离模套有 0.2～0.5mm 的间隙，上面高出模套 0.2～0.5mm，如图 2-152 所示。这样做的好处在于，当斜滑块与导滑槽之间有磨损之后，再通过修磨斜滑块下端面，可继续保持其密合性。

(6) 齿轮齿条侧向抽芯机构

使用齿轮齿条机构，并且借助于模具开模提供动力，将直线运动转换为回转运动，再将回转运动转换为直线或圆弧运动，以完成侧型芯的抽出与复位。这种抽芯机构的特点是抽拔力大、抽拔距长。按照侧型芯的运动轨迹不同可分为侧型芯水平运动、倾斜运动和圆弧运动等三种情况。

① 齿轮齿条水平侧抽芯　如图 2-153 所示，闭模时楔紧块 7 锁住齿条 4，防止其在注射时因熔体的压力而后退。开模时导柱齿条 5 有一段空行程，确保楔紧块 7 脱离齿条 4，继续开模，由齿条 4 完成抽芯动作。

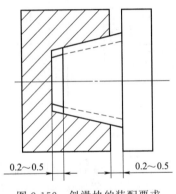

图 2-152　斜滑块的装配要求

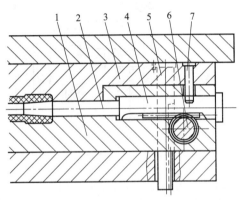

图 2-153　齿轮齿条水平侧抽芯
1—动模板；2—型芯；3—定模板；4—齿条；
5—导柱齿条；6—齿轮；7—楔紧块

② 齿轮齿条倾斜侧抽芯　如图 2-154 所示为齿条固定在定模上的斜向抽芯机构，塑件上的斜孔由齿条型芯 1 成型。开模时，固定在定模上的传动齿条 3 通过齿轮 2 带动齿条型芯 1 脱出塑件。开模到最终位置时，传动齿条 3 脱离齿轮 2。为保证型芯的准确复位，可在齿轮轴上设置定位钉 6 来定位。

③ 齿轮齿条圆弧形侧抽芯　如图 2-155 所示为齿轮齿条圆弧形侧抽芯机构，塑件为电话听筒，利用开模力使固定在定模板上的齿条 1 拖动动模边的直齿轮 2，通过互成 90°的锥齿轮转向，由直齿轮 3 带动弧形齿条型芯 4 沿弧线抽出，同时装在定模板上的斜导柱使滑块 5 抽芯，塑件由推杆推出。

2.9.5　液压或气动抽芯机构

利用液压或气压推动液压缸或气压缸的活塞杆抽出同轴的侧型芯。液压比气压传动平稳有力，并可直接利用机床的油压。目前大中型注射机出厂时常配备有多个液压缸，在机器的

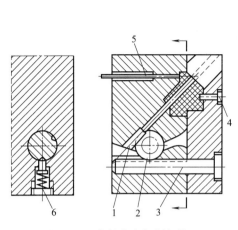

图 2-154　齿轮齿条倾斜侧抽芯

1—齿条型芯；2—齿轮；3—传动齿条；4—型芯；

5—推杆；6—定位钉

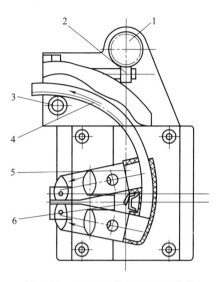

图 2-155　齿轮齿条圆弧形侧抽芯

1—齿条；2,3—直齿轮；4—弧形齿条型芯；

5—滑块；6—型芯

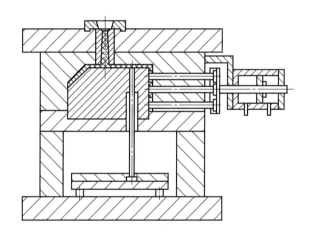

图 2-156　气动抽芯

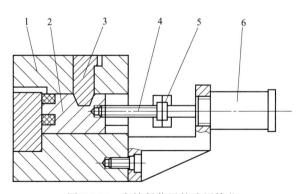

图 2-157　有锁紧装置的液压抽芯

1—定模座板；2—侧型芯；3—楔紧块；

4—连接螺杆；5—联轴器；6—液压缸

注塑程序中编入了抽芯动作程序，并装有相应的液压阀，在设计模具时只需将液压缸按塑件抽芯要求装固在模具上并与型芯连在一起即可。液压抽芯的特点是抽拔距长、抽拔力大，抽芯时间不受开模或推出时间的限制，运动平稳而灵活。

图 2-156 所示是侧型芯及气缸均设于定模中，开模前先抽出侧型芯，然后开模由推杆推出塑件。这种结构没有锁紧侧型芯的装置，仅适用于成型侧孔为通孔的塑件，因成型通孔的侧型芯不受或承受较小的轴向后退力，气缸压力能将侧型芯锁紧。

图 2-157 所示为装置的液压机构，侧型芯滑块装置在动模一侧。开模后，首先进行液压抽芯，然后再由推杆推出塑件。

2.10 模具温度调节系统设计

2.10.1 概述

在注射成型过程中，注射模具不仅是塑料熔体的成型设备，还起着热交换器的作用。模具的温度直接影响到塑件成型的质量和生产效率。由于各种塑料的性能和成型工艺要求不同，模具的温度也要求不同，一般注射到模具内的塑料温度为 200℃ 左右，而塑件固化后从模具型腔中取出时其温度在 60℃ 左右。对于大多数要求较低模温的塑料，仅设置模具的冷却系统即可，但对于要求模温超过 80℃ 的塑料以及大型注射模具，均需设置加热装置。

（1）模温调节与生产效率的关系

在注射模中熔体从 200℃ 左右降低到 60℃ 左右，所释放的热量中约有 5% 以辐射、对流的方式散发到大气中，其余 95% 由冷却介质（一般是水）带走，因此注射模的冷却时间主要取决于冷却系统的冷却效果。据统计，模具的冷却时间约占整个注射循环周期的 2/3，因而缩短注射循环周期的冷却时间是提高生产效率的关键。

在注射模中，冷却系统是通过冷却水的循环将塑料熔体的热量带出模具的。冷却通道中冷却水是处于层流状态还是湍流状态，对于冷却效果有显著影响。湍流的冷却效果比层流的要好，据资料表明，水在湍流的情况下，热传递比层流的高 10～20 倍。这是因为在层流中冷却水作平行于冷却通道壁的诸同心层运动，每一个热同心层都如同一个绝热体，妨碍了模具通过冷却水进行散热过程的进行。如果冷却水的流动是湍流状态，冷却水便在通道内作无规则的运动，层流状态下的"同心层绝热体"不复存在，从而使散热效果明显增强。为了使冷却水处于湍流状态，希望水的雷诺数 Re（动量与黏度的比值）达到 6000 以上。表 2-47 列出了当温度在 10℃，Re 为 10^4 时，产生稳定湍流状态中冷却水应达到的流速与流量。

表 2-47　冷却水的稳定湍流速度与流量

冷却水道直径 d/mm	最低流速 v/(m/s)	流量 q_v/(m³/min)	冷却水道直径 d/mm	最低流速 v/(m/s)	流量 q_v/(m³/min)
8	1.66	5.0×10^{-3}	20	0.66	12.4×10^{-3}
10	1.32	6.2×10^{-3}	25	0.53	15.5×10^{-3}
12	1.10	7.4×10^{-3}	30	0.44	18.7×10^{-3}
15	0.87	9.2×10^{-3}			

根据牛顿冷却定律，冷却系统从模具中带走的热量（kJ）为

$$Q = hA\Delta\theta t / 3600 \tag{2-11}$$

式中　Q——模具与冷却系统之间所传递的热量，kJ；

　　　h——冷却管道壁与冷却介质之间的传热膜系数，kJ/(m² · h · ℃)；

　　　A——冷却介质的传热面积，m^2；

　　　$\Delta\theta$——模具温度与冷却介质温度之间的差值，℃；

　　　t——冷却时间，s。

　　由式（2-11）可知，当所需传递热量 Q 不变时，可以通过如下三条途径来缩短冷却时间。

　　① 提高传热膜系数 h　当冷却介质在圆管内呈湍流状态时，冷却管道孔壁与冷却介质之间传热膜系数 h 为

$$h = \frac{4.187 f (\rho v)^{0.8}}{d^{0.2}} \tag{2-12}$$

式中　ρ——冷却介质在一定温度下的密度，kg/m^3；

　　　v——冷却介质在圆管中的流速，m/s；

　　　d——水孔直径，m；

　　　f——与冷却介质温度有关的物理系数，查表 2-48。

表 2-48　水温与 f 的关系

平均水温/℃	0	5	10	15	20	25	30	35	40	45	50	55	60	65	70	75
f	4.91	5.3	5.68	6.07	6.45	6.84	7.22	7.6	7.98	8.31	8.64	8.97	9.3	9.6	9.9	10.2

　　由式（2-12）可知，当冷却介质温度和冷却管道直径不变时，增加冷却介质的流速 v，可以提高传热膜系数 h。另由表 2-47 可知，当管道内冷却介质流速达到或高于 $0.5\sim1.5$ m/s 时，冷却介质处于湍流状态，冷却效率显著提高。

　　② 提高模具与冷却介质之间的温度差 $\Delta\theta$　当模具温度一定时，适当降低冷却介质的温度，有利于缩短模具的冷却时间 t。一般注射模具所用的冷却介质是常温水，若改用低温水，便可提高模具与冷却介质之间的温度差，从而可提高注射成型的生产率。但是，当采用低温水冷却模具时，大气中的水分有可能在型腔表面凝聚而导致塑件的质量下降。

　　③ 增大冷却介质的传热面积 A　增大冷却介质的传热面积，就需在模具上开设尺寸尽可能大和数量尽可能多的冷却通道，但是由于受在模具上有各种孔（如推杆孔、型芯孔等）和缝隙（如镶块接缝）的限制，只能在满足模具结构设计的情况下尽量多开设冷却水通道。

　　（2）温度调节对塑件质量的影响

　　温度调节对塑件质量的影响主要表现在以下几方面。

　　① 变形　模具温度稳定，冷却速度均衡，可以减少塑件的变形。对于壁厚不一和形状复杂的塑件，经常会出现因收缩不均匀而产生翘曲、变形的情况。因此，必须采用合适的冷却系统，使模具凹模与型芯的各个部位温度基本上保持均衡，以便型腔里的塑料熔体能同时凝固。

　　② 尺寸精度　利用温度调节系统保持模具温度的恒定，能减少塑件成型收缩率的波动，提高塑件尺寸精度的稳定性。在可能的情况下采用较低的模温能有助于减小塑件的成型收缩率。例如，对于结晶型塑料，因为模温较低，塑件的结晶度低，较低的结晶度可以降低收缩率。但是结晶度低不利于塑件尺寸的稳定性，从尺寸的稳定性出发，又需要适当提高模具温度，使塑件结晶均匀。

　　③ 力学性能　对于结晶型塑料，结晶度越高，塑件的应力开裂倾向越大，即从减小应力开裂的角度出发，降低模温是有利的。但对聚碳酸酯类高黏度非结晶型塑料，其应力开裂倾向与塑件中内应力的大小有关，提高模温有利于减小塑件中的内应力，也就减小了其应力开裂的倾向。

④ 表面质量　提高模具温度能改善塑件表面质量，过低的模温会使塑件轮廓不清晰并产生明显的熔接痕，导致塑件表面粗糙度增加。

以上几个方面对模具温度的要求有互相矛盾的地方，在选择模具温度时，应根据使用情况着重满足塑件的主要性能要求。

（3）对温度调节系统的要求

设计温度调节系统时，应满足下面要求：

① 根据塑料的品种，确定温度调节系统是采用加热方式还是冷却方式。

② 要求模温均匀，塑件各部位同时冷却，以提高生产率和塑件质量。

③ 采用低的模温，快速、大流量通水冷却一般效果比较好。

④ 温度调节系统要尽量做到结构简单、加工容易、成本低廉、效果好。

2.10.2　冷却系统设计原则

（1）冷却系统的设计原则

① 冷却系统设计应先于推出机构。传统设计中，往往先设计推出机构再设计冷却系统，由于受推出机构限制而冷却回路布置不理想。模具设计时应尽早将冷却方式和冷却回路的位置确定下来，尽量避免与模具上的其他机构（如推杆孔、小型芯孔等）发生干涉现象，以便能得到较好的冷却效果。

② 由于动、定模的冷却情况不同，一般要进行分别冷却，保持冷却平衡。

③ 一般塑件的壁厚越厚，水管孔径越大。塑件的壁厚、孔径的大小以及孔的位置关系可参考表 2-49 选取。

表 2-49　塑件的壁厚、孔径的大小以及孔的位置　　　　　　　　　　　　　　mm

	壁厚 W	孔径 d	备注
（图：d 为冷却孔道直径，D 为孔道深度，p 为孔道间距）	2	8～10	$D=(1\sim3)d$
	4	10～12	$p=(3\sim5)d$
	6	12～15	

④ 冷却水孔的数量越多，模具内温度梯度越小，塑件冷却越均匀，例如图 2-158（a）的冷却效果比图 2-158（b）要好。冷却通道可以穿过模板与镶件的交界面，但不能穿过镶件与镶件的交界面，以免漏水。另外，当水路穿过模板与镶件的交界面时，应用标记记下水流的方向。

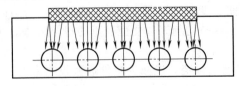
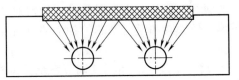

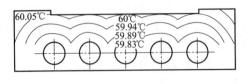
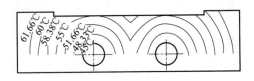

(a)　　　　　　　　　　　　　　　　　　(b)

图 2-158　热传导与水孔数目的关系

⑤ 尽可能使冷却水孔至型腔表面的距离相等，当塑件壁厚均匀时，冷却水孔与型腔表面的距离应处处相等，如图 2-159（a）所示。当塑件壁厚不均匀时，壁厚处应强化冷却，水孔应靠近型腔，距离要小，如图 2-159（b）所示。

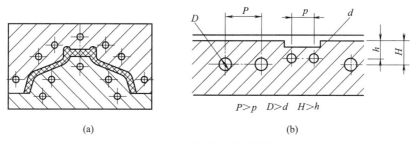

(a)　　　　　　　　　　(b)

图 2-159　冷却水孔的位置

⑥ 浇口处加强冷却。一般在注射成型时，浇口附近温度最高，距浇口越远温度越低，因此要加强浇口处的冷却。即冷却水从浇口附近流入，如图 2-160（a）为侧浇口的循环冷却水路，图 2-160（b）为多浇口的循环冷却水路。必要时在浇口附近单独设置冷却通道。

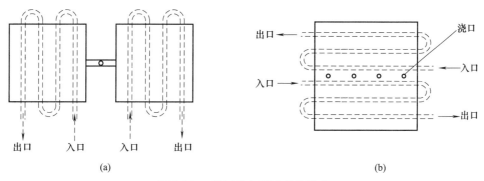

(a)　　　　　　　　　　(b)

图 2-160　浇口处加强冷却的形式

⑦ 应降低进水与出水的温差。如果进水与出水温差过大，将会使模具的温度分布不均匀，一般情况下，进水与出水温度差不大于 5℃。如图 2-161（a）所示只有一组进出口，这样进出口的温差就较大，改成图 2-161（b）所示的三组进出口，即可降低进出口水温，使模具温度比较均匀。同时应标记出冷却通道的水流方向，如图 2-161 所示、在图样上标记进水口（IN1、IN2、IN3）、出水口（OUT1、OUT2、OUT3）。

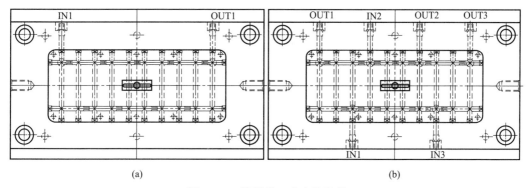

(a)　　　　　　　　　　(b)

图 2-161　降低进、出水的温差

⑧ 合理确定冷却水管接头的位置。水管接头应设在不影响操作的地方。

（2）流动速率与传热

水流在层流与湍流下所产生的热交换率差异显著。图 2-162 的实验曲线中纵坐标表示传热系数，横坐标表示雷诺数和水的流速。当水温为 23℃、水道直径为 11mm 时，若水的流速在 0.3m/s 以下，则水流呈层流态，水流速度提高以后，水逐渐由层流经过不稳定的过渡流，变为稳定的湍流。水的传热系数也由层流下的最低值，随着水流速度的提高而变大，湍流态的水传热系数最高，这是因为湍流时管壁和芯部流体发生无规则的快速对流。雷诺数是用以判定水流状态的参数，对于注射模，雷诺数 Re 取 4000～10000，其校核公式为

$$Re=\frac{dv}{\eta}\geqslant 4000\sim 10000 \tag{2-13}$$

式中　d——水孔径，m；

　　　v——水流速度，m/s；

　　　η——水流黏度（m^2/s），其数值可由图 2-163 查出。

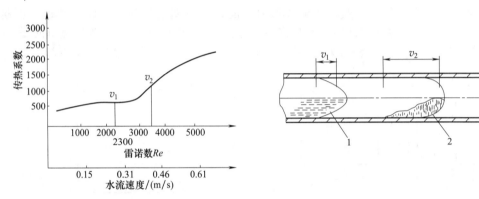

图 2-162　雷诺数对热传导的影响
1—层流；2—湍流

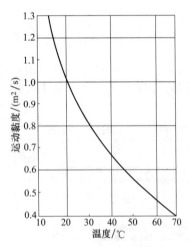

图 2-163　水的运动黏度与
温度的关系

（3）水道的配置

冷却孔道可以并联也可以串联，如图 2-164 所示。当采用并联冷却孔道时［图 2-164（a）］，从冷却水供应歧管到冷却水收集歧管之间有多个流路。根据各冷却孔道流动阻力的不同，各冷却孔道的冷却水流动速率也不同，造成各冷却孔道具有不同的传热效率。并联冷却孔道之间可有不均匀的冷却效应。所以，采用并联冷却孔道时，通常模具的凸模与凹模分别有并联冷却系统，各系统之间冷却孔道数目则取决于模具的尺寸和复杂性。

如图 2-164（b）所示为串联冷却孔道，在串联冷却孔道中将冷却水供应歧管与冷却水收集歧管连接成单一流道，这是最常用的冷却孔道配置。假如冷却孔道具有均匀的管径，可以将通过整个冷却系统的冷却水设计成所需的湍流获得最佳的传热效率。

2.10.3　冷却系统设计计算

冷却系统的计算主要包括冷却时间的计算、冷却水道传热面积及水道数目的计算等。目前该计算仍是注射模设计中的一个难点，主要是理论方面缺乏精确的热传导分析和热计算基

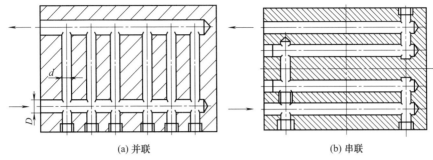

图 2-164　冷却孔道的配置

础。一般情况下，设计者是凭借一些传热理论做指导，再加上经验进行设计的。

（1）冷却时间的确定

在注射过程中，塑件的冷却时间，通常是指塑料熔体从充满模具型腔起到可以开模取出塑件时的这一段时间。这一时间标准常以制品已充分固化定型而且具有一定强度和刚度为准，这段冷却时间一般约占整个注射生产周期的 80%。在生产中利用冷却时间与制品壁厚关系的经验数据见表 2-50。

表 2-50　常用塑料制品壁厚与冷却时间的关系

制品壁厚 /mm	冷却时间 t/s						
	ABS	PA	HDPE	LDPE	PP	PS	PVC
0.5			1.8		1.8	1.0	
0.8	1.8	2.5	3.0	2.3	3.0	1.0	2.1
1.0	2.9	3.8	4.5	3.5	4.5	2.9	3.3
1.3	4.1	5.3	6.2	4.9	6.2	4.1	4.6
1.5	5.7	7.0	8.0	6.6	8.0	5.7	6.3
1.8	7.4	8.9	10.0	8.4	10.0	7.4	8.1
2.0	9.3	11.2	12.5	10.6	12.5	9.3	10.1
2.3	11.5	13.4	14.7	12.8	14.7	11.5	12.3
2.5	13.7	15.9	17.5	15.2	17.5	13.7	14.7
3.2	20.5	23.4	25.5	22.5	25.5	20.5	21.7
4.4	38.0	42.0	45.0	40.8	45.0	38.0	39.8
5.0	49.0	53.9	57.0	52.4	57.0	49.0	51.1
5.7	61.0	66.8	71.0	65.0	71.0	61.0	63.5
6.4	75.0	80.0	85.0	79.0	85.0	75.0	77.5

（2）冷却水道传热面积及水道数目的计算

忽略模具因空气对流、热辐射以及与注射机接触所散发的热量，不考虑模具金属材料的热阻，可对模具冷却系统进行粗略计算。

① 冷却水道传热面积的计算

a. 塑料传给模具的热量。单位质量的塑料传给模具的热量计算：

$$Q_1 = c_2(T_1 - T_2) + u \tag{2-14}$$

式中　Q_1——单位质量塑料从注入模具到脱模放出的热量，kJ/kg；

　　　c_2——塑料的比热容，kJ/(kg·℃)；

　　　T_1——塑料熔体注入模具时的温度，℃；

　　　T_2——塑件脱模时的温度，℃；

　　　u——结晶型塑料的熔化潜热，kJ/kg。

常用塑料的比热容和熔化潜热等见表 2-51。塑料的单位热量 Q 可在表 2-52 中选取。

<table>
<tr><td colspan="5">表 2-51　　常用塑料的热扩散系数、热导率、比热容及熔化潜热</td></tr>
</table>

塑料品种	热扩散系数 m²/h	热导率/[kJ/(m·h·℃)]	比热容/[kJ/(kg·℃)]	熔化潜热/(kJ/kg)
聚苯乙烯	3.2×10^{-4}	0.452	1.340	—
ABS	9.6×10^{-4}	1.055	1.047	—
硬聚氯乙烯	2.2×10^{-4}	0.574	1.842	—
低密度聚乙烯	6.2×10^{-4}	1.206	2.094	1.30×10^{2}
高密度聚乙烯	7.2×10^{-4}	1.733	2.554	2.3×10^{2}
聚丙烯	2.4×10^{-4}	0.423	1.926	1.80×10^{2}
尼龙	3.9×10^{-4}	0.837	1.884	1.30×10^{2}
聚碳酸酯	3.3×10^{-4}	0.695	1.717	—
聚甲醛	3.3×10^{-4}	0.829	1.759	1.63×10^{2}
有机玻璃	4.3×10^{-4}	0.754	1.465	—

b. 模具冷却时所需冷却介质的体积流量为

$$q_v = \frac{WQ_1}{\rho c_1(\theta_1-\theta_2)} \tag{2-15}$$

式中　q_v——冷却水的体积流量，m^3/min；

　　　W——单位时间（每分钟）内注入模具中的塑料质量，kg/min；

　　　ρ——冷却水的密度，kg/m^3；

　　　c_1——冷却水的比热容，kJ/(kg·℃)；

　　　θ_1——冷却水出口温度，℃；

　　　θ_2——冷却水入口温度，℃。

<table>
<tr><td colspan="4">表 2-52　　常用塑料熔体的单位热量 Q_1</td></tr>
</table>

塑料品种	$Q_1/(kJ/kg)$	塑料品种	$Q_1/(kJ/kg)$
ABS	$3.1\times10^{2}\sim4.0\times10^{2}$	低密度聚乙烯	$5.9\times10^{2}\sim6.9\times10^{2}$
聚甲醛	4.2×10^{2}	高密度聚乙烯	$6.9\times10^{2}\sim8.1\times10^{2}$
丙烯酸	2.9×10^{2}	聚丙烯	5.9×10^{2}
醋酸纤维素	3.9×10^{2}	聚碳酸酯	2.7×10^{2}
聚酰胺	$6.5\times10^{2}\sim7.5\times10^{2}$	聚氯乙烯	$1.6\times10^{2}\sim3.6\times10^{2}$

c. 冷却水道总传热面积 A 的计算：

$$A = \frac{60WQ_1}{h\,\Delta\theta} \tag{2-16}$$

式中　h——冷却管道孔壁与冷却水之间的传热膜系数，kJ/(m²·h·℃)；

　　　$\Delta\theta$——模具温度与冷却水温度之间的平均温差，℃。

② 管道直径及水道数目

a. 管道直径。当求出冷却水的体积流量 q_v 后，便可根据冷却水处于湍流状态下的流速 v 与管道直径 d 的关系（参见表 2-47），确定冷却水管道的直径 d。

b. 孔壁与冷却水之间的传热膜系数。对于长径比 $l/d>50$ 的细长冷却管道，其孔壁与冷却水之间的传热膜系数 h 的计算为

$$h = 3.6f\,\frac{(\rho v)^{0.8}}{d^{0.2}} \tag{2-17}$$

式中　f——与冷却水温度有关的物理系数，查表 2-48；

　　　ρ——冷却水在一定温度下的密度，kg/m^3；

　　　d——冷却管道直径，m；

　　　v——冷却水在圆管中的流速，m/s。

c. 冷却水在圆管中的流速为

$$v = \frac{4q_v}{\pi d} \qquad (2\text{-}18)$$

式中　q_v——冷却水的体积流量，m^3/s。

d. 模具应开设的冷却水道孔数 n 为

$$n = \frac{A}{\pi d L} \qquad (2\text{-}19)$$

式中　L——冷却水道开设方向上模具的长度或宽度，m。

【例】　注射成型聚丙烯制品，产量为 50kg/h，用 20℃的水作冷却介质，其出口温度 27℃，水呈湍流状态，若模具平均温度为 40℃，模具宽度为 300mm，求冷却管道直径及所需冷却管道孔数。

解：①求塑料制品在固化时每小时释放的热量 Q。查表 2-52 得聚丙烯单位质量放出的热量 $Q_1 = 5.9 \times 10^2 kJ/kg$，故

$$Q = WQ_1 = 50 \times 5.9 \times 10^2 kJ/h = 2.95 \times 10^4 kg/h$$

② 求冷却水的体积流量。由式（2-15）得

$$q_v = \frac{WQ_1}{\rho c_1 (Q_1 - Q_2)} = \frac{2.95 \times 10^4/60}{10^3 \times 4.187 \times (27-20)} m^3/min$$
$$= 1.67 \times 10^{-2} m^3/min$$

③ 求冷却管道直径 d。查表 2-47，取 $d = 25mm$

④ 求冷却水在管内的流速 v。由式（2-18）得

$$v = \frac{4q_v}{\pi d^2} = \frac{4 \times 1.67 \times 10^{-2}}{3.14 \times (25/1000)^2 \times 60} m/s = 0.57m/s$$

⑤ 求冷却管道孔壁与冷却水之间的传热膜系数 h。查表 2-48，取 $f = 7.22$（水温为 30℃时）再由式（2-17）得

$$h = 3.6f \frac{(\rho v)^{0.8}}{d^{0.2}} = \frac{3.6 \times 7.22 \times (0.996 \times 10^3 \times 0.57)^{0.8}}{(25/1000)^{0.2}} kJ/(m^2 \cdot h \cdot ℃)$$
$$= 0.861 \times 10^4 kJ/(m^2 \cdot h \cdot ℃)$$

⑥ 求冷却管道总传热面积 A。由式（2-16）有

$$A = \frac{60WQ_1}{h\Delta\theta} = \frac{60 \times 2.95 \times 10^4/60}{0.861 \times 10^4 \times [40-(27-20)]/2} = 0.207m^2$$

⑦ 求模具上应开设冷却管道的孔数 n。由式（2-19）得

$$n = \frac{A}{\pi d L} = \frac{0.207}{3.14 \times (25/1000) \times (300/1000)} \approx 8 （孔）$$

2.10.4　冷却回路的布置

冷却回路的布置一般有串联和并联两种形式。串联水道的优点为水道中间若有堵塞能及时发现；缺点为流程长，温度不易均匀，流动阻力大。并联水道的优点为分几路通水，流动阻力小，温度较均匀；缺点为中间堵塞时不易发现，管接头多。串联和并联的运用依具体情况而定，其缺点可以克服，如阻力大可以增大管径，防止堵塞可以加大管径或分路供水。冷却回路的布置形式见表 2-53。

2.10.5　模具的加热系统

在一般情况下，对热固性塑件成型模具需要设计加热系统，而对于热塑性塑料注射成型时在以下四种情况下也需要加热。

表 2-53　　冷却回路的布置形式

类型	简　图	说　明
外接直通式	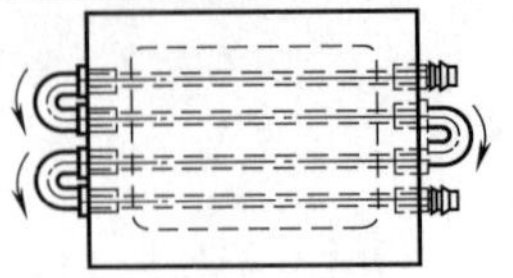	最简单的外部连接的直通管道布置。用水管接头和橡塑管将模内管道连成单路或多路循环。优点:加工容易,便于检查有无堵塞 缺点:外连接太多,容易碰坏
内循环式	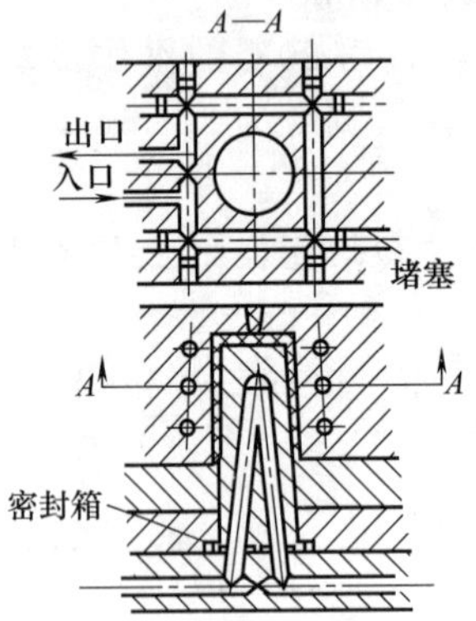	在型腔外周边钻直通水道,然后用堵头堵住非进出水处,构成内循环,并可以多层 优点:外接头少,模具外周整齐 缺点:堵头不严时易泄漏,有堵塞不易检查
平面盘旋式	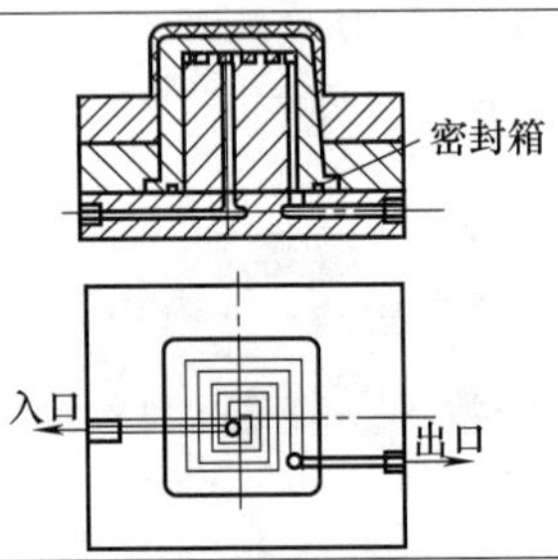	在开放的平面上做出螺旋槽,然后用另一嵌件封堵,适用于大型型芯 优点:冷却效果好 缺点:密封如果不良,容易引起泄漏
立体循环式	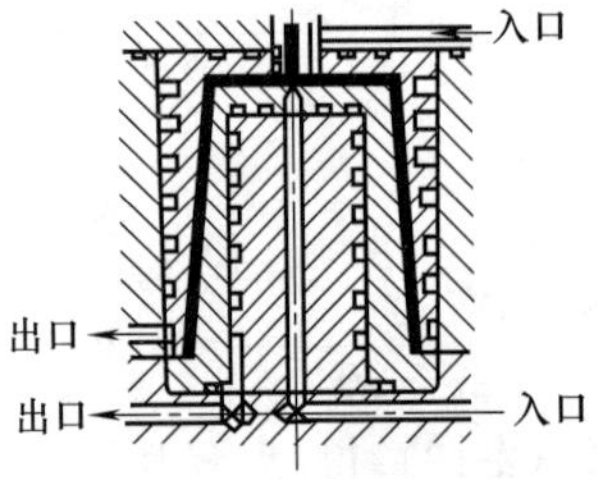	在圆柱形或矩形周围做出水道,然后用另一相配嵌件封堵,适用于大型型芯及型腔 优缺点同平面盘旋式
立管喷淋式	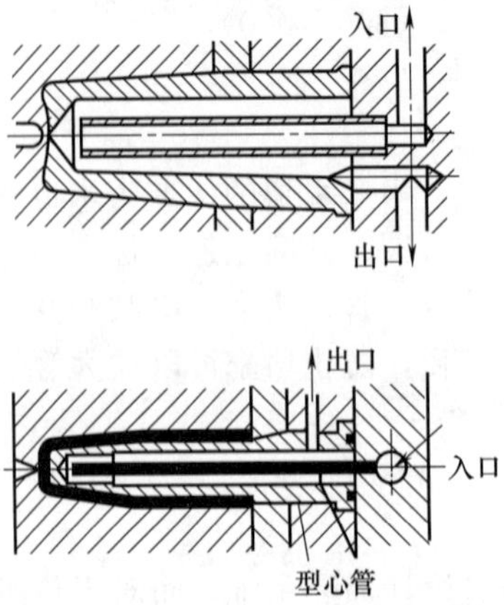	在型芯内装上喷管,冷却液从管中喷出后,自其四周流出,适用于型芯,依型芯截面积大小,可以设一组或多组 优点:冷却效果好 缺点:制作较难

① 对要求模具温度在 80℃以上的塑料成型。某些熔融黏度高、流动性差的热塑性塑料，如聚碳酸酯、聚甲醛、氯化聚醚、聚砜、聚苯醚等，要求有较高的模具温度，需要对模具进行加热。如果这些塑料在成型时模温过低，则会影响塑料熔体的流动性，从而加大流动的剪切力，使塑件的内应力增大，甚至还会出现冷流痕、银丝、轮廓不清等缺陷。

② 对于大型模具的预热。大型模具在初始成型时其模温是室温，仅靠熔融塑料的热量使其达到相应的温度是十分困难的，这时就需要在成型前对模具进行预热，才能使成型顺利进行。

③ 模具有需要加热的局部区域。对于远离浇口的模具型腔，由于模温过低可能会影响塑料熔体的流动，这时可以对该处进行局部加热。

④ 热流道模具的局部加热。热流道模具有的需要对浇注系统部分进行局部加热。

（1）模具的加热方式

① 介质加热　流体介质（热水、热油）加热、蒸汽加热，有时也用煤气或天然气加热。其装置和调节方法与冷却水路基本相同，结构比较简单适用。蒸汽加热广泛用于发泡塑料模具；煤气或天然气加热的温度控制较难，且容易污染环境，因此其应用受到了限制。

② 电加热　电加热具有温度调节范围较大、加热装置结构简单、安装及维修方便、清洁、无污染等优点，在大型模具和热流道模具中得到了广泛的应用。

（2）电加热的形式

① 加热板中安装管式电热元件　将一定功率的电阻丝装入不锈钢管内密封，作为标准的电热棒，如图 2-165 所示。使用时根据需要的加热功率，选用电热棒的型号和数量，将电热棒插入模具安排好的孔内，电热棒与模具插孔之间为小间隙配合，一般要求 H9/d9，高精度可达 H7/d7。电热棒的使用寿命长，在模内安置时较容易避开推杆位置，更换方便，也较安全。

② 电热套和电热片　电热套常用的有圆形和矩形的，如图 2-166（a）～（c）所示，它是套装在模具外表面的加热元件。矩形电热套由 4 块电热片构成，用导线和螺钉连成一体。圆形电热套是用螺钉夹紧在模具上。有整圈式和半圈式。电热套的热损失比较大。电热片如图 2-166（d）所示，用于模具内部安装加热棒有困难时，或者是高大的模具仅靠上下两块加热板加热太慢的情况，这时可将电热片装在模具型腔外围。

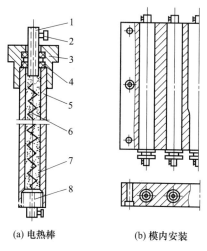

（a）电热棒　　　　（b）模内安装

图 2-165　电热棒及模内安装

1—接线柱；2—螺钉；3—帽；4—垫圈；
5—外壳；6—电阻丝；7—石英砂；8—塞子

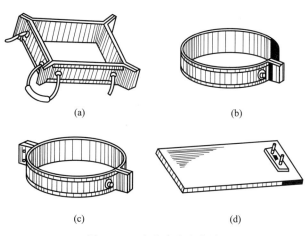

（a）　　　　　　　　（b）

（c）　　　　　　　　（d）

图 2-166　电热套和电热片

(3) 电热功率的计算

模具加热所需电功率可用下面经验公式计算。

$$P = mf \tag{2-20}$$

式中　P——电功率，W；

　　　m——模具质量，kg；

　　　f——每千克模具加热到成型温度时所需的电功率，W/kg。

对于酚醛塑料 f 可按表 2-54 所列经验数据选取。

表 2-54　电功率 f 值　　　　　　　　　　　　　　　　　　　　　W/kg

模具类型	电热棒	电热套
小型(1~20kg)	35	40
中型(20~200kg)	30	50
大型(>200kg)	25	60

总的电热功率计算出来之后，即可计算每一根电热棒的功率。使电热棒并联，则

$$P_r = \frac{P}{n} \tag{2-21}$$

式中　P_r——每根电热棒的功率，W；

　　　n——电热棒的根数。

根据 P_r 查表 2-55 选择适当尺寸电热棒，或者先选择电热棒的适当功率再计算电热棒的根数。选择电热棒时，往往要通过反复计算，使电热棒的长度和直径与模具安装空间相匹配。

表 2-55　电热棒外形尺寸与功率

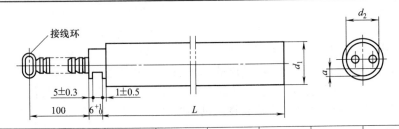

名义直径 d_1/mm	13	16	18	20	25	32	40	50
允许误差/mm	±0.1		±0.12			±0.2		±0.3
盖板直径 d_2/mm	8	11.5	13.5	14.5	18	26	34	44
槽深 a/mm	1.5	2	3			5		
长度 L/mm	功率/W							
60_{-3}^{0}	60	80	90	100	120			
80_{-3}^{0}	80	100	110	125	160			
100_{-3}^{0}	100	125	140	160	200	250		
125_{-4}^{0}	125	160	175	200	250	320		
160_{-4}^{0}	160	200	225	250	320	400	500	
200_{-4}^{0}	200	250	280	320	400	500	600	800
250_{-5}^{0}	250	320	350	400	500	600	800	1000
300_{-5}^{0}	300	375	420	480	600	750	1000	1250
400_{-5}^{0}		500	550	630	800	1000	1250	1600
500_{-5}^{0}			700	800	1000	1250	1600	2000
650_{-6}^{0}				900	1250	1600	2000	2500
800_{-8}^{0}					1600	2000	2500	3200
1000_{-10}^{0}					2000	2500	3200	4000
1200_{-10}^{0}						3000	3800	4750

（4）设计电热系统的注意事项

① 如果没有所需电功率的电热元件，可以选用稍大于所需电功率的电热元件（尽量选用标准件）。在实践中可以采用降低电压的方法将所用的电热元件的电功率调节到所需要的数值或采取缩短加热时间的方法进行调节。

② 电热元件应布置均匀，便于调节温度，保持模具温度均匀和稳定。

③ 注意绝缘措施，防止漏电、漏水等现象的发生。

④ 应采取保温措施，减少热量的散失。

⑤ 当模具温度升高时会使模具局部区域产生热膨胀现象，特别是相对滑动部位会因为热膨胀造成间隙过小而卡死，无法滑动。因此，在模具设计时应注意在滑动部位预留出膨胀的滑动间隙。

2.11 普通注射模的典型结构

2.11.1 单分型面的模具结构

如图 2-167 所示，产品为线轮，采用一模一腔形式，材料为聚乙烯。

① 该模具为左右带弯销分型的脱模机构，采用直接浇口进料，呈单分型面形式。

② 注塑成型后，动模向下首先移动一定距离，然后定模板 3 上的弯销 5 的斜面段迫使滑块 4 外移。与此同时，推出系统的推杆 9 作用于推件板 6，推件板自型芯 10 上把塑件推下来。

③ 弯销 5 上的斜度应和滑块 1、4 上的斜度一致。锁紧块 2 上的斜度应略大于弯销的斜度，滑块与推件板用 T 形槽配合，锁紧块应具有足够的强度及刚度。

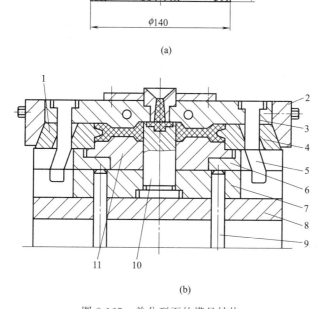

图 2-167　单分型面的模具结构

1,4—滑块；2—锁紧块；3—定模板；5—弯销；6—推件板；7—型芯固定板；8—垫板；
9—推杆；10—型芯；11—模芯

2.11.2 双分型面的模具结构

如图 2-168 所示，该产品为汽车坐垫，材料为聚丙烯。

① 该模具为双分型面拉板式脱模机构，并采用四个分点浇口进料。因塑料制品投影面积大，在注塑成型时，为了防止凹模变形，在凹模下面增设四个对称顶柱 27。塑件要求成型面美观，故塑件的背面设在定模上，浇口痕迹也留在背面。

② 注塑成型后，动模首先沿 A—A 分型面离开定模一定距离，主流道脱开；动模部分继续移动，由卸料螺钉 16 限位，动模与浇口套板 29 沿 B—B 分型面分开；动模仍继续移动，螺钉 19 碰到拉板 18 带动垫板 7，此垫板又带动推杆 4、13 把塑件推出。然后合模，由复位杆 14 复位，完成整个动作。

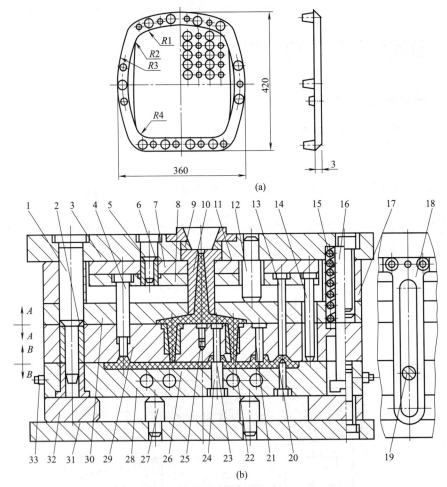

图 2-168　双分型面的模具结构

1,5—导柱；2—导套；3—定模座板；4,13—推杆；6—双联导套；7—垫板；8—推杆固定板；
9—调整垫圈；10,22—浇口套；11—定位圈；12,27—顶柱；14—复位杆；15—弹簧；16—卸料螺钉；
17—支块；18—拉板；19—螺钉；20,21,23,24—型芯；25—分流锥；26—制件；
28—凹模；29—浇口套板；30—浇口板；31—动模座板；32—支承块；33—水嘴

2.11.3 二板式分型推杆脱模注射模

如图 2-169 所示，产品为电源按钮，材料为 ABS，采用侧浇口进料方式，一模八腔形式。

① 为防止推杆在长时间的工作过程中使型芯磨损，孔径增大，造成溢料增多，脱模困难，

采用大推杆 10 与推杆导套 23 相结合的推出机构。这里共采用了 16 根大推杆与 20 根小推杆。

② 注塑成型后，定模板 2 与动模固定板 3 从分型面处分开，动模向后运动，锥形拉料杆 12 带动浇注系统的冷凝料及塑件一起向后运动，当主流道中的凝料完全拉出一段距离后，注塑机的推杆作用在下推板 7 上，使浇注系统中的冷凝料和塑件在锥形拉料杆 12 和推杆的作用下一起推出，完成脱模过程。

③ 合模时，推杆固定板 6 在复位杆 29 的作用下，回到初始状态，动定模完全闭合，回到成型位置，进入下一个工作循环。

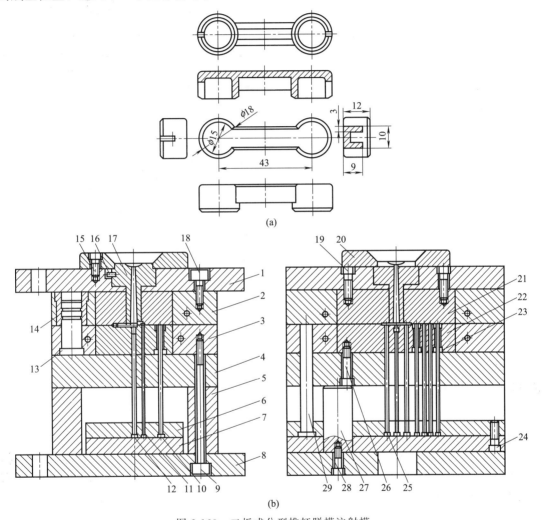

图 2-169 二板式分型推杆脱模注射模

1—定模座；2—定模板；3—动模固定板；4—支模板；5—垫块；6—推杆固定板；7—下推板；8—动模座；
9,15,18,19,24,26,28—螺钉；10—大推杆；11,25—小推杆；12—锥形拉料杆；13—导柱；14—导套；
16—柱销；17—主流道衬套；20—定位圈；21—定模镶块；22—动模镶块；23—导套；
27—支承柱；29—复位杆

2.11.4 斜导柱分型抽芯注射模

如图 2-170 所示，产品为三通接头，材料为硬聚氯乙烯。

① 注塑成型后，动模板 7 向下移动，而定模板 1 上的斜导柱 5 作用于右侧滑动成型芯 4，同时与左侧滑动成型芯 13 一起抽出塑件，然后推出系统的推管 11 将塑件推出。应注意

的是：右侧滑动成型芯 4 在导轨 3 槽内应滑动无阻，保证左侧滑动成型芯 13 的滑动。推出系统的复位靠弹簧 8 来完成。为了延长模具使用寿命，其导向系统，包括推出导向系统均加设导套 10。中心浇口直径为 7mm。

② 右侧滑动成型芯 4 与导轨 3 应研配合适，镶块 2 应淬硬到 45～48HRC。

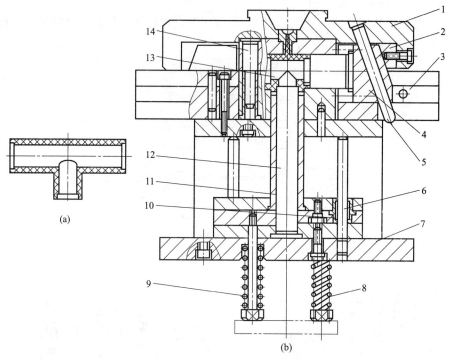

图 2-170 斜导柱分型抽芯注射模

1—定模板；2—镶块；3—导轨；4—右侧滑动成型芯；5—斜导柱；6—支承柱；7—动模板；8—弹簧；
9—推杆；10—导套；11—推管；12—下成型芯；13—左侧滑动成型芯；14—导柱

2.11.5 斜滑块分型抽芯注射模

如图 2-171 所示，产品为大口桶盖，材料为高密度聚乙烯。

① 该模具为斜滑块分型内侧抽芯机构，适用于内壁有凹凸形状的塑件。

② 斜滑块 10 在推杆 14 的作用下，沿主型芯 9 的燕尾槽内滑动，作内侧抽芯。闭模时，斜滑块 10 靠拉杆 1 与弹簧 2 的作用复位，推板 17 靠弹簧 13 的作用也同时退回。为避免塑件挠曲，特设有两个推出杆 16，既可作推出用，又保证推出机构的完全复位。

2.11.6 推块脱模机构模具

如图 2-172 所示，产品为淘米筐，材料为聚丙烯。

① 塑料制品周围是小长方孔，其内表面与凸模的脱模斜度为 15°～20°，塑件的外表面与凹模内壁有 12 条肋，塑件内表面与小长方孔型芯的脱模斜度为 20°～25°。

② 按塑件的形状，采用直接浇口，模具只有一个分型面。在凸模上开设有竖槽和环形槽，形成小矩形凸块，脱模斜度为 20°～25°。凹模内壁开设有 12 条等分槽。

③ 凹模 4 与凸模 18 均采用整体结构，冷却循环水道开设在凸模上。

④ 注塑成型后，保压一段时间，按十字箭头方向开模，然后由注射机推出系统推动推块 8，塑件即可脱落。

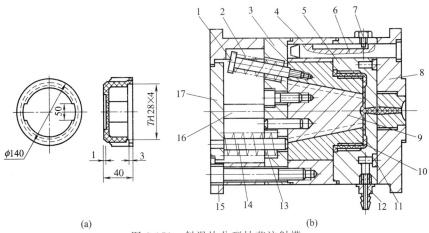

图 2-171　斜滑块分型抽芯注射模

1—拉杆；2,13—弹簧；3—垫板；4—动模板；5—型腔板；6—导柱；7—限位螺钉；8—定模座板；9—主型芯；
10—斜滑块；11—水槽盖板；12—水嘴；14—推杆；15—动模座板；16—推出杆；17—推板

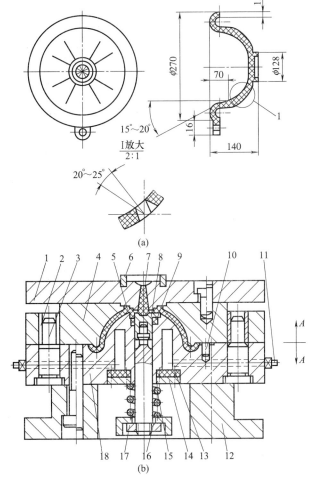

图 2-172　推块脱模机构模具

1—定模板；2—导套；3—导柱；4—凹模；5—销钉；6—定位圈；7—塑料制品；
8—推块；9—推杆；10—小型芯；11—水嘴；12—动模座板；13—密封垫；
14—盖板；15—弹簧；16—托簧套；17—螺母；18—凸模

2.11.7 推杆脱模机构模具

如图 2-173 所示，产品为水桶，材料为聚丙烯。

① 模具采用单分型面直接浇口。

② 塑件高、壁薄，除利用导柱和导套导向外，还要利用凹模 29 和凸模 27 的斜面部位定位。

③ 模具的冷却系统设在凹模和凸模内，进行循环冷却。塑料注射成型后，经过一段时间的保压，开模时，凸模 27 带着制品一起离开凹模 29。在分离过程中，拉板 1 把型芯 19 抽出，然后推出机构推动推杆 23 把制品推出。合模时，弹簧 18 受到压缩，目的是控制型芯 19 位置的准确性。最后由回程杆复位。

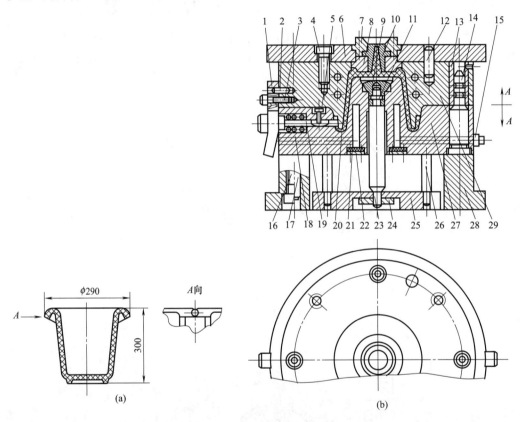

图 2-173 推杆脱模机构模具

1—拉板；2—销钉；3,4,16—螺钉；5—限位钉；6—定模板；7—定位圈；8—镶件；9,25—推板；10—浇口板；
11,12,17—销钉；13—导套；14—导柱；15—水嘴；18—弹簧；19—型芯；20—塑件；21—密封；
22—盖板；23—推杆；24—螺母；26—回程杆；27—凸模；28—支板；29—凹模

2.11.8 推管脱模机构模具

如图 2-174 所示，产品为玩具汽车轮圈，材料为聚乙烯。

① 鉴于塑件的外形不允许有哈夫拼缝，由于原料是用软性的，故应用推管结构强制推出。

② 注塑成型后，定模 1 首先与动模 2 分开，由于失去压力，弹簧 3 将动模 2 与动模板 5 撑开。因拉杆 4 的关系，只能撑开一定的距离，因为镶块 6 是坐落在动模板 5 上，所以也随

着向后退开，脱出部分塑件的连接部分，并留有一定的距离为推杆 9 推出空出间隙，最后由推杆 9 推动推板 8 使推管 7 推出塑件。

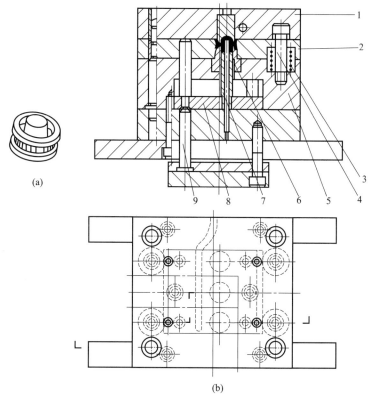

图 2-174　推管脱模机构模具

1—定模；2—动模；3—弹簧；4—拉杆；5—动模板；6—镶块；
7—推管；8—推板；9—推杆

2.11.9　摆钩顺序脱模模具

如图 2-175 所示，产品为矩形罩，材料为聚丙烯。该模具采用一模二腔形式。

① 塑件矩形内腔由设在定模一侧的型芯 3 成型，外形及螺纹由设在动模一侧的斜滑块 15 成型。由于塑件对型芯 3 的包紧力较大，故设置了定模推板 4。

② 注塑成型后，在摆钩 7 和弹簧 14 的作用下，Ⅰ—Ⅰ面首先分型，从而使定模推板 4 及塑件同时被带往动模。当摆钩 7 脱离挡板 5 的限制后，在弹簧作用下，摆钩 7 脱开定模推板 4，此时限位板 13 对定模推板 4 限位，模具沿Ⅱ—Ⅱ面分型，随后推杆 10 推动斜滑块 15 完成塑件螺纹部分脱模并推出塑件。

2.11.10　潜伏式浇口注射模

如图 2-176 所示，产品为储料盒，材料为聚碳酸酯。

① 该模具采用潜伏式浇口的全自动塑料注射模具。为了便于加工制造，分型面选择在塑件顶部，目的是增加塑件外形美观。成型表面必须镀铬抛光，表面粗糙度达到 $Ra0.2\sim0.1\mu m$。为了提高塑件的透明度，避免在塑件表面产生气束、云雾、熔接痕等缺陷，在流程的末端开设排气槽，并在相邻两型腔之间设有储气室。

② 聚碳酸酯流动性差，因此在设计浇注系统时应以减少热量和压力损失为主要目标，

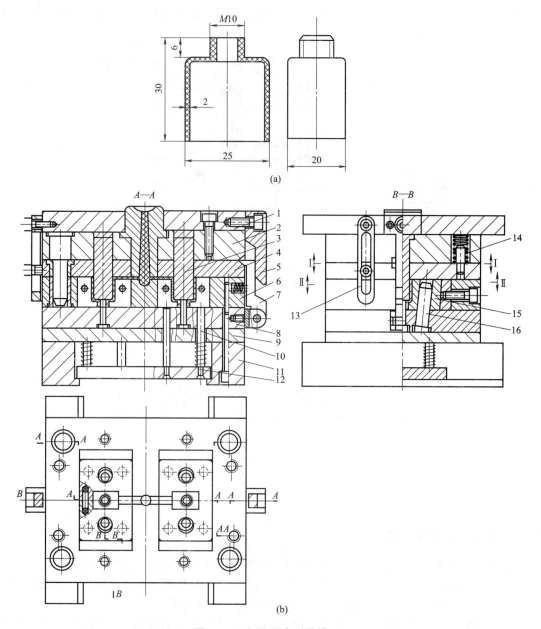

图 2-175　摆钩顺序脱模模具

1—定模板；2,8—型芯固定板；3—型芯；4—定模推板；5—挡板；6—动模；7—摆钩；
9—动模板；10—推杆；11—动模座板；12—推板；13—限位板；14—弹簧；
15—斜滑块；16—斜导柱

尽量缩短主流道的长度，增加其截面尺寸，并把分流道设计成圆形，使热量损失较小。另外，因为聚碳酸酯塑料韧性好，适宜流道的强行脱出。

③ 注射成型后，动模首先沿分型面 A—A 与定模分开，同时靠凹模 2 的浇口剪切作用，使塑件和分流道分开。然后注射机推杆推动推杆 18，又通过推杆 15 的作用使推件板 7 向上运动，沿 B—B 面完成二次分型动作，使塑件从凸模 6 上脱掉。此时，由于限位钉 19 的作用，推杆 14 和推件板停止运动，推杆 18 继续推出，实现了全自动操作及自动切断浇口的功能。

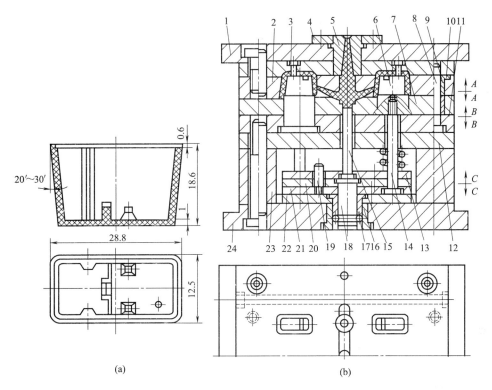

图 2-176 潜伏式浇口注射模

1—定模板；2—凹模；3—型芯；4—定位圈；5—浇口套；6—凸模；7—推件板；8—导柱；9,10—导套；
11—凸模固定板；12—垫板；13,21—推杆固定板；14,15,18—推杆；16,17—初套；19—限位钉；
20,22—推板；23—支承块；24—动模座板

第3章
压缩模具设计

3.1 概述

压缩成型，即压塑成型，也称模压成型或压制成型。压缩成型具有悠久的历史，主要用于成型热固性塑料制品。热固性塑料原料由合成树脂、填料、固化剂、固化促进剂、润滑剂和色料按一定配比制成。它可做成粉状、粒状、片状、碎屑状、纤维状等各种形态。将塑料直接加入高温的压模型腔和加料室，然后以一定的速度将模具闭合，塑料在热和压力的作用下熔融流动，并且很快地充满整个型腔，树脂与固化剂作用发生交联反应，生成不熔不溶的体型化合物，塑料因而固化，成为具有一定形状的制品，当制品完全定型并且具有最佳的性能时，即可开启模具取出制品。

压缩成型还可成型热塑性塑料制品，将热塑性塑料加入模具型腔后，逐渐加热加压，使之转化成黏流态，充满整个型腔，然后降低模温，使制品固化再将其顶出。由于模具需交替地加热与冷却，故生产周期长，效率低。但由于制品内应力小，因此可用来生产平整度高和光学性能好的大型制品等，如透明板材等。由于热固性塑料压缩成型的重要性，本章将着重讨论热固性塑料压缩模具。

与注射模具相比，压模有其特殊的地方，如没有浇注系统，直接向模腔加入未塑化的塑料，其分型面必须水平安装等。下面就压缩成型的优缺点分别叙述。

(1) 压缩成型的优点

① 压缩成型技术、工艺成熟可靠。

② 与注射成型相比，使用的设备和模具比较简单、价廉。

③ 适用于流动性差的塑料，比较容易成型大型制品。

④ 与热固性塑料注射和压铸成型相比，塑件的收缩率较小、变形小、内应力低、各向性能比较均匀。

(2) 压缩成型的缺点

① 生产周期比注射和压铸成型长，生产效率低，特别是厚制品生产周期更长。

② 不易实现自动化，劳动强度较大。由于模具要加热，原料常有粉尘纤维飞扬，劳动条件较差。

③ 制品常有较厚的溢边，且每模溢边厚度不同，因此会影响制品尺寸精度的准确性。

④ 带有深孔、形状复杂的制品难于制造。模具内细长的成型杆和制品上细薄的嵌件，在压制时易弯曲变形，因此这类制品不宜采用压缩成型。

⑤ 压模要受高温高压的联合作用，因此对模具材料要求较高，重要零件应进行热处理。同时压模操作中受到冲击振动较大，易磨损和变形，使用寿命较短，一般仅为 20 万～30 万次。

3.1.1　压缩模具的结构

典型的压缩模具结构如图 3-1 所示。该模具的上模和下模分别安装固定在压力机的上压板和下压板上。加料后，模具在压力机的压力下闭合，加入型腔中的塑料树脂在热、力的作用下，成熔融状态充满整个型腔。当熔融状态的物料固化成型一定时间后，在压力机的作用下打开模具，脱模机构将塑件顶出。

压缩模具的结构按模具各零部件功能作用可分为以下几大组成部分。

（1）型腔

型腔成型表面直接与塑料接触，并负责成型塑件的几何形状和尺寸，加料时与加料室一道起装料作用。图 3-1 所示的模具型腔由上凸模 3、下凸模 8、凹模 4 构成，模具闭合时构成型腔。型腔的构成有多种配合形式，对塑件成型有很大影响。

（2）加料室

加料室设置在型腔之上，指凹模 4 的上半部，图 3-1 中为凹模断面尺寸扩大部分。由于塑料树脂与压制成型后的塑件相比具有较大的比热容，成型前单靠型腔往往无法容纳全部物料。利用加料室可以较多地容纳密度很小的粉状、片状的物料，从而通过较大的压缩率，压制出密度很大的塑件。

（3）导向机构

在生产过程中，压缩模要经常开启和闭合，合模导向机构可以保证上、下模具以及模具内其他零部件的准确闭合。如图 3-1 所示的结构中导向机构由布置在模具

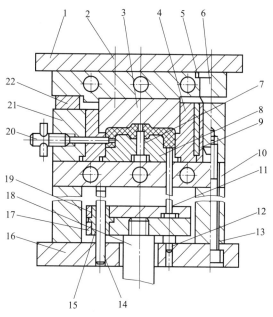

图 3-1　典型压模结构

1—上模座板；2—螺钉；3—上凸模；4—凹模；5—加热板；
6—导柱；7—型芯；8—下凸模；9—导套；10—支承板
（加热板）；11—推杆；12—限位钉；13—垫板；
14—推板导柱；15—推板导套；16—下模座板；
17—推板；18—压力机顶杆；19—推杆固定板；
20—侧型芯；21—凹模固定板；22—承压板

上四周的四根导柱 6 和装在下模的导套 9 组成。该模具的下模座板上还设有两根推板导柱 14，在推板 17 和推杆固定板 19 上装有导套 15。

（4）侧向分型抽芯机构

与注射模具一样，当成型带有侧孔和侧凹的塑件时，必须在模具上设置相应的侧向分型抽芯机构，以便塑件脱出。图 3-1 所示塑件带侧孔，在顶出前用手动方式抽出侧型芯 20。

（5）脱模机构

固定式压缩模中必须有脱模机构，图 3-1 中的脱模机构由带肩推杆 11、推板 17 及压力机顶杆 18、推杆固定板 19 组成。压缩模的脱模动力有手动、机动、气（液）压等类型，有一次顶出、二次顶出和双脱模等形式。

（6）温度调节系统

热固性塑料在温度较高的压缩模中方能熔融、交联成型。图 3-1 所示结构中，加热板 5、

10 分别将电加热棒插入其圆孔中对凸模、凹模进行加热。在压缩模中，常见加热方式有电加热棒、电加热板和热蒸汽加热。而压缩热塑性塑料时，在压缩模的型腔周围开设温度控制通道，塑化阶段通入热蒸汽，定型阶段则通入冷水进行冷却。

（7）支承零部件

压缩模中的各种固定板，动模垫板，加热板以及上、下模座等均称为支承零部件，如图 3-1 中的零件 1、5、10、13、16、21、22 等。它们的作用是固定和支承模具中各种零部件，并且将压力机的力能传递给成型零部件和成型物料。

3.1.2 压缩模具分类及选用原则

（1）压缩模具分类

压缩模具分类方法有多种，最常见的有以下 4 种。

① 按压模在压力机上的固定方式分类 压模的分类、特征及适用范围见表 3-1。

表 3-1 按压模固定方式分类

分类	特 征	适 用 范 围
移动式压模	成型时将压模推入压力机上下模板之间,成型后移出压力机之外,用卸模工具开模取出塑件。模具结构简单、成本低、劳动强度大、效率低、寿命短	批量较小的中小型塑件,模具质量不超过 20kg。模内嵌件多,或有螺纹孔,侧向分型抽芯结构复杂,不易实现自动或半自动操作
固定式压模	压模闭合成型腔的两大部分,分别被固定在压力机的上下压板上。压模开启、放置嵌件、加料、闭合、脱模等工序都在压力机内进行。操作简单,劳动强度小,可实现机械半自动化和自动化,模具寿命长,生产效率高,模具结构复杂、成本高、安放嵌件不方便	适用于塑件批量较大或压缩大型塑件
半固定式压模	压模闭合成型腔的两大部分,采用一部分固定在压力机上,另一部分可移出的组合方式。成型后将可移部分移至压力机外侧,便于放嵌件和加料,然后再推入压力机内进行下一循环	适用于压力机开模行程受限、嵌件多、加料不便等场合

② 按压模闭合特征分类 压模的分类、特征及使用特点见表 3-2。

表 3-2 按压模闭合特征分类

分类	简图	特 征	使 用 特 点
溢式压模	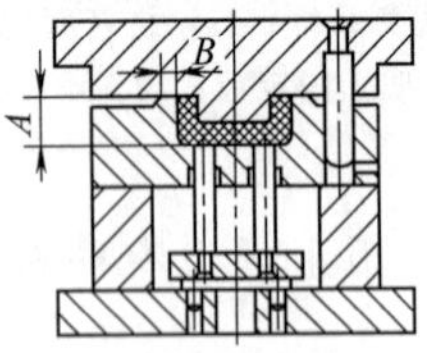	型腔本身就是加料室,凹凸模无配合,多余料被溢出,按塑件体积加料	结构简单、成本低、方便安装嵌件、排气容易、模具耐用。因溢料原因而浪费物料、飞边较厚、清理飞边困难,影响塑件外观质量。不适用于纤维浸渍料等较蓬松的塑料。这类模具用于塑件小、批量小,尤其对强度和精度无严格要求的塑料
不溢式压模	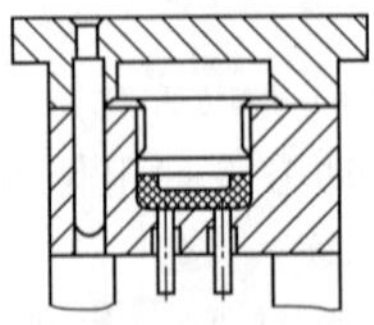	加料室断面与型腔上部相同,无挤压边缘,压力全作用在塑件上,按重量加料溢料很少。凸模和加料室壁摩擦造成的划痕,会影响塑件外观质量	塑件承受压力大,密实性好,强度高。塑件有少许垂直飞边,易于去掉。适用于塑件形状复杂、薄壁、长流程的深腔型塑件,也适用于单位比压高、流动性差的纤维状、碎屑状等塑料的成型
半溢式压模	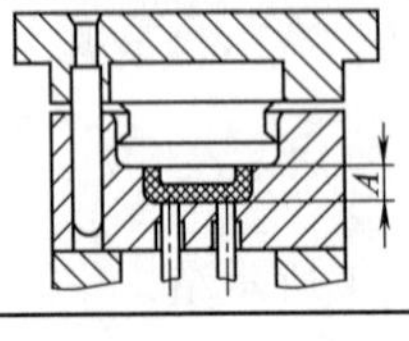	加料室断面尺寸大于型腔尺寸,型腔顶部有挤压边缘。塑件尺寸精度有保证,且脱模时可避免擦伤塑件。常用体积加料法	运用比较广泛。适用于流动性较好的塑料,但不适用纤维或碎布等填充的塑料,适用于塑件形状复杂和具有较大压缩比的塑料。塑件尺寸精度和物理力学性能较好

分类	简图	特 征	使 用 特 点
半不溢式压模	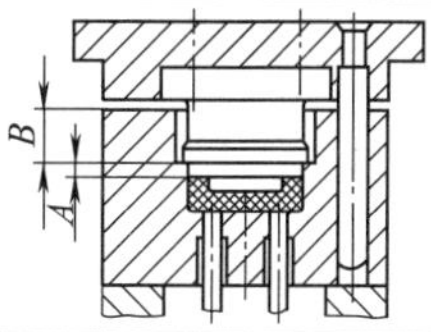	在半溢式压模型腔壁上增设一短配合段 A,凸模压在 A 段以上时,多余料通过溢料槽溢出。常用体积加料法	塑件承受压力大,密实程度高,物理力学性能好,溢料飞边易除去。操作较方便、模具结构较复杂
带加料板压模	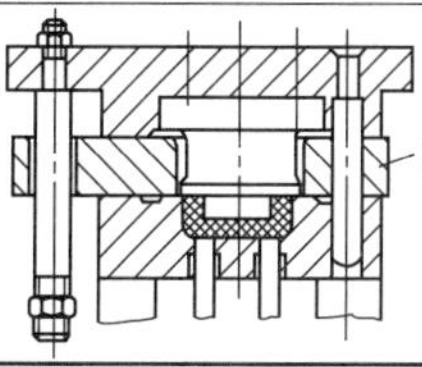 加料板	在溢式压模型腔上增设加料板,构成加料室。加料室断面大于型腔断面,有挤压边缘,兼有溢式和半溢式压模两者优点。采用体积加料法	适用于高压缩的塑料,塑件密实性较好。开模后型腔不与加料室相连接,便于取出塑件,安放嵌件和清理废料

③ 按压模分型面结构分类　压模的分类、特征及适用范围见表 3-3。

表 3-3　按压模分型面结构分类

分类	简图	特 征	适 用 范 围
有两个水平分型面的压模	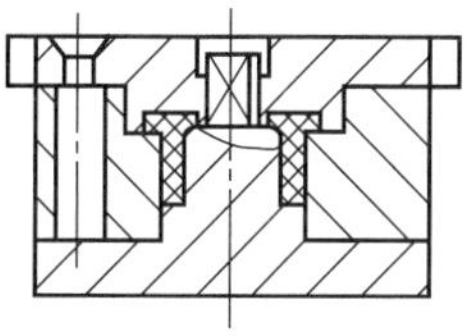	最常见的是两个水平分型面压模。加前先将下凸模配入型腔,开模时上下凸模分别从型腔中抽出,再将塑件取出	适用于带凸缘台阶的塑件或很高的塑件,便于塑件脱出。但塑件上将留有两个分型面所产生的两个面上的溢料痕迹
有垂直分型面的压模	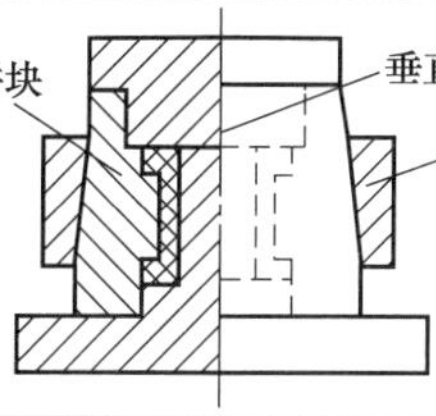 拼块　垂直分型面　模套	带有侧凹或侧孔的塑料,使用具有垂直分型面拼块的锥形模套或斜面。闭合时用外模套或锁紧楔的内锥面或斜面锁紧	特别适用于带有侧凹或侧孔的塑件。其水平分型面可按不溢式、半溢式压模设计

④ 按压模模腔数目分类　压模的分类、特征及适用范围见表 3-4。

表 3-4　按压模模腔数目分类

分类	简图	特 征	适 用 范 围
单腔压模	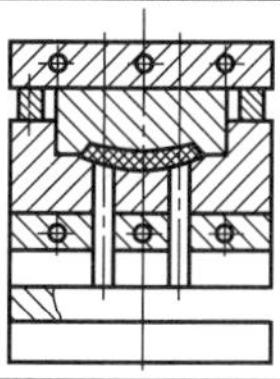	压模中仅有一个型腔,并以型腔的延续部分或扩大部分(半溢式)作为加料室	多用于大型塑件或几何形状复杂的塑件
多腔多加料室的压模	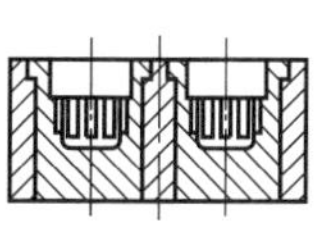	一模多腔时,每个型腔都有单独的加料室,故对加料量的精度及模具组装及调整技术要求较高	适用于塑件批量大的中小型塑件。当压力机吨位大,而单个型腔断面尺寸小时宜可采用
多型腔共用加料室的压模	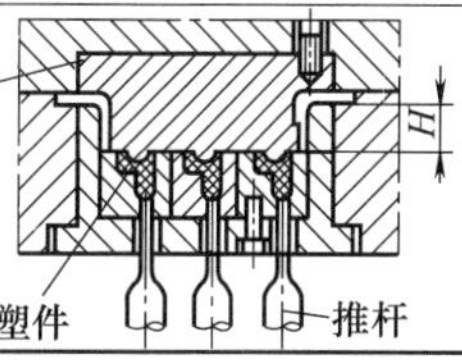 柱塞　H　塑件　推杆	各型腔共用一个加料室。加料方便,加料量精度要求低。H=加料室高度	特别适用于小型、尺寸精度要求不高的塑件。宜用于压制流动性较好的塑料

（2）压缩模具选用原则

① 塑件批量大，选用固定式模具；批量中等，选用半固定式或固定式模具；小批量或试生产时选用移动式模具。

② 水平分型面模具结构简单，操作方便，可优先选用，只要塑件结构许可，应尽量避免选用垂直分型面模具。

③ 对流动性差的塑料，且塑件形状复杂时可选不溢（封闭）式模具；当塑件高度尺寸要求高，且带有小型嵌件时，可选用半溢式模具；当外形简单，且大而扁平的盘形塑件可选用溢式（敞开）模具。

3.1.3 压缩模具与压力机的关系

（1）压力机的技术规范

塑料压缩成型的主要设备是液压机。在设计压缩模具时，必须清楚了解液压机的总压力、开模力、顶出脱模力和安装模具、开模取件的空间尺寸等主要技术参数。同时压力机压板和工作台尺寸，压板与压模连接螺钉位置及大小，也是压模设计必须考虑的。常用国产液压机主要技术参数见表 3-5。国产液压机的压板与工作台尺寸见购买压力机时的产品说明书。

表 3-5　国产液压机主要技术参数

型号	特征	液压部分			活动横梁部分		顶出部分			附注
		公称压力/kN	回程压力/kN	最大工作液压力/MPa	梁至工作台最大距离/mm	动梁最大行程/mm	顶出杆最大顶出力/kN	顶出杆最大回程力/kN	顶出杆最大行程/mm	
45-58	上压式、框架结构、下顶出	450	68	32	650	250	—		150	—
YA71-45	上压式、框架结构、下顶出	450	60	32	750	250	120	35	175	
SY71-45	上压式、框架结构、下顶出	450	60	32	750	250	120	35	175	
YX(D)-45	上压式、框架结构、下顶出	450	7	32	—	250	—		150	
Y32-50	上压式、框架结构、下顶出	500	105	20	600	400	75	37.5	150	
YB32-63	上压式、框架结构、下顶出	630	133	25	600	400	95	47	150	
BY32-63	上压式、框架结构、下顶出	630	190	25	600	400	180	100	130	—
Y31-63	—	630	300	32	—	300	3(手动)	—	130	
Y71-63	—	630	300	32	600	300	3(手动)	—	130	
YX-100	上压式、框架结构、下顶出	1000	500	32	650	380	200	—	165(自动)280(手动)	—
Y71-100	上压式、框架结构、下顶出	1000	200	32	650	380	200	—	165(自动)280(手动)	动梁无四孔
Y32-100	上压式、柱式结构、下顶出	1000	230	20	900	600	150	80	180	
Y32-100A	—	1000	160	21	850	600	165	70	210	

型号	特征	液压部分			活动横梁部分		顶出部分			附注
		公称压力/kN	回程压力/kN	最大工作液压力/MPa	梁至工作台最大距离/mm	动梁最大行程/mm	顶出杆最大顶出力/kN	顶出杆最大回程力/kN	顶出杆最大行程/mm	
ICH-100	上压式、框架结构、下顶出	1000	500	32	650	380	200	—	165(自动) 250(手动)	动梁无四孔
Y32-200	上压式、柱式结构、下顶出	2000	620	20	1100	700	300	82	250	—
YB32-200	上压式、框架结构、下顶出	2000	620	20	1100	700	300	150	250	—
YB71-250	上压式、框架结构、下顶出	2500	1250	30	1200	600	340	—	300	—
ICH-250	上压式、框架结构、下顶出	2500	1250	30	1200	600	630	—	300	工作台有3个顶出杆、梁上有2个孔
SY-250	上压式、框架结构、下顶出	2500	1250	30	1200	600	340	—	300	工作台有3个顶出杆、梁上有2个孔
Y32-300 YB32-300	上压式、框架结构、下顶出	3000	400	20	1240	800	300	82	250	—
Y33-300	—	3000	—	24	1000	600	—	—	—	—

（2）液压机技术参数校核

① 成型总压力的校核　液压机的总压力是该压力机压制能力的主要技术参数之一，总压力又称公称压力。液压机最大的总压力与压力机的主活塞直径及液压系统的工作液压力有关。最大总压力按下式计算：

$$F = \frac{\pi D^2}{4} \times \frac{0.01q}{1000} \times 10^{-3} \tag{3-1}$$

式中　F——液压机的总压力，N；

$\quad\quad D$——主活塞直径，cm；

$\quad\quad q$——最大工作液压，MPa。

成型总压力是指塑料在压模中压缩成型时所需的压力，成型总压力必须小于压力机的最大总压力。成型总压力与塑件的成型工艺条件、塑件的几何形状及塑件的水平投影面积等因素有关，它必须满足：

$$F_m \leqslant KF \tag{3-2}$$

式中　F_m——压模成型塑件所需要的成型总压力，N；

$\quad\quad K$——系数，根据压力机的新旧程度选定，一般取 0.75～0.90。

塑料在模具中压缩成型时所需总压力：

$$F_m = 10^6 nAq \tag{3-3}$$

式中　n——型腔数目；

$\quad\quad A$——每一型腔加料室的水平投影面积，m²；

$\quad\quad q$——塑料压缩成型时所需单位压力（MPa/m²），见表 3-6。

表 3-6 压制塑料时的单位压力

MPa/m²

简 图	塑件特征	粉状酚醛塑料		布基塑料	氨基塑料
		不预热	预热		
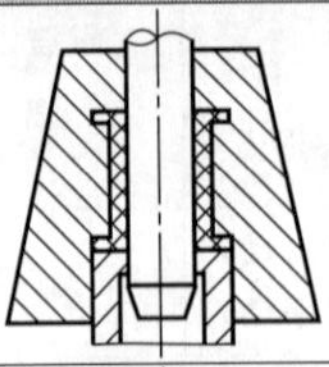	扁平厚壁塑件	12.5～17.5	10～15	30～40	12.5～17.5
	高 20～40mm,壁厚 4～6mm	12.5～17.5	10～15	35～45	12.5～17.5
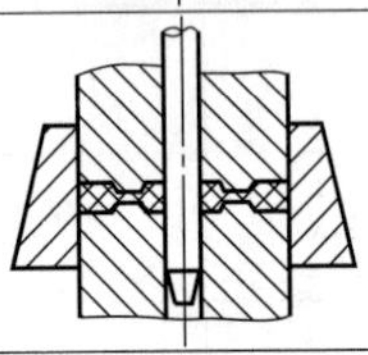	高 20～40mm,壁厚 2～4mm	15～20	12.5～17.5	40～50	12.5～20
	高 20～40mm,壁厚 4～6mm	12.5～22.5	12.5～17.5	50～70	12.5～17.5
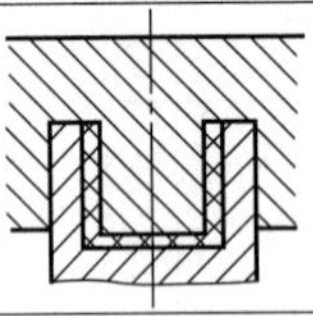	高 40～60mm,壁厚 2～4mm	22.5～27.5	15～20	60～80	22.5～27.5
	高 60～100mm,壁厚 4～6mm	25～30	15～20	—	25～30
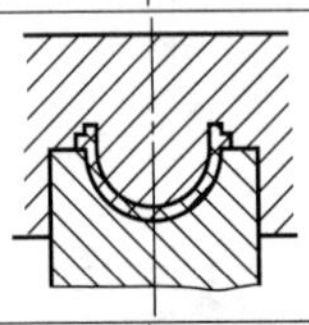	高 60～100mm,壁厚 2～4mm	27.5～35	17.5～22.5	—	27.5～35
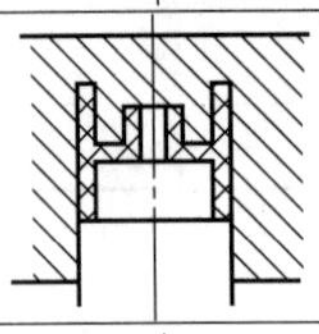	薄壁、不易充模的塑件	25～30	15～20	40～60	25～30
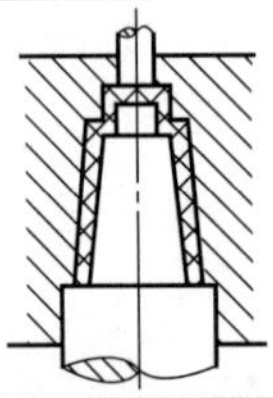	高 40mm 以下,壁厚 2～4mm	25～30	15～20	—	25～30
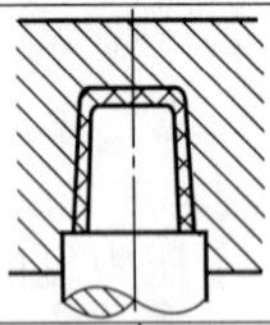	高 40mm 以上,壁厚 4～6mm	30～35	17.5～22.5	—	30～35
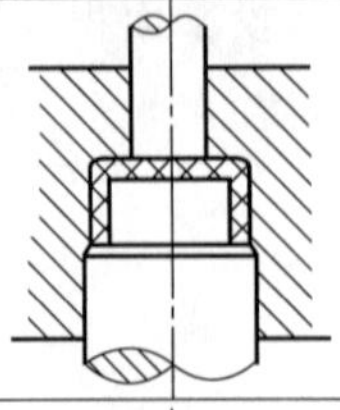	轮形件、垂直兼水平分型	12.5～17.5	10～15	40～60	12.5～17.5
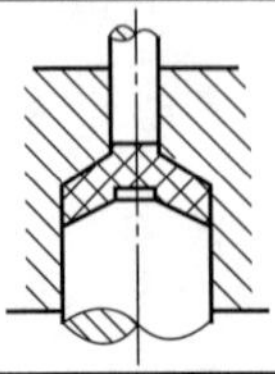	垂直分型,高度大	22.5～27.5	15～20	80～100	22.5～27.5

② 回程压力与螺钉校核　当压模中的塑件固化成型后，活动横梁带着凸模离开凹模，回到原设定的位置，这个过程称之为回程，又称为开模，完成这个过程的力称为开模力（又称回程力）。回程时要克服诸多阻力，如成型塑件覆盖在凸模上的包紧力，工作油缸排出回油的阻力，油缸中活塞和密封装置的摩擦阻力，活动横梁和立柱的摩擦阻力以及横梁、模具等运动部件的重量等。回程力可按下式计算：

$$F_k = K_1 F_m \qquad (3\text{-}4)$$

式中　F_k——开模力，N；

　　　K_1——系数，塑件形状简单，上下模配合段长度较短时取 0.1；上下模配合段较长时取 0.15；塑件形状复杂，配合段又较长时取 0.2。

因此，紧固压模的螺钉数可由下式计算：

$$n_s = K_1 F_m / F_0 \qquad (3\text{-}5)$$

式中　F_0——一个螺钉所能承担的载荷，N。

若已知开模力，也可用图解法确定压模紧固螺钉的数量，如图 3-2 所示。

③ 塑件脱模力校核　把成型后的塑件从模具中取出所需要的力称之为脱模力。脱模力又称顶出力，它必须满足：

$$F_d > F_t \qquad (3\text{-}6)$$

式中　F_d——压力机的顶出力，N；

　　　F_t——塑件从模具内脱出所需的力，N。

塑件脱模力可按下式计算：

$$F_t = A_c f \qquad (3\text{-}7)$$

式中　A_c——塑件与压模型芯的接触面积，cm^2；

　　　f——单位面积的脱模阻力，N/cm^2。

有资料介绍：木粉填充酚醛塑料为 $f = 50N/cm^2$；玻璃纤维填充酚醛塑料为 $f = 150N/cm^2$；玻璃纤维填充氨基塑料为 $f = 70N/cm^2$。

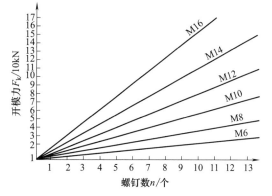

图 3-2　开模力与螺钉数量的关系
（螺钉材料为 35 钢）

④ 模具闭合高度和开模行程的校核　为使压力机和模具正常工作（方便加料、放置嵌件、顺利脱模等），模具闭合高度和开模行程，必须与压力机活动工作台和固定工作台面之间的最大、最小距离及活动台面的工作行程相适应（参见图 3-3），即

$$h_{min} \leqslant h < h_{max} \qquad (3\text{-}8)$$
$$h = h_1 + h_2$$

式中　h_{min}——压力机上、下模板之间的最小距离，mm；

　　　h_{max}——压力机上、下模板之间的最大距离，mm；

　　　h——模具闭合总高度，mm；

　　　h_1——凹模高度，mm；

　　　h_2——凸模台肩高度，mm。

如果 $h < h_{min}$，则上、下模不能闭合，压力机无法工作，这时必须在上、下模板间加垫板，以保证 $h_{min} \leqslant (h + 垫板厚度)$。

除满足 $h_{max} > h$ 外，还要求大于模具的闭合高度加开模行程之和，以保证顺利地脱模，即

$$h_{max} \geqslant h + L \qquad (3\text{-}9)$$
$$L = h_s + h_t + (10 \sim 30)mm \qquad (3\text{-}10)$$

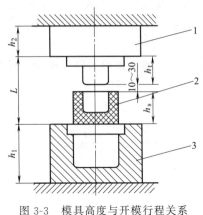

图 3-3 模具高度与开模行程关系
1—凸模；2—塑件；3—凹模

故 $$h_{\max} \geqslant h_1 + h_2 + L \qquad (3\text{-}11)$$

⑤ 压力机与压模安装尺寸的校核 设计模具时，除了考虑所选用压力机的各种压力的工作能力外，还要考虑所设计模具的最大外形尺寸，不能超过压力机立柱或框架之间的距离。否则，模具无法在压力机中安装。同时还要考虑上下压板上的 T 形槽位置及尺寸。压力机压板上的 T 形槽，有的沿压板对角线交叉开设，有的平行开设。压模的上、下模座板可直接用螺钉分别固定在压力机的上、下压板上，其固定螺钉用孔（或长槽、缺口）应与压力机上、下压板上的 T 形槽位置相符合。压模也可用压板螺钉压紧固定，这时上下模座底板应设有宽度为 $15\sim30\text{mm}$ 的凸台阶。这种方法较为灵活。此外，压模中心以与压力机中心重合为佳。

⑥ 压力机顶出装置与压模顶出脱模机构关系的校核 固定式压模都是利用压力机的推顶装置实现塑件的脱模的，如图 3-4 所示，有手动顶出、托架顶出、液压顶出三种形式。但必须遵循的原则是，模具所需的顶出行程必须小于压力机顶出机构的最大工作行程。事实上，模具的顶出脱模行程，应能保证塑件脱模时能高出凹模上平面的 $10\sim15\text{mm}$，这样才方便取出塑件。

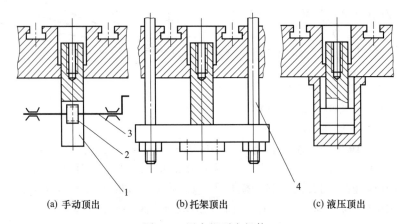

(a) 手动顶出   (b) 托架顶出   (c) 液压顶出

图 3-4 压力机顶出机构
1—齿条；2—齿轮；3—手柄；4—拉杆

3.2 压缩模成型零件设计

与塑料直接接触用以成型塑件的零件称为成型零件。压模的成型零件包括凹模、凸模、瓣合模及模套、型芯、成型杆等。首先应确定型腔的总体结构、凹模和凸模之间的配合结构以及成型零件的结构。在型腔结构确定后还应根据塑件尺寸确定型腔成型尺寸。根据塑件重量和塑料品种确定加料室尺寸。根据型腔结构和尺寸，压制压力大小确定型腔壁厚等。其中有的内容：如型腔成型尺寸的计算，型腔壁厚的计算，在注射模具里已讲过，压模并无原则性的区别，因此不再重复。成型零件组合成压模的型腔，由于压模加料室与型腔凹模连成一体，因此加料室结构和尺寸计算也将在本节讨论。

3.2.1 型腔总体设计

型腔总体设计包括塑件在模具内施压方向的选择、凸模和凹模的配合结构选择、分型面位置选择等。

（1）塑件在模具内施压方向的选择

所谓施压方向，即凸模作用方向，也就是模具的轴线方向。施压方向是根据塑件的形状特征选定的。施压方向决定了分型面的位置、顶出形式和位置，对模具结构复杂性、操作方便性、塑件质量等都有重要影响，是压模设计首先要考虑的问题。表 3-7 列出了选择施压方向的原则。

表 3-7 选择施压方向的原则

选择原则	图 例	说 明
应有利于压力传递	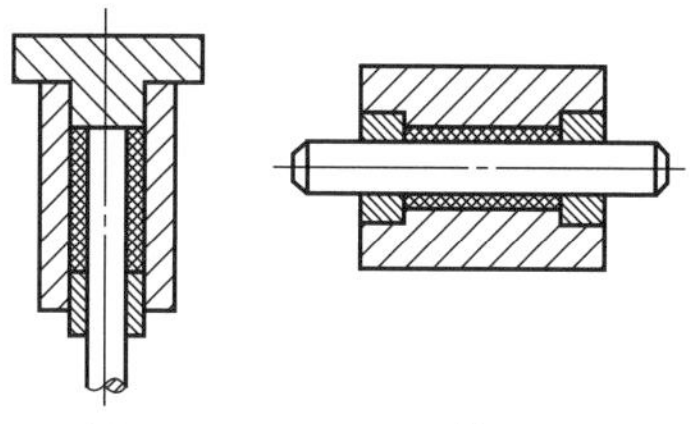 (a)　　　　(b)	避免在施压过程中压力传递距离太长，以致压力损失太大。如图(b)的施压方向要比图(a)的施压方向合理，这样可以减少压力损失，有利于成型
要便于加料	 (a)　　　　(b)	图中为同一塑件的两种施压方法，图(a)的设计比图(b)合理。图(a)中加料室直径大而浅，便于加料。图(b)中的加料室直径小、深度大，不便加料
要便于安装和固定嵌件	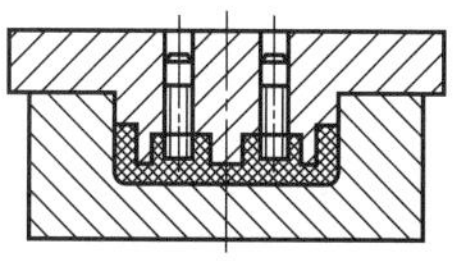 (a) 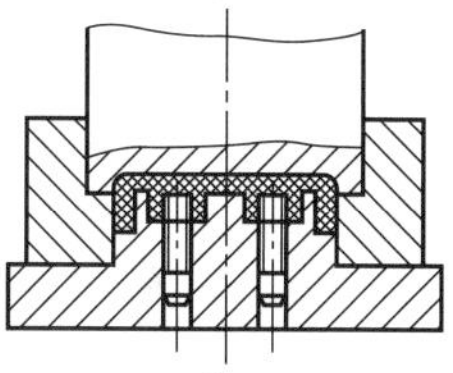 (b)	塑件上带有镶嵌件时，设计时应首先考虑将嵌件安装在下模，这样操作安装方便。图(a)是将嵌件安装在上模，操作时既不方便，又可能使镶嵌件因安放不牢而掉下；图(b)是将嵌件安装在下模，不但操作方便，还可以利用嵌件来推出塑件，故图(b)的设计要比图(a)合理
便于塑料流动	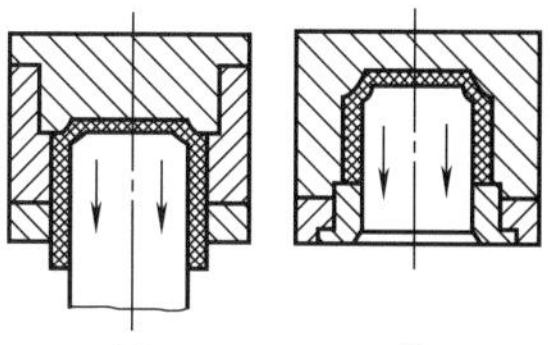 (a)　　　　(b)	在确定施压方向时，应使加压时料流的方向与加压方向保持一致，这样有利于塑件成型，如图(a)的设计比图(b)合理

续表

选择原则	图 例	说 明
保证凸模的强度	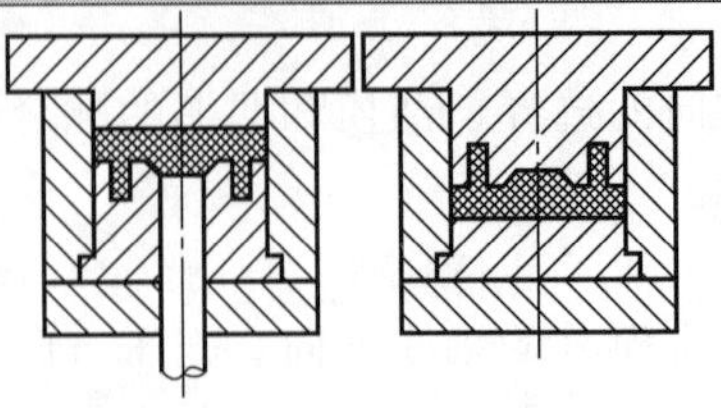 (a)　　　　(b)	无论是从正面还是从反面加压都可以成型,但加压的上凸模受力较大,故上凸模形状愈简单愈好,以确保凸模强度。图(a)的凸模为加压的上凸模,比图(b)的更为合理
保证重要尺寸的精度		在确定施压方向时,精度要求高的尺寸不宜设计在加压方向上
塑件成型后便于脱模		选择施压方向时,应尽量使塑件成型后留在下模,以便于顶出,减少塑件变形
长型芯应位于施压方向		当塑件有侧凹、侧凸、侧孔需要利用开模力来侧向分型抽芯时,应把抽拔距离短的型芯放在侧向,而把抽拔距长的型芯放在加压方向上(即开模方向)

（2）分型面位置和形式的选择

① 分型面位置选择原则见表 3-8。

表 3-8　分型面位置选择原则

选择原则	图 例	说 明
便于塑件脱模	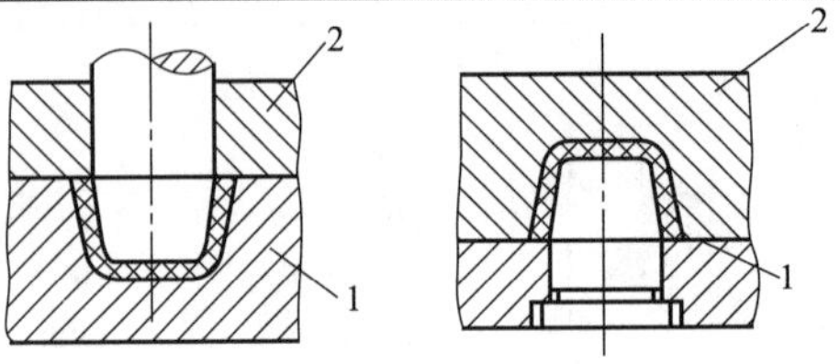 (a)　　　　(b) 1—下模;2—上模	开模后塑件应尽可能滞留在下模,以利于简化脱模推出机构。图(a)的设计要比图(b)合理
保证塑件尺寸精度	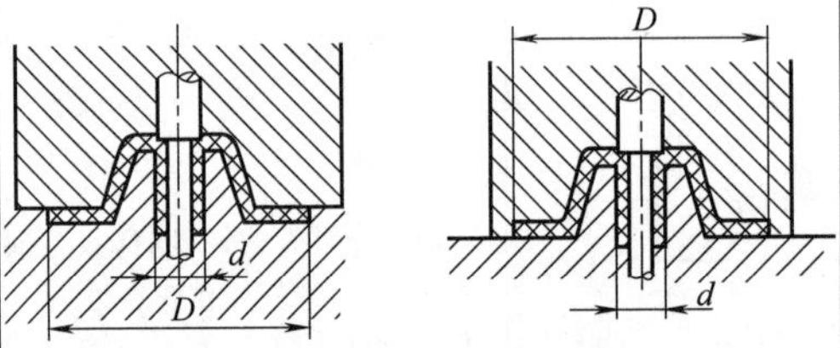 (a)　　　　(b)	对于同轴度要求较高的塑件,宜将两部位关键尺寸(D 和 d)置于压模分型面同一侧(上模或下模)。如图(a)比图(b)合理
保证塑件外形美观	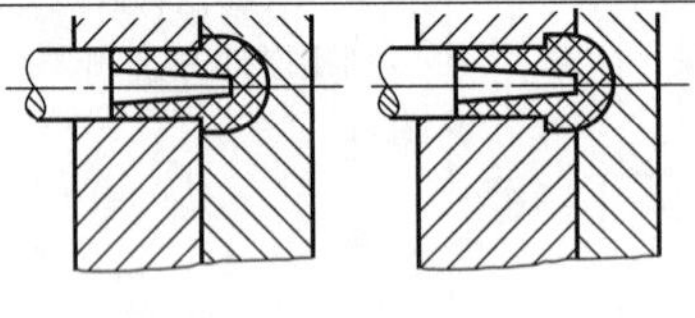 (a)　　　　(b)	分型面尽量避免选择在塑件的外表面,以免产生飞边影响塑件表面质量。图(a)比图(b)选择合理
便于模具加工制造	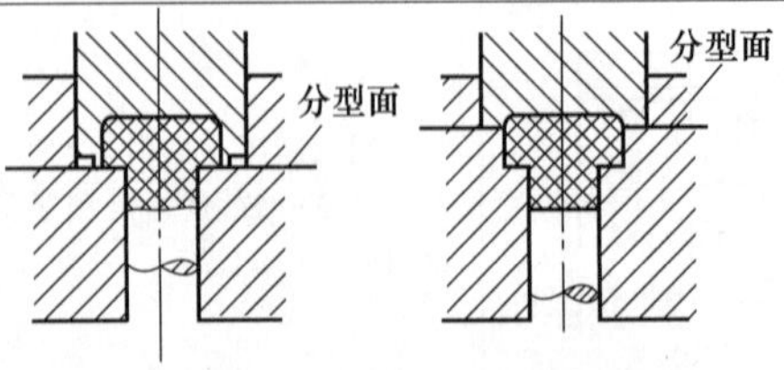 (a)　　　　(b)	选择分型面时,应使由圆弧、曲线所构成的复杂表面设计在同一个零件上。图(a)比图(b)合理

② 分型面配合形式的选择　压模分型面有多种配合形式，但也有一定的选择原则，见表 3-9。

表 3-9　分型面配合形式的选择

选择原则	合理设计	不良设计	说　明
有利于提高塑件高度尺寸精度	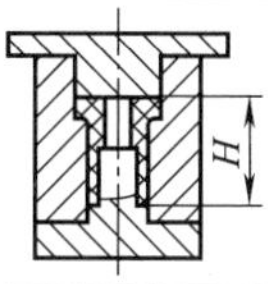	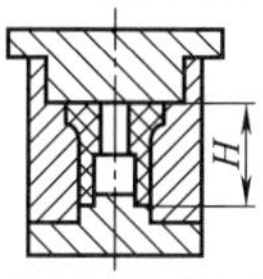	宜选用半溢式分型面配合。用纤维或碎布作填料的塑料，不宜采用溢式或不溢式分型面
避免凸模周边出现尖角	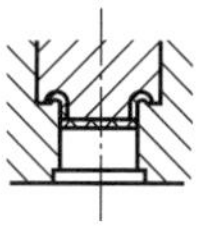	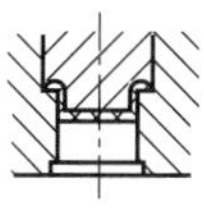	宜选用半溢式分型面
塑件端面为复杂曲面	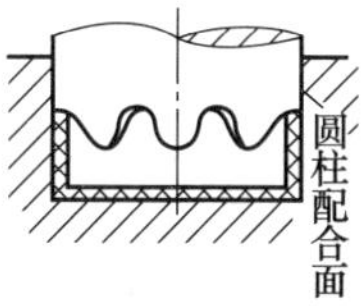 圆柱配合面	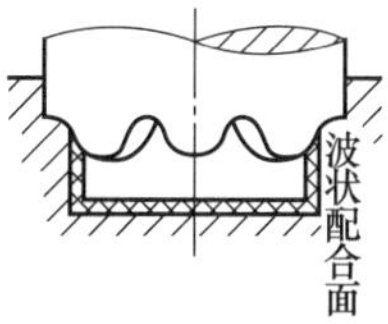 波状配合面	宜采用不溢式分型面。此时动定模配合面为圆柱面，使加工大为简化
塑件外轮廓较复杂	 直线配合面	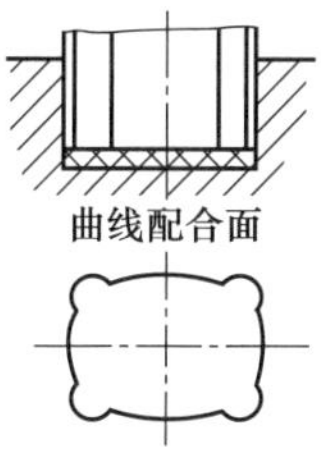 曲线配合面	采用溢式分型面结构可省去加料室；采用半溢式分型面结构，加料成为规则的矩形断面，使凸模外形大为简化

（3）凸模和凹模的配合结构选择

① 凸模与加料室、凹模的配合形式　以半溢式压缩模为例，凸模与凹模的配合形式，一般由引导环、配合环、挤压环、排气溢料槽、承压块、加料室等部分组成。凸模与加料室、凹模的配合形式见表 3-10。排气溢料槽的形式与尺寸见表 3-11。

表 3-10　凸模与加料室、凹模的配合形式

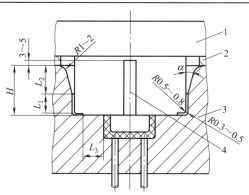

1—凸模；2—承压块；3—凹模；4—排气溢料槽

组成名称	尺　寸　与　作　用
引导环(L_2)	除加料室高度小于 10mm 的凹模外，一般均设有引导环。引导环有一段 α 斜度的锥面。α 的设置：移动式压模取 20′～1°30′；固定式压模取 20′～1°；当上、下都有凸模双向加压时取 4°～5°。并有圆角 $R1～2$mm，其作用是引导凸模顺利进入凹模，可减少凸、凹模之间的摩擦，避免在推出塑件时擦伤其表面

组成名称	尺寸与作用
配合环(L_1)	配合环是凸模与凹模加料室的配合部分,其长度由凸、凹模之间的间隙而定,间隙小时取短些。一般移动式压模 $L_1 \approx 4 \sim 6$mm;固定式压模,当加料室高度大于 30mm 时,L_1 取 $8 \sim 10$mm。凸、凹模配合间隙,对中小塑件一般取 H8/f8 配合,也可采用单边间隙 $0.025 \sim 0.075$mm。其作用是保证凸模定位准确,防止塑料溢出,使模具排气通畅
挤压环(L_3)	L_3 值按塑件大小、制作模具钢材及其热处理情况而定。对于中小型模具钢材质量好时,$L_3 \approx 2 \sim 4$mm;对大型模具,$L_3 \approx 3 \sim 5$mm。其作用是限制凸模下行的位置,并保证塑件水平飞边尽量薄。挤压环主要用于半溢式和溢式压缩模

表 3-11　排气溢料槽的形式与尺寸

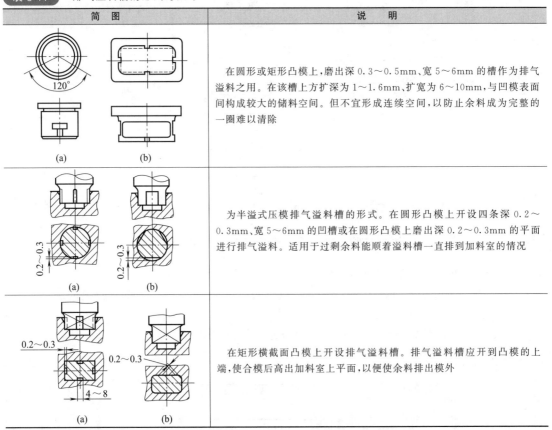

简　图	说　明
(a)　(b)	在圆形或矩形凸模上,磨出深 $0.3 \sim 0.5$mm、宽 $5 \sim 6$mm 的槽作为排气溢料之用。在该槽上方扩深为 $1 \sim 1.6$mm,扩宽为 $6 \sim 10$mm,与凹模表面间构成较大的储料空间。但不宜形成连续空间,以防止余料成为完整的一圈难以清除
(a)　(b)	为半溢式压模排气溢料槽的形式。在圆形凸模上开设四条深 $0.2 \sim 0.3$mm、宽 $5 \sim 6$mm 的凹槽或在圆形凸模上磨出深 $0.2 \sim 0.3$mm 的平面进行排气溢料。适用于过剩余料能顺着溢料槽一直排到加料室的情况
(a)　(b)	在矩形横截面凸模上开设排气溢料槽。排气溢料槽应开到凸模的上端,使合模后高出加料室上平面,以便使余料排出模外

　　为了使压力机的余压不致全部由挤压面承受,通常在半溢式压缩模上设计承压面。承压面的作用是减轻挤压环的载荷,延长模具的使用寿命。承压面和承压板的结构形式见表 3-12。

表 3-12　承压面和承压板的结构形式

名称	简　图	说　明
承压面	(a)　(b)	图(a)由凸模肩与凹模上端面作为承压面,凸模与凹模之间留有 $0.03 \sim 0.05$mm 的间隙,可防止挤压边变形损坏,延长模具寿命,但飞边较厚,主要用于移动式压模。图(b)用承压块作挤压面,挤压边不易损坏,通过调节承压块的厚度来控制凸模进入凹模的深度或控制凸模与挤压边缘的间隙,减少飞边厚度,主要用于固定式压模

续表

名称	简图	说明
承压板	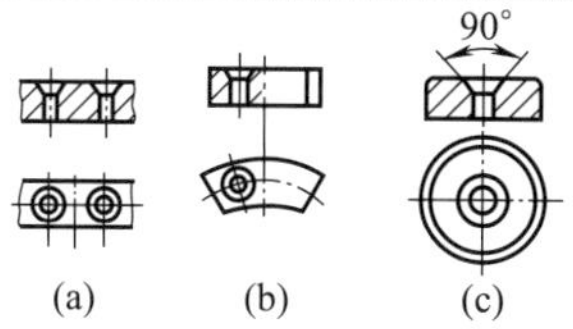 (a) (b) (c) 90°	图(a)为长条形用于矩形模具;图(b)为弯月形用于圆形模具;图(c)为圆形用于小型模具。承压板厚度一般为8～10mm。材料可用 T7、T8 或 45 钢,硬度为 35～40HRC
承压面	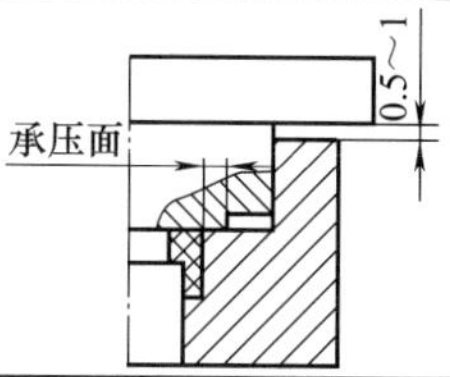 承压面 0.5～1	用挤压环作承压面,模具容易损坏,但飞边较薄,一般使用较少,仅适用于压力机吨位小且余压不大的情况

② 凸、凹模配合的结构形式　在压缩模设计中,关键是选择凸、凹模合适的结构形式及其配合尺寸。凸、凹模结构形式及其配合尺寸选择是否恰当,将直接影响压缩制品的成型及制品的质量。不同类型的压缩模,其结构形式不同,用于成型材料不同,凸、凹模的配合尺寸也不相同。凸、凹模配合的结构形式见表 3-13。

表 3-13　凸、凹模配合的结构形式

结构形式	简图	说明
溢式（敞开式）	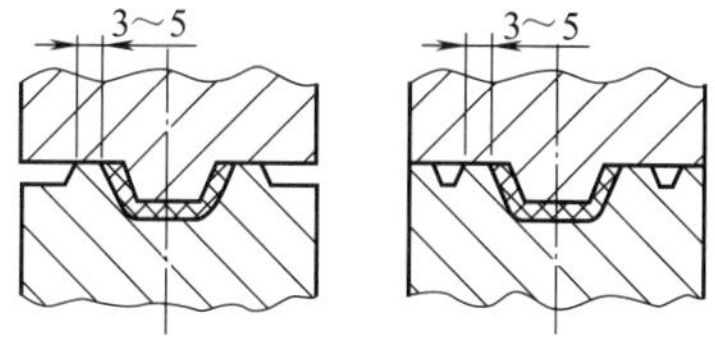 (a) 3～5 (b) 3～5	没有加料室、引导环、配合环,而是依靠导柱和导套进行定位和导向的。凸、凹模接触表面既是分型面,又是承压面。为了减小飞边的厚度,接触面积不宜太大,环形面的单边宽度一般为 3～5mm,如图(a)所示。为了提高承压部分的强度,可增大承压面积,或在型腔周围距边缘 3～5mm 外开成溢料槽,槽以内作为溢料面,槽以外则作为承压面,如图(b)所示
不溢式（封闭式）	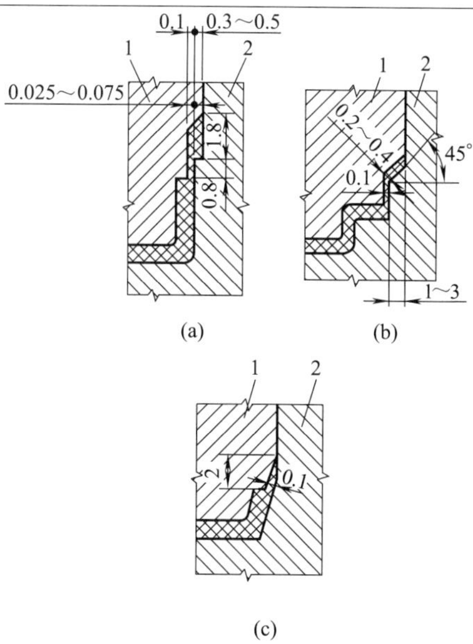 (a) 0.1 0.3～0.5 0.025～0.075 1 2 1.8 0.8 (b) 1 2 0.2～0.4 45° 0.1 1～3 (c) 1 2 2 0.1 1—凸模;2—凹模	加料室与型腔为一体。加料室与型腔的截面形状相同,基本上没有挤压边,但有引导环、配合环和溢料排气槽。配合环的配合精度为 H8/f7 或单边间隙为 0.025～0.075mm,如图所示。这种配合的结构最大的缺点是凸模与加料室侧壁的摩擦会造成塑件脱模困难,而且容易擦伤塑件外表面。为了克服这一缺点,可采用改进后的形式。图(a)是凹模型腔延长 0.8mm 后,每边向外扩大 0.3～0.5mm,减少塑件推出时的摩擦,同时凸、凹模之间形成空间,供排余料用。图(b)是将加料室扩大,倾斜角度一般取 45°,这样增加了加料室的面积。适用于型腔高、塑件复杂、加工不便的情况,同时防止脱模时擦伤塑件外表面。图(c)适用于侧壁有斜度的塑件。加料室沿型腔侧壁以相同的斜度扩大,增高 2mm,以使塑件脱模时不被擦伤
半溢式（半封闭式）	—	如表 3-10 中图例所示,这种配合最大特点是带有水平挤压面。在凸模前端周边设有 R0.5～0.8mm 的圆角,加料室底部的四周也设有 R0.3～0.5mm 的圆角,以有利于凸模的导入和清除废料,且凹、凸模也不易损坏。有关凸、凹模的结构形式可参考表 3-10～表 3-12

3.2.2 凹模加料室尺寸的计算

设计压缩模时必须计算加料室的高度尺寸。溢式模具无加料室，塑料堆放在型腔中部；不溢式及半溢式模具在型腔以上有一段加料室。加料室高度尺寸应根据塑件的几何形状、塑料的品种以及加料室的形式来决定，其计算方法如下。

（1）计算塑件的体积

当塑件的几何形状简单时，用一般的几何算法计算；而塑件的几何形状复杂时，可将其分成若干规则的几何形状分别计算，然后求出总的体积。

（2）计算塑件所需塑料原料的体积

一般按式 3-12 计算：

$$V_s = (1+K)fV \tag{3-12}$$

式中　V_s——成型塑件所需原料的体积，cm^3；

　　　V——塑件的体积，cm^3；

　　　f——塑料的压缩比，查表 3-14；

　　　K——溢料飞边质量系数，一般取塑件净重的 5％～10％。

表 3-14　常用热固性塑料的密度和压缩比

塑　　料		密度 ρ/(g/cm^3)	压缩比 f
酚醛塑料	木粉填充	1.34～1.45	2.5～3.5
	石棉填充	1.45～2.00	2.5～3.5
	云母填充	1.65～1.92	2～3
	碎布填充	1.36～1.43	5～7
脲醛塑料纸浆		1.47～1.52	3.5～4.5
三聚氰胺甲醛塑料	纸浆填充	1.45～1.52	3.5～4.5
	石棉填充	1.70～2.00	3.5～4.5
	碎布填充	1.5	6～10
	棉短线填充	1.5～1.55	4～7

（3）加料室高度的计算

加料室断面尺寸（水平投影面）可根据模具类型确定。典型的不溢式压模，加料室断面尺寸与型腔断面尺寸相等，而其变化形式则稍大于型腔断面尺寸。半溢式压模的加料室由于有挤压面，所以加料室断面尺寸应等于型腔断面尺寸加上挤压面尺寸，挤压边宽度为 2～5mm。当算出加料室容积和断面面积后即可决定加料室高度。表 3-15 是各种典型的塑件成型情况下的加料室高度计算公式。

表 3-15　加料室高度计算

结构形式	简　图	公式	符号说明
不溢式压缩模加料腔		$H = \dfrac{V}{A} + (0.5\sim1.0)\,cm$	V——塑料体积，cm^3； A——加料腔的横截面积，cm^2； 0.5～1.0——为修正量，cm
杯形塑件加料腔		压制薄壁深度大的杯形塑件时，加料腔高度 H 可采用塑件高度加 1～2cm，即 $H = h + (1\sim2)\,cm$	h——塑件高度，cm

结构形式	简图	公式	符号说明
不溢式压缩模加料腔		$H=\dfrac{V+V_1}{A}+(0.5\sim1.0)\text{cm}$	V——塑料体积，cm^2； V_1——下凸模凸出 AB 线部分的体积，cm^3； A——加料腔的横截面积，cm^2
半溢式压缩模加料腔		$H=\dfrac{V-V_0}{A}+(0.5\sim1.0)\text{cm}$	V——塑料体积，cm^3 V_0——AB 线以下型腔体积，cm^3； A——AB 线以上加料腔的横截面积，cm^2
上下模同时成型塑件的加料腔		$H=\dfrac{V-(V_a+V_b)}{A}+(0.5\sim1.0)\text{cm}$	V——塑料体积，cm^3； V_a——塑件在 AB 线以下部分的体积，cm^3； V_b——塑件在 AB 线以上部分的体积（cm^3），此值使合模前 H 值的修正量变小，不便操作，故实际计算时可不减小 V_b 值； A——AB 线以上的加料腔的横截面积，cm^2
带中心导柱的半溢式压缩模加料腔		$H=\dfrac{V-(V_b+V_b)+V_c}{A}+(0.5\sim1.0)\text{cm}$	V——塑料体积，cm^3； V_a——塑件在 AB 线以下部分的体积，cm^3； V_b——塑件在 AB 线以上部分的体积（实际计算时可不减 V_b 值），cm^3； V_c——型芯在 AB 线上的体积（直径小时可忽略），cm^3
半溢式压缩模多腔压制的加料腔		$H=\dfrac{(V-V_h)n}{A}+(0.5\sim1.0)\text{cm}$	V——单个型腔所用塑粉的体积，cm^3； V_h——AB 线以下单个塑件体积，cm^3； n——在总加料室内成型塑件数量； A——AB 线以上加料腔的横截面积，cm^2

注：1. 上述计算适用于粉状塑料，对片状压缩料则 H 值可减小 1/2，若用于压锭、多次加料及预成型方法的，则可大大减小 H 值。

2. 为防止加压时塑料溢出，H 值宜加 0.5～1.0cm 的修正量，当凸模有凸起的成型部分时宜取 1.0cm。

3.2.3 成型零件设计

压模成型零件的结构与注射模具大同小异，这里不再详细介绍，仅就设计特点加以讨论。

（1）凹模结构设计

凹模结构取决于塑件几何形状、压力机类型及模具加工方法，故在设计时应根据塑件形状、尺寸大小及模具加工方法等予以充分考虑。常见凹模结构形式如表 3-16 所示。

表 3-16　凹模结构形式

结构形式	简　图	结　构　特　点
整体式	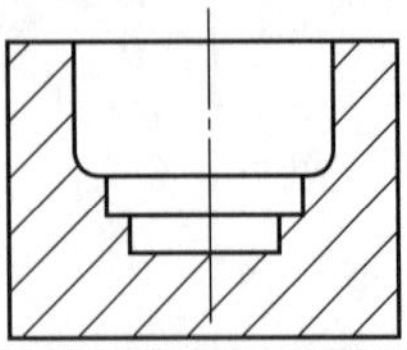	强度和刚性高,塑件质量好。但加工费用高,材料浪费大,局部损坏修复困难。适用于塑件体积小、几何形状简单或可用电火花直接加工的凹模
整体镶嵌式	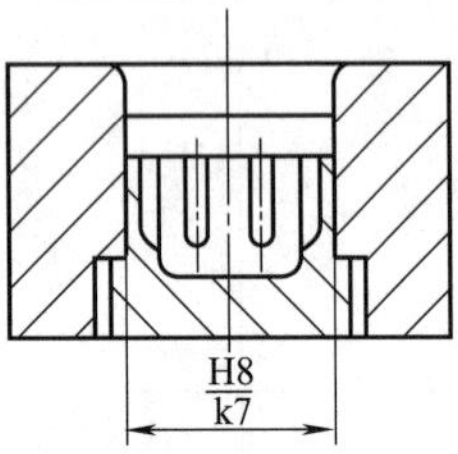 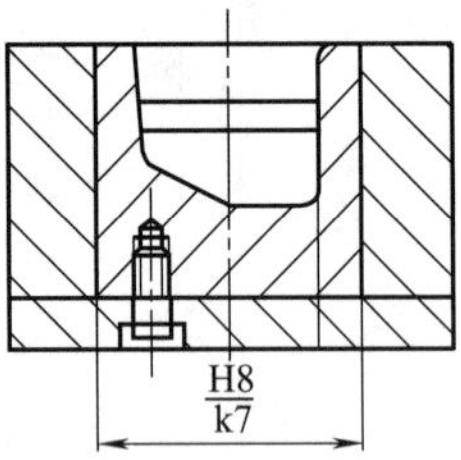 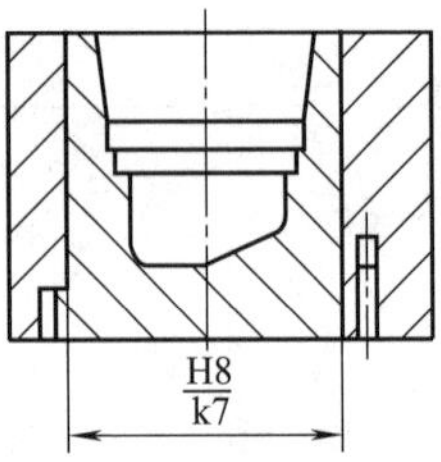 $\frac{H8}{k7}$　　$\frac{H8}{k7}$　　$\frac{H8}{k7}$	嵌件式组合凹模,由模套及嵌件组成。嵌件一般用冷挤或电火花加工。为增强嵌件强度,将其过盈配合到模套内。对多型腔模具,模套的两腔间壁厚一般为 10～15mm。对圆形嵌件其成型部分定位时,则应采用定位销或键定方位
侧向镶拼组合式	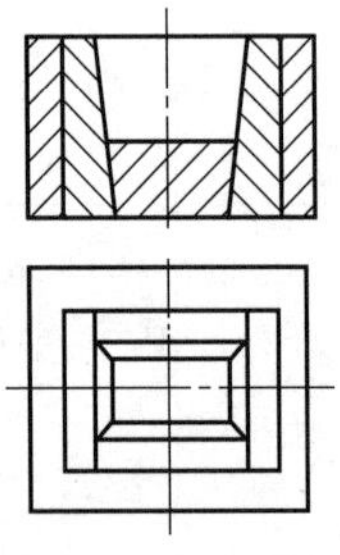	凹模由外套及镶拼块组成,加工简单,节约了贵重模具钢材。主要用于形状复杂、难以加工的塑件
底部整体镶嵌式	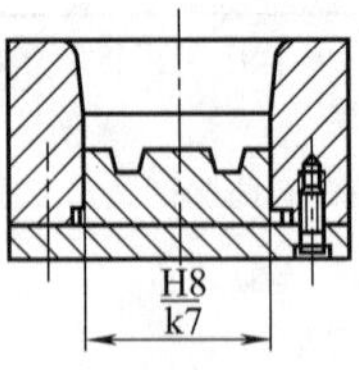 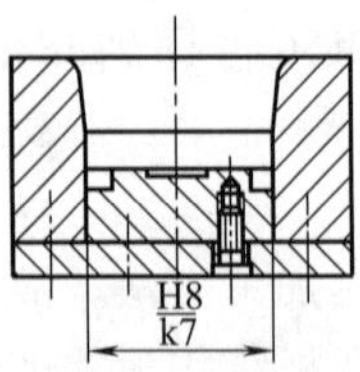 $\frac{H8}{k7}$　　$\frac{H8}{k7}$	整体型腔组合凹模结构。当塑件尺寸较大或型腔复杂时,为便于加工,一般采用此种结构。由整体模腔和底部嵌件组成,可避免塑料挤入水平接缝内,凹模如有局部损坏也便于更换维修

结构形式	简 图	结构特点
四壁镶拼 组合式	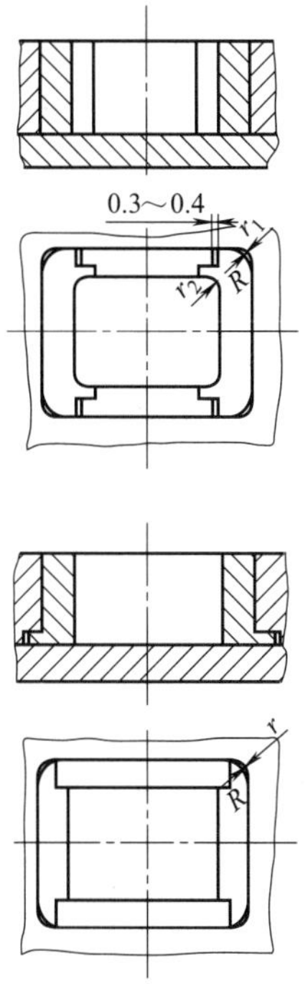	型腔四壁分别制造,经热处理及磨削抛光后,再嵌入整体模套中,以构成大型凹模
侧向分 型式	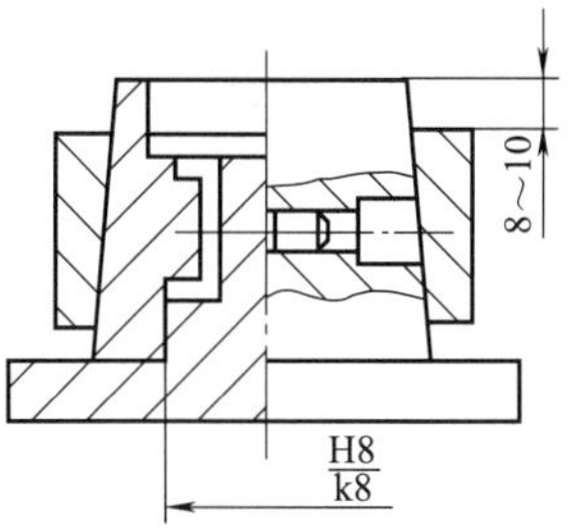	模套锁紧组合凹模,由垂直分型的拼块和模套组成。两拼块闭合时以导销定位,使用时,首先闭模下压模套,锁紧拼块,然后凸模回升,装料后再次下降,压制塑件。塑件成型后开模将模套拉起,然后用开模器水平分开拼块,取出塑件
通用模 架式	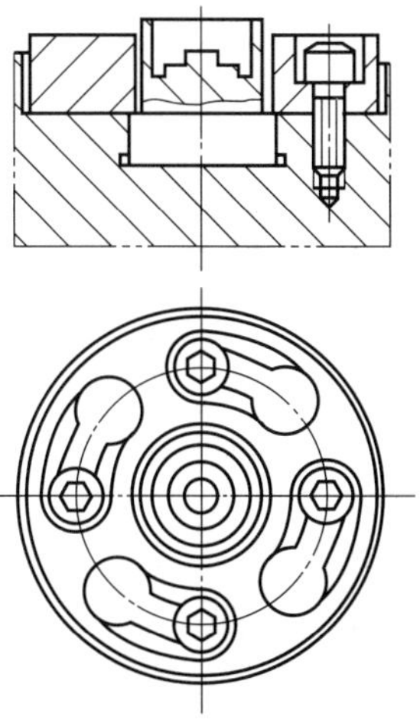	可迅速更换凹模,多用于圆形凹模

（2）凸模结构设计

凸模的作用是将压力机的压力传递到塑件上，并压制塑件的内表面及端面。凸模结构形式见表3-17。

表 3-17　凸模结构形式

结构形式	简　图	特点说明
整体式	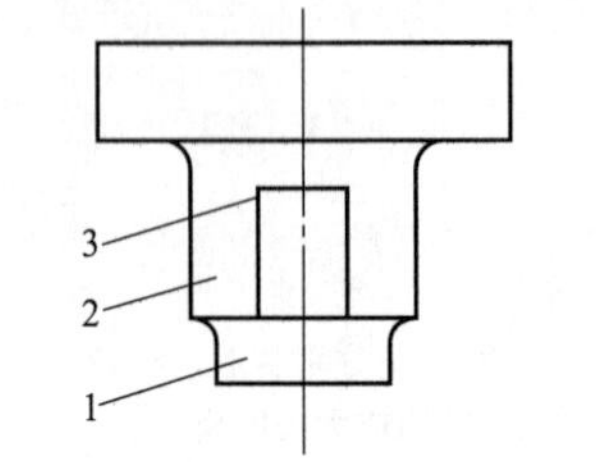 3 2 1 1—成型段；2—配合段；3—溢料槽	整体式凸模结构牢固，但加工不便。适用于形状简单、凸模不高、热处理不易变形、加工较容易的凸模
凸模连接压板固定式	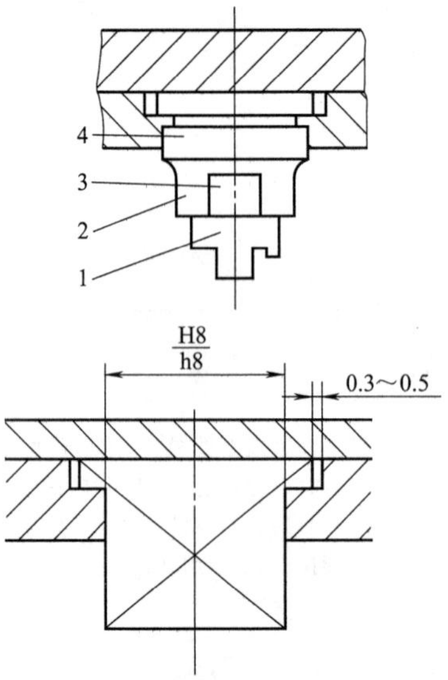 4 3 2 1 $\dfrac{H8}{h8}$　0.3～0.5 1—成型段；2—配合段； 3—溢料槽；4—固定段	加工性能好，凸模部分可单独热处理。装拆方便、结构可靠，适用于圆形、矩形和异型凸模。在凸肩部位加设骑缝钉或平键，可有效保持其方向性
螺钉连接嵌入式	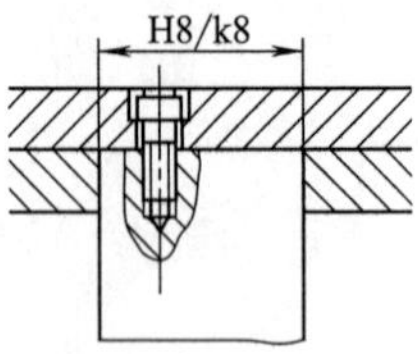 $\dfrac{H8}{k8}$	凸模尾部装入模板，用螺钉拉紧，力学性能较差。适用于中小型凸模
螺纹连接式	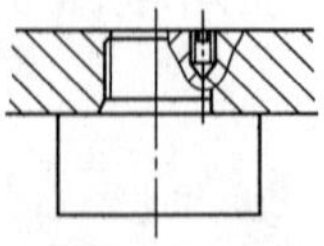	要用骑缝钉止转。一般用于圆形凸模
螺母连接式	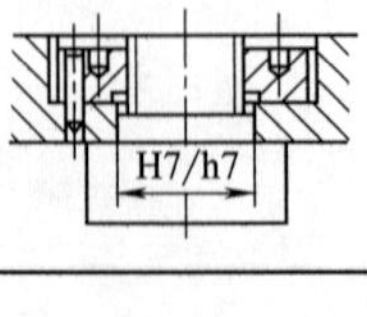 $\dfrac{H7}{h7}$	尾部装入模板后，用螺母连接，形式简单，加工方便。适用于圆形凸模

结构形式	简　图	特点说明
销钉定位螺钉连接	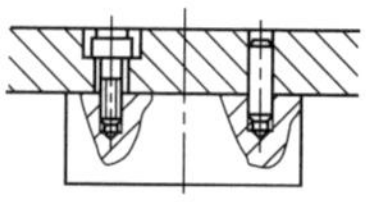	凸模端面与模板用圆销定位,螺钉连接,适用于较大型的凸模,加工方便,但销钉定位的牢固性较差
凸模嵌入螺钉连接	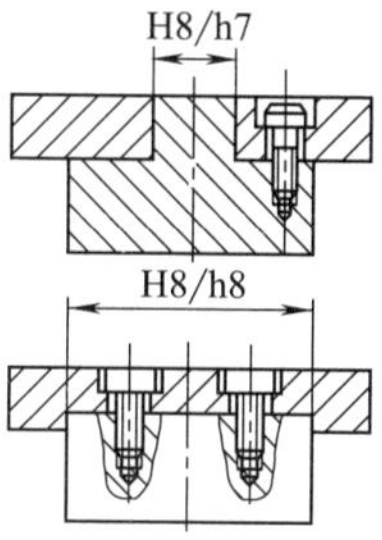 H8/h7　H8/h8	牢固可靠,能承受很大的侧向力,特别适合用于大型深腔模具
凸模组合式	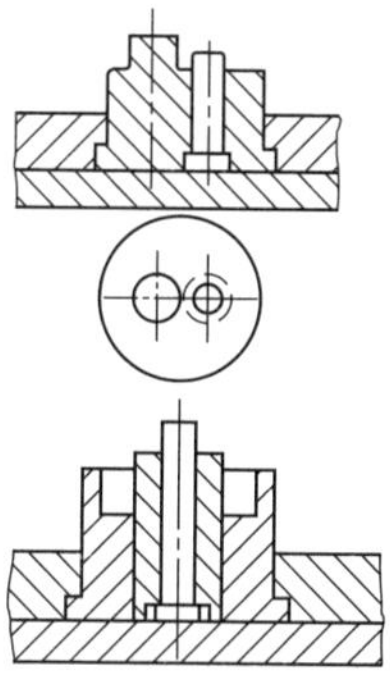	采用组合式结构,凸模与模板间用轴肩连接,可降低加工难度和减少机械加工量。一定要注意配合精度,以防止挤入塑料引起变形
通用模架式	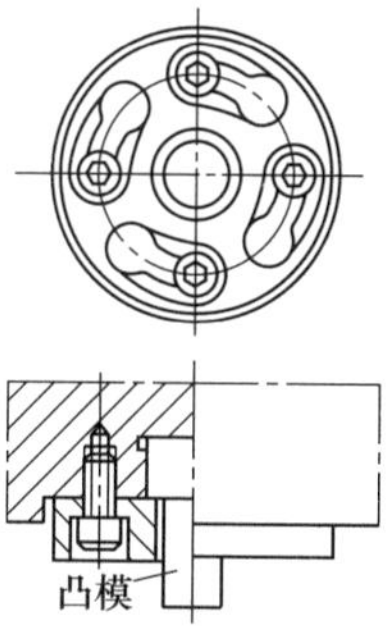 凸模	适用于可迅速更换的凸模,一般用于圆形凸模

（3）成型杆结构设计

压模成型杆也称型芯,主要用于成型塑件孔的零件。根据塑件上孔的功能要求不同,有通孔和不通孔、倾斜孔及螺纹孔,根据孔的断面形状有圆孔、方孔、异型孔和台阶孔等。压模成型杆常见的结构形式见表 3-18。

表 3-18　压模成型杆常见结构形式

结构形式	简　图	特　点　说　明
一端固定	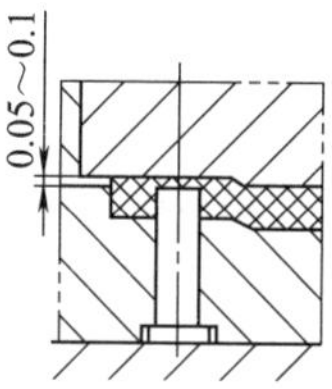 0.05～0.1	成型与压制方向重合的孔的型芯,其长度不宜超过孔径的 2.5～3 倍。对于与压制方向相垂直的孔,型芯长度不宜超过孔径,直径小于 1.5mm 的孔,型芯高度还应短一些。当成型杆穿透孔时为避免型芯头部与相对的成型面相抵触而造成型芯变形或毁坏,通常留有 0.05～0.1mm 的间隙。多用于塑件孔长径比较小的场合

结构形式	简　图	特 点 说 明
一端固定一端支撑	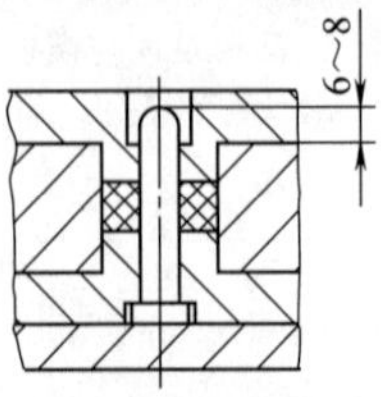	这种结构形式牢固可靠,多用于塑件孔长径比较大(为4～6)的场合。该型芯高出加料室6～8mm,合模时起导向作用,还可避免塑料进入模孔内
两端固定对接	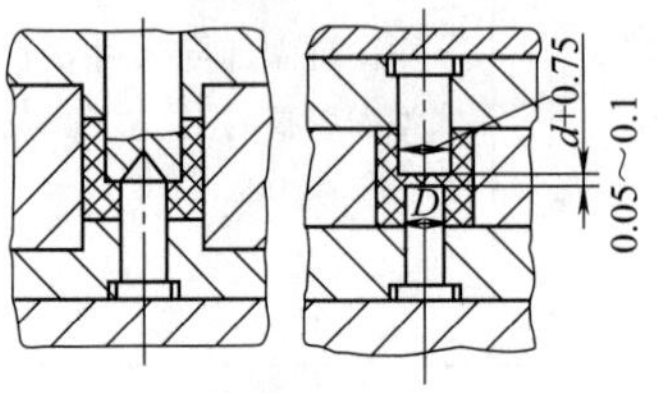	多用于塑件深孔成型。一型芯比另一型芯大,以补偿对中误差。当两对接孔的同轴度要求较高时,可采用内外圆锥对接的办法来实现,圆锥锥角以60°为宜。两型芯间0.05～0.1mm的间隙所形成的飞皮在孔内,不影响塑件外观
组合式	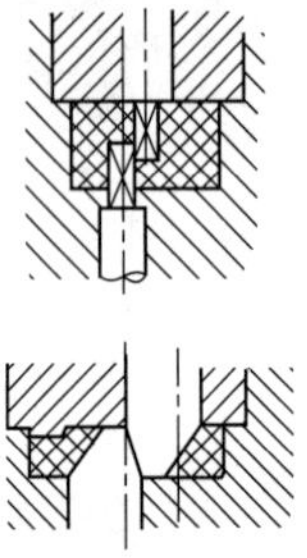	两型芯对接以成型斜孔,可避免侧抽芯。采用型芯组合式可以成型复杂孔,能达到较好效果

(4) 螺纹型芯与型环设计

螺纹型芯与型环设计见表 3-19。

表 3-19　螺纹型芯与型环设计

名称	固定形式	简　图	特 点 说 明
型芯	固定于下模或定模的结构形式	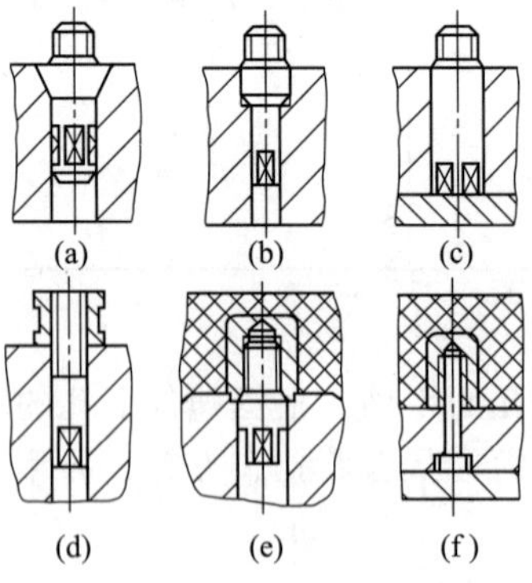	图(a)以圆锥面定位和密封,防止熔料挤入固定孔内 　图(b)用圆柱面配合及台阶面定位与密封 　图(c)以圆柱面配合和垫板定位与密封 　图(d)用螺纹型芯圆柱面或嵌件的端面定位与密封 　图(e)以嵌件端面定位和型芯锥面密封,增加稳定性 　图(f)嵌件螺纹小于3.5mm时,可直接用光杆圆柱面与螺纹内径配合,并用垫板支承定位
	固定于上模或动模的结构形式	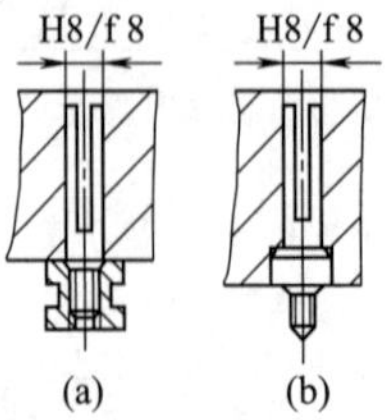	直径小于8mm的型芯杆或嵌件杆,可直接在其上开槽构成豁口柄,并少许分开,热处理后,利用其本身的弹性支撑于上模的孔内

名称	固定形式	简图	特点说明
型芯	固定于上模或动模的结构形式	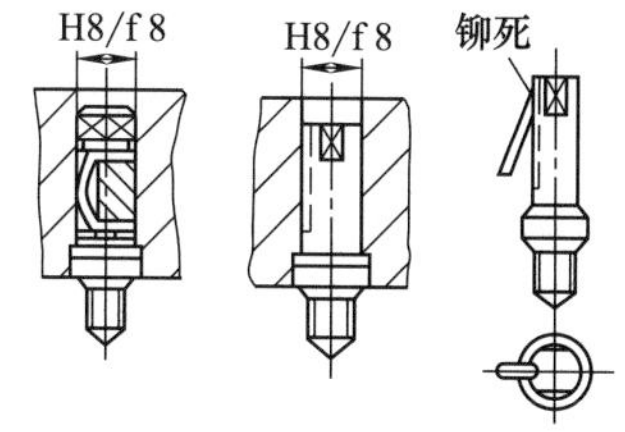 H8/f 8　　H8/f 8　　铆死	螺纹型芯直径在 M16 以上的型芯杆或嵌件杆,可利用弹簧钢丝的弹力支撑于上模或动模。当型芯重量不大时,此种固定形式极为可靠
		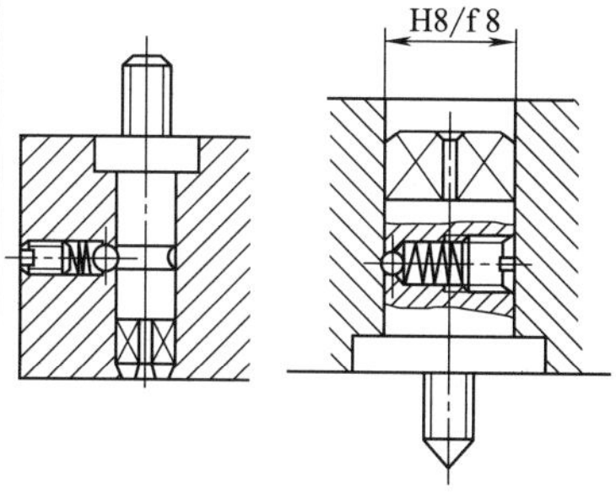 H8/f 8	用弹簧钢球定位。此种弹簧钢球,既可装于模板上,也可装于型芯杆内,视具体情况而定
		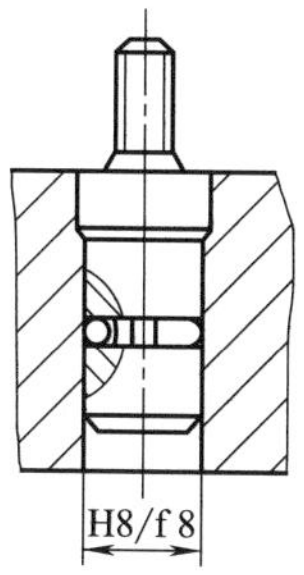 H8/f 8	用装于型芯杆沟槽内的弹簧卡圈固定,结构简单,制造方便
		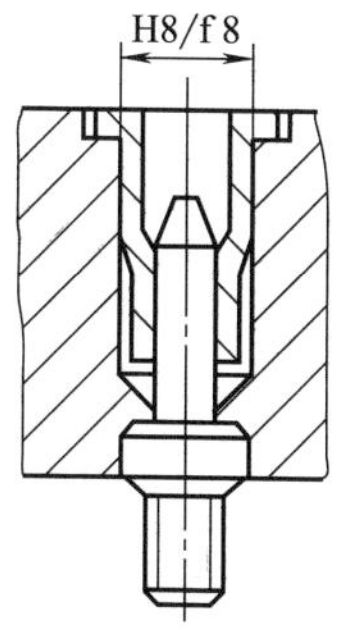 H8/f 8	采用弹簧夹头固定,同心度好,连接力大。适用于尺寸较大或定位精度要求较高的场合
型环	整体固定式	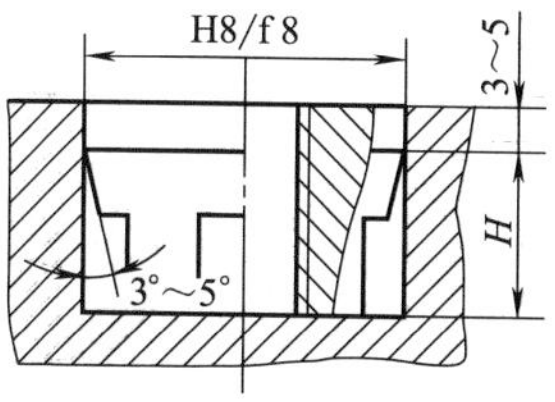 H8/f 8　　3~5　　H　　3°~5°	以间隙配合方式置入压缩模内的整体螺纹型环,成型后与塑件一起脱出模外,利用型环周缘的四个预制平面夹紧,旋出外螺纹塑件

续表

名称	固定形式	简图	特点说明
型环	组合固定式	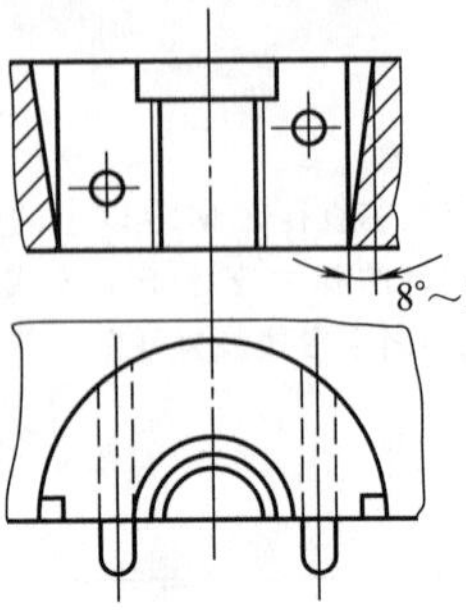 $8°\sim10°$	具有一垂直分型面,以导销定位的组合式螺纹型环,置入锥形模套中夹紧,成型后与塑件一道取出。此外螺纹表面必然有型腔拼合痕迹,影响螺纹配合精度
	螺纹嵌件固定式	 $d(H8/f8)$ 嵌件环 $d_1(H8/f8)$	嵌件环在模内的固定方式,与螺纹型芯相同或相似

3.3 压缩模结构零件设计

结构零部件包括成型零件以外的所有各种零部件,其中有支承零件、导向零件、脱模机构(顶出机构)、侧向分型抽芯机构、加热装置等。

3.3.1 支承零件设计

压缩模的结构支承零件是指在模具中起装配、定位及安装作用的零件。支承零件设计要点见表 3-20。

3.3.2 导向机构设计

导向零件有些已有国家标准。常用的导向零件是在上模设导向柱,在下模设导向孔,导向孔又可分为带导向套的和不带导向套的两类。与注射模相比压缩模导向还具有下述特点:

① 除溢式压模的导向单靠导柱完成外,半溢式和不溢式压模的凸模和加料室的配合段还能起导向和定位作用。一般加料室上段设有 10mm 的锥形导向环,能起很好的导向作用。

② 压塑中央带大穿孔的壳体时,为提高质量可在孔中安置导柱,导柱四周留出挤压边缘(宽度 2~5mm),由于导柱部分不需施加成型压力,这时所需的压制总吨位可降低一些,如图 3-5 所示。中央导柱设在下模,其头部应高于加料室上平面。中央导柱主要是为了提高塑件压制质量,上模四周还应设 2~4 根导向柱。中央导柱一般形状比较复杂,故中央导柱除要求淬火镀铬外,亦需较高的配合精度,否则塑料挤入配合间隙会出现咬死、拉毛的

表 3-20　支承零件设计要点

零件名称		图例	结构特点	设计技术要求
上模板		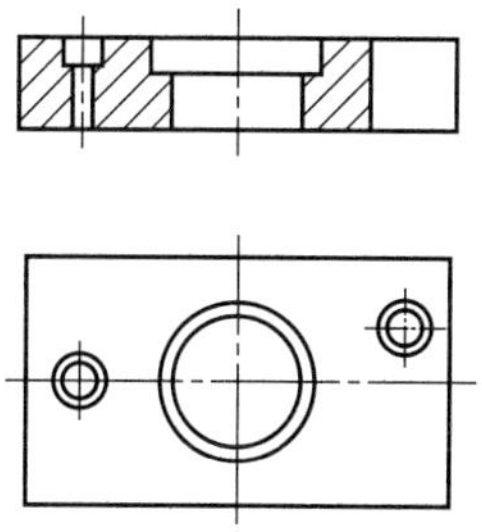	① 固定凸模、导柱的板件，并将模具连接固定在压力机滑块上 ② 外形尺寸和固定孔必须同压力机滑块固定板尺寸相适应	① 外形尺寸、内孔安装尺寸、位置应与压力机滑块及工作台固定孔相适应 ② 工作面 $Ra1.6\sim0.8\mu m$，其余为 $Ra12.5\sim3.2\mu m$ ③ 上、下面平行度允差 $0.01:100$ ④ 材料 35、45、50 ⑤ 要求法兰处理
下模板		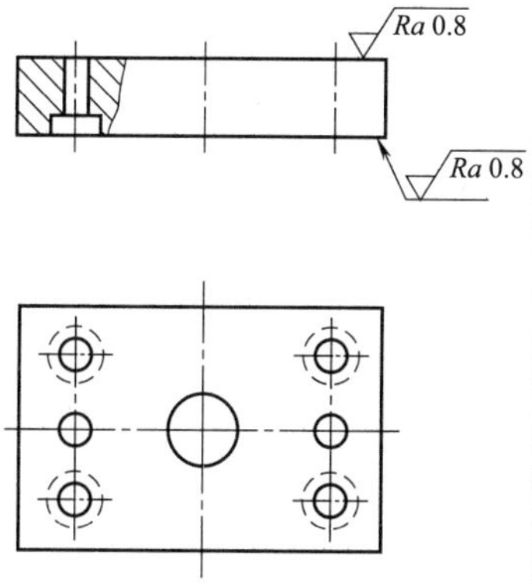	① 连接垫板及凹模的板件，并将模具下模固定在压力机工作台上的连接件上 ② 外形尺寸及固定孔尺寸应与压力机滑块及工作台孔相适应	
模套	圆筒形模套	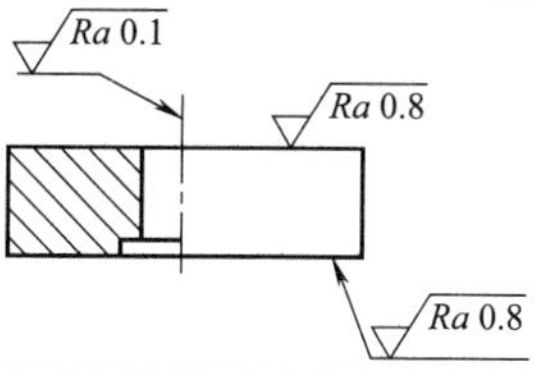	固定凹模型腔镶块及下凸模	① 材料 T7、T10、T10A。热处理 40～45HRC ②工作表面 $Ra1.6\sim0.8\mu m$；内腔表面 $Ra0.4\sim0.025\mu m$
	锥形模套	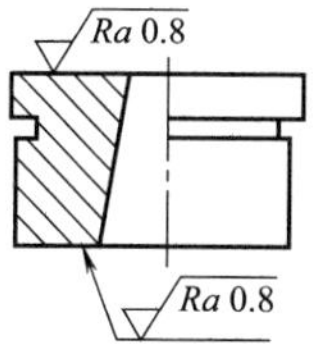	锁紧型腔镶块，一般用于垂直分型面的压缩模	①内形尺寸按拼块配制 ②材料：45、T7、T8。热处理硬度 35～40HRC ③$Ra1.6\sim0.8\mu m$
固定板		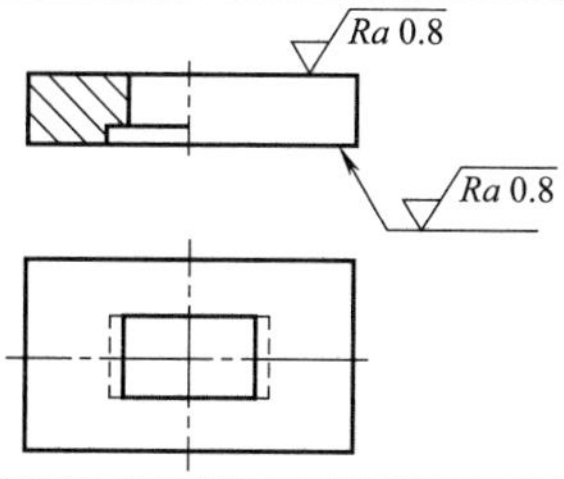	固定型芯、凸模的板件	①材料 35、45、50 ②内径 $Ra3.2\sim0.8\mu m$，工作面 $Ra1.6\sim0.8\mu m$，其余为 $Ra12.5\sim6.3\mu m$
上、下加热板		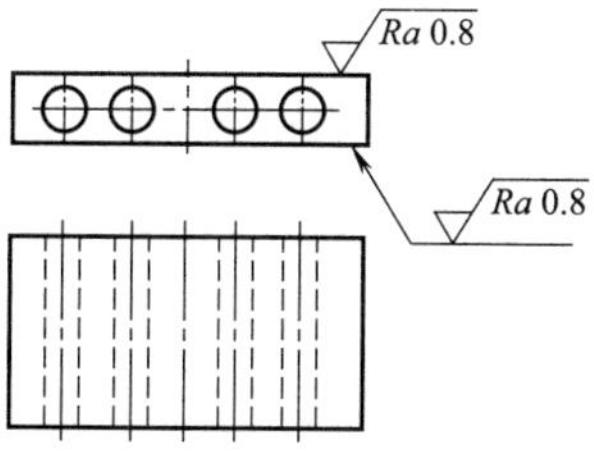	①安装电热器，提供给模具热量 ②为便于测量模温，可在加热板上安装温度计	①外形尺寸与模套相当，其安装电热器元件内孔一定要布置均匀 ②材料：35、45、50 ③工作面 $Ra1.6\sim0.8\mu m$

续表

零件名称	图例	结构特点	设计技术要求
调整块	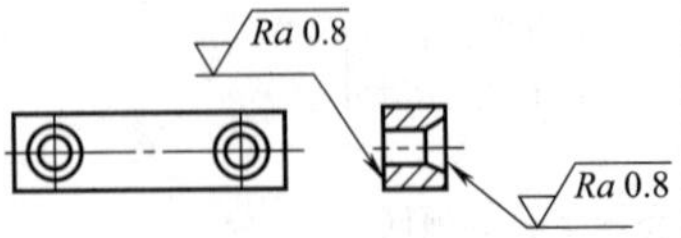	①限制凸模下行撞坏凹模,起定位作用 ②在半封闭式模具中,减少了凸模与挤压环的间隙 ③在封闭式模具中,调整塑件高度,以保证尺寸精度	①材料:T7、T8 ②热处理 35~40HRC ③工作面 $Ra1.6~0.8\mu m$
垫块	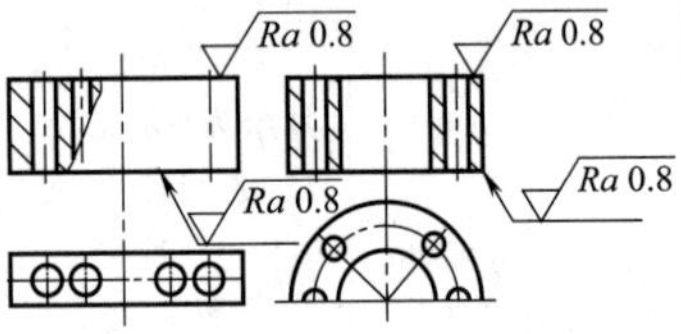	①减少电热板热量传递到压力机上去 ②使顶出机构在模板及凹模支承板间形成一个活动空间,便于顶出制品,并调整模具高度 ③垫板应有足够的强度及刚度	①材料:35、45、HT200 ②上、下面 $Ra1.6~0.8\mu m$;其余为 $Ra12.5~6.3\mu m$
支承板	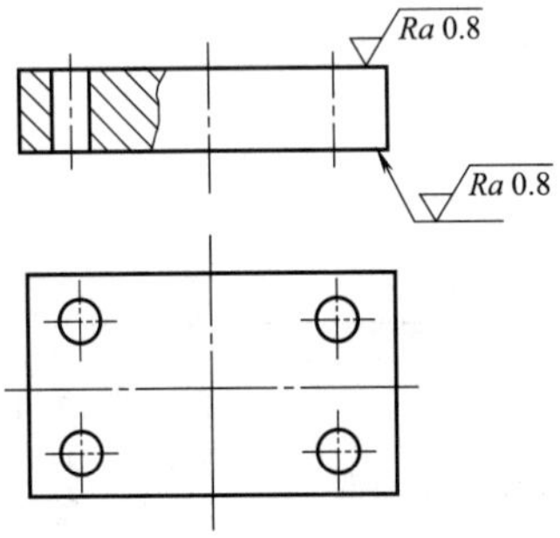	①在工作时承受型芯和凹模等传来的成型压力,支承凹模型腔及型芯的作用 ②支承板应具有一定的刚度及强度	①外形尺寸与模套相当 ②材料:T7、T10、T10A ③工作面 $Ra1.6~0.8\mu m$ ④热处理 35~40HRC
手柄	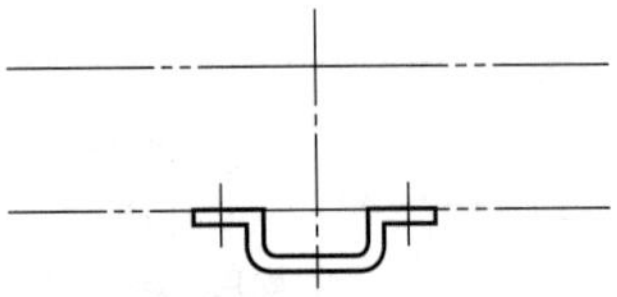	一般用于移动式模具中将模具从压力机上拉出	材料 Q235、35
吊环及吊钩	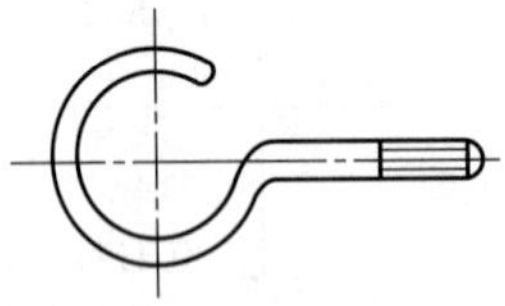	用于模具的搬运及起吊	材料 Q235、35

现象。中心导柱断面可以与制件孔的形状相似,但为制造方便,对于带矩形或其他异型孔的壳体也可采用中心圆导柱,如图 3-6 所示。

③ 由于压模在高温下操作,因此一般不采用带加油槽的加油导柱。

3.3.3 脱模机构设计

压缩模的脱模机构与注射模的脱模机构相似,有推杆、推板、推管等常见的脱模机构,还有双向和二级脱模机构等。设计时应根据塑件的结构形状、精度要求、生产批量大小等多方面因素,确定脱模机构与压力机的连接方式和顶出机构的形式。

(1) 脱模机构与压力机的连接方式

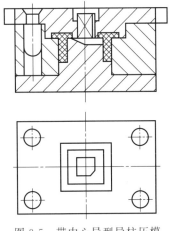

图 3-5　带中心异型导柱压模

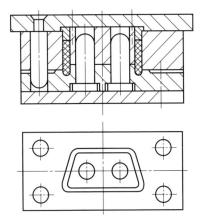

图 3-6　带中心圆导柱压模

设计压缩模时，应考虑模具的脱模机构和压力机顶出系统的连接方式。没有任何脱模装置的压力机，适用于移动式压模。此类压力机若要安装固定式压模，那么压模必须具备脱模机构并可利用压力机的开模动作进行机械脱模。

现普遍使用的压力机都带有液压顶出装置，液压缸的活塞杆就是顶杆，顶杆端面上升到最高位置时，刚好与工作台平齐。压模的脱模机构与压力机顶杆的连接方式有以下两种。

① 脱模机构与压力机的顶杆不直接连接　如图 3-7 所示，压力机顶杆 4 的顶部装入一尾轴 3，其长度等于推出塑件的高度与下模底板 1 的厚度及挡销 2 的高度之和。在这种复位结构中，可用复位杆或在模具内设置复位弹簧进行复位。

② 脱模机构与压力机的顶杆直接连接　如图 3-8 所示为 4 种压模推出机构与压力机顶杆的直接连接方式。在这些连接方式中，压力机的顶杆能顶出成型后的塑件，还能使模具的推出机构复位，其动力来源于压力机顶出系统的活塞油缸。

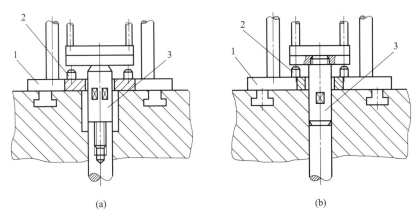

(a)　　　　　　　　　　　(b)

图 3-7　不与压力机顶杆相连的顶出机构
1—下模底板；2—挡销；3—尾轴

（2）压缩模脱模机构的形式

① 移动式压模脱模机构　移动式压缩模与压力机没有固定连接，其主要形式有撞击架和卸模架两种。

a. 撞击架。撞击架是移动式压模最常用的一种脱模装置，如图 3-9 所示，既可用于单分型面压模，也可用于双分型面压模。用于双分型面压模时，须进行两步撞击，依次分开不同

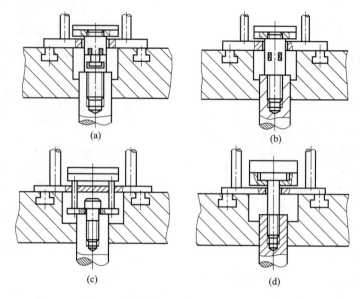

图 3-8   与压力机顶杆相连的顶出机构

的分型面，取出塑件。这种形式模具结构简单，成本低，操作速度快，有时用几副模具轮流操作，可提高压制速度，但这种方式脱模工作条件差，劳动强度大，而且由于不断撞击，易使模具过早磨损。这种形式只适用于成型小型塑件，模具质量在 10kg 以内为宜。

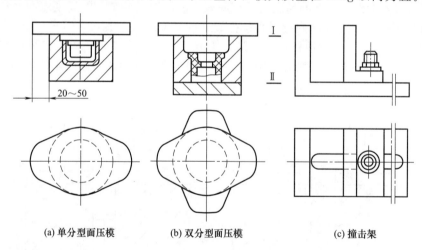

(a) 单分型面压模   (b) 双分型面压模   (c) 撞击架

图 3-9   移动式压模与撞击架
Ⅰ—上分型面；Ⅱ—下分型面

　　b. 卸模架。卸模架一般由上下两件组成，脱模时分置于压模的上下两边，利用压力机的压力，迫使压模各分型面同时打开，其开模动作平稳，模具使用寿命长，可减轻劳动强度，但生产效率较低。常见卸模架的结构形式见表 3-21。
　　② 半固定式压模脱模机构　所谓半固定式压模系指压模的上模、下模或模套是可以移出的，制品随活动部分移出，因活动部分不同，脱模方式也不一样。可移出部分如为上模、模框、锥形瓣合模或某些活动镶嵌件，制品多半采用手工脱出或用简单工具脱出。半固定式压模脱模机构的主要结构形式见表 3-22。

表 3-21　卸模架结构形式

mm

结构形式	简　图	尺　寸　计　算
单分型面 压模	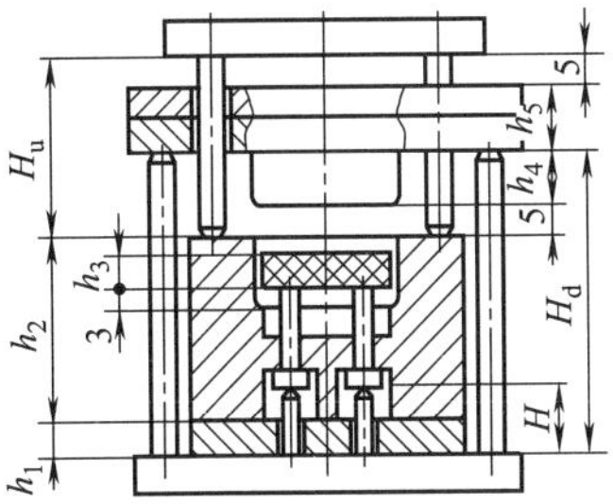	①塑件推杆长度：$H = h_1 + h_3$。式中，h_1 为凹模与塑件相对位移距离；h_3 为推杆离凹模基面的高度 ②下卸模架推杆长度：$H_d = h_1 + h_2 + h_4 + 5$。式中，$h_2$ 为凹模高度；h_4 为凸模高度 ③上卸模架推杆长度：$H_u = h_4 + h_5 + 10$。式中，h_5 为上凸模底板厚度
双分型面 压模	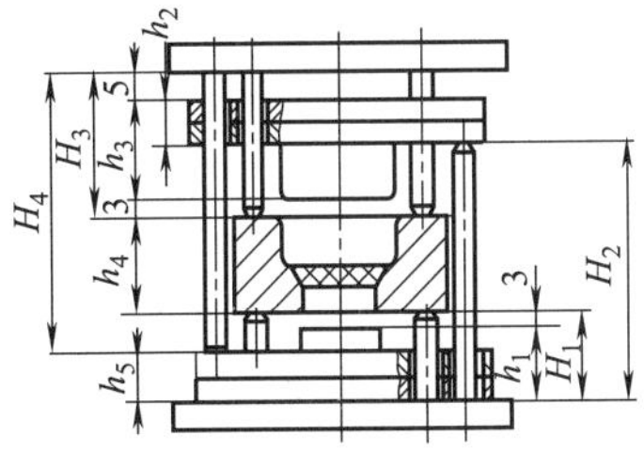	①下卸模架一级推杆长度：$H_1 = h_1 + 3$。式中，h_1 为下凸模全高 ②下卸模架二级推杆长度：$H_2 = h_1 + h_4 + (h_3 - h_2) + 6$。式中，$h_2$ 为上凸模底板厚度；h_3 为上凸模全高；h_4 为凹模高度 ③上卸模架一级推杆长度：$H_3 = h_3 + 3$ ④上卸模架二级推杆长度：$H_4 = h_3 + h_4 + (h_1 - h_5) + 10$，式中，$h_5$ 为下凸模底板厚度
垂直分型 面压模	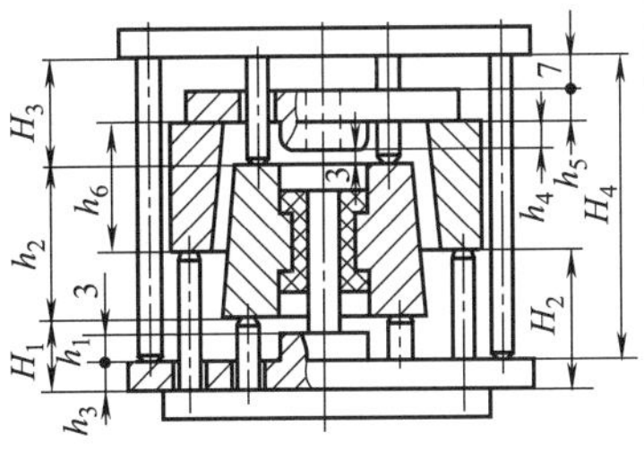	①下卸模架一级推杆长度：$H_1 = h_1 + h_3 + 3$。式中，h_1 为下凸模全高；h_3 为下凸模底板厚度 ②下卸模架二级推杆长度：$H_2 = h_1 + h_3 + (h_2 - h_6) + 6$。式中，$h_2$ 为瓣合凹模高度；h_6 为模套高度 ③上卸模架一级推杆长度：$H_3 = h_4 + h_5 + 10$。式中，h_4 为上凸模高度；h_5 为上凸模座板厚度 ④上卸模架二级推杆长度：$H_4 = h_1 + h_2 + h_4 + h_5 + 14$

表 3-22　半固定式压模脱模机构的主要结构形式

结构形式	简　图	结　构　说　明
带活动上 模的压模	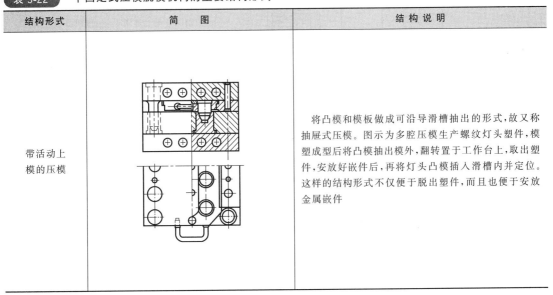	将凸模和模板做成可沿导滑槽抽出的形式，故又称抽屉式压模。图示为多腔压模生产螺纹灯头塑件，模塑成型后将凸模抽出模外，翻转置于工作台上，取出塑件，安放好嵌件后，再将灯头凸模插入滑槽内并定位。这样的结构形式不仅便于脱出塑件，而且也便于安放金属嵌件

续表

结构形式	简 图	结构说明
带活动下模的压模	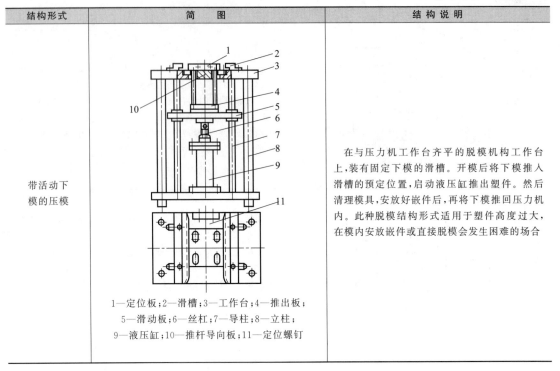 1—定位板;2—滑槽;3—工作台;4—推出板; 5—滑动板;6—丝杠;7—导柱;8—立柱; 9—液压缸;10—推杆导向板;11—定位螺钉	在与压力机工作台齐平的脱模机构工作台上,装有固定下模的滑槽。开模后将下模推入滑槽的预定位置,启动液压缸推出塑件。然后清理模具,安放好嵌件后,再将下模推回压力机内。此种脱模结构形式适用于塑件高度过大,在模内安放嵌件或直接脱模会发生困难的场合

③ 定式压模脱模机构　固定式压模常见脱模机构形式及特点见表 3-23。

表 3-23　**固定式压模常见脱模机构形式及特点**

结构形式	简 图	特点说明
气吹式	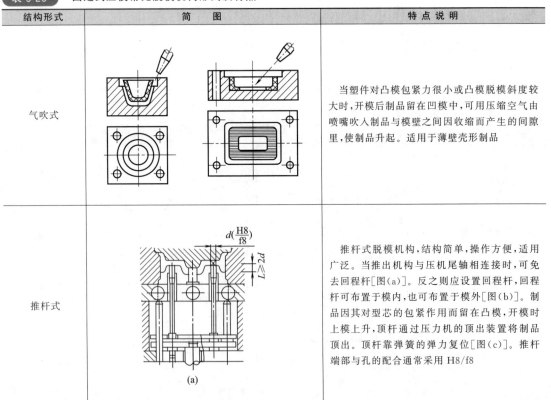	当塑件对凸模包紧力很小或凸模脱模斜度较大时,开模后制品留在凹模中,可用压缩空气由喷嘴吹入制品与模壁之间因收缩而产生的间隙里,使制品升起。适用于薄壁壳形制品
推杆式	$d(\frac{H8}{f8})$ $L \geqslant 2d$ (a)	推杆式脱模机构,结构简单,操作方便,适用广泛。当推出机构与压机尾轴相连接时,可免去回程杆[图(a)]。反之则应设置回程杆,回程杆可布置于模内,也可布置于模外[图(b)]。制品因其对型芯的包紧作用而留在凸模,开模时上模上升,顶杆通过压力机的顶出装置将制品顶出。顶杆靠弹簧的弹力复位[图(c)]。推杆端部与孔的配合通常采用 H8/f8

结构形式	简　图	特点说明
推杆式	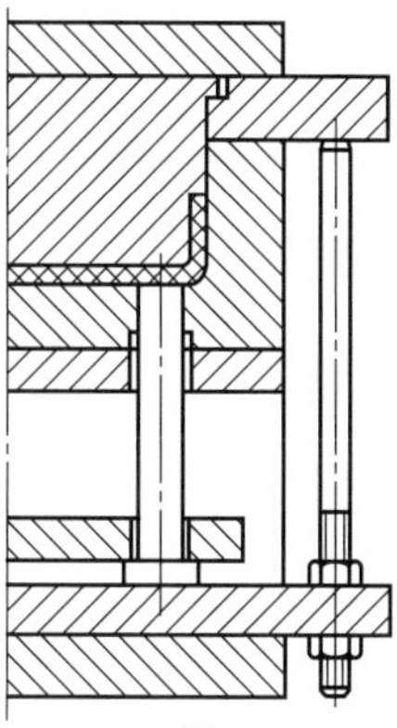 (b) 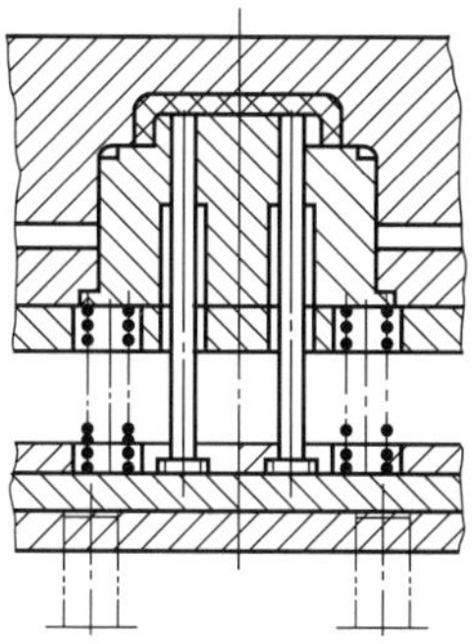 (c)	推杆式脱模机构,结构简单,操作方便,适用广泛。当推出机构与压机尾轴相连接时,可免去回程杆[图(a)]。反之则应设置回程杆,回程杆可布置于模内,也可布置于模外[图(b)]。制品因其对型芯的包紧作用而留在凸模,开模时上模上升,顶杆通过压力机的顶出装置将制品顶出。顶杆靠弹簧的弹力复位[图(c)]。推杆端部与孔的配合通常采用 H8/f8
推管式	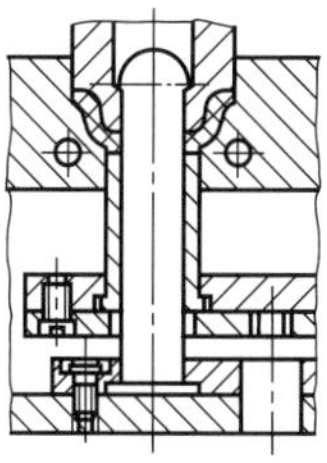	对于空心薄壁制品,常采用推管脱模机构,其特点是制品受力均匀,运动平稳可靠,其结构类似注射模脱模机构
推板式	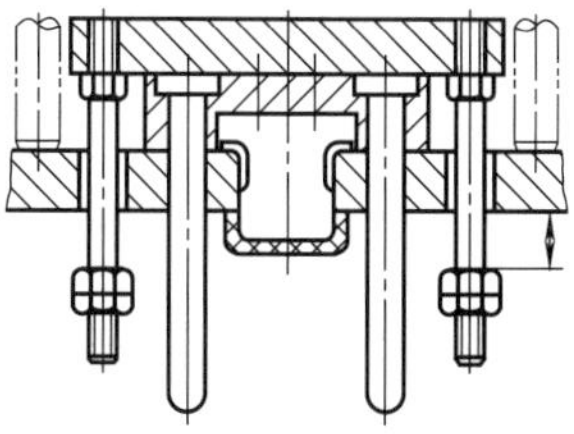	对于容易产生脱模变形的薄壁制品,开模后制品留在凸模型芯上时,可采用推板式脱模机构。推板位置随凸模而定。当凸模为上模时,在压力机的上压板上,设有 4 根推杆以便开模上升到一定位置时,推板受限而使塑件脱下。此时推板需设限位杆,以防止推板掉下
凹模带出式	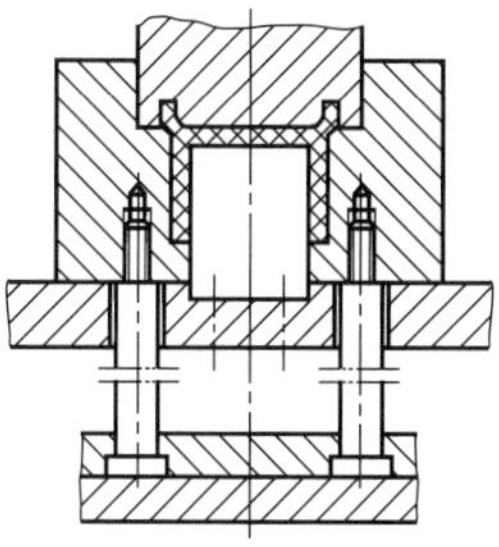	适用于双分型面压模。上模升起后塑件留在凹模中,完成第 1 次分型。推出机构将凹模升起,塑件离开主型芯,完成第 2 次分型。塑件热收缩后便从凹模中取出

续表

结构形式	简 图	特 点 说 明
二级脱模式	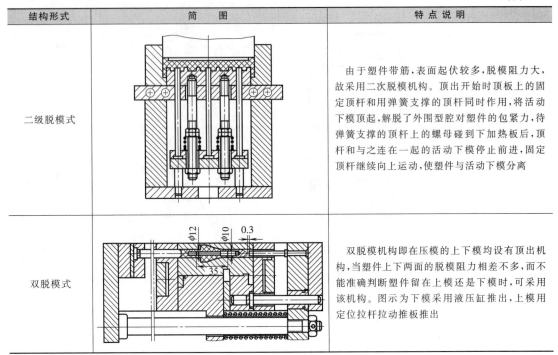	由于塑件带筋,表面起伏较多,脱模阻力大,故采用二次脱模机构。顶出开始时顶板上的固定顶杆和用弹簧支撑的顶杆同时作用,将活动下模顶起,解脱了外围型腔对塑件的包紧力,待弹簧支撑的顶杆上的螺母碰到下加热板后,顶杆与之连在一起的活动下模停止前进,固定顶杆继续向上运动,使塑件与活动下模分离
双脱模式		双脱模机构即在压模的上下模均设有顶出机构,当塑件上下两面的脱模阻力相差不多,而不能准确判断塑件留在上模还是下模时,可采用该机构。图示为下模采用液压缸推出,上模用定位拉杆拉动推板推出

3.3.4 侧向分型抽芯机构设计

压缩模与注射模在侧向分型和抽芯机构方面虽有相同之处,可以互相借鉴参考,但压缩模与注射模的加料、合模两道工序的顺序相反,因此注射模的某些侧向分型机构不能用于压缩模。此外由于压缩模受力状况比较恶劣,因此分型机构和锁紧楔都应具有足够的力量和强度。压缩模的侧向分型抽芯有手动和机动两大类。

（1）手动侧抽芯机沟

由于压缩成型周期较长,生产工艺特点所限,大多使用各种简单的手动侧向分型抽芯机构,其典型结构形式见表 3-24。

表 3-24 手动侧向分型抽芯机构典型结构形式

结构形式	简 图	结 构 特 点
外侧分型式	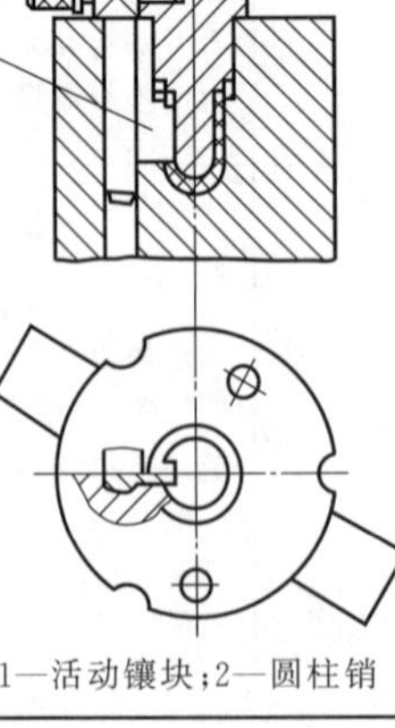 2—⊠ 1— 1—活动镶块;2—圆柱销	塑件侧向有长方形侧孔,采用活动镶块成型。活动镶块带有圆杆和方头,压制时将活动镶块圆杆插入凹模旁的侧孔内,加入塑料进行压制。成型后,在活动镶块 1 方头与上凸模相对的孔中插入一圆柱销 2,镶块即被固定在凸模上,开模时塑件和镶块被凸模带出

结构形式	简 图	结 构 特 点
外侧分型抽芯式	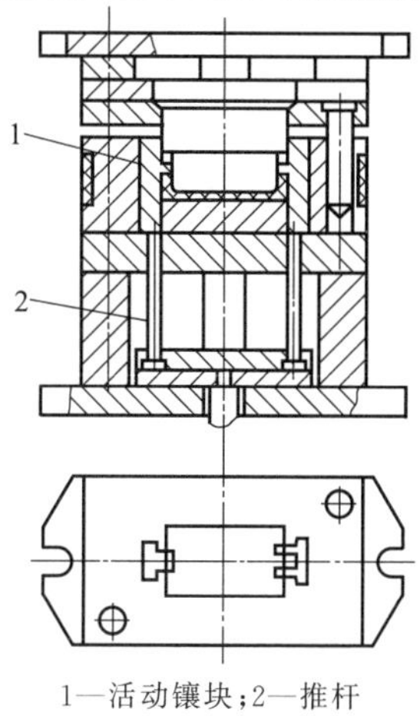 1—活动镶块；2—推杆	塑件两侧带有异型侧孔，成型侧孔的活动镶块通过 T 形滑槽从上方牢固地插入凹模。塑件成型后先升起上模，然后利用顶杆顶出活动镶块，压制好的塑件被活动镶块带出，并在模外取下
内侧分型式	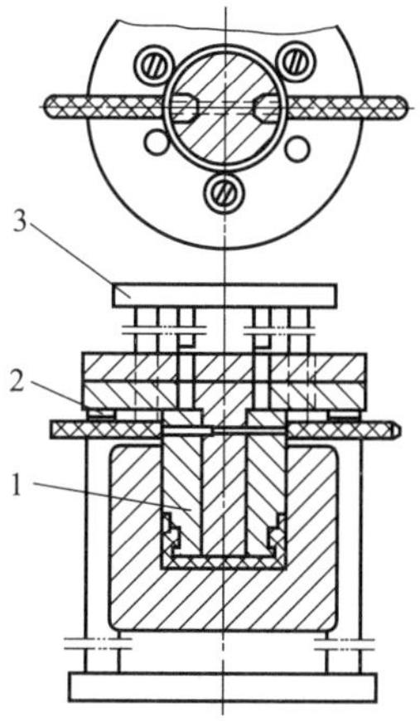 1—内侧型芯镶块；2—固定销；3—卸模架	活动镶块装在凸模上，凸模上开设有圆形滑槽，压制前将活动镶块插入凸模，用固定销 2 加以固定。成型后先将固定销从凸模中拔出，然后将压模置于卸模架上开模。在凸、凹模分开后，塑件由于有侧凹仍然留在凸模上，上卸模架顶杆从凸模上方伸入将活动镶块连同塑件一起从凸模上推下，然后从塑件中取出活动镶块
模外分型式	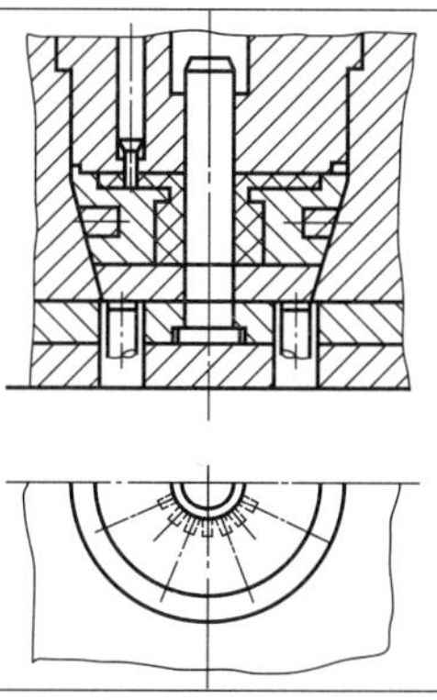	线轴形塑件采用两瓣合模压制，瓣合模根据塑件的凸筋（一般以偶数）决定镶块。将瓣合镶块用两个半圆环定位后放入锥形模套中，模塑成型后将瓣合模块与塑件一起从模套中脱出，随后在模外分型取出塑件
螺杆抽芯式	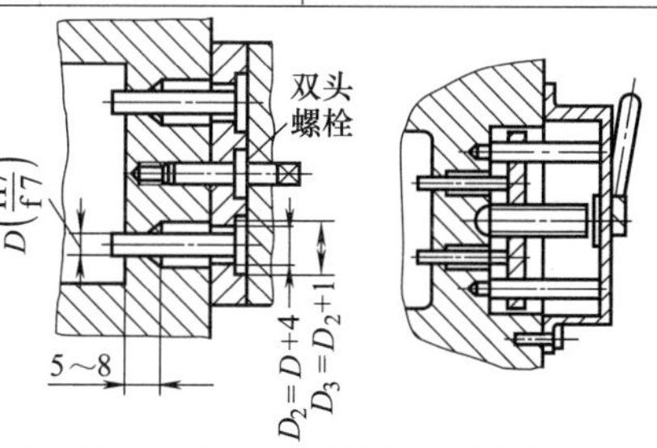	一个以上同方向的侧型芯，可用一根多头螺杆以手动方式抽出。螺杆线数多为 2～3 线，下次压塑前应进行复位

结构形式	简　图	结 构 特 点
偏心轮抽芯式	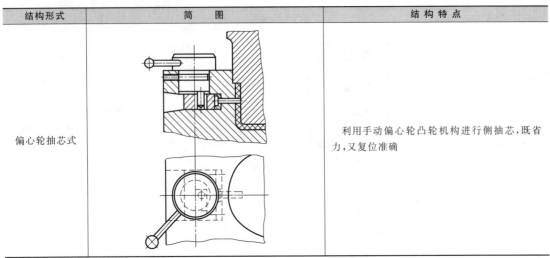	利用手动偏心轮凸轮机构进行侧抽芯,既省力,又复位准确

(2) 机动侧抽芯机构

与注射模相似,这类机构是利用开模力来完成侧向分型抽芯的。所不同的是压塑成型是先加料后闭模的,因此必须采用各种具有"先复位"功能的机动抽芯机构。对于某些必须利用凸、凹模闭合动作才能复位的模具,则需有两次合模动作,第 1 次使侧滑块复位并锁紧,然后在不影响滑块闭合的前提下,开模、加料进行第 2 次合模。压模常用机动侧抽芯结构形式见表 3-25。

表 3-25　机动侧抽芯常用结构形式

结构形式	简　图	结 构 特 点
斜滑块分型	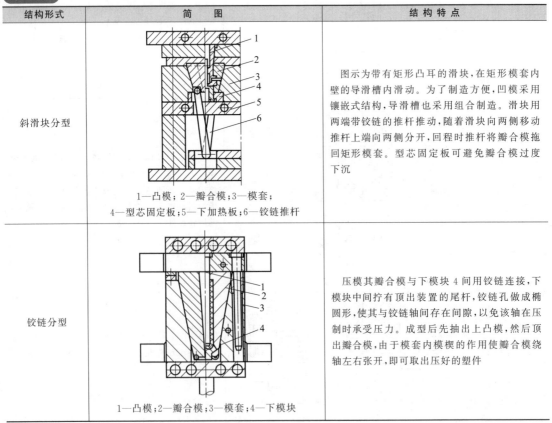　1—凸模;2—瓣合模;3—模套; 4—型芯固定板;5—下加热板;6—铰链推杆	图示为带有矩形凸耳的滑块,在矩形模套内壁的导滑槽内滑动。为了制造方便,凹模采用镶嵌式结构,导滑槽也采用组合制造。滑块用两端带铰链的推杆推动,随着滑块向两侧移动推杆上端向两侧分开,回程时推杆将瓣合模拖回矩形模套。型芯固定板可避免瓣合模过度下沉
铰链分型	1—凸模;2—瓣合模;3—模套;4—下模块	压模其瓣合模与下模块 4 间用铰链连接,下模块中间拧有顶出装置的尾杆,铰链孔做成椭圆形,使其与铰链轴间存在间隙,以免该轴在压制时承受压力。成型后先抽出上凸模,然后顶出瓣合模,由于模套内模楔的作用使瓣合模绕轴左右张开,即可取出压好的塑件

续表

结构形式	简 图	结 构 特 点
斜滑槽分型	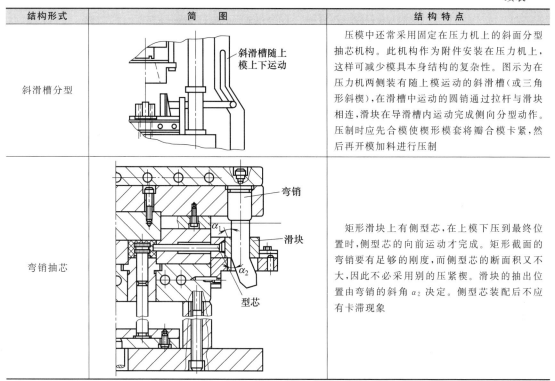	压模中还常采用固定在压力机上的斜面分型抽芯机构。此机构作为附件安装在压力机上，这样可减少模具本身结构的复杂性。图示为在压力机两侧装有随上模运动的斜滑槽（或三角形斜楔），在滑槽中运动的圆销通过拉杆与滑块相连，滑块在导滑槽内运动完成侧向分型动作。压制时应先合模使楔形模套将瓣合模卡紧，然后再开模加料进行压制
弯销抽芯		矩形滑块上有侧型芯，在上模下压到最终位置时，侧型芯的向前运动才完成。矩形截面的弯销要有足够的刚度，而侧型芯的断面积又不大，因此不必采用别的压紧楔。滑块的抽出位置由弯销的斜角 α_2 决定。侧型芯装配后不应有卡滞现象

3.4 压模加热与冷却

热固性塑料压缩成型，一般在高温下进行，以保证迅速交联固化，因此模具必须有加热装置。例如酚醛塑料在 180℃左右成型，氨基塑料在 150℃左右成型。虽然聚合反应要放出一定的热量，但要使反应以正常速度进行必须对原料进行预热，因此对压模进行可调温的加热是十分重要的。压模加热可以有多种方式，但仍以电能为主要方法。

3.4.1 压模加热

压模的热量衡算，须考虑反应热、散失热、辐射热等较为麻烦，且未知因素较多，难于准确计算，且压模加热系统都设有调温控制器，因此一般采用简化计算法，使加热功率略有富裕，再通过调温器进行调节，即能达到所要求的准确温度。压模电加热功率按经验公式计算：

$$P = mf \tag{3-13}$$

式中　P——模具所需总功率，W；

　　　m——压模质量（kg），以上下绝热垫板之间的压模质量计算；

　　　f——每 1kg 压模维持压塑温度所需的电功率，W/kg。

对于酚醛塑料 f 按表 3-26 所列经验数据选取。

表 3-26　每 1kg 压模维持压塑温度所需的电功率　　　　　　　　　　　　　　W/kg

压模类型 加热元件	小型 (1～20kg)	中型 (20～200kg)	大型 (>200kg)
电热棒	35	30	20～25
电热圈	40	50	60

对于大型压模，采用电热棒较为合理。此时，电加热功率 f 可按图 3-10 选取。

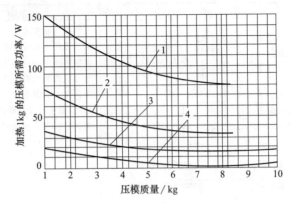

图 3-10　每 1kg 压模所需加热功率图

（压模质量范围：1—1～10kg；2—10～100kg；3—100～1000kg；4—1000～10000kg）

（1）加热棒的选用

当总加热功率确定后，即可选择电热棒的型号，确定电热棒的数量。标准的电热棒规格见表 3-27。

表 3-27　电热棒规格及尺寸　　　　　　　　　　　　　　　　　　　　　　　　mm

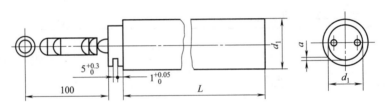

名义直径(d_1)	13	16	18	20	25	32	40	50
允许误差	±0.1		±0.12			±0.2		±0.3
盖板直径(d_2)	8	11.5	13.5	14.5	18	26	34	44
槽深(d)	1.5	2	3			5		
长度(L)	功率/W							
60_{-3}^{0}	60	80	90	100	120			
80_{-3}^{0}	80	100	110	125	160			
100_{-3}^{0}	100	125	140	160	200	250		
125_{-4}^{0}	125	160	175	200	250	320		
160_{-4}^{0}	160	200	225	250	320	400	500	
200_{-4}^{0}	200	250	280	320	400	500	600	800
250_{-5}^{0}	250	320	350	400	500	600	800	1000
300_{-5}^{0}	300	375	420	480	600	750	1000	1250
400_{-5}^{0}	—	500	550	630	800	1000	1250	1600
500_{-5}^{0}	—	—	700	800	1000	1250	1600	2000
650_{-6}^{0}	—	—	—	900	1250	1600	2000	2500
800_{-8}^{0}	—	—	—	—	1600	2000	2500	3200
1000_{-10}^{0}	—	—	—	—	2000	2500	3200	4000
1200_{-10}^{0}	—	—	—	—	—	3000	3800	4750

电热棒功率的计算可先根据压模加热板尺寸，确定电热棒尺寸及数量，然后计算出每根电热棒的功率。在压模上的电热棒通常为并联，则有：

$$q = P/n \qquad (3\text{-}14)$$

式中　q——每根电热棒功率，W；

　　　P——总加热功率，W；

　　　n——电热棒数量。

电热棒及其在加热板内的安装如图 3-11 所示。

（2）电加热器设计计算

当加热棒、电热圈或电阻丝功率确定之后，可按以下步骤确定电热丝直径和总长。通过每根电热棒或每组电热丝的电流为

$$I = \frac{P}{U} \qquad (3\text{-}15)$$

式中　I——每组电热丝或电热棒的电流，A；

　　　U——每组电热元件所用电源电压，V。

每根电热棒或电阻丝的电阻为

$$R = \frac{U}{I} = \frac{U^2}{P} \qquad (3\text{-}16)$$

式中　R——电阻，Ω。

有了电流值可按表 3-28 选择适当的电阻丝截面积 S，使电阻丝不致因太细而烧毁，也不致因太粗而使长度增加。

$$L = \frac{RS}{p} \qquad (3\text{-}17)$$

式中　L——电热丝长度，m；

　　　S——选定电热丝的截面积，mm^2；

　　　p——单位电阻值，镍铬合金丝为 $1.1\,Ω \cdot mm^2/m$，高阻合金丝为 $1.2\,Ω \cdot mm^2/m$。

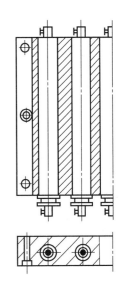

(a) 电热棒形状　　(b) 电热棒在加热板内的安装

图 3-11　电热棒及其安装

1—接线柱；2—螺钉；3—帽；4—垫圈；
5—外壳；6—电阻丝；7—石英砂；8—塞子

表 3-28　电热丝的规格

圆形镍铬电阻丝直径 /mm	截面积 /mm²	最大允许电流 /A	当加热 400℃ 时每米电阻丝电阻 /(Ω/m)	1m 电阻丝的质量 /g
0.5	0.196	4.2	6	1.61
0.6	0.283	5.5	4	2.31
0.8	0.503	8.2	2.25	4.21
1.0	0.785	11	1.5	6.44
1.2	1.131	14	1	9.27
1.5	1.767	18.5	0.61	14.5
1.8	2.545	23	0.45	20.9
2.0	3.142	25	0.36	25.8
2.2	3.801	28	0.29	31.5

3.4.2　压模冷却

只有热塑性塑料的压模才需要冷却。最常见的有在同一模内加热，然后再冷却和热挤冷压两种情况。前者是在模内加入固态的热塑性塑料（粒料和片料）逐渐加热缓缓加压，待塑

料原料转变成黏流态充满模具达到要求的形状后即停止加热，并开启冷却水使其定型为要求形状的产品。最常见的有聚氯乙烯片材层压板、透明聚苯乙烯板材等压塑成型。此外还有某些热塑性塑料因其熔点和黏度都很高（如超高分子量聚乙烯、聚酰亚胺、聚苯醚等），用一般注塑方法难以成型时，不得不选用压塑成型。为此压模必须具有加热和冷却的双重功能。此种装置设计的最佳方案，是在压模（或模板）上钻孔构成加热与冷却回路，以适应高压蒸汽加热和水冷的周期性循环系统。蒸汽加热传热效率高、温度易控制，加热与冷却可用同一管路系统。但系统的压力高，在 $150 \sim 200℃$ 时蒸汽压力为 $0.5 \sim 1.2MPa$，这就意味着对管路系统的密封性要求很高。另外，蒸汽积聚的冷凝水还影响传热效果，积水处温度偏低。当采用过热水加热时，调温与控制较容易，也无冷凝的相变过程发生，无温度不均现象，但系统压力仍很高。

　　压塑热塑性板材时常采用大型的蒸汽加热板，图 3-12 所示为蒸汽加热板内蒸汽通道开设情况：图 3-12 (a) 为平行排列，图 3-12 (b) 为混合排列，图 3-12 (c) 为顺序排列。当模板只需加热而不需冷却时可采用平行排列，加热板的制造简单；采用顺序排列可提高通冷却水时的流速，使冷却水达到湍流，以提高传热效率；混合排列则介于两者之间。

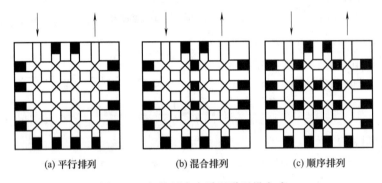

　　(a) 平行排列　　　　　　(b) 混合排列　　　　　　(c) 顺序排列

图 3-12　加热板内介质通道开设方式

　　用于"热挤冷压"的压模，或在模腔周围加工通道构成蒸汽加热与冷却系统的方法和注射模的冷却系统完全相同。图 3-13 所示为凹模蒸汽加热与水冷通道设计。

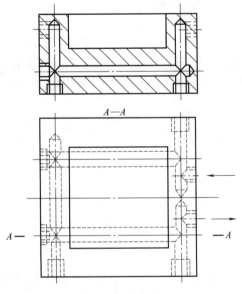

图 3-13　凹模蒸汽加热与水冷通道设计

对于高熔点塑料，当压塑温度超过 300℃时，使用蒸汽或过热水加热都会产生很大困难，此时加热应改为电加热，而冷却介质仍以水为好。

值得一提的是，采用油加热虽可达到较高温度，但易产生渗漏、污染环境，甚至发生伤人与爆炸事故，故不宜使用。

3.5　压缩模具设计典型实例

3.5.1　手动半溢式压缩模

如图 3-14 所示为手动半溢式压缩模。模具由装在压力机上的上、下工作台上的加热板加热。型芯由小型芯 5 和下凸模 6 采用镶拼组合式构成。配合热固性塑料成型的排气需要，凹模 4 的上表面开设了 4 个排气槽。模具为双分型面，用卸模架分型后取出塑件。

工作时模具打开，加料，合模，将模具放入压力机中，压制成型后，将模具从压力机中取出，用卸模架使上、下凸模固定板分型，然后从凹模 4 中取出塑件。

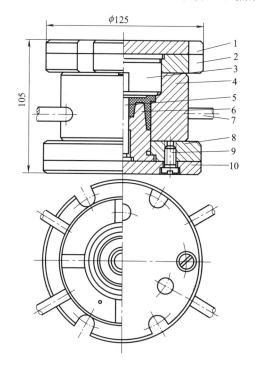
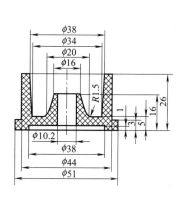

图 3-14　手动式半溢式压缩模

1—上模座板；2—凸模固定板；3—上凸模；4—凹模；5—小型芯；6—下凸模；
7—手柄；8—下凸模固定板；9—内六角螺钉；10—下模座板

3.5.2　移动半溢式压缩模

如图 3-15 所示为移动半溢式压缩模。模具由装在压力机工作台上的加热板加热。用于模塑成型 1 模 6 腔，加料室共用。上下凸模分别固定在型芯固定板 2、8 上，模套 4 固装于垫板 3 上。模具与通用模架配合使用，凹模可从模架内拖出，装卸方便，生产效率高。

合模前将上模部分移开，加料、合模，将模具放入压力机中。压制结束后，将上、下卸模架和模具装在一起，由压力机施压，模具沿型芯固定板2的上平面和型芯固定板8的下平面分型，取出塑件。

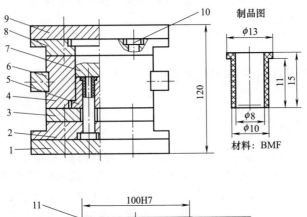

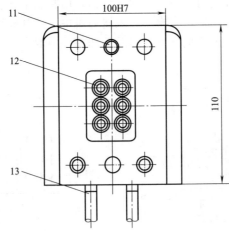

图 3-15 移动半溢式压缩模

1—下垫板；2,8—型芯固定板；3—垫板；4—模套；5—凹模；6—中导轨；
7—上凸模；9—上垫板；10—上导柱；11—下导柱；12—型芯；13—手柄

3.5.3 固定半溢式压缩模

如图 3-16 所示为固定半溢式压缩模。塑件侧面有通孔，用双弯销侧抽芯。模具由加热棒加热。

当塑件固化成型后，上下模分型，压力机推出油缸驱动推板7，与推板相连接的弯销4上升完成侧抽芯动作，推杆10随即与活动镶件（型芯）9接触，将该镶件连同塑件一起推出。下次模塑成型前，由于压力机推出油缸将推板7推回，使下模复位，弯销使侧型芯复位，在凹模中插入型芯9，便可加料，进行下一循环。

3.5.4 移动不溢式压缩模

如图 3-17 所示为移动不溢式压缩模。模具由装在压力机工作台上的加热板来加热。

合模前，将上模4移开，使金属嵌件套在定位螺栓3上，并放入下模5中，为防止金属嵌件压制时向上浮动，用螺母6将定位螺栓3和下模5紧固。将瓣模2放入模套1内，由下模定位，两瓣模由定位销7保证其对合精度。加料、合模，把模具放入压力机中。压制结束后，人工旋下螺母，在卸模架上使上下模分型，再用撬棒打开瓣模取出塑件。

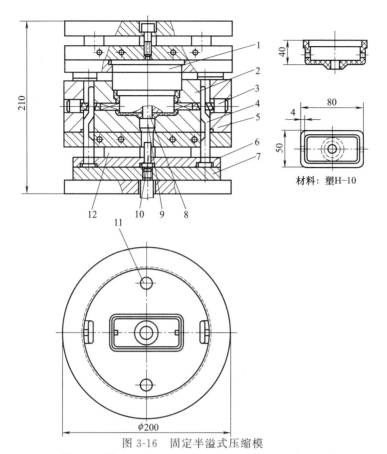

材料：塑H-10

图 3-16　固定半溢式压缩模

1—凸模；2—凹模；3—侧型芯；4—弯销；5—模套；6—弯销固定板；
7—推板；8—型芯；9—活动镶件型芯；10—推杆；11—回程杆；12—垫块

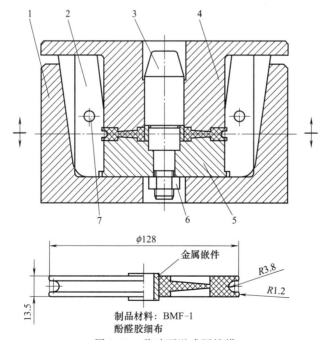

金属嵌件

制品材料：BMF-1
酚醛胶细布

图 3-17　移动不溢式压缩模

1—模套；2—瓣模；3—定位螺栓；4—上模；5—下模；6—螺母；7—定位销

3.5.5 固定不溢式压缩模

如图 3-18 所示为固定不溢式压缩模。侧向分型抽芯由斜滑块抽芯机构完成。

斜滑块 4 安放在带有导轨的模框 7 中，当推杆推起斜滑块时，斜滑块 4 即开始分离，完成抽芯动作。为了防止斜滑块滑出模框，在斜滑块上开有一长槽，并在模框 7 上加有定位螺钉 5 以限制斜滑块的滑动距离。

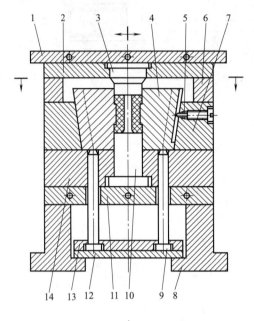

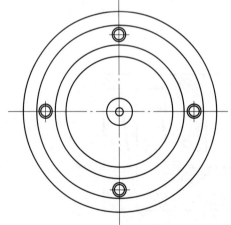

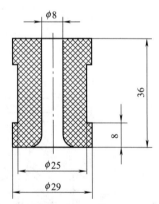

制品材料：BMF-1酚醛

图 3-18　固定不溢式压缩模

1—上模板；2—凸模固定板；3—上凸模；4—斜滑块；5—定位螺钉；6—承压板；7—模框；
8—模脚；9—推杆；10—下凸模；11—支承板；12—推板；13—推杆固定板；14—凸模固定板

第4章

传递模具设计

4.1 概述

传递模具又称压注成型模具或挤胶模具，也是热固性塑料或封装电气元件等用的一种模具。它吸取了压缩成型和注射成型的特点，类似热塑性塑料的注射成型，只是塑料受热熔融的场所不同而已。传递成型是热固性塑料在模具的料腔内受热熔化，注射成型是热塑性塑料在注射机的料筒内受热塑化。而传递成型与压缩成型也有所不同，传递成型的传递模具有单独的加料腔，而压缩模具的加料室或是型腔，或是型腔的延伸。

4.1.1 传递成型的原理和特点

（1）传递成型的原理

如图 4-1 所示，将定量的压塑粉或预压料片加入到模具上部的外加料腔 2 内 ［图 4-1 (a)］；在被加热的外加料腔内，塑料树脂受热变成熔融状态，在柱塞 1 的压力作用下，熔融料经浇注系统快速充满凹模 4 的型腔，在热、力作用下发生交联反应并固化成型 ［图 4-1 (b)］；最后开模取出塑件 ［图 4-1 (c)］。

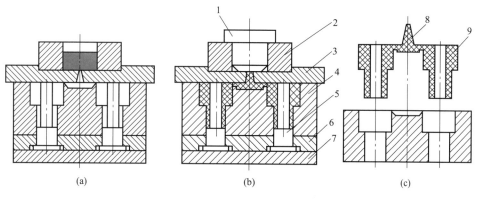

图 4-1　传递成型原理

1—柱塞；2—加料腔；3—上模座；4—凹模；5—凸模；6—凸模固定板；
7—下模座；8—浇注系统凝料；9—压注成型制品

（2）传递成型的特点

介于压缩和注射两种成型工艺之间的传递成型，具有下列优点。

① 外加料腔和型腔分开，外加料腔使加入的物料受热熔融，而熔融状态的物料在压力作用下进入型腔中，在高压高温中，完成交联固化反应而成型。由于物料受热均匀，交联固

化充分，成型制品强度高，力学电学性能好。

② 传递成型适合成型形状复杂，尺寸精度高，密度要求均匀，带有细小金属嵌件或深孔、小孔的塑件。

③ 传递成型时间短、效率高，成型后的塑件无溢料飞边，修饰容易。

④ 模具磨损小，使用寿命长。

传递成型的缺点和要求如下。

① 因塑料中的填料在压力状态下定向流动，致使收缩率具有方向性，影响塑件的精度。

② 残留在料腔中的余料及浇注系统的用料使原料的消耗量增加。

③ 由于流道将造成部分压力损耗，因此同样塑件，用传递模成型时所需成型压力比用压缩模的要大，且对塑料的流动性要求较高。

④ 模具既有外加料腔，又有型腔，模具结构比压缩模复杂，加工制造模具的费用较高。

4.1.2 传递成型的工艺过程和工艺条件

（1）传递成型的工艺过程

传递成型的工艺过程如图 4-2 所示。成型前的准备工作及其内容和压缩成型相似，如材料的干燥、预压、嵌件的预热和安放等工序。但所加料的计量有所不同，每次所加的料，除保证塑件及浇注系统所需的量外，还要适当多留点余料在加料室中，以保证压力的传递。预热、预压过的塑料，要尽快加入传递模的料腔中继续加热，并在 15～45s 之内将物料加热成熔融状态，然后在压力机压力作用下，压注柱塞将熔融料经浇注系统压进闭合的模腔中（在 5～50s 之内），这才完成了物料的充模过程。进入模腔的熔融体在热、力作用下交联固化（约 30～180s），此后的工序就是开模、顶出、取走塑件及清理模具，与压缩成型类似。

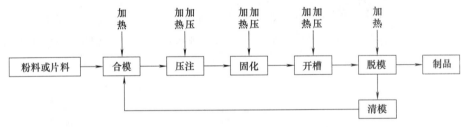

图 4-2 热固性塑料传递成型工艺流程

（2）传递成型的主要工艺参数

和压缩成型一样，传递成型的主要工艺参数也是成型温度、成型压力和成型周期。传递成型工艺参数的选定，与塑料品种、模具结构、塑件重量、形状、结构和几何尺寸等诸多因素有关。

① 成型温度　传递成型的成型温度是指加料室内塑料的温度和模具型腔的温度，料温适当地低于其交联温度 10～20℃，可以保证物料具有良好的流动性。相同塑料传递成型时，其模具温度与压缩成型相近，也可适当地稍低一些。

② 成型压力　成型压力是指柱塞对加料室内塑料熔体施加的压力。由于传递成型时熔体经过浇注系统进入并充满型腔，必然会有压力损失，因此，传递成型的成型压力比压缩成型的成型压力要高很多，为压缩成型时的 2～3 倍，见表 4-1 所列热固性塑料传递成型所需单位压力。

③ 成型周期　传递成型周期包含加料、压注、交联固化、开模、脱模取出制品、清理模具的所有时间。要提高工作效率，必须提高操作者的熟练程度，在满足压注合格塑件的要求的前提下，缩短成型工艺过程中某些工序的时间。一般情况下，传递成型的压注（充模）

时间为 5～50s，交联固化时间视塑料品种、塑件几何尺寸大小、形状、壁厚、预热条件和模具结构等因素确定，可在 30～108s 范围内选取。表 4-2 列出了部分热固性塑料传递成型的主要工艺参数。

表 4-1　热固性塑料传递成型所需单位压力

塑料名称		压力/MPa
酚醛塑料	木粉填充	60～70
	玻璃纤维填充	80～100
	布屑填充	70～80
三聚氰胺	矿物填充	70～80
	石棉纤维填充	80～100
环氧树脂		40～100
聚硅氧烷		40～100
氨基树脂		约 70
DAP		50～80

表 4-2　部分热固性塑料传递成型的主要工艺参数

塑料	填料	成型温度/℃	成型压力/MPa	压缩率	成型收缩率/%
环氧双酚 A 模塑料	玻璃纤维	138～193	7～34	3.0～7.0	0.001～0.008
	矿物填料	121～193	0.7～21	2.0～3.0	0.001～0.002
环氧酚醛模塑料	玻璃纤维	121～193	1.7～21		0.004～0.008
	矿物和玻璃纤维	190～196	2～17.2	1.5～2.5	0.003～0.006
	玻璃纤维	143～165	17～34	6～7	0.0002
三聚氰胺	纤维素	149	55～138	2.1～3.1	0.005～0.15
酚醛	织物和回收料	149～182	13.8～138	1.0～1.5	0.003～0.009
聚酯(BMC,TMC)	玻璃纤维	138～160			0.004～0.005
聚酯(SMC,TMC)	导电护套料	138～160	3.4～1.4	1.0	0.0002～0.001
聚酯(BMC)	导电护套料	138～160			0.0005～0.004
醇酸树脂	矿物质	160～182	13.8～138	1.8～2.5	0.003～0.01
聚酰亚胺	50%玻璃纤维	199	20.7～60		0.002
脲醛塑料	α-纤维素	132～182	13.8～138	2.2～3.0	0.006～0.014

4.1.3　熔体充模流动特性

由于热固性塑料充模时模壁温度高于流体温度，而热塑性塑料充模时模壁温度低于流体温度，因此，两者的流动行为是不相同的。

① 热固性塑料在模内流动时与高温模壁接触处黏度迅速降低，靠壁处的黏度可能反低于中心层的黏度，物料与模壁间的相对速度很大，因此除紧接模壁极薄的一层流速较低外，整个断面流速接近相等，形成所谓的"活塞流"。

② 热固性塑料不存在冻结层，且靠壁处速度梯度很大，故高速料流的强大动能对流道和型腔磨损严重。特别是绝大多数的热固性塑料都含有各种填充料，除木粉等较软的填料外，还常常含有硬质矿物性填料，这些高硬质点更容易磨损模壁，因此热固性塑料浇注系统部分应采用特殊的耐磨材料制造，特别是在浇口等狭窄部位要求更高。

③ 热固性塑料虽然和热塑性塑料一样是热的不良导体，但热塑性塑料流动时形成的冻结层有绝热作用，而热固性塑料无绝热层，模壁附近有很大的速度梯度且呈湍流，使模具对物料有很大的给热系数，料温得到迅速提高。图 4-3 所示为在直径 10mm 的管内测得的塑料流速与温度上升的关系，当流速较高时，只经过很短的时间物料即迅速达到模具温度。流速很高时物料还有不可忽略的摩擦热，使料温明显上升。

④ 模具温度应保持适当，如模温偏低则固化周期增长，甚至固化不完全，造成制品性

能下降，翘曲变形，或由于料温过低，黏度大而不能顺利充模。相反，当模具温度过高时会使表层物料温度迅速越过黏度最低点使塑料提前固化（如图 4-4 所示），则制品可能缺料、表面发暗、出现流纹、粘模和严重溢边。

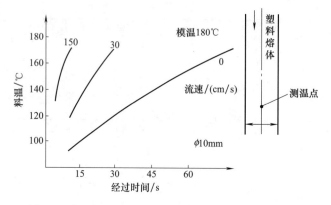

图 4-3　直径 10mm 的管内塑料流速与升温速度的关系

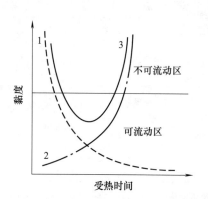

图 4-4　热固性塑料的黏度与加热时间的关系

1—温度升高使黏度下降；2—化学反应使温度升高；3—物料黏度的总变化

⑤ 热固性塑料在固化时由于交联而生成三相空间网状结构，因此不存在大分子取向和结晶的影响，熔体破碎等现象也很少见。但是采用纤维状填料的热固性塑料却存在着纤维取向作用，以致造成制品力学性能不均、各向收缩率不等的弊端。

4.2　传递模的类型与结构

4.2.1　传递模的类型

传递模按固定方式可分为移动式和固定式；按型腔数目可分为单腔模和多腔模；按分型面特征可分为一个或两个水平分型面传递模和带垂直分型面的传递模；按照所用压力机类型可分为普通压力机用传递模和专用压力机用传递模。传递模不同于其他模具的地方是其具有外加料室，因此按加料室结构特征分类有以下几种：

（1）罐式传递模具

罐式传递模具又名组合式、三板式传递模具。在加料室下方由主流道通向型腔，在罐式多型腔模中，由主流道再经分流道浇口通向型腔。罐式传递模具可分为以下几种。

① 移动式　如图 4-5 所示为移动式罐式传递模具，是目前使用最为广泛的一种传递模具，它对设备无特殊要求，可在普通压力机上进行模塑成型。其加料室与模具本体是可分离的，开模前先取下加料室，再开模取出塑件，并分别进行清理。可用尖劈（撬扳）手工卸模，也可用卸模架开模取件。模塑成型压力通

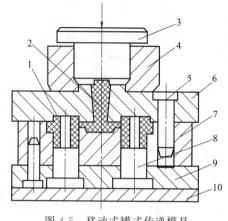

图 4-5　移动式罐式传递模具

1—塑件；2—主流道；3—压料柱塞；4—加料室；
5—导柱；6—上模板；7—型腔板；8—型芯；
9—下模板；10—垫板

过压料柱塞作用在物料上,再传递至加料室底部,将模具紧紧锁闭,通过熔料将压力传递到整个模腔内,成为成型压力。因此,由压力机施于压料柱的力,既是成型力又是锁模力。

② 固定式 如图 4-6 所示为固定式罐式传递模具,也称组合式或三板式传递模具。加料室、主流道和构成模腔的上模在一块浮动模板 16 上,该浮动模板与下模闭合构成分流道和模腔,开模时浮动板悬挂在压料柱塞和下模之间。这种传递模既可安装在普通压力机上,也可如图 4-7 所示安装在下压式压力机上进行模塑成型。

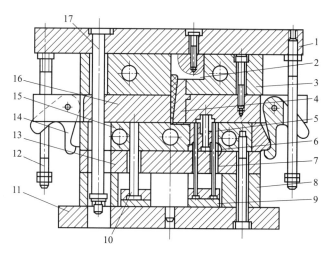

图 4-6 固定式罐式传递模具

1—上模板;2—压料塞;3—加料室;4—浇口套;5—型芯;6—型腔;
7—推杆;8—支块;9—推板;10—复位杆;11—下模板;12—拉杆;
13—垫板;14—拉钩;15—型腔固定板;16—浮动模板;17—定距拉杆

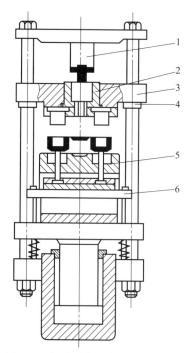

图 4-7 在下压式压力机上安装模具

1—压料柱;2—加料室;3—浮动板;
4—限制块;5—型腔;6—推板

③ 活板式 如图 4-8 所示为活板式罐式传递模具。该模具结构简单,在加料室和凹模之间用一活板隔开,形成完整的模腔,流道和浇口设在活板边缘。该模具适用于在普通压力机上生产中小型塑件,尤其适用于嵌件两端都伸出表面及用活板上的孔固定的塑件,塑件连同活板一起推出模外,经清理干净后再放入供下次使用。

④ 楔形式 如图 4-9 所示为楔形式罐式传递模具,加料室与模腔同时设计在两个相互拼合的楔形块上,再将两楔形块装入锥形模套内锁紧,通常为成型需要有侧向分型的塑件所采用的一种传递模具。

(2) 柱塞式传递模

柱塞式传递模一般为固定式,没有主流道,主流道和加料室合为一体,由压料柱塞将物料挤压到分流道,因此可降低总模塑压力,节约原料。由于加料室起不到加热物料的作用,因此物料放入加料室以前最好先作预热处理。

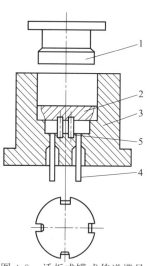

图 4-8 活板式罐式传递模具

1—压料柱;2—活板;3—凹模;
4—推杆;5—嵌件

图 4-10 所示为上柱塞式传递模，柱塞式传递模的加料室和柱塞在上方，代替了主流道，位于主分型面之上，因此压力机的辅缸安置在上方，从上向下进行压料，主缸安置在压力机的下方，从下向上合模并锁紧模具。

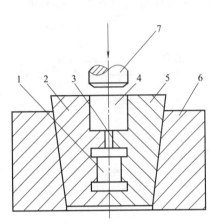

图 4-9　楔形式罐式传递模具

1—模腔；2—左楔形块；3—主流道；4—加料室；
5—右楔形块；6—模套；7—压料柱

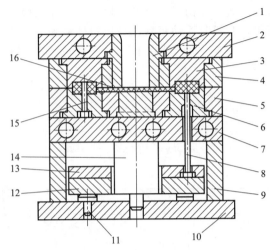

图 4-10　上柱塞式传递模

1—加料腔；2—上模座板；3—上凹模；4—上模板；5—下模板；
6—下凹模；7—支承板；8—推杆；9—垫块；10—下模座板；11—挡钉；
12—推板；13—推杆固定板；14—支承柱；15—型芯；16—塑件

下柱塞式传递模如图 4-11 所示，加料室嵌入下模内，处于分型面之下，须先加料后闭模，专用压力机主缸设置在上方，自上而下完成闭模动作，辅缸在压力机的下方，自下而上压料并推出塑件。

为了缩短成型周期，可在加料室的腔底安置温度达 $200\sim250℃$ 的加热器，如图 4-12 所示。塑料与热圆锥头接触后立即熔融，柱塞迅速地将物料挤入温度为 $160\sim170℃$ 的型腔，由于塑料停留时间短暂，因此不会在加料室中产生过热现象。这种结构能有效地提高生产率，传递压强可减少为一般情况时的 60% 左右，塑件密度提高。设计时，对于高温的分流锥应进行绝热，图中序号 4 为绝热用的空气间隙。

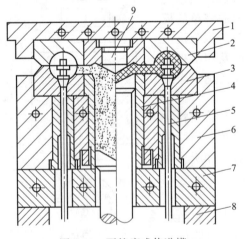

图 4-11　下柱塞式传递模

1—上模板；2—上凹模；3—下凹模；4—加料室；
5—推杆；6—下模板；7—加热器板；8—垫块；9—分流锥

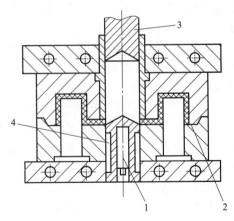

图 4-12　补充加热的传递模

1—加热器；2—塑件；3—柱塞；4—空气绝热间隙

（3）螺杆预塑式传递模

螺杆预塑式传递模如图 4-13 所示，加料室位于模具主体的下模部分，且与螺杆预塑机料筒相通，从而构成经预塑化的、周期性自动加料系统。此种传递模具生产效率高，塑件质量好。

4.2.2　传递模的结构组成

（1）传递成型实施方法

传递模结构取决于传递成型实施方法，传递成型实施方法又取决于所使用的成型设备。归纳起来，传递成型有以下 3 种实施方法。

① 在普通压力机上进行传递　这种压力机只装备有一个工作液压缸，起锁紧模具和对塑料施加传递压力的双重作用。与此种传递方法相适应的传递模称为罐式传递模，或称料槽式传递模。

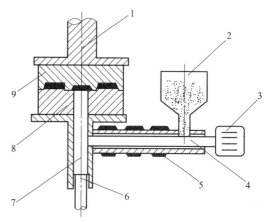

图 4-13　螺杆预塑式传递模
1—锁模液压缸；2—料斗；3—电动机；
4—预塑螺杆；5—电热圈；6—压料柱塞；
7—加料室；8—下模；9—上模

② 在专用压力机上进行传递　所说的专用压力机，是具有两个液压油缸的双压式液压机，压注速度很快并可进行调节。该机的主油缸负责合模，辅助油缸负责注压成型，辅助油缸的总压力是主油缸的总压力的 1/4～1/5，为的是防止因合模力不足而引起溢料。与这种传递方法相匹配的模具，称为柱塞式传递模。

③ 用往复螺杆挤塑机进行传递　此种传递方法所使用的挤塑机，通常为卧式螺杆预塑挤出机。当预塑化塑料量达到要求时，进入加料室的通道打开，熔料被螺杆推入加料室，由压料柱压入模腔。与此种传递方法相适应的模具，称为螺杆预塑式传递模。

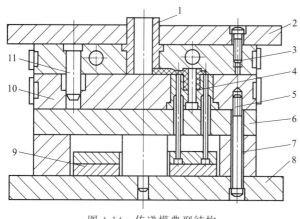

图 4-14　传递模典型结构
1—加料室；2—上模板；3—上凹模板；4—型腔；5—推杆；6—垫板；
7—支块；8—下模板；9—推杆；10—型腔固定板；11—导柱

（2）传递模结构组成

传递模的典型结构如图 4-14 所示，按其整体功能可由以下几部分组成。

① 模腔　用于直接成型塑件，主要由凹模、凸模、型芯等组成。

② 加料室　用于盛装物料。固定式传递模加料室通常与上模连接在一起；移动式传递模加料室和模具本身是可分离的。

③ 压料柱　将压力机的压力传递给加料室，具有传递压力和防止加料室溢料的双重作用。

④ 浇注系统　多型腔传递模的浇注系统与注射模相似，由主流道、分流道和浇口组成。单型腔传递模一般只有主流道。传递模与注射模不同的是加料室底部也可开设几个流道同时进入模腔。

⑤ 导向机构　一般由导柱和导向孔组成。在柱塞和加料室之间，在型腔分型面之间，都应设有导向机构。

⑥ 抽芯机构　传递模的侧向分型抽芯机构与压缩模和注射模基本相同。有侧孔或侧凹的塑件，必须设有侧向抽芯机构。

⑦ 脱模机构　在注射模中广泛使用的推杆、推管、推板等塑件脱模机构同样适用于传

递模具。浇注系统的拉出机构、顺序分型等机构，也可看成脱模机构的一种特殊形式或附件，也同样适用。

⑧ 加热系统　与压缩模极其相似，传递模通常用电热棒或电热圈加热。固定式传递模可分为柱塞，加料室和上、下模三部分，应分别对这三部分加热。移动式传递模是利用装于压力机上的上、下加热板加热的，即压注前将上模、下模和加料室都放在加热板上加热。

4.3　传递模结构设计

传递模结构设计可以参考注射模、压缩模的结构设计，因为在型腔的总体设计、分型面位置确定、导向机构、推出机构、加热系统等方面都有相似之处。下面主要讨论传递模较为特殊的加料室、柱塞、浇注系统及排气槽等内容。

4.3.1　加料室设计

加料室是传递模的重要组成部分，其作用是对放入其内部的热固性塑料进行预热、加压，使之熔化成为流体。加料室在工作时承受有不小于 $2500N/cm^2$ 的压力，故必须要有足够的强度。加料室应布置在传递模的中心线上，其中心应与模腔在分型面上投影面积的重心重合。

（1）加料室的结构

传递模加料室的断面形状应根据塑件的断面形状决定，为了加工方便，常取圆形和矩形。加料室结构的常用形式见表 4-3。

表 4-3　加料室结构的常见形式

类型	简　图	特　点　说　明
移动式加料室	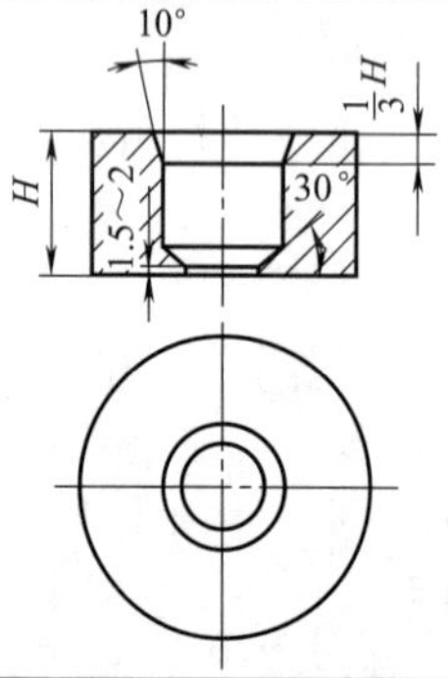	为最常用的结构形式,其底部有 30°斜角的台阶,便于压力作用在环形台阶的投影面上,使加料室紧贴模具顶部,不致于漏料。因而加料室底面与模具顶面须磨削平整,同时其接触面不宜有螺孔等之类的孔隙存在,以免清理困难
	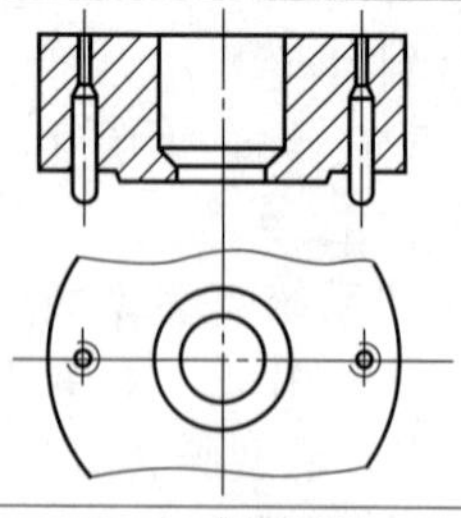	当加料室须与上模板精确定位时,可增设导柱定位,且导柱应置于压紧密合平面之外
	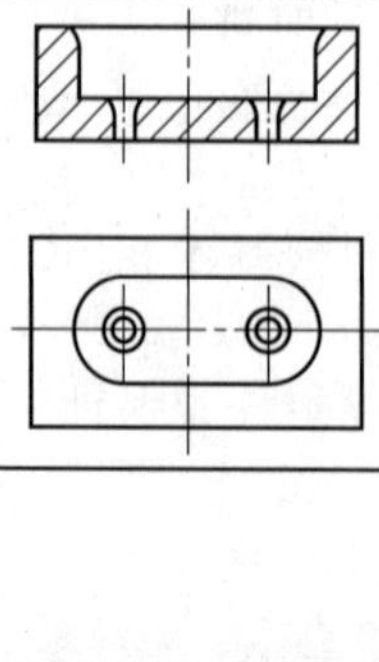	当需要有两个或两个以上的注入口时,加料室断面可为长圆形或带圆角的矩形

类型	简　图	特 点 说 明
移动式加料室	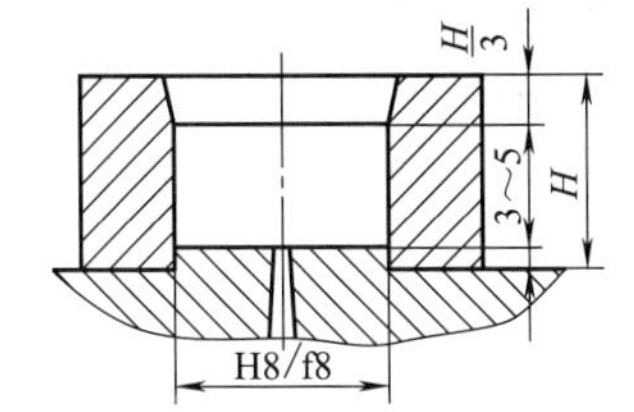	在模具顶面加工一凸台,使之与加料室底孔呈动配合,既可防止溢料,又可精确定位
	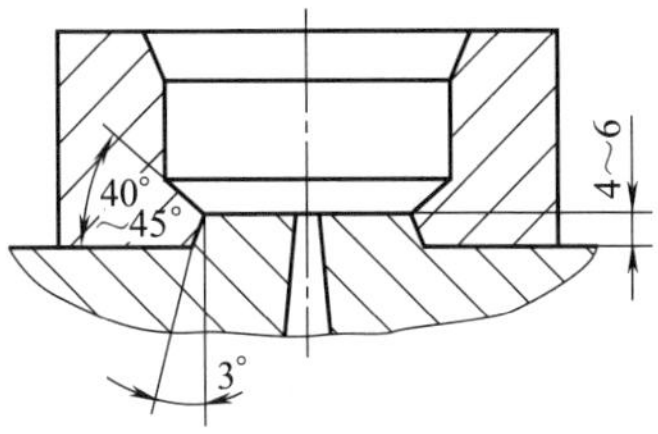	底部有 40°~45°倾斜台阶,施压时有足够压紧力,同时其圆锥形配合面,既可定位,又可进一步减少溢料
固定式加料室	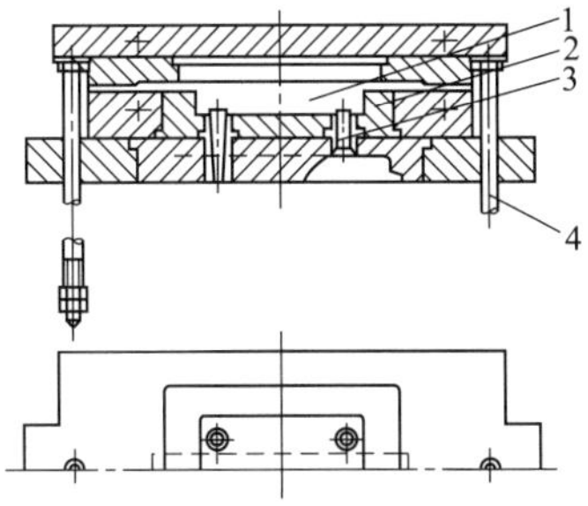 1—压料柱塞;2—加料室; 3—流道衬套;4—定距拉杆	加料室与上模的装配关系如图例所示,加料室用轴肩连接,固定在浮动模板顶面上。柱塞与料腔之间通过拉杆连接,加料室底部有一个或若干个流道通往型腔(图中模具为矩形加料室,有 4 个流道)
柱塞式加料室	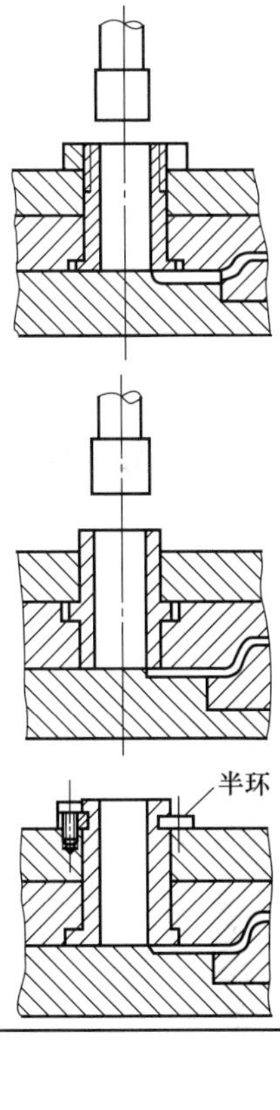	专用压力机设有锁模液压缸,无须由加料室锁紧模具,故其加料室断面尺寸较小,而高度较大。熔料由加料室直接进入分流道,并注入模腔。加料室的固定方式,分别采用螺母锁紧、轴肩连接,或用两个半环卡住固定

（2）加料室尺寸计算

① 加料室截面面积计算　要从传热和合模力两方面考虑，计算加料室截面面积，加料量的大小决定着加料室传热面积。实践经验证明，每克未经预热的热固性塑料需要大约 $1.4cm^2$ 的传热面积。加料室的传热面积通常为截面积的两倍再加上室内装料部分的侧壁面积，由于传递模加料室的装料高度都不太大，可将侧壁面积忽略不计，因此，传热时的加料室截面积为

$$A_{传} \approx 0.5A_{物} = 0.5 \times 1.4M_{量} = 0.7M_{量} \tag{4-1}$$

式中　$A_{传}$——传热加料室截面积，cm^2；

　　　$A_{物}$——物料受热面积，cm^2；

　　　$M_{量}$——每次传递成型的加料量，g。

从合模力方面考虑，那么加料室截面积与传递模的类型有关。

a. 对于普通压力机所用传递模的加料室投影面积计算：

$$A_{普} = (1.10 \sim 1.25)S \tag{4-2}$$

式中　$A_{普}$——普通压力机所用传递模的加料室投影面积，cm^2；

　　　S——模内全部塑料包括模腔、浇注系统及飞边等投影面积之和，cm^2。

b. 对于专用液压机所用传递模的加料室投影面积计算：

$$A_{专} = F/P \tag{4-3}$$

式中　$A_{专}$——专用液压机所用传递模的加料室投影面积，cm^2；

　　　F——辅助油缸总压力，N；

　　　P——传递成型时需用的成型压力，MPa。

c. 对于侧向分型传递模的加料室投影面积计算：

$$A_{侧} = 2S\tan(\theta - \varphi) \tag{4-4}$$

式中　$A_{侧}$——侧向分型传递模的加料室投影面积，cm^2；

　　　S——模内全部塑料包括模腔、浇注系统及飞边等投影面积之和，cm^2；

　　　θ——瓣合模块与模套的楔角不小于 $8.5°$，推荐使用 $12°$ 以上；

　　　φ——楔形块摩擦角，一般取 $8°$。

加料室水平投影面积确定后，应对加料室单位面积传递压力按下式进行校核：

$$q = \frac{100P}{A} \tag{4-5}$$

式中　q——加料室内实际单位面积传递压力（MPa），应等于或大于表 4-4 所列数值；

　　　P——所选压力机吨位，kN；

　　　A——加料室截面积，cm^2。

表 4-4　热固性塑料传递成型所需单位挤压力

塑料名称	填料	所需单位挤压力 q/MPa
酚醛塑料	木粉	$60 \sim 70$
	玻璃纤维	$80 \sim 100$
	布屑	$70 \sim 80$
三聚氰胺	矿物	$70 \sim 80$
	石棉纤维	$80 \sim 100$
环氧树脂		$4 \sim 100$
硅酮树脂		$4 \sim 100$
氨基塑料		≈ 70

② 加料室的容积计算：

$$V = \frac{mR}{\rho} \tag{4-6}$$

式中　V——加料室的容积，cm^3；

　　　m——每次压注成型所需的总加料量，g；

　　　R——压缩率；

　　　ρ——成型物料加料前的密度，g/cm^3。

表 4-5 是加料室外形尺寸与加料室容积及其水平投影面积之间的关系经验数据。

表 4-5　　加料室外形尺寸

图样	加料室容积 /cm³	加料室水平投影面积 /cm²	加料室各尺寸/cm						
			D	d	d_1	d_2	d_3	H	h
	20.6	7.0	105	30	24	70	6	30	10
	27.5	9.6	105	35	28	70	6	30	10
	43.6	12.6	105	40	32	70	6	35	10
	77.3	19.6	105	50	40	70	6	40	10
	109	28.3	125	60	50	90	8	40	10
	170.7	38.5	125	70	60	90	8	45	15
	223	50.2	140	80	70	100	8	45	15

③ 加料室高度 H 的计算：

$$H=\frac{V}{A_{侧}+h} \tag{4-7}$$

式中　V——加料室的容积，cm^3；

　　　$A_{侧}$——加料室截面积，cm^2；

　　　h——加料室中未装料的导向高度，可取 $8\sim15mm$。

4.3.2　压料柱塞设计

压料柱塞的作用是将加料室内的熔融塑料压入浇注系统并注入型腔。压料柱塞与加料室内壁的配合选用 H9/f9，但对于玻纤或石棉填料，这样的配合间隙偏小，最好使单边间隙保持在 $0.05\sim0.10mm$ 范围内。柱塞为对塑料加压的工具，受有较大的压力负荷，因此，柱塞应淬硬，硬度不低于 50HRC。大量生产时，柱塞表面应镀铬（镀层不小于 $10\mu m$）。

（1）罐式传递模的柱塞

移动式传递模的柱塞为简单的圆柱，如图 4-15（a）、（b）所示。柱塞与加料室的配合关系如图 4-16 所示。压料结束时，柱塞底部不应与模板和料腔的斜台阶面相碰，而是留约 0.5mm 的间隙。

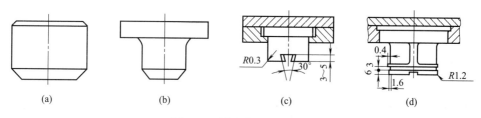

图 4-15　罐式传递模用柱塞

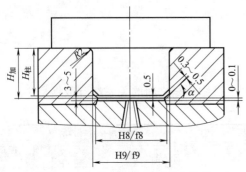

图 4-16 加料室与柱塞的配合关系

固定式传递模的柱塞一般嵌入板内固定。为了将主流道的废料拉出，柱塞的端面特开设了 30°倒锥形的拉料槽，如图 4-15（c）所示，拉料槽窄口面积应大于主流道被拉断面积之和。图 4-15（d）所示的柱塞开设了环形槽，压料时塑料溢满环形槽固化而形成活塞环，可有效地防止塑料溢出。

图 4-17 所示为柱塞头部开有楔形沟槽的结构，其作用是拉出主流道废料，详细尺寸如图所示，其深度为 3.2～5mm，宽度大于主流道小端直径的 1.5 倍，同时有 4°的锥角。图 4-17（a）用于直径较小的柱塞，图 4-17（b）用于直径大于 75mm 的柱塞，图 4-17（c）的形式用的不多，只有当传递模有上顶出板时才适用，图 4-17（d）为同时拉出几个主流道废料的柱塞。

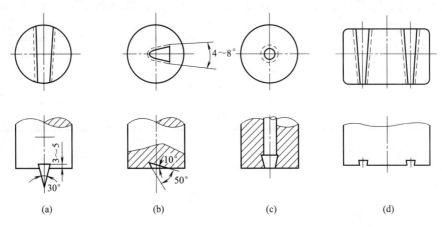

图 4-17 柱塞拉料槽的几种形式

（2）柱塞式传递模的柱塞

柱塞式传递模的柱塞结构如图 4-18（a）所示，柱塞头部的边缘需倒 $R0.3$mm 的圆角以提高该处的强度，图 4-18（b）所示的柱塞头部做成球形凹面起集流的作用，减少料向侧面的流动。柱塞尾端设为螺杆，与压力机辅缸活塞杆的螺纹孔相连接。

用于移动式传递模的加料室、柱塞及定位凸台，推荐的尺寸规格见表 4-6～表 4-8。

4.3.3 浇注系统设计

传递模的浇注系统与注射模在形式上相类似，由主流道、分流道、浇口组成，如图 4-19 所示。但也存在某些区别，注射模主要成型热塑性塑料，要求塑料熔体流

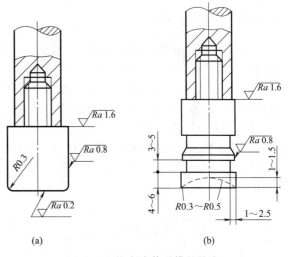

图 4-18 柱塞式传递模的柱塞

经浇注系统时，尽量减少热传递，温度变化小，压力损耗少。而传递模的成型对象是热固性塑料，除要求料流在流道中的压力损失小外，还要求流道对流经的塑料作进一步的塑化和升

温，以使其顺利充满型腔并较快地实现良好固化。

表 4-6　加料室推荐尺寸　　　　　　　　　　　　　　　　　　　　mm

图　样	D	d	d_1	h	H
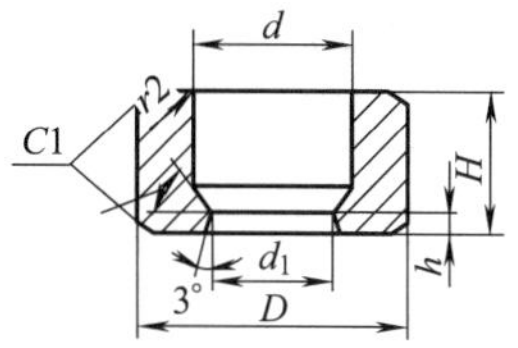	100	$30^{+0.045}_{0}$	$24^{+0.03}_{0}$	$3^{+0.05}_{0}$	30 ± 0.2
		$35^{+0.05}_{0}$	$28^{+0.033}_{0}$		35 ± 0.2
		$40^{+0.05}_{0}$	$32^{+0.039}_{0}$		40 ± 0.2
	120	$50^{+0.06}_{0}$	$42^{+0.039}_{0}$	$4^{+0.05}_{0}$	40 ± 0.2
		$60^{+0.06}_{0}$	$50^{+0.039}_{0}$		40 ± 0.2

表 4-7　柱塞推荐尺寸　　　　　　　　　　　　　　　　　　　　mm

图　样	D	d	d_1	H	h
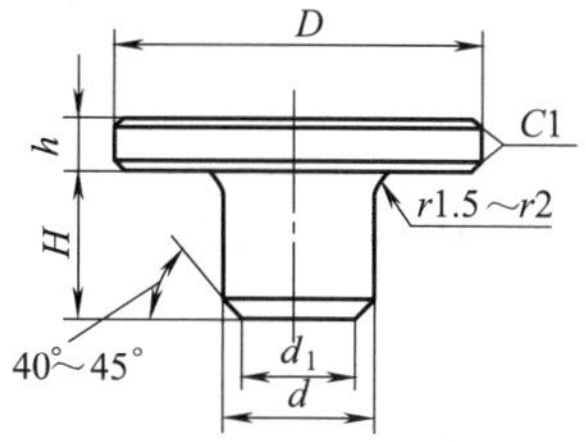	100	$30^{-0.025}_{-0.085}$	$23^{0}_{-0.1}$	26.5 ± 0.1	20
		$35^{-0.032}_{-0.10}$	$27^{0}_{-0.1}$	31.5 ± 0.1	
		$40^{-0.032}_{-0.10}$	$31^{0}_{-0.1}$	36.5 ± 0.1	
	120	$50^{-0.04}_{-0.12}$	$41^{0}_{-0.1}$	35.5 ± 0.1	25
		$60^{-0.04}_{-0.12}$	$49^{0}_{-0.1}$	35.5 ± 0.1	

表 4-8　定位凸台推荐尺寸　　　　　　　　　　　　　　　　　　mm

图　样	d	h
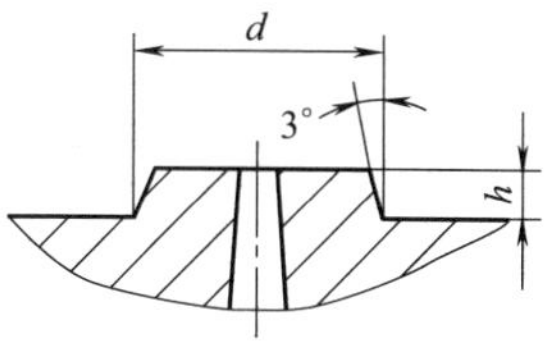	$24.3^{-0.023}_{-0.053}$	$3^{0}_{-0.25}$
	$28.3^{-0.023}_{-0.053}$	
	$32.3^{-0.025}_{-0.064}$	
	$42.4^{-0.025}_{-0.064}$	$4^{0}_{-0.05}$
	$50.4^{-0.025}_{-0.064}$	

设计传递模浇注系统时要有以下要求。

① 浇注系统总长（包括主流道、分流道和进料口）不应超过 60～100mm，流道应平直圆滑，尽量避免曲折（尤其对增强塑料更为重要），以保证塑料尽快充满型腔。

② 主流道尽量分布在模具中心。

③ 分流道截面形状宜取在相等截面积时周长为最长的形状（如梯形），有利于模具加热塑料及增大摩擦热提高料温。

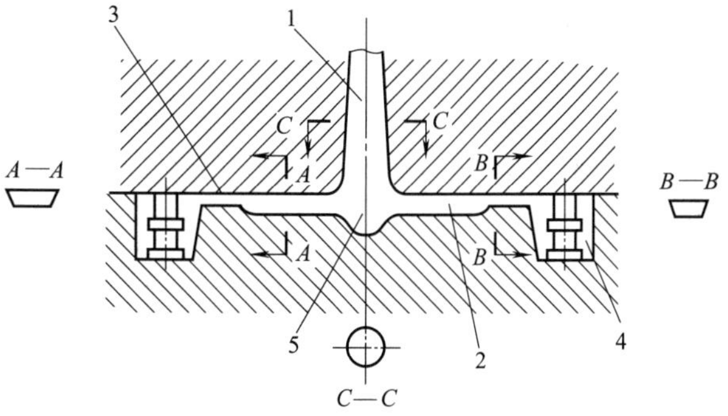

④ 进料口形状及位置应便于取出浇注系统塑料，并无损塑件表面质量，修正方便。

图 4-19　传递模浇注系统

1—主流道；2—分流道；3—进料口；4—型腔；5—反料槽

⑤ 主流道下设反料槽，以利于塑料流动集中。

⑥ 浇注系统中有拼合面者必须防止溢料，以免取出浇注系统塑料困难。

（1）主流道

传递模常用主流道有正圆锥形、倒圆锥形和带分流锥形等，如图 4-20 所示。图 4-20（a）所示为正圆锥（锥度 6°～10°）主流道，应用较广，主要用于多腔模。有时在单型腔模中，设

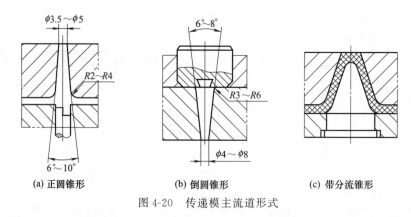

（a）正圆锥形　　　　　　（b）倒圆锥形　　　　　（c）带分流锥形

图 4-20　传递模主流道形式

置为直接浇口形式，用于流动性较差的塑料成型。其末端设计成 Z 形拉料状，用以主流道凝料的脱模。图 4-20（b）为倒圆锥形主流道，既可用于多腔模，又可用于直接连接塑件的单型腔模，还可用于一个塑件有几个浇口的模具。这种结构的主流道，适用于以碎布、长纤维等作为填充物时的塑料成型。开模时主流道及加料室中的残余废料由压注柱塞底部拉钩带出。图 4-20（c）为带分流锥的主流道。分流锥的形状尺寸依据塑件尺寸及型腔而定，常取

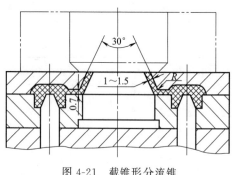

图 4-21　截锥形分流锥

30°锥角，分流锥与流道间隙取 1～1.5mm，其形状尺寸按型腔数量和通过塑料质量而定，流道可以沿分流锥整个圆周分布，也可在分流锥上单独开槽均匀分布在分流锥表面。分流锥的形状有圆锥形和矩形截锥形。型腔按圆周分布时分流锥和主流道均设计为圆锥形，型腔按两排并列时则都设计为矩形截锥形，如图 4-21 所示。分流锥主流道这种形式主要用于大型塑件传递成型。当型腔距模具中心较远时，为缩短浇注系统的长度，减少流动阻力，节约物料，也可采用这种形式的主流道。

　　传递模可设计多个主流道，多主流道的形式既适用于单型腔模具，如图 4-22（a）所示，也适用于多腔模具，如图 4-22（b）所示。

　　当主流道穿越几块模板时，与注射模主流道的设计一样，最好采用浇口套，以避免从模板之间溢料，并便于更换，如图 4-23（a）所示。或是两板连接处用不同的流道直径，直径相差 0.2～0.4mm，如图 4-23（b）所示。

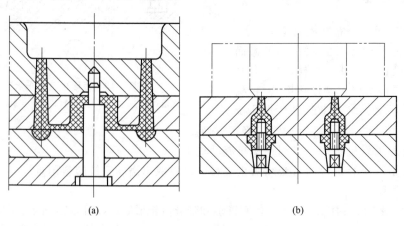

（a）　　　　　　　　　　　　　　（b）

图 4-22　多主流道的传递模

图 4-24 所示是设置反料槽结构的主流道，其作用为有利于塑料集中流动，也有储存冷料的作用，其尺寸大小按塑件大小而定。如图 4-24（a）、（b）所示结构为上挤式模具常用结构；图 4-24（c）、（d）所示为下挤式固定式挤塑模具常用结构。

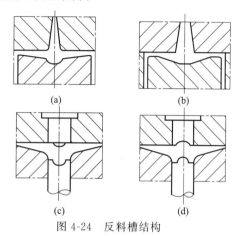

(a)

(b)

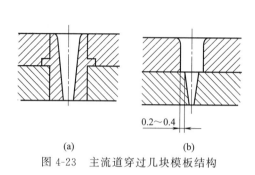

(a)

0.2~0.4

(b)

图 4-23　主流道穿过几块模板结构

(c)

(d)

图 4-24　反料槽结构

（2）分流道

① 断面形状和尺寸　从传热效率考虑，热固性塑料模具流道最好采用比表面积大的矩形断面的流道，流道浅而宽可使塑料受热均匀，但浅与宽的尺寸比例要合适，流道过浅会造成塑料过度地受热而提前固化，反而使塑料流动性降低。为使加工和脱模都比较方便，常采用梯形流道，宽度尺寸比深度尺寸大很多，宽度尺寸 b 为深度 h 的 1.5~2 倍，一般深度尺寸不小于 2mm，小型塑件取 2~4mm，大型塑件取 4~6mm，如图 4-25 所示。分流道断面积一般为浇口断面积的 1.5 倍。也有采用半圆形断面的分流道，其半径可取 3~4mm。分流道的断面积大小及形状还需按塑件体积、壁厚、形状复杂程度具体确定。

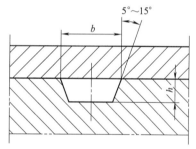

② 分流道长度确定　分流道长度不宜过长，以减少压力损失和节约原料，但增长分流道有改善预热和提高塑化效果的作用，一般分流道的长度为主流道大端直径的 1~2.5 倍。

图 4-25　梯形断面分流道

③ 分流道的布置　与注射模相似，多型腔分流道宜采用平衡式布置，以不采用非平衡布置为好。分流道宜平直，尽量避免转弯，特别是小于 90°的转弯，其布置决定于型腔的个数及其在模具中的位置。分流道的常见布置见表 4-9。

表 4-9　分流道的常见布置

简　图		说　明
等距离分流道	(a)　　　　　(b)	各型腔的投影面积及容积均相等，或大致相等时，采用等长分流道形式，有利于同时充模
不等距分流道	(a)　　　　　(b)	各型腔的投影面积及容积不相等时，采用不等长分流道以调节各腔的充填时间。相等的型腔个数过多时亦采用图(a)所示的分布形式

（3）浇口设计

浇口与型腔直接相连，其位置形状及尺寸大小直接影响熔料的流速及流态，对塑件质量、外观及去除浇口都有直接影响。设计浇口时应根据塑料特性、塑件形状及要求、模具结构和尽量减少塑件去除浇口的工时来选择适当的位置、形式及尺寸。

1）浇口设计要点

① 热固性塑料在模腔内最大流程以 100mm 为限，对于大尺寸塑件应多开设浇口。浇口间距应不超过 120～140mm，否则会产生严重的熔接痕。

② 成型长纤维填料的塑料应注意正确选择浇口开设的位置，如为长条形塑件时，应从端部进料，如果浇口设在长条中点会引起塑件弯曲。

③ 为避免去除流道凝料时损伤塑件表面，对以木粉填充的塑料将浇口与塑件连接处做成圆弧过渡，圆角半径为 $R0.5～1mm$，流道凝料将在细颈处断离，如图 4-26（a）所示。对于碎布、长纤维作填料的塑件，由于流道阻力较大，采取加大浇口尺寸的方法，同时在浇口附近设置一短截凸台，如图 4-26（b）、（c）所示，成型后予以去除。

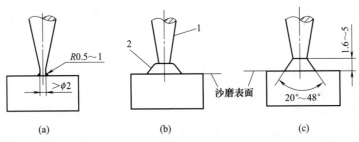

图 4-26　保护塑件浇口处的连接结构
1—流道；2—保护凸台

2）浇口位置确定

传递模浇口布置形式如表 4-10 所示。

表 4-10　浇口布置形式

合理	不合理	说　明
		便于去除浇口
		避免冲击弱小型芯
		带孔类的塑件有利于均匀充模
		如齿轮类塑件应避免损伤齿形

续表

合理	不合理	说　明
补缩作用好 排气性好	补缩作用不良 排气不良	有利于排气及补缩
		薄壁圆管、圆筒形件可沿切线方向进料,有利于充模及避免熔接痕

3）浇口形式

浇口截面的形状也有圆形、半圆形及梯形等形式。圆形浇口加工困难,传热性不良,去除不便,适用于流动性较差的纤维塑料,浇口直径一般不小于 3mm,也用于浇口相当于成型孔的连续部分并与成型孔相连接的场合。半圆形浇口传热性比圆形好,流动阻力大,浇口较厚,但加工方便。梯形浇口传热性及增热性强、加工方便,是最常用的形式。梯形浇口最好位于要留塑件的那一半模具上。

图 4-27 所示为常用浇口的几种形式。图 4-27（a）～（d）为侧浇口,侧浇口既可设在与其大平面相连的侧面,如图 4-27（a）所示,图 4-27（a）为最常用;也可设在该平面的顶面,如图 4-27（b）所示;或设在其凹陷处,如图 4-27（c）所示;或其凸起处,如图 4-27（d）所示。多数传递模塑件均采用矩形截面的浇口,为求得整个截面物料温度均一,采取从分流道到浇口流道截面逐渐减薄的形式。用普通热固性塑料成型中小型

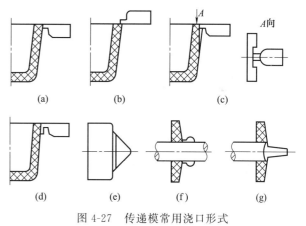

图 4-27　传递模常用浇口形式

塑件时,最小浇口尺寸为深 0.4～1.6mm,宽 1.6～3.2mm;纤维填充塑料采取较大浇口尺寸,深 1.6～6.4mm,宽 3.2～12.7mm,大型塑件浇口可超过该尺寸范围。图 4-27（e）为扇形浇口,当塑件扁平且宽度较大时可采用扇形浇口。扇形浇口是典型的薄片型浇口,可有效地减少塑件翘曲变形。图 4-27（f）、（g）为环形浇口,用于成型带孔的塑件或环状、管状塑件。

4）浇口尺寸

浇口尺寸应按塑料性能,塑件形状、尺寸、壁厚和浇口形式以及流程等因素,凭经验确定。

① 浇口截面经验计算法　浇口截面可用经验公式计算,但计算结果一定要通过试模后

修正确定。

a. 流量计算法。压注时浇口截面应保证所需压入型腔的塑料容量，在 $10\sim30\mathrm{s}$ 内填满型腔。因此浇口尺寸与塑件大小、模具温度、单位压力有关，浇口截面可按式（4-8）计算：

$$A=QGK \tag{4-8}$$

式中　A——浇口截面积，cm^2；

　　　Q——系数，一般取 0.00356；

　　　G——塑件质量，g；

　　　K——系数。对木粉填料取 1，纤维填料取 $1.5\sim2.5$。

b. 塑件体积计算法。按下式计算：

$$A=\frac{KVF}{n}=0.006VK_1 \tag{4-9}$$

式中　K——系数，对木粉、矿物填料 0.6，纤维填料取 1；

　　　K_1——系数，对木粉、矿物填料取 1，纤维填料取 $1.5\sim2.5$；

　　　V——塑件体积（不含嵌件体积），cm^3；

　　　F——系数，当嵌件多、塑件形状复杂时取 $1.2\sim1.5$，一般情况下取 1；

　　　n——为供给塑料的浇口数量。

常见梯形截面浇口的宽、深比例参见表 4-11。

表 4-11　梯形截面浇口宽、深比例

浇口截面积/mm²	（宽×深）/mm	浇口截面积/mm²	（宽×深）/mm
～2.5	5×0.5	＞6.0～8.0	8×1
＞2.5～3.5	5×0.7	＞8.0～10.0	10×1
＞3.5～5.0	7×0.7	＞10.0～15.0	10×1.5
＞5.0～6.0	6×1	＞15.0～20.0	10×2

② 浇口尺寸　表 4-12 列出了常用浇口尺寸，供设计时参考。

表 4-12　常用浇口尺寸

浇口形式	说　明
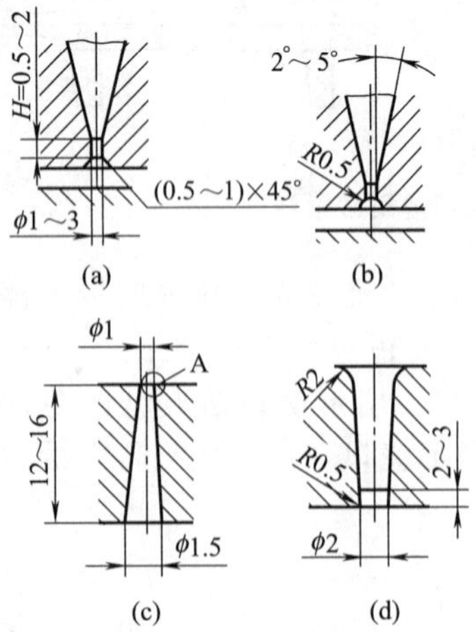	直接式浇口：为常用形式，图(a)、(b)为点浇口，图(d)为倒锥形式直接浇口，一般用于垂直分型面，H 值不宜过大，H 值过大，会使压力损失剧增。图(d)所示的浇口适用于成型增强塑料。图(c)为正锥形直接浇口，在多腔模中应用时其直径应小一些，A 处应尖锐，以便于去除余料。浇口与塑件表面间应有过渡部分，防止去除浇口时破坏塑件表面

浇口形式	说　　明
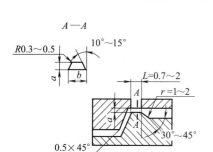	侧向浇口：为常用形式，最好布置为沿塑件圆周的切线方向进料的形式。 　浇口 L 过长，使料流动阻力增大，压力损失大（L 一般取 $1\sim2\mathrm{mm}$），并应有倒角及圆弧连接，防止挤料时产生反压力，消耗功能，不利于熔料流动及填充，同时应防止去除浇道时损坏塑件。浇口形式一般为采用梯形截面尺寸。 　尺寸 a 一般为塑件壁厚的 $1/3\sim2/3$，小型塑件常取 $0.3\sim0.8\mathrm{mm}$，大型取 $0.8\sim1.5\mathrm{mm}$。增强塑料小型塑件取 $0.6\sim2\mathrm{mm}$，大型取 $2\mathrm{mm}$ 以上。对流动性差、外形较大、壁厚塑件则取大，a 值大则浇口封闭晚，保压补缩作用大，成型好。对厚壁、形状复杂及流动性差的塑件有利，但内应力增大。 　尺寸 b 对塑料填充速度有影响，一般为 $(5\sim15)a$，对木粉填料常取 $3\sim6\mathrm{mm}$，对纤维填料常取 $4\sim10\mathrm{mm}$，浇口太宽则去除及修正不便。 　α 角大小根据塑件长度而定，长则取大，短则取小，一般为 $30°\sim45°$
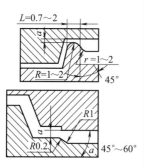	分流锥形式浇口：图(a)、(b)所示的结构为正锥形直接浇口。A 处应保持尖角以便于去除余料[图(a)]。图(c)所示的形式为倒锥形浇口，料耗较多，很少使用
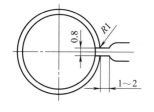	环形浇口：浇口截面形状采用梯形、圆形或半圆形。最好沿切线方向分布，浇口不宜过宽，对成型木粉填料塑料浇口厚度可取 $0.8\sim1\mathrm{mm}$

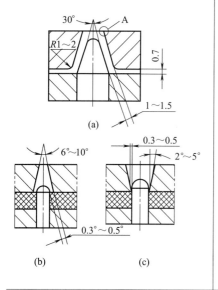

4.3.4 溢料槽和排气槽设计

（1）溢料槽

成型时为防止产生熔接缝或使多余料溢出，以避免嵌件及模具配合孔中渗入更多塑料，在可能产生明显接缝处或其他适当位置处开设溢料槽。溢料槽尺寸应适当，过大则溢料过多，使塑件组织疏松或缺料；过小则溢料不足，没有发挥作用。一般溢料槽深度取 0.1～0.2mm，宽为 3～4mm。溢料槽多数情况下开设在分型面上，一般通过试模来确定是否需要溢料槽。如果需要溢料槽，加工模具时先按最小值加工，试模后修正。

（2）排气槽

传递成型过程中，除了型腔内原有空气外，还有塑料受热后挥发出的气体以及塑料缩聚反应产生的低分子物（气体）等。这些气体必须迅速地排除模外。通常利用模具分型面之间的间隙及模具零件间的配合间隙进行排气，但有时不能满足要求，则需另开排气槽。

排气槽的断面形状取矩形或梯形，断面的面积视塑件体积和排气槽数量而定，原则上排气槽的深度不应超过塑料的溢料间隙。排气槽的断面积可按下列经验公式计算。

$$A = 0.05V/n \tag{4-10}$$

式中　A——排气槽的断面积，mm^2；

　　　V——塑件体积，cm^3；

　　　n——排气槽数量。

矩形、梯形排气槽断面积推荐尺寸见表 4-13。

表 4-13　矩形、梯形排气槽断面积推荐尺寸

排气槽断面积/mm^2	槽宽×槽深/mm
～0.2	5×0.04
＞0.2～0.4	5×0.08
＞0.4～0.6	6×0.1
＞0.6～0.8	8×0.1
＞0.8～1.0	10×0.1
＞1.0～1.5	10×0.15
＞1.5～2.0	10×0.2

排气槽位置是根据对模具结构的仔细分析后确定的。确定排气槽开设位置的应考虑如下几点。

① 远离浇口的角边处；

② 尽量选在分型面上，以便清理飞边；

③ 最好开设在型腔一侧，便于模具制造；

④ 将排气槽开设在料流的末端，以利排气。

4.4　传递模具设计典型实例

4.4.1　移动式传递模

如图 4-28 所示为移动式传递模。由压力机工作台上的加热板加热，采用侧浇口进料，一模 3 件，型腔为组合式，3 腔用楔形锥套固定。这类模具不与压力机固定连接，在压力机外人工进行模具闭合、加料，移入压力机进行压注成型后，再移出压力机的工作台，利用卸模架进行卸模、取出塑件清理模具。

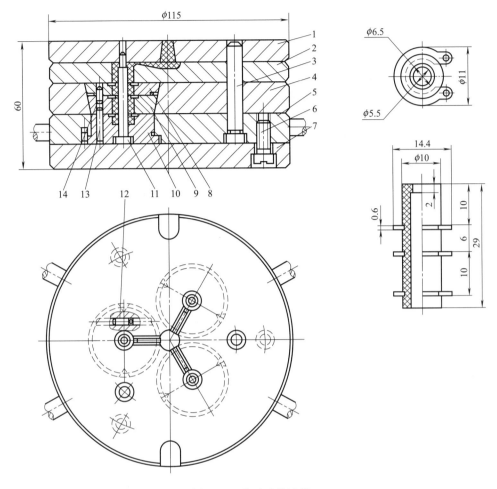

图 4-28　移动式传递模

1—上模板；2—型腔板；3—导柱；4—模套；5—固定板；6—螺钉；
7—下模板；8,9—楔形块；10—镶件；11—型芯；12～14—定位钉

4.4.2　固定式传递模

图 4-29 所示为普通压力机上使用的固定式传递模，一模 6 件，采用带有分流锥的主流道，模具采用加热棒进行加热。模具开模取件是压力机顶出杆向上推动底板 6，底板通过定距拉板 3、方键 2 与上模板 1 相连，当底板上升时即可抬起上模板使上下模分开，底板继续上升与推板 5 接触时，推动推板 5 及推杆 4 推出塑件。此类模具的上下模分别与压力机上滑块和下工作台相固定连接，生产过程中的所有工序均在压力机工作空间完成。此类模具劳动强度低，生产效率较高，用于批量生产。

4.4.3　专用压力机用传递模

图 4-30 所示为专用压力机使用的（下推式柱塞式）传递模，它没有主流道，主流道与加料腔合一体。该模一模成型 6 件，采用分流锥，柱塞 15 固定在拉套 14 上，拉套又与压力机辅助油缸柱塞杆相连，由辅助油缸完成压注动作，当塑件固化后，主缸将上模升起，辅缸操纵拉套继续上升，推动推板 11 和推杆 12 从下凹模 8 中推出塑件。

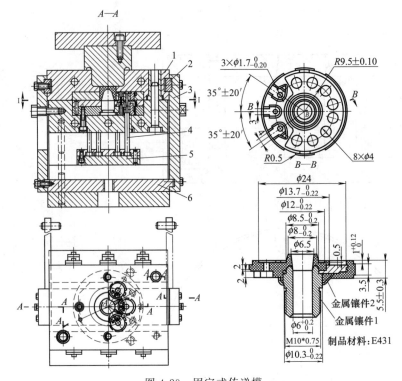

图 4-29 固定式传递模

1—上模板；2—方键；3—定距拉板；4—推杆；5—推板；6—底板

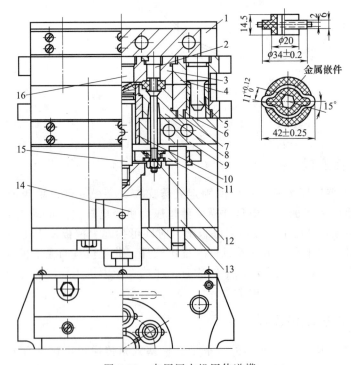

图 4-30 专用压力机用传递模

1—上加热板；2—型芯；3—上凹模；4—上模板；5—导柱；6—导套；7—下模板；8—下凹模；
9—下加热板；10—加料腔；11—推板；12—推杆；13—导柱；14—拉套；15—柱塞；16—分流锥

第5章
挤出模具设计

5.1 概述

挤出成型是固态塑料在一定的温度和一定的压力条件下熔融、塑化，利用挤出机的螺杆（或柱塞）加压，使其通过特定形状的口模而成为截面与口模形状相仿的连续型材的一种成型方法。

5.1.1 挤出成型原理及特点

（1）挤出成型原理

挤出成型又称挤出模塑，其成型原理以管材挤出为例，如图 5-1 所示。它是将颗粒状或粉状塑料加入挤出机料筒内，在旋转的挤出机螺杆的作用下，塑料沿螺杆的螺旋槽向前方输送。在此过程中，塑料不断地接受外加热和螺杆与物料之间、物料彼此之间以及物料与料筒之间的剪切摩擦热，逐渐熔融成具有流动性的黏流态。然后在挤压系统的作用下，塑料熔体经过滤板后通过具有一定形状的挤出模具（又称机头或模头）口模以及一系列辅助装置，从而获得等横截面的各种型材。挤出成型所用设备是挤出机组，一般由挤出机、辅机及控制系统组成。

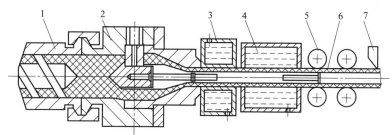

图 5-1 挤出成型原理
1—挤出机料筒；2—机头；3—定径装置；4—冷却装置；5—牵引装置；6—塑料管；7—切割装置

（2）挤出成型特点

挤出成型是塑料成型加工的重要成型方法之一，大部分热塑性塑料都能用此方法进行加工。与其他成型方法相比，挤出成型方法具有如下特点：

① 能连续不断地生产相同截面的产品，生产量大，可全自动化，生产率高，设备简单，成本低，操作方便。

② 一般只能生产二维截面形状的产品，但在定型模的作用下也可以生产出三维产品。

③ 应用范围广，可生产各种管材、棒材、板材、薄膜、单丝、电线电缆、异型材及中空制品等。

5.1.2　挤出成型的工艺过程

热塑性塑料的挤出成型工艺过程可分为以下几个阶段：

① 原材料准备阶段　挤出成型的材料大部分是粒状塑料，粉状料用得较少，物料都会吸收一定的水分，所以在成型前必须进行干燥处理，将原材料的水分控制在 0.5%（质量）以下。原料的干燥一般在烘箱或烘房中进行。此外，在准备阶段还要尽可能去除塑料中存在的杂质。

② 塑化阶段　原材料在挤出机内的料筒温度和螺杆的旋转压实及混合作用下，由粒状或粉状转变为黏流态且温度均匀化。

③ 成型阶段　塑料熔体在挤出机螺杆推动下通过具有一定形状的口模而得到横截面与口模形状一致的连续型材。

④ 定径阶段　通过定径、冷却处理，使已挤出的塑料连续型材固化成为塑料制品。

⑤ 制品的牵引、卷曲和切割阶段　制品自口模挤出后，一般会因压力突然解除而发生离模膨胀现象，而冷却后又会发生收缩现象，从而使制品的尺寸和形状发生变化。由于制品被连续挤出，自重越来越大，如果不加以引导，会造成制品停滞，使制品不能顺利挤出。因此在冷却的同时，要连续均匀地将制品引出，这就是牵引。牵引速度要与挤出速度相适应。牵引得到的产品经过定长切断或卷曲，然后进行打包。

5.1.3　挤出产品类型

挤出产品是指由挤塑成型而成的所有塑料制品，主要包括塑料棒材、管材、板材、片材、挤塑平膜、吹塑薄膜、单丝、塑料网、电线电缆、复合共挤型材以及具有特殊异型截面的各种型材等。按其截面形状可分为 7 种类型，见表 5-1。

表 5-1　塑料挤出型材种类

类别		图　示	说　明
一般挤塑型材	实心棒材		除圆形、正方形和六边形外，还有矩形、椭圆形、三角形等棒、杆类型材
	管材	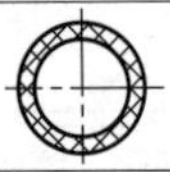	壁厚均匀，横截面完全对称的圆管制品，还可生产多边形或其他异型管材
异型挤塑型材	中空型材	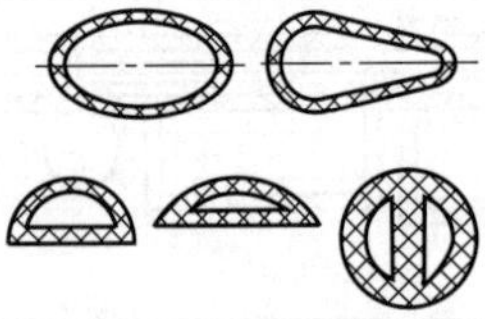	制品横截面中带有一个以上的中空隔腔
	开放式型材	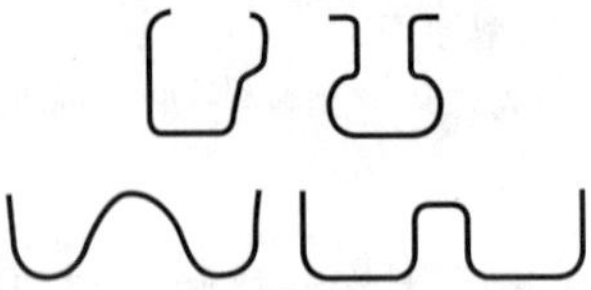	制品不带封闭中空隔腔的异型截面型材
	隔室式型材		异型截面既有封闭的中空隔腔，又有不封闭的部分
	复合型材		多种聚合物材料或多种颜色的同种材料复合挤出的型材
	镶嵌式型材		聚合物材料与金属、木材或纤维等复合共挤的型材

5.1.4　挤出设备

挤出设备的完善程度与塑料型材质量密切相关，在很大程度上决定了挤塑模结构设计的合理性，对于挤塑成型的产品质量、尺寸精度、物理力学性能乃至整个挤塑成型的操作过程，都具有至关重要的影响。因此，在设计挤塑模之前，必须对挤出设备提出具体要求。这里主要介绍挤出设备与挤出模具的关系。

挤出生产线通常由挤出机、挤出模、辅机及其控制系统组成，统称为挤出机组，如图5-2所示。而辅机是根据制品的不同，可由不同部分组成。

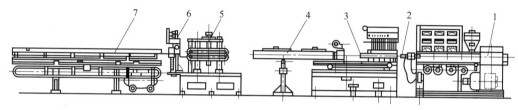

图 5-2　挤出成型设备

1—挤出机；2—挤出模；3—定径套；4—冷却装置；5—牵引装置；6—切割装置；7—堆放装置

（1）挤出机

挤出机的种类较多，主要包括有：单螺杆挤出机、双螺杆挤出机、多螺杆挤出机及一些特殊性能的挤出机。

单螺杆挤出机是聚合物工业中最重要和最常用的一类，其主要优点为设计简单、成本低。

双螺杆挤出机是指由两根螺杆组成的挤出机。由于设计原理、操作和应用领域有很大的差异，双螺杆挤出机的种类繁多，但基本上可以从旋转方向、啮合程度和螺杆是否带锥度来分类。从混炼和分散的效果来说，双螺杆挤出机要明显优于单螺杆挤出机，所以这也就决定了两者的使用场所。

多螺杆挤出机是螺杆在 2 根以上的挤出机，比如三螺杆挤出机、四螺杆挤出机、五螺杆挤出机和行星式挤出机等。这一类挤出机的主要目的也是为了更好的混炼效果，一般使用较少。

（2）挤出模

用于塑料挤出成型的模具称为挤出成型模具，也称为挤出成型机头，简称为机头。挤出模用于连续挤出成型塑料型材，是除了注塑模外的又一大类用途很宽、品种繁多的塑料模具，主要用于塑料挤出成型的各种塑料型材加工，是制品成型的主要部件。挤出模的作用是将螺杆输送来的熔融物料成型为所要求的截面形状和尺寸。因此，挤出模其实是一个塑料熔体流动的通道，该通道的形状由机筒的圆形截面逐渐过渡变为所要求的截面形状。为了预知热塑性塑料熔体在模具流道内的特性，必须了解熔体的流变性能，即熔体在不同剪切速率和温度范围内的黏度变化规律，这样才能得知塑料熔体通过挤出模流道时的压力降、流速、流量和模具几何形状间的关系。归纳起来，挤出模的作用主要有：

① 使熔融的塑料由螺旋运动变成直线运动；

② 使塑料经过挤出模而进一步塑化；

③ 产生足够的成型压力，使型材密实；

④ 制成所需截面形状的连续型材。

（3）定径模（套）

物料从口模中挤出后，基本上还处于熔体状态，具有相当高的温度，为了避免挤出的型材不会因重力而变形和不会因渐渐的冷却而自由收缩变形，需要立即对型材进行定型，使其在定型过程中逐渐冷却硬化，从而得到更加精确的截面形状、尺寸和光亮的表面。

（4）冷却装置

型材从定型装置出来后，并没有完全冷却到室温，冷却装置是使从定型装置中挤出的塑料在此得到充分的冷却，获得最终的形状和尺寸。

（5）牵引装置

牵引装置的作用是给型材提供一定的牵引力和速度，克服冷却过程中产生的摩擦力，使挤出型材以一定的速度从冷却定型装置中引出。牵引装置还可以通过调节牵引速度来调节挤出产品的壁厚，产生的拉伸作用可提高挤出产品的性能。

（6）切割装置

由于挤出过程是一个连续的过程，所以对一些挤出产品，切割是一个必需的步骤。通过调节牵引速度和切割的时间间隔就可得到不同长度的挤出型材。

（7）卷取装置

对一些较软的挤出产品（薄膜、软管、单丝等），可不用切割，而是以卷绕成捆的方式来包装。在这种情况下，一定要有卷取装置。

5.1.5 挤出模具设计的一般原则

① 为了让熔融塑料沿着机头的流道均匀而平稳地流动并顺利挤出，挤出模内腔应呈光滑的流线型，不允许有急剧扩大或缩小，更不允许有死角和停滞区，以免发生过热分解。内腔表面粗糙度 Ra 应小于 $1.6\sim3.2\mu m$。

② 机头应设计一段压缩区，保证足够的压缩比。所谓压缩比，是指流道型腔内最大的料流面积与口模和芯棒在成型区与压缩区相接处的环形截面积之比。应根据制品形式和塑料种类的不同，设计合理的压缩比。足够的压缩比会增大熔体的流动阻力，使塑料产生剪切力，以消除接痕，增加制品的密实性。但压缩比也不宜过大，否则，会使料流阻力剧增，对制品质量和产量均造成不利影响。通常低黏度塑料压缩比 ε 值取 $4\sim10$，高黏度塑料压缩比值以 $2.5\sim6.0$ 为宜。

③ 正确选择机头的形式。应按照所要挤出制品的原料和要求及成型工艺的特点，正确选用和确定机头的结构形式。

④ 能将塑料熔体从挤出的螺旋运动转换为直线运动，并在机头内产生适当的压力。

⑤ 机头成型区应有正确的截面形状及尺寸。由于塑料的物理性能和压力、温度等因素引起的离模膨胀效应及由于牵引作用力引起的收缩效应，使得机头的成型部分横截面形状和尺寸并非与制品所要求的相吻合，因此设计时要考虑这一问题。根据经验，其横截面形状的变化主要与成型时间有关，所以控制口模长度（成型长度）是保证制品获得正确截面形状的基本方法。

⑥ 设置适当的调节控制装置。在制品挤出成型时，通常需要能对挤出压力、挤出速度、挤出成型温度等工艺参数及挤出型坯尺寸进行调节和控制，以保证制品的形状尺寸精度和性能要求。因此，机头设计时应考虑设置用于熔体流量调节、口模与芯棒间隙调节、挤出成型温度调节等的机构和装置。对于成型温度调节，一般要求能对口模及机头体的温度分别独立控制。

⑦ 机头应有足够的强度和刚度，而且结构应简单紧凑，方便加工和装配。其形状应尽量设计成规则对称，以便于均匀地加热或冷却。与挤出机的衔接应严密可靠，易于装卸。

⑧ 合理地选择机头材料。由于机头磨损较大，而且有的塑料有较强的腐蚀性，所以机头材料应选耐磨、硬度较高的合金钢。口模等主要成型零件硬度不得低于 40HRC，必要时镀硬铬，镀铬层的厚度一般为 $0.02\sim0.03mm$。

5.1.6　挤出模与挤出机的连接

机头与挤出机的连接，机头安装在挤出机的头部，当挤出机型号不同时，机头与挤出机的连接形式和尺寸也可能不同。在进行机头设计时，要了解清楚所用挤出机型号的技术参数及对连接形式和尺寸的具体要求，以使得设计制造的挤出模能够正常方便地使用。机头与挤出机的连接装置一般采用铰链、法兰结构，常用的主要有螺纹连接式、螺钉连接式和快速更换式三种方式。

（1）连接器设计

① 螺纹连接　这种结构的连接器多用于中小型挤出机。如图 5-3 所示，一般的安装顺序是先松动铰链螺栓，打开机头法兰，清理干净后将栅板装入料筒部分（或装在机头上），再将机头安装在机头法兰上，最后闭合机头法兰，紧固铰链螺栓即可。机头与挤出机的同心度靠机头的内径和栅板的外径配合，因为栅板的外径与料筒有配合，因此保证了机头与料筒的同心度要求。安装时栅板的端部必须压紧，以免漏料。挤出机连接部分的尺寸见表 5-2。

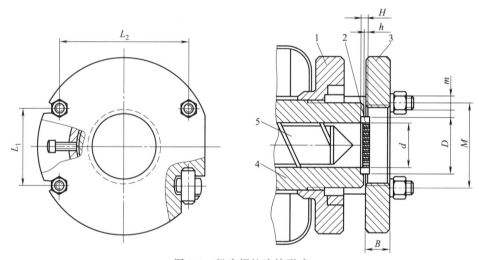

图 5-3　机头螺纹连接形式

1—挤出机法兰；2—栅板；3—机头法兰；4—料筒；5—螺杆

表 5-2　挤出机连接部分尺寸（机头连接形式之一）　　　　　　　　　　　　　mm

符号	挤出机型号						符号意义
	SJ-45	SJ-65	SJ-65	SJ-90	SJ-120	SJ-150	
M	M80×4	3M110×2	3M110×2	M140×3	M180×3	M180×3	机头与机头法兰连接的螺纹尺寸
D	$\phi55$	$\phi80$	$\phi90$	$\phi110$	$\phi160$	$\phi175$	栅板外径
d	—	$\phi70$	$\phi70$	$\phi90$	$\phi120$	$\phi150$	栅板开孔处直径
m	M18	—	T22	T24			铰链螺钉直径
B	30	35	35	45	68	68	机头法兰厚度
H	—	15	15	20	32	38	栅板厚度
h	8	5	7	8	—	14	栅板伸入料筒部分厚度
L_1	104	170	181.86	210	348	348	铰链螺钉长度
L_2	104	115	105	120	205	205	中心距

② 螺钉连接　此种结构形式多用于大中型挤出机。如图 5-4 所示，将机头法兰 1 以 12 个圆柱头内六角螺钉 7 固定在挤出模端面上。由于挤出模始端外圆面与机头法兰 1 的内孔构成了过渡配合结构，并用定位销 8 将机头法兰与机筒法兰 3 定位，然后用铰链螺钉 2 锁紧，从而构成以螺钉连接为主体的结构形式。由该结构可知其同心度是能得到充分保证的。螺钉

连接器尺寸见表 5-3。

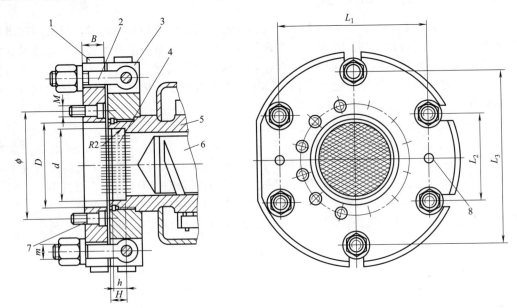

图 5-4 机头螺钉连接形式

1—机头法兰；2—铰链螺钉；3—机筒法兰；4—栅板；5—机筒；
6—螺杆；7—内六角螺钉；8—定位销

表 5-3 挤出机连接部分尺寸（机头连接形式之二）   mm

挤出机型号	符 号										
	ϕ	D	d	B	H	h	L_1	L_2	L_3	m	M
SJ-90	180	140	106	40	—	20	277	160	320	27	20
SJ-150	280 300	220	185	70	42	30	381	220	440	36	32 24
SJ-200	340	275	235	—	50	40	476.3	275	550	42	36

③ 快速连接 如图 5-5 所示，由液压力驱动卡箍锁紧环 6 旋转，使螺纹部分松开。当旋转到开槽部位与前压紧环 5 的凸起部位对中时，前压紧环 5 即可绕铰链座 7 上的轴转动退出

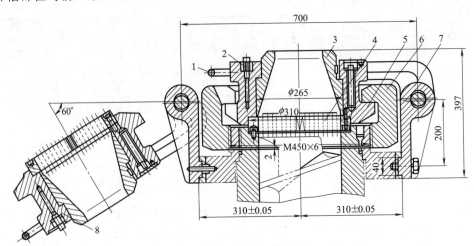

图 5-5 快速连接形式

1—手柄；2—测温计；3—口模；4—栅板；5—前压紧环；6—卡箍锁紧环；7—铰链座；8—卡紧环

卡箍锁紧环 6，将机头移至外侧去清理。然后迅速换上左侧已清理好的机头，使前压紧环 5 的凸起对正卡箍锁紧环 6 的凹槽后，由液压驱动锁紧环 6，直至重新锁紧即可。

（2）栅板与滤网设计

① 栅板　栅板安装位置位于挤出机与挤出模之间，如图 5-3～图 5-5 所示。栅板的作用为：

a. 使来自挤出机的塑料熔体的螺旋运动变为直线运动。

b. 进一步塑化塑料熔体。

c. 支承滤网。

栅板由 T8A 料制成，栅板上孔的直径一般为 3～6mm，入口处应有 30°～45°的锥角，其孔的流通总面积应为栅板总有效面积的 40%～70%。孔的排列方式可参考图 5-6 中的设计。孔的排列要紧凑合理，栅板要有足够的刚度和强度，但也不能太厚，厚度约为料筒内径的 20%，以免在此处产生较大的阻力或导致滞料分解。

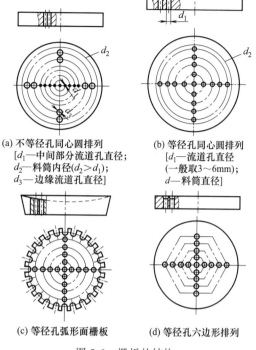

(a) 不等径孔同心圆排列
[d_1—中间部分流道孔直径；
d_2—料筒内径($d_2 > d_1$)；
d_3—边缘流道孔直径]

(b) 等径孔同心圆排列
[d_1—流道孔直径
（一般取 3～6mm）；
d—料筒直径]

(c) 等径孔弧形面栅板

(d) 等径孔六边形排列

图 5-6　栅板的结构

② 滤网　滤网的作用是从熔体中滤去杂质和异物、增加剪切作用、改善熔体的均匀性及色料的分散性，以提高挤出产品的内在质量。

挤出机组中的滤网通常是用不锈钢丝或铜丝制成的金属网，可设置 1～5 层，滤网的细度可为 20～80 目，这主要由原料的性能及产品的质量要求来决定。对黏性大、受热易分解的物料，可免设滤网。

塑料熔体在通过滤网时会产生很大的压力降，甚至达到整个挤出模压力损失的一半，且对生产效率影响较大。为此，在设计挤出模时，须着重考虑滤网引起的压力降问题。滤网引起的压力降可用下式计算。

$$\Delta p_{s} = 0.025 \eta \left(\frac{\omega}{D_s^2 \rho} \right)^n F_s \tag{5-1}$$

式中　η——熔体黏度，$N \cdot s/m^2$；

　　　ω——质量流量，kg/h；

　　　D_s——滤网直径，m；

　　　ρ——熔体密度，kg/m^3；

　　　F_s——滤网阻力因子，定义如下。

$$F_s = 2^{n+3} (900\pi)^{-n} \left(\frac{3n+1}{n} \right)^n \left(\frac{d}{d_0^{\,3n+1} m^{2n}} \right) \tag{5-2}$$

式中　n——熔体非牛顿流动行为指数，表 5-4 和表 5-5 列出了若干聚合物熔体的非牛顿指数 n 值；

　　　d——网丝直径，mm；

　　　d_0——相邻网丝间平均小孔直径，mm；

　　　m——滤网筛眼目数。

表 5-4　若干聚合物的流动指数（剪切速率 $\gamma=10\sim10^2\,s^{-1}$）

聚合物		流动指数 n 值								
代号	生产厂家	温度/℃								
		170	190	210	230	250	270	290	310	330
LDPE(F702)	北京燕山石油化工公司化工一厂	0.57	0.58	0.59	0.60	0.64				
LDPE(G201)	北京燕山石油化工公司化工一厂	0.50	0.52	0.54	0.56	0.60				
PP(J300)	北京燕山石油化工公司化工二厂		0.43	0.44	0.45	0.46	0.47	0.53		
PS	北京燕山石油化工公司化工二厂		0.42	0.53						
PMMA	苏州树脂厂			0.33	0.44					
ABS	兰州化学工业公司合成橡胶厂			0.25	0.24	0.23				
PA1010	靖江大众塑料厂				0.72	0.66				
PA6	南京塑料二厂				0.82	1.00				
PC	清华大学实验厂					0.78	0.79	0.78		
PETP	北京市化工研究院						1.00	1.00		
PSU	上海天山塑料厂								0.60	0.63

表 5-5　若干聚合物的流动指数（剪切速率 $\gamma=10^2\sim10^3\,s^{-1}$）

聚合物		流动指数 n 值								
代号	生产厂家	温度/℃								
		170	190	210	230	250	270	290	310	330
LDPE(F702)	北京燕山石油化工公司化工一厂	0.43	0.49	0.54	0.58	0.60				
LDPE(G201)	北京燕山石油化工公司化工一厂	0.41	0.44	0.48	0.52	0.56				
PP(J300)	北京燕山石油化工公司化工二厂		0.30	0.30	0.30	0.32	0.35	0.38		
PS	北京燕山石油化工公司化工二厂		0.30	0.38						
PMMA	苏州树脂厂			0.23	0.36					
ABS	兰州化学工业公司合成橡胶厂			0.22	0.23	0.25				
PA1010	靖江大众塑料厂				0.54	0.48				
PA6	南京塑料二厂				0.56	0.78				
PC	清华大学实验厂					0.48	0.50	0.52		
PETP	北京市化工研究院						0.86	0.91		
PSU	上海天山塑料厂								0.46	0.48

5.1.7　挤出模的分类和结构组成

（1）挤出模的分类

由于制品种类繁多、形状各异，因此机头的形式也各不相同，可按以下几种方式分类：

① 按机头的几何形状分类

a. 圆环机头。该机头的机头体的几何形状呈圆环形，如管膜机头、管材机头、棒材机头、单丝及造粒机头、挤网机头以及吹塑管坯机头等。

b. 平板状机头。这种机头的形状呈平板状，如平膜机头、板材机头、异型材机头、组合式多坯挤出机头等。

② 按机头进料与出料的方向分类

a. 水平直通式机头。进料方向、出料方向与其轴线方向一致，机头安装在挤出机上，口模出料呈水平方向，如图 5-7 所示的挤管机头。另外还有如生产棒材、板材、异型材、复合型材等一般也采用这种水平直通式机头。

b. 直角式机头。进料方向与出料方向垂直相交，有的机头口模出料口垂直朝上，如图 5-8 所示的吹膜直角式机头；也有出料口朝下的电线包覆直角式机头，如图 5-9 所示。

③ 按机头的用途分类　为了便于生产部门的管理，企业常把机头直接按制品的用途或名称分类，如吹膜机头、管材机头、板材机头、棒材机头及异型材机头等。

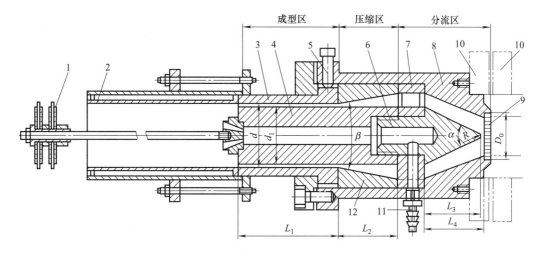

图 5-7　直通式管材挤出机头

1—堵塞；2—定径套；3—口模；4—芯棒；5—调节螺钉；6—分流器；7—分流器支架；
8—机头体；9—过滤板和过滤网；10—连接法兰；11—通气嘴；12—连接套

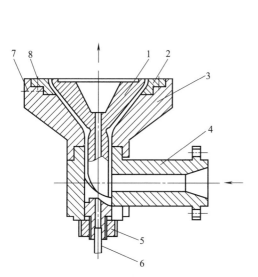

图 5-8　吹膜直角式机头

1—芯棒；2—口模；3,4—机体；5—锁母；
6—气嘴；7—调节螺钉；8—螺钉

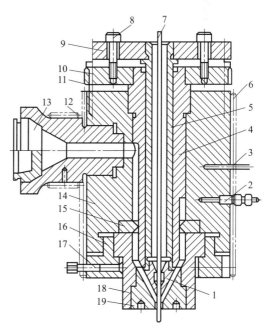

图 5-9　电线包覆直角式机头

1—芯棒；2—热电偶；3—温度计；4—外套；5—内套；
6—加热装置；7—导线；8—内六角螺钉；9—支板；
10—内六角螺钉；11—连接板；12—机颈；13—过滤板；
14—机头体；15—分流环；16—锁母；17—调节螺钉；
18—外口模；19—内口模

（2）挤出模的结构组成

以图 5-7 为例，机头的结构组成可以分为以下几个部分：

① 口模和芯棒　口模 3 和芯棒 4 是机头（挤出模）的主要成型零件，口模用来成型塑件的外表面，芯棒用来成型塑件的内表面。塑料熔体从口模与芯棒的环状缝隙挤出，因此塑件横截面形状是由口模和芯棒决定的。

② 过滤部分 过滤部分为过滤板和过滤网 9（栅板与滤网），其作用是使从挤出机出来的塑料熔体由旋转流动变为平直流动，且沿螺杆方向形成挤出压力，增加塑料的塑化均匀度，挡住混杂在塑料内的杂质或未塑化的塑料进入机头。

③ 机头体 机头体 8 是机头的主体，相当于模架，用来组装并支承机头的各零件。

④ 连接部分 机头与挤出机用螺钉及法兰连接，如图 5-7 中的连接套 12。一般在挤出机上附有法兰连接机构。

⑤ 分流器与分流器支架 分流器 6 使通过它的塑料熔体分流变成薄环状以平稳地进入成型区，同时进一步对其加热和塑化。分流器支架 7 主要用来支承分流器及芯棒，同时也能对分流后的塑料熔体加强剪切混合作用。

⑥ 定径套 定径套 2 是定型模的一种形式，其作用是通过冷却定型，使从口模挤出的高温制品已形成的横截面形状稳定，并进行精整，从而获得精度更高的截面形状和尺寸及更好的表面质量。挤出塑件一般采用水冷，而定径时则常用压缩空气加压或抽真空的方法，这样就须使用图中的堵塞 1，以防止压缩空气泄漏，保持所需压力。

5.2 各类挤出机头设计

5.2.1 管材挤出成型机头设计

管材机头在挤出机头中具有代表性，用途广泛。管材机头的设计方法，对其他机头也可通用。

（1）常用管机头的结构

常用管机头的结构见表 5-6。

（2）管材挤出机头主要零件的尺寸及工艺参数

主要零件包括口模、芯棒、分流器及分流器支架的形状和尺寸。在设计时首先需要知道一些数据，包括挤出机的型号，制品的内径、外径及制品所用的材料。

在挤制管材时，依管材直径的大小选用适当的挤出机。在挤出硬聚氯乙烯管材时，使用的挤出机规格如表 5-7 所示。

管材机头结构如图 5-10 所示。

表 5-6 常用管机头的结构

类别	简图	特点	应用
直通式管机头	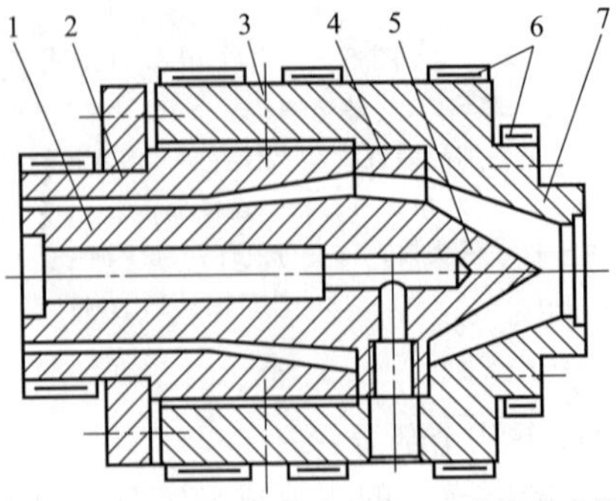 1—芯棒；2—口模；3—调节螺钉；4—分流器支架；5—分流器；6—加热器；7—机头体	结构简单，容易制造，但熔体经过分流器支架时形成的熔接痕不易消除，整体结构笨重，芯棒加热较困难	适用于软硬聚氯乙烯、聚乙烯、尼龙、聚碳酸酯等小口径管材

续表

类别	简图	特点	应用
直角式管机头	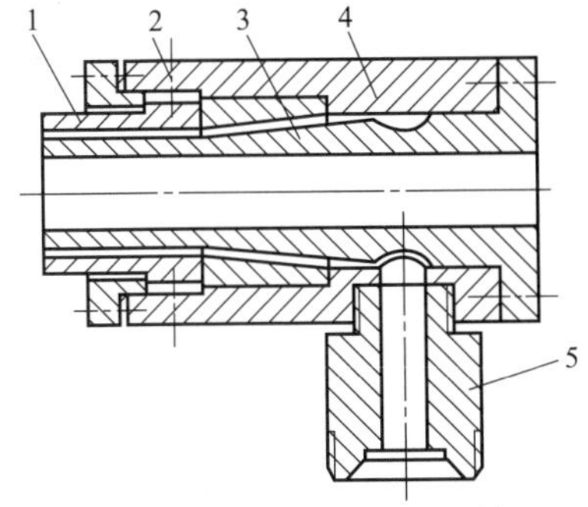 1—口模；2—调节螺钉；3—芯棒； 4—机头体；5—连接颈	由于与其配用的冷却装置可以同时对管材的内外径进行冷却定型，因此定径精度高。芯棒加热比较容易，熔体流动阻力小，料流稳定均匀，生产效率高，成型质量较好。但机头结构较复杂，制造相对较困难	适用于聚乙烯、聚丙烯等大小口径不限的管材挤出成型，以及对管材尺寸要求较高的场合
旁侧式管机头	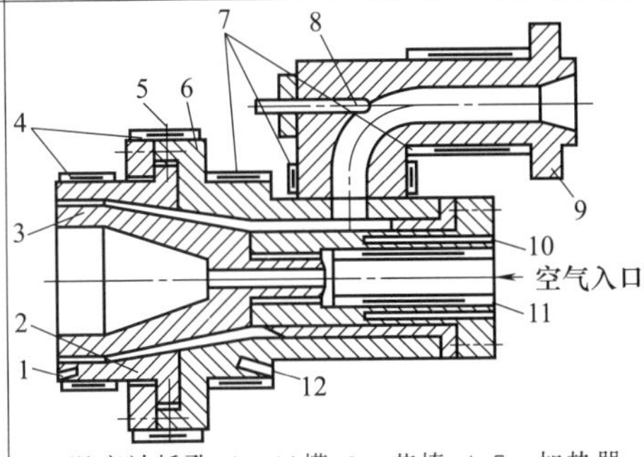 1—温度计插孔；2—口模；3—芯棒；4，7—加热器； 5—调节螺钉；6—机头体；8，10—熔料测温孔； 9—机头；11—芯棒加热器；12—温度计插孔	与直角式管机头相似，但结构更为复杂，熔体的流动阻力也大，芯棒易加热，所占空间相对较小	同直角式管机头
微孔流道挤管机头	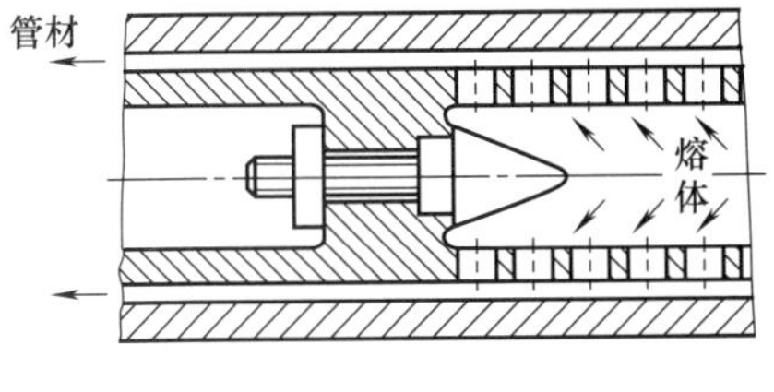	塑料熔体直接通过微孔管上的众多微孔进入口模的定型段，机头结构简单紧凑，体积小，挤出的管材没有分流痕迹、强度高，料流稳定且流速可以控制。此类机头因大管材壁厚自重作用而引起壁厚不均匀，一般口模与芯棒的下面间隙比上面间隙小 10％～18％	适用于挤出成型口径较大的聚乙烯、聚丙烯的塑料

表 5-7　硬聚氯乙烯挤管机头与挤出机规格的关系

机头规格（直径）/mm	10～63	40～90	63～125	110～180	125～250	200～400
螺杆直径/mm	45	65	90	120	150	200
牵引速度/(m/min)	0.4～2	0.3～1.5	0.3～1.5	0.2～1	0.2～1	0.2～1
管材外径/mm	10～63	40～90	63～125	110～180	125～250	200～400

1）口模

① 口模内径 D_0　如图 5-10 中 D_0。口模内径尺寸不等于管材外径尺寸，因为挤出的管件在脱离口模后由于压力突然释放，体积膨胀会使管径增大，此种现象称为巴鲁斯效应；也可能由于牵引和冷却收缩而使管径变小。这些性质与口模的温度和压力以及定径套的结构有关，影响因素复杂，目前尚无成熟的理论计算方法计算其量值，一般凭经验方法计算。

a. 按经验公式确定。

$$D_0 = d/K \tag{5-3}$$

式中　d——管材外径，mm；

　　　　K——补偿系数，见表 5-8。

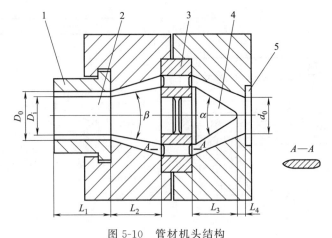

图 5-10 管材机头结构

1—口模；2—芯模；3—分流器支架；4—分流锥；5—栅板

表 5-8 补偿系数 K 值

塑料种类	定型套定管材内径	定型套定管材外径
聚氯乙烯(PVC)		0.95～1.05
聚酰胺(PA)	1.05～1.10	
聚烯烃	1.20～1.30	0.9～1.05

b. 拉伸比和压缩比是与口模和芯棒尺寸相关的工艺参数。根据管材横截面尺寸确定口模环隙横截面尺寸时，一般凭拉伸比确定。

管材的拉伸比是指成型区口模与芯棒间的环隙横截面积与管材的横截面积之比，其计算公式为：

$$I = \frac{D_0^2 - D_i^2}{d^2 - d_i^2} \qquad (5\text{-}4)$$

式中　I——拉伸比，常用塑料的挤管拉伸比见表 5-9；

D_0，D_i——口模的内径和芯棒外径，mm；

d，d_i——管材的外径和内径，mm。

表 5-9 常用塑料的挤管拉伸比

塑料种类	LDPE	ABS	PA	PP	HDPE	PVC
允许拉伸比	1.2～1.5	1.0～1.1	1.4～3.0	1.0～1.2	1.1～1.2	1.0～1.4

压缩比 ε，是指机头和多孔板相接处最大料流截面积（通常为机头和多孔板相接处的流道截面积）与口模和芯棒在成型时的环隙截面积之比，反映了挤出成型过程中塑料熔体的压实程度。部分塑料的压缩比值 ε 见表 5-10。

表 5-10 部分塑料的压缩比值 ε

塑料品种		ε	塑料品种	ε	塑料品种	ε
RPVC	粒料	2～3	ABS	2～3	PSU	3～5
	粉料	3～5	PA	2～4	PC	2～3
SPVC	粒料	3～4	POM	3～4	PP	3～4
	粉料	3～5	PS	2～4	CA	1.7～2.5
PE	管材	3～4	PET	3～4	PPO	2～3
	薄膜	4～5	PMMA	3～4	氟塑料	3～4

② 口模定型段长度 L_1　定型段的长度应随塑料品种及制品尺寸的不同而异。定型段长度不宜过长或过短，过长时会使料流阻力增加很大；过短时起不到定型作用。具体长度可由经验公式计算。

a. 按管材外径计算。

$$L_1 = (0.5 \sim 3)d \tag{5-5}$$

式中　d——管材外径尺寸，mm。

当管材直径较大时，定型段长度应取小值；反之取大值。挤软管时取大值，挤硬管时取小值。

b. 按管材壁厚计算。

$$L_1 = nt \tag{5-6}$$

式中　t——管材壁厚，mm；

　　　n——系数，见表 5-11。

表 5-11　口模定型段长度与壁厚关系系数 n 值

塑料品种	硬聚氯乙烯 （HPVC）	软聚氯乙烯 （SPVC）	聚酰胺 （PA）	聚乙烯 （PE）	聚丙烯 （PP）
n	18～33	15～25	12～23	14～22	14～22

2）芯棒（芯模）

芯棒又称芯模，是用来成型管材内表面的零件，其结构如图 5-11 所示。

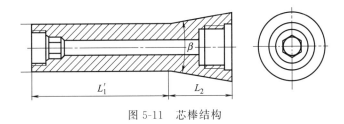

图 5-11　芯棒结构

① 芯棒外径 D_i　可按经验公式计算：

$$D_i = D_0 - 2\delta \tag{5-7}$$

式中　D_0——口模内径，mm；

　　　δ——口模与芯棒的单边间隙（mm），$\delta = (0.83 \sim 0.94)t$；$t$ 是管件壁厚（mm）。

② 芯棒成型段长度 $L_1' \geqslant L_1$ 或稍长。

③ 芯棒压缩段长度 L_2 可按下面的经验公式计算：

$$L_2 = (1.5 \sim 2.5)d_0 \tag{5-8}$$

式中　d_0——塑料熔体在栅板出口处的流道直径（mm），如图 5-10 所示。

④ 压缩角 β　低黏度塑料，$\beta = 45° \sim 60°$；高黏度塑料，$\beta = 30° \sim 50°$。

3）分流锥

① 分流锥角 α　低黏度塑料，$\alpha = 30° \sim 80°$；高黏度塑料，$\alpha = 30° \sim 60°$。

② 分流锥长度 L_3：

$$L_3 = (1 \sim 1.5)d_0 \tag{5-9}$$

③ 分流锥顶部至栅板距离 L_4

$$L_4 = 10 \sim 25\text{mm} \text{ 或 } L_4 < 0.1D_1 \tag{5-10}$$

式中　D_1——挤出机螺杆直径，mm。

④ 分流锥头部圆角半径 $R = 0.5 \sim 2$mm。

⑤ 分流锥表面粗糙度 $Ra < 0.4\mu$m。

4）分流锥支架

主要用于支承分流锥和芯棒。支架上的分流肋应做成流线型，在满足强度要求的条件下其宽度和长度应尽可能小，以减少阻力。出料端角度应小于进料端，见图 5-12 中 *A—A* 放大处。分流肋应尽量少些，以免产生过多的熔接痕，一般小型机头为 3 根，中型机头为 4 根，大型机头为 6～8 根。分流锥支架上通常设有压缩空气进气孔和内部加热装置导线孔。

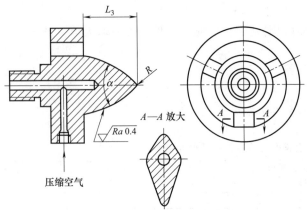

图 5-12　分流锥和分流锥支架结构图

分流锥支架抗剪强度校核：机头内受螺杆推动的压力可高达 1500N/cm²，机头内压降（即压力损失）为 350～1200N/cm²。这样大的压力加在分流器支架几根肋上，如果肋的强度不足，很容易被剪断。

分流器支架强度验算如下。

分流肋所受的切应力 τ（N/cm²）为

$$\tau = \frac{\Delta p A}{K A_1} \leqslant [\tau] \tag{5-11}$$

式中　Δp——机头内的压降，N/cm²；

　　　A——分流器支架在流动方向上的投影面积，cm²；

　　　A_1——每一分流器肋的截面积，cm²；

　　　K——系数，HPVC 为 18～33，SPVC 为 15～25；PA 为 13～23；PE 为 14～22；PP 为 14～22；

　　　$[\tau]$——钢的容许剪应力（N/cm²），45 钢：$[\tau]=7000$N/cm²；40Cr：$[\tau]=17000$N/cm²；18CrMnNi：$[\tau]=15000$N/cm²。

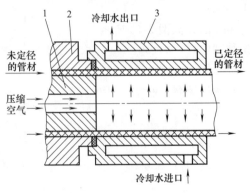

图 5-13　内压法外定径

1—芯棒；2—口模；3—定径套

（3）管材的定径装置

管件从口模挤出后，管件处于半熔体状态，还必须有一个定型装置来稳定其形状和尺寸，这个定径装置是必不可缺的。管材的定径方法有两种，即外径定径和内径定径。

1）外径定径

外径定径适用于管材外径尺寸精度要求高、外表面粗糙度值要求低的情况。目前管材标准多以外径为基本尺寸，故外径定径法使用较多。它是通过使管坯外表面在压力作用下与定径套（模）内壁紧密贴合的方法来达到定径的目的的。按其压力产生方式的不同，外径定径又分为内压法和真空法两种。

① 内压法外定径　　如图 5-13 所示，在管材内部通入压缩空气使处于半熔体状态的塑料管坯贴紧在定径套的内壁而定型的。压缩空气是通过分流锥支架的支撑肋导入的，压缩空气的压力一般为 0.03～0.28MPa。为保持压力，需要用一个与管内壁滑动配合的浮塞堵在管内防止压缩空气泄漏，浮塞用绳索连接在机头的芯棒上。定径套的长度一般根据经验和管材直径来确定，见表 5-12。

表 5-12　　内压法外定径套尺寸　　　　　　　　　　　　　　　　　　　　　　　　　　　　　mm

塑料	定径套的内径 d_s	定径套的长度 L
PE、PP	$(1.02～1.04)d$	$10d$
PVC	$(1.00～1.02)d$	10

a. 当管材直径 40mm$<d<$100mm 时，定径套的长度 $L≈10d$，定径套的内径 d_s 按表 5-12 选取。

b. 当管材直径 $d>$100mm 时，定径套的长度 $L＝(3～5)d$，定径套的内径尺寸不小于口模内径。

② 真空法外定径　　其结构如图 5-14 所示，在定径套内壁 2 上开有多个抽真空的小孔或窄缝，借助真空吸附力使管材 3 外表面紧贴在定径套内壁上。其冷却方式是在定径套外壁 1 和内壁 2 的夹层中通入冷却水，在进行真空吸附过程的同时使管坯被冷却硬化。

真空法的定径装置比较简单，管口不必堵塞，应用广泛，常用于生产小型管材。定径套生产时与机头口模有 20～100mm 的距离，使从口模中流出的管材先离模膨胀和进行一定程度的空冷收缩后，再进入定径套中冷却定型。

a. 定径套内的真空度要求为 53～66kPa，孔径或缝宽在 0.6～1.2mm 范围内选择，与塑

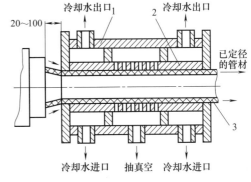

图 5-14　真空法外定径
1—定径套外壁；2—定径套内壁；3—管材

料黏度和管壁厚度有关，当黏度大或管壁厚度大时，其可取大值，反之取小值，孔间距约 10mm。

b. 定径套的内径见表 5-13。

表 5-13　　真空法定径套内径　　　　　　　　　　　　　　　　　　　　　　　　　　　　　mm

塑料	定径套的内径 d_s	定径套的长度 L
硬聚氯乙烯（HPVC）	$(0.99～0.993)d$	一般大于其他定径套的长度，当 $d>$
聚乙烯（PE）	$(0.96～0.98)d$	100mm 时，$L＝(4～6)d$

2）内径定径

内径定径适用于管材内径尺寸要求准确、圆度要求高的情况，其工作原理如图 5-15 所示，定径套（棒）直接与机头芯棒相连接，通过将冷却水通入其内的冷却水道，使从口模中挤出的管坯被冷却定型。该方法宜于在直角式挤管机头和旁侧式挤管机头中使用，便于定径芯模的冷却水管从芯棒处伸进。采用内径定径时应注意以下几点：

① 定径套应沿其长度方向带有一定的锥度，出口直径比进口直径略小，锥度在 0.6∶100～1.0∶100 范围内选取。

② 定径套外径一般取 $(1.02～1.04)d_i$（d_i 为管材内径）。

③ 定径套长度一般为 80～300mm。牵引速度较大或管材壁厚较大时取大值，反之取

小值。

　　④ 内径定径常用于内径公差要求高的 PE、PP 及 PA 等的管材。

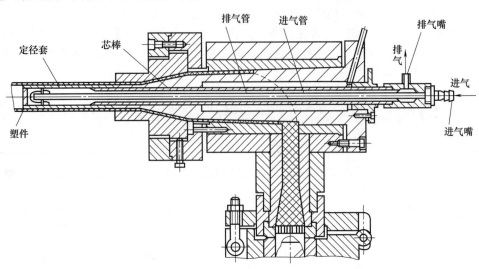

图 5-15　内径定径

　　3）定径套材料

　　定径套宜用导热性良好的金属材料制成。通常选用铝合金，但也可用一般钢材或无缝钢管，内壁须镀铬处理，表面粗糙度达 $Ra0.2\mu m$ 以下。定径套与口模之间应有绝热垫，以确保生产操作正常进行。绝热垫材料以采用聚四氟乙烯为好，但也有使用布基酚醛塑料板的，效果也不错。

5.2.2　棒材挤出成型机头设计

　　塑料棒材泛指截面具有圆形、矩（扁）形、正方形、正多边形和椭圆形等规则形状，长度远大于截面尺寸的实心塑料制品。棒材挤出成型要依据棒材外径的大小，从成型工艺控制角度出发选择挤出机，挤出机螺杆直径应小于棒材外径。实践经验和理论分析表明，应根据塑料特性选用螺杆类型。挤出 PA、PE、PP、PS、ABS、PC、PPE、PSU 等塑料适用渐变螺杆；挤出 POM、PCTFE 等材料的棒材，应选用突变螺杆的挤出机。通常螺杆长径比 $i=20\sim25$，压缩比 $\varepsilon=2.5\sim3.5$。除玻璃纤维增强塑料外，可设置 $50\sim80$ 目的过滤网。用于挤出成型塑料棒材的模具，简称为棒材模（或机头）。棒材挤出成型机头的设计内容主要包括口模和定型模两部分。

　　（1）棒材模结构类型

　　棒材模的结构包括无分流锥棒材挤出模和有分流锥的棒材挤出模，其差别就是是否带有分流锥。

　　① 无分流锥棒材挤出模　这种机头流道由一平直段和放大段组成，塑料熔体经流道压缩后进入放大段，分子链得到松弛有利于消除内应力，如图 5-16 所示。

　　流道为拼装式结构，加工制造和装卸方便，基本上适合挤出各种热塑性塑料。设计流道平直部分的长度取直径的 $10\sim16$ 倍，流道中应无死角，表面粗糙度小于 $Ra0.8\mu m$。

　　该模具的特点是，无分流锥挤出模的成型与冷却定型融为一体，口模与定型装置间设置绝热垫。塑料熔体与定型模接触后外表面形成楔形固化层，产生较大摩擦力可能将棒材卡住，因此定型模长度应该短，恰好能使固化的棒材能够承受牵引力，如图 5-17 所示。此外，为了保证棒材的密实，防止产生空洞，定型段的操作压力，通常在 $1\sim12.5MPa$ 之间。

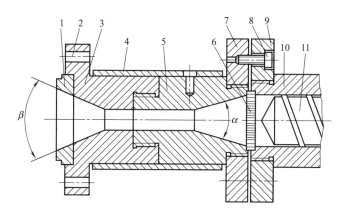

图 5-16　棒材挤出模结构

1—锥形环；2—螺栓孔；3—口模体；4—加热圈；5—流道体；6—栅板；
7—流道法兰；8—连接螺钉；9—机筒法兰；10—机筒；11—螺杆

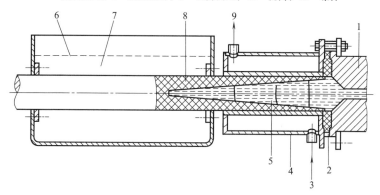

图 5-17　无分流锥棒材挤出模的冷却与定型结构

1—口模；2—绝热垫；3—入水口；4—定型区；5—塑料熔体；6—水位；
7—水槽；8—固化层；9—出水口

　　② 带分流锥棒材挤出模　　如图 5-18 所示，口模前端有阳螺纹（或法兰盘），以便和水冷定型套相连接。在流道中心设有一形状似鱼雷体的分流锥 2，其目的在于减少流道内部容积，并增大塑料熔体受热面积，有利于停车后重新开车时缩短加热时间，防止熔料热降解。平直部分应光滑并具有一定的长度（成型段长度），一般为棒材直径的 4~15 倍。进口处的扩张角为 30°~60°，收缩部分的长度为 50~100mm。机头出口处为喇叭形，作用是便于棒材中心熔融区快速补料，喇叭扩张角为 40°。

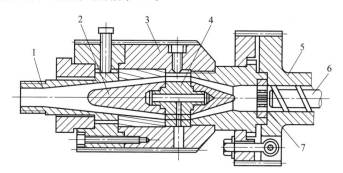

图 5-18　带分流锥棒材挤出模

1—口模；2—分流锥；3—模体；4—支架；5—挤塑机；6—螺杆；7—栅板

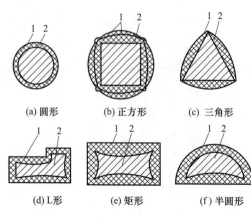

图 5-19　棒材挤出后的形状变化

1—型材截面；2—口模截面形状

(a) 圆形　(b) 正方形　(c) 三角形

(d) L形　(e) 矩形　(f) 半圆形

（2）口模的相关计算

如图 5-19 所示，对于圆形截面棒材，出模膨胀后截面还是圆形，只是直径有些变化。而三角形、椭圆形或矩形等形状的截面就要发生复杂的变化，变化后的截面不再是原来的截面形状，因此口模中的流道几何形状以及平直段长度（成型段长度）需仔细考虑，需根据材料的不同对挤出模的流道进行修正。目前主要运用流变学知识和 CAE 辅助分析来设计口模。

对于圆形截面棒材，口模的重要参数有口模直径和长度，根据流变学公式可以计算出口模长度和直径。

1）口模直径

① 采用实际经验的方法，对设计者要求较高。

$$D_0 = D/K \tag{5-12}$$

式中　D_0——口模内径，mm；

　　　D——棒材外径公称尺寸，mm；

　　　K——棒材形状相关系数，一般大于 1.1。

② 根据流变学可以推出短口模和长口模的直径计算公式。

a. 短口模直径计算：

$$D_0 = D/[1 + \frac{3}{2}(n+1)(\Delta p_{en}/\tau)\tan\alpha]^{1/2} \tag{5-13}$$

式中　D_0——口模内径，mm；

　　　D——棒材外径公称尺寸，mm；

　　　n——流体非牛顿流动行为指数；

　　Δp_{en}——入口处压力降；

　　　τ——流道壁处的剪切应力；

　　　α——熔体的自然收敛角。

b. 长口模直径计算：

$$D_0 = D/(1 + S_R^2)^{1/4} \tag{5-14}$$

$$S_R = \frac{\Delta p}{\tau} - 2L/R - 2e_c \tag{5-15}$$

式中　S_R——可恢复剪切应变；

　　　e_c——Couette 校正因子，取 1～2；

　　其他字母表示同上。

2）口模长度

口模长度主要是棒材口模平直部分的长度，称为成型段长度。它具有应力松弛作用，对棒材生产效率、棒材质量、均具有决定性影响，其计算公式如下。

① 圆形实心棒材口模成型段长度计算：

$$L = \frac{\Delta p}{2K'} \times \left(\frac{\pi}{4q}\right)^n R^{3n+1} \tag{5-16}$$

式中　R——圆形棒材半经，cm；

　　q——棒材体积流量，cm^3/s；

　　Δp——塑料熔体压力，Pa；

　　K'——塑料熔体的表观稠度，$Pa \cdot s$；

　　n——流体非牛顿流动行为指数。

　　② 矩形实心棒材口模成型段长度计算：

$$L = \frac{\Delta p \zeta^{n+1}}{2K'(\zeta+1)} \times \left(\frac{1}{6q}\right)^n H^{3n+1} \tag{5-17}$$

式中　ζ——形状因素，$\zeta = W/H$；

　　　W——棒材宽度，cm；

　　　H——棒材厚度，cm。

　　③ 多边形实心棒材口模成型段长度计算：

$$L = \frac{\Delta p}{2K'} \left[\frac{\pi}{4q\sqrt{\frac{N}{\pi}\tan\frac{\pi}{N}}}\right]^n R^{3n+1} \tag{5-18}$$

式中　N——正多边形边数；

　　　R——等效圆半径，cm。

　　④ 正三角形实心棒材口模成型段长度计算：

$$L = \frac{\Delta p}{12K'}(32q)^{-n} \times 3^{3n+5/4} \times \pi^{n+1/2} S^{3n+1}$$

式中　S——正三角形的边长，cm。

　　⑤ 椭圆实心棒材口模成型段长度计算：

$$L = \frac{\Delta p \zeta^{n+1}}{K'(\zeta+1)} \times \left(\frac{\pi^{3/2}}{6q}\right) B^{3n+1} \tag{5-19}$$

$$\zeta = A/B$$

式中　A——椭圆长半轴长度，cm；

　　　B——椭圆短半轴长度，cm。

　　⑥ 非规则实心棒材口模成型段长度计算：

$$L = \frac{\Delta p}{K'} \times \frac{F^{2n+1}}{2^n U^{n+1} q^n} \tag{5-20}$$

式中　F——棒材截面积，cm；

　　　U——棒材横截面周长，cm。

　　3）工艺参数

　　① 棒材体积产量 q　由下式近似计算：

$$q = \frac{q_m}{3.24\rho_0} \tag{5-21}$$

式中　q——棒材体积产量，cm^3/s；

　　　q_m——公称棒材产量，kg/h；

　　　ρ_0——塑料在室温下的密度，g/cm^3。

　　② 材料特性参数 K' 和 n　K' 由式 5-22 进行计算，n 可参照表 5-4 和表 5-5。

$$K' = K\left(\frac{3n+1}{4n}\right)^n \tag{5-22}$$

式中　K——流体稠度。

　　　K'——塑料熔体的表观稠度。

③ 压降 应用上述方程对口模成型长度进行计算时，应考虑在合理的压降下以获得一定产量所需的口模尺寸。所谓合理压降，是指压降为已知，且为合理。棒材口模内的熔体压力，视产品种类不同而异，通常可在 3～12MPa 范围内选取。

4）几何参数

① 流道收敛角 α 如图 5-16 所示，常取 $\alpha=30°\sim60°$，其长度视棒材粗细和塑料黏度特性而定。

② 出口过渡角 β 通常取 45°以下，主要以易于补料为原则。

（3）棒材定型模

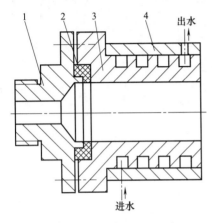

图 5-20 塑料棒材定型模结构
1—机头体；2—绝热垫圈；
3—定径套；4—冷却套

① 定型模的结构 塑料棒材定型模的结构如图 5-20 所示。绝热垫圈 2 位于机头和定型模具之间，起隔热作用。正是由于这种冷热界面的形成，才能保证生产出料均匀、棒材表面光滑、内部无缩孔的连续型材。定型模具有一定的锥度。定型模的冷却水流量应能调节和控制，以满足定型工艺特性要求。冷却水道通常使用螺旋式。

② 定型模设计注意事项 根据塑料棒材定型的工艺要求，定型模设计应注意以下几点：

a. 定型模尺寸。定型模的长度与内径之比，通常为 2～10，小直径取大值，大直径取小值。棒材外径小于 50mm 时，定型模具长为 200～350mm；当棒材外径为 50～100mm 时，定型模具长 300～500mm。定型模具内径要稍大于棒材外径，设计时要考虑塑料材料的收缩率。常见工程塑料的体积收缩率见表 5-14；尼龙 1010 棒材定型套尺寸见表 5-15。

表 5-14 棒材挤出成型收缩率

塑料名称	PA1010	PA66	ABS	PC	POM	PSU	氯化聚醚
收缩率/%	2.5～5	3～6	1～2.5	1～2.5	2.5～4	1～2	1.5～3.5

表 5-15 尼龙 1010 棒材定径套尺寸 mm

棒材公称直径	定径套长度	定径套直径	棒材实际直径
40	390	44.0	43.0
50	350	53.5	52.5
60	300	67.0	65.0
70	270	75.5	42.3
80	230	88.0	83.5
90	225	97.0	94.0
100	220	105.0	100.0
110	210	113.0	110.0
120	200	130.0	124.0

b. 壁面表面粗糙度与斜度。定型模具内壁要光滑，粗糙度 $Ra<0.8\mu m$，为了便于维护和保养，最好将内壁镀铬抛光。定型模具内壁应有斜度，通常取 75：1，使棒材出口直径大于入口直径，以防止棒材发生堵塞。

c. 绝热垫圈材料。设置绝热垫圈以防止口模清晰度下降和定型模具温度升高，从而有效地避免口模堵塞和物料黏附在定型模具上等现象，保证生产顺利进行。故绝热垫圈材料应选择热导率小、耐高温、与塑料熔体接触无黏附作用的材料，通常用聚四氟乙烯板材。

5.2.3　挤出吹塑薄膜机头设计

挤出吹塑就是塑料原料在挤出机的塑化和传送作用下，经过吹塑薄膜机头挤出形成管状料坯，然后在管状料坯中由芯棒通入压缩空气，使料坯膨胀变薄形成薄膜的过程。

塑料薄膜吹塑成型的技术关键在于吹塑模具设计。无论采用何种生产方式与吹模结构，均要求这类模具具有均一的圆环隙出料口。当来自挤出机的塑料熔体进入吹塑模内时，塑料熔体须沿口模环隙周围均匀分布，经模唇挤出厚薄均匀一致的膜坯后，再配合吹胀、风环等操作，从而获得厚薄一致符合要求的塑料薄膜制品。

（1）吹塑薄膜机头结构设计

吹塑薄膜机头的种类很多，主要采用芯棒式吹塑成型挤出模、十字形吹塑成型挤出模和螺旋式吹塑成型挤出模，其特点见表 5-16。另外，还有莲花瓣式吹塑成型挤出模和旋转式吹塑成型挤出模等。各种机头在常用塑料中的适用范围见表 5-17。

表 5-16　各种吹塑机头性能和特点比较

吹塑模类型	薄膜均匀性	可旋转性	应用范围	熔接痕
芯棒式	取决于设计	坏	广	一条
十字形	易于调整	好	好	多条
螺旋式	取决于设计	好	有限	无

表 5-17　各种机头在常用塑料中的适用范围

机头种类 薄膜类型	芯棒式	十字形	螺旋式	莲花瓣式
聚氯乙烯	适用	可用（平吹）	不可用	不可用
聚乙烯	适用	适用	适用	适用
聚丙烯	适用	适用	适用	适用
聚苯乙烯	适用	可用	可用	可用
尼龙	适用	可用	可用	可用
聚碳酸酯	适用	可用	可用	可用

常用薄膜挤出机头的典型结构形式见表 5-18。

表 5-18　常用薄膜挤出机头的典型结构形式

形式	图例	特点
芯棒式机头	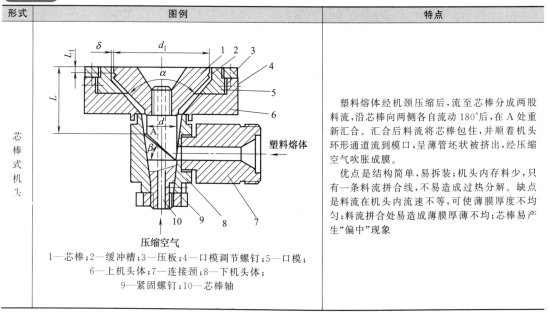 压缩空气 1—芯棒；2—缓冲槽；3—压板；4—口模调节螺钉；5—口模； 6—上机头体；7—连接颈；8—下机头体； 9—紧固螺钉；10—芯棒轴	塑料熔体经机颈压缩后，流至芯棒分成两股料流，沿芯棒向两侧各自流动180°后，在 A 处重新汇合。汇合后料流将芯棒包住，并顺着机头环形通道流到模口，呈薄管坯状被挤出，经压缩空气吹胀成膜。 优点是结构简单，易拆装；机头内存料少，只有一条料流拼合线，不易造成过热分解。缺点是料流在机头内流速不等，可使薄膜厚度不均匀；料流拼合处易造成薄膜厚薄不均；芯棒易产生"偏中"现象

续表

形式	图例	特点

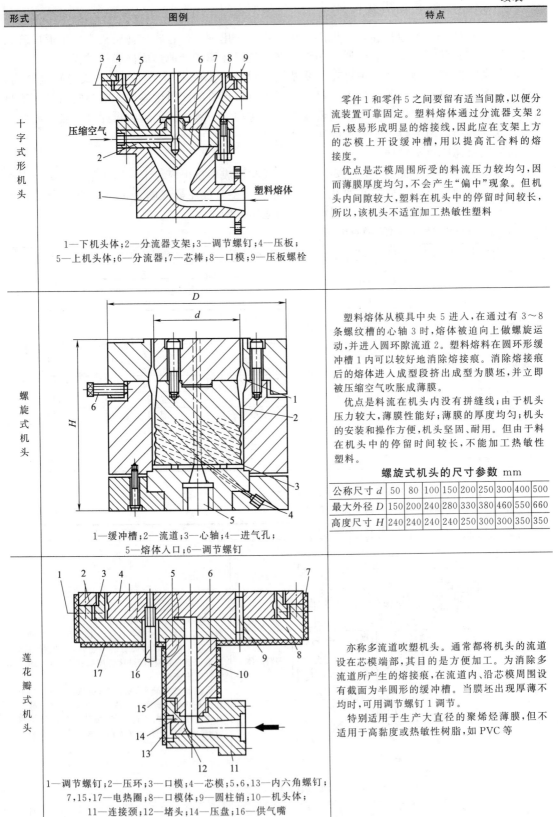

十字式形机头

1—下机头体；2—分流器支架；3—调节螺钉；4—压板；
5—上机头体；6—分流器；7—芯棒；8—口模；9—压板螺栓

零件1和零件5之间要留有适当间隙，以便分流装置可靠固定。塑料熔体通过分流器支架2后，极易形成明显的熔接线，因此应在支架上方的芯模上开设缓冲槽，用以提高汇合料的熔接度。

优点是芯模周围所受的料流压力较均匀，因而薄膜厚度均匀，不会产生"偏中"现象。但机头内间隙较大，塑料在机头中的停留时间较长，所以，该机头不适宜加工热敏性塑料

螺旋式机头

1—缓冲槽；2—流道；3—心轴；4—进气孔；
5—熔体入口；6—调节螺钉

塑料熔体从模具中央5进入，在通过有3～8条螺纹槽的心轴3时，熔体被迫向上做螺旋运动，并进入圆环隙流道2。塑料熔料在圆环形缓冲槽1内可以较好地消除熔接痕。消除熔接痕后的熔体进入成型段挤出成型为膜坯，并立即被压缩空气吹胀成薄膜。

优点是料流在机头内没有拼缝线；由于机头压力较大，薄膜性能好，薄膜的厚度均匀；机头的安装和操作方便，机头坚固、耐用。但由于料在机头中的停留时间较长，不能加工热敏性塑料。

螺旋式机头的尺寸参数 mm

公称尺寸 d	50	80	100	150	200	250	300	400	500
最大外径 D	150	200	240	280	330	380	460	550	660
高度尺寸 H	240	240	240	240	250	300	300	350	350

莲花瓣式机头

1—调节螺钉；2—压环；3—口模；4—芯模；5,6,13—内六角螺钉；
7,15,17—电热圈；8—口模体；9—圆柱销；10—机头体；
11—连接颈；12—堵头；14—压盘；16—供气嘴

亦称多流道吹塑机头。通常都将机头的流道设在芯模端部，其目的是方便加工。为消除多流道所产生的熔接痕，在流道内、沿芯模周围设有截面为半圆形的缓冲槽。当膜坯出现厚薄不均时，可用调节螺钉1调节。

特别适用于生产大直径的聚烯烃薄膜，但不适用于高黏度或热敏性树脂，如PVC等

续表

形式	图例	特点
旋转式机头	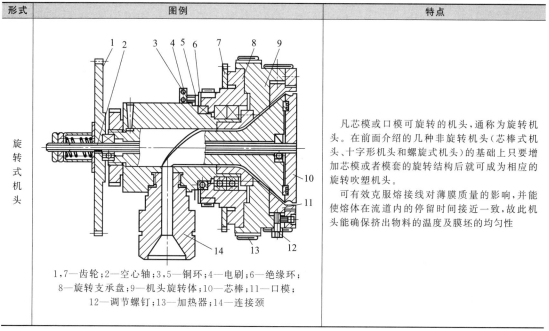 1,7—齿轮；2—空心轴；3,5—铜环；4—电刷；6—绝缘环； 8—旋转支承盘；9—机头旋转体；10—芯棒；11—口模； 12—调节螺钉；13—加热器；14—连接颈	凡芯模或口模可旋转的机头，通称为旋转机头。在前面介绍的几种非旋转机头（芯棒式机头、十字形机头和螺旋式机头）的基础上只要增加芯模或者模套的旋转结构后就可成为相应的旋转吹塑机头。 可有效克服熔接线对薄膜质量的影响，并能使熔体在流道内的停留时间接近一致，故此机头能确保挤出物料的温度及膜坯的均匀性

（2）机头工艺参数

每种吹膜机头，都要考虑吹胀比、口模缝隙宽度等工艺参数。

① 吹胀比　吹塑薄膜的吹胀比的定义为吹胀后膜管直径与口模内径之比，即

$$\zeta = D/d \tag{5-23}$$

式中　ζ——吹胀比，与环隙 δ 有关，常取 $\zeta = 2 \sim 3$；

D——膜管直径，cm；

d——口模内径，cm。

② 口模与芯棒的单边间隙 $\delta = 0.4 \sim 1.2 \text{mm}$，或 $\delta = (18 \sim 30) \times$ 薄膜厚度。一般薄膜厚度为 $0.01 \sim 0.3 \text{mm}$。

③ 口模定型段长度：

$$L_1 = K\delta \tag{5-24}$$

式中　K——系数，即机头设计经验数据，与塑料品种有关，见表 5-19。

表 5-19　机头设计经验数据

塑料品种	PVC	PE	PP	PA
K	16～30	25～40	25～40	15～20

④ 缓冲槽　通常在芯模定型段入口处开设 1～2 个缓冲槽，其深度取 $h = (3.5 \sim 8)\delta$，宽度取 $b = (15 \sim 30)\delta$。

⑤ 扩张角和斜角　芯棒扩张角 $\alpha = 80° \sim 90°$，最大可取 $\alpha = 100° \sim 120°$。斜角 $\beta = 40° \sim 60°$。

⑥ 牵引比与压缩比　牵引比是指泡管膜牵引速度与熔体挤出速度之比值，通常取 4～6。压缩比是机颈内流道截面积与口模定型区环形流道截面积的比值，一般应大于或等于 2。

吹塑薄膜机头选用的挤出机螺杆的长径比 $i \geqslant 20$，应有栅板和过滤网，机头直径的选取不应超出挤出机的许用范围，见表 5-20。

表 5-20	挤出机与口模直径的关系				mm
螺杆直径	$\phi45$	$\phi65$	$\phi90$	$\phi120$	$\phi150$
口模直径	<120	75~220	150~300	>220	>250

5.2.4　板材、片材挤出机头设计

挤板（片）材机头可分为管膜机头和平缝机头。目前主要用于塑料板材、片材和平膜加工的模具称之为"平缝形挤塑机头"，简称平缝模。这种机头可生产各种厚度及幅宽的板（片）材。塑料板材、片材和平膜之间的厚度界限尚无明确规定。通常把厚度大于 1.0mm 者称为板材，厚度界于 0.25~1.0mm 之间者称为片材，厚度小于 0.25mm 者称为平膜（或薄膜）。

塑料熔体从挤出机料筒进入挤出模内，流道断面由圆形通过多种方式逐渐演变成狭缝形，要求物料沿口模宽度方向均匀分布，这样沿口模全宽出料流速就能均匀一致，挤出的制品才能厚度均匀，不发生翘曲变形。所以要得到高质量的聚合物制品，关键部件就是挤出机头。用于挤出成型板材和片材的机头可分为支管式机头、鱼尾式机头、衣架式机头、分配螺杆机头等。

平缝机头的设计应遵循以下原则：

① 在整个宽度方向上，流速尽量均匀，即单位宽度上的流量要相等。

② 压力降要适度。

③ 停留时间不宜太长，熔体在流道中无滞料现象。

（1）支管式机头

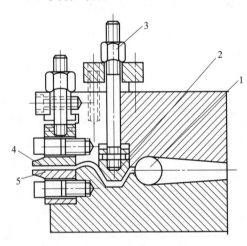

图 5-21　支管式机头结构
1—支管；2—阻力调节块；3—调节
螺栓；4—上模唇；5—下模唇

支管式机头的结构如图 5-21 所示。它的特点是机头内有与模唇平行的圆筒形（管状）槽，可储存一定量的物料，起分配物料及稳压作用，使料流稳定。圆筒形槽的直径应在 30~90mm 之间。直径越大，储存的物料就越多，料流就越稳定、均匀。阻力调节块可以调节物料流速，使物料出口均匀一致。支管式机头是结构最简单的一种平缝机头，优点是结构简单、机头体积小、操作方便；缺点是物料在机头内停留时间较长，易引起物料的变色、分解，不能成型热敏性塑料，如硬质 PVC，尤其是透明的 RPVC 片材。

一般硬聚氯乙烯的支管直径在 30~35mm 范围内；聚乙烯的支管直径可在 30mm 以上。平直部分的长度依熔体特性而不同，一般取长度为板厚的 10~40 倍，但板材厚时，由于刚度关系，模唇长度不超过 80mm。为获得表面光滑平整的板材，模唇表面粗糙度 Ra 不低于 0.8μm 并镀铬。支管式机头适用于 SPVC、PP、PE、ABS 塑料、PS 等板、片材的挤出成型。支管式机头可为单支管机头，也可为双支管机头等形式。

（2）鱼尾式机头

鱼尾式机头的结构如图 5-22 所示。塑料熔体从机头中间进料，沿鱼尾形流道向两侧分流，在口模处达到所要求的宽度。该机头的优点是流道平滑无死角，无支管式机头的停料部

分，结构简单，制造容易，适用于加工熔体黏度较高、热稳定性较差的塑料，如 RPVC、POM 等热敏性塑料。缺点是不适合生产宽幅较大，厚度较厚的板材。通常鱼尾式机头生产的板、片材宽幅在 500mm 以下，厚度一般不超过 3mm。

鱼尾式机头的展开角应控制在 80°以内。模唇的定型部分长度通常为板材厚度的 15～50 倍。

（3）衣架式机头

衣架式机头内部流道形状像衣架，结构如图 5-23 所示。衣架式机头综合了支管式和鱼尾式机头的优点，它采用了支管式的圆筒形槽，对物料可

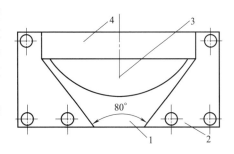

图 5-22 鱼尾式机头结构
1—进料口；2—模体；3—阻流器；4—模唇

起稳定作用，但缩小了圆筒形槽的截面积，减少了物料停留时间，采用了鱼尾式机头的扇形流道来弥补板材厚度不均匀的缺点，流道扩张角比鱼尾式机头要大，减小了机头尺寸，并能生产 2m 以上的宽幅板材，能较好地成型多种热塑性塑料板材与片材，是目前应用最多的挤出机头，但结构复杂，价格较高。

衣架式机头的展开角大，但不应大于 170°，通常在 155°～170°范围内。生产板、片和平膜的模唇宽度通常在 700mm 以上。定型段长度应取 15～55 倍板厚，依熔体特性及板材宽度而定。支管直径应在 16～30mm 范围内。模唇和流道形状尺寸关系如图 5-24 所示。

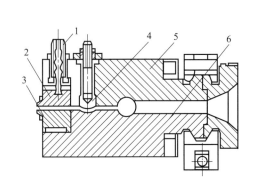

图 5-23 衣架式机头结构
1—调节螺栓；2—上模唇；3—下模唇；4—阻力调节块；5—上模块；6—下模体

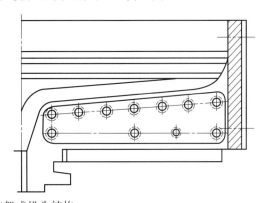

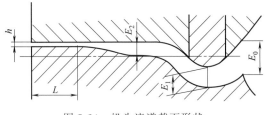

图 5-24 机头流道截面形状
L—定型段长度；E_0，E_1，E_2—流道宽度；h—模口缝隙

（4）分配螺杆机头

分配螺杆机头相当于在支管式机头的支管内安装一根螺杆的平缝机头，螺杆靠单独的电动机驱动，使物料不停滞在支管内，并均匀地将物料分配在机头整个宽度上，改变螺杆转速，可以调整板材的厚度，板材挤出不均匀也可以通过模唇来调整。分配螺杆与挤出机连接方式有：一端供料式和中心供料式。中心供料式分配螺杆机头结构如图 5-25 所示。

为了保证板材连续挤出不断料，主螺杆的挤出量应大于分配螺杆的挤出量，分配螺杆的直径应比主螺杆直径小。分配螺杆一般为多头螺纹，螺纹头数为 4～6，多头螺纹挤出量大，可减少物料在机头内的停留时间。因此，使流动性差、热稳定性不好的 PVC 板材的挤出变

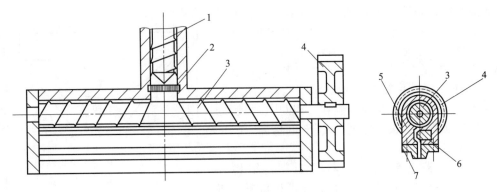

图 5-25　中心供料式分配螺杆机头结构

1—主螺杆；2—多孔板；3—分配螺杆；4—传动齿轮；5—模体；6—阻力调节块；7—模唇

得容易了，同时生产的宽幅板材沿横向的物理性能没有明显的差异，连续生产时间长，调换品种和颜色较容易。主要缺点是物料随螺杆做圆周运动突然变为直线运动，制品上易出现波浪形痕迹；机头结构较复杂，制造较困难，价格较高。

5.2.5　异型材料挤出机头设计

（1）异型材分类及设计原则

① 异型材分类　塑料异型材是指除了管材、圆形的棒材、片（板）材和薄膜等以外，由挤出机连续挤出成型的，其横截面形状不甚规则的塑料型材。塑料异型材具有质轻、耐腐蚀、承载性能好、装饰性强、安装方便等优良使用性能，广泛应用于建筑、汽车、电子和家具等领域。在塑料产品中，异型材产品的生产是比较困难的一种，其难点在于挤出机头流道的合理设计。通常，在设计一套异型材挤出机头时，还应包括定型模的设计，因为没有定型模的话，很难生产出形状和尺寸都符合要求的产品。按异型材截面特征，分为 5 大类型，如图 5-26 所示。

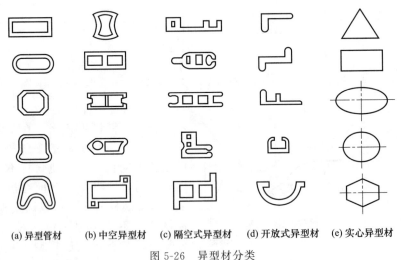

(a) 异型管材　　(b) 中空异型材　　(c) 隔空式异型材　　(d) 开放式异型材　　(e) 实心异型材

图 5-26　异型材分类

② 塑料异型材设计原则　由于塑料异型材类型较多，截面几何尺寸几乎不能按一定规律计算，因此异型材产品的设计较复杂。一般应遵循以下设计原则：

a. 根据异型材制品的用途和使用要求，进行截面形状的设计，使异型材制品满足其使用要求。

b. 充分发挥塑料材料的特性，使塑料材料的性能（指强度、刚度、韧性、弹性等）得到充分利用。

c. 尽量使机头和定型模的结构简单，加工方便，制造容易。

d. 成型工艺过程和成型工艺条件能顺利、方便地实现异型材制品的生产。

e. 塑料异型材截面很难达到高精度。在满足使用条件的前提下，以选用低精度为宜。表 5-21 为热塑性塑料挤出异型材截面尺寸偏差值。

表 5-21　热塑性塑料挤出异型材截面尺寸偏差值

材料	硬 PVC	PS	ABS、PPO、PC	PP	EVA、软 PVC	LDPE
壁厚/%	±8	±8	±8	±8	±10	±10
角度/(°)	±2	±2	±3	±3	±5	±5
截面尺寸/mm	尺寸偏差值/mm ±					
<3	0.18	0.18	0.25	0.25	0.25	0.30
3～13	0.25	0.30	0.50	0.40	0.40	0.65
13～25	0.40	0.45	0.64	0.50	0.50	0.80
25～38	0.50	0.65	0.70	0.70	0.76	0.90
38～50	0.65	0.76	0.90	0.90	0.90	1.00
50～76	0.76	0.90	0.94	0.95	1.00	1.15
76～100	1.15	1.30	1.30	1.30	1.65	1.65
100～127	1.50	1.60	1.65	1.65	2.36	2.35
127～178	1.90	2.40	2.40	2.40	3.20	3.20
178～255	2.35	3.20	3.20	3.20	3.80	3.80

f. 塑料异型材表面粗糙度，主要取决于模具流道和定型模的表面粗糙度，其次还与塑料品种及模温控制精度有关，一般以 $Ra=0.8\mu m$ 为宜，透明型材取 $Ra<0.6\mu m$。

g. 塑料异型材的截面几何形状力求简单，呈对称布置，且壁厚力求均匀，以利于挤出成型和冷却定型。

h. 塑料异型材转角处必须圆弧过渡。外侧转角圆弧至少为 0.4mm 或壁厚的 1/2。以尽可能取大圆弧过渡为佳。

i. 中空异型材截面壁厚不均匀会引起制品截面形状改变，内腔应尽可能地避免或减少设筋。若需要设筋时，应尽可能选用较小的筋肋厚度，其厚度必须小于型材壁厚的 20%。

（2）异型材挤出机头结构

按结构的不同，异型材挤出模可分为孔板式、多级式和流线型挤出机头三种类型。

① 孔板式挤出机头　孔板式挤出机头如图 5-27 所示，由模座和口模板组成。口模板容易且能迅速更换，适用于小规格、小批量、多品种的异型材生产。但模腔内存在截面的急剧变化，易引起局部滞料，物料出现热降解甚至烧焦现象，型材难达到较高的尺寸精度要求。孔板式挤出机头主要适用于软聚氯乙烯异型材的生产。

② 多级式挤出机头　多级式挤出机头如图 5-28 所示，由多块孔板经串联构成，每块孔板经单独加工而成。流道从入口到口模成型段出口要经过多块板的流道过渡。从 $A—A$ 截面到 $E—E$ 截面表示其流道逐渐变化的过程，每块板上的流道侧壁平行于机头轴线，只是在每块板的流道入口处倒角成斜面，最好能与下一块板流道相吻合。多级式挤出机头结构简单、加工方便，但不宜加工热敏性塑料。

③ 流线型挤出机头　流线型挤出机头的结构如图 5-29 所示，机头内流道从进料口开始至口模出口，其截面必须由圆形过渡到异型所要求的截面形状和尺寸，即流道表壁应呈光滑的流线型曲面，各处不得有急剧过渡点和死角。流线型挤出机头加工困难，但采用流线型挤出机头挤出的异型材质量较好，尤其适用于大批量及热敏性塑料的生产。

（3）异型材机头设计

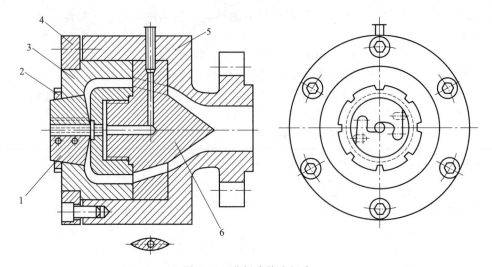

图 5-27 孔板式挤出机头

1—口模板；2—锁紧螺母；3—模座；4—压环；5—模体；6—鱼雷体

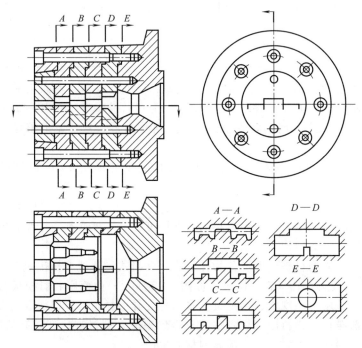

图 5-28 多级式挤出机头

① 流道参数设计 异型材机头流道的典型结构如图 5-30 所示，分为发散段、分流段、压缩段和定型段。

a. 发散段。将螺杆挤出的熔体由旋转流动变为稳定的平衡流动，并通过分流锥，熔体截面形状由挤出机出口处的圆形向制品形状逐渐转变。扩张角 α 是该段的一个重要参数。当异型材截面高度尺寸小于挤出机料筒内径，而宽度尺寸大于料筒内径时，机头的扩张角应小于 $70°$；对于 RPVC 等热敏性塑料，扩张角应为 $60°$ 左右。

b. 分流段。此段中的分流支架将流动分为几个特征一致的简单单元流道，使熔体流动行为更加稳定，从而保证制品的均匀性。

c. 压缩段。使物料产生一定的压缩比，以保证有足够的挤压力，消除由于支撑筋而产

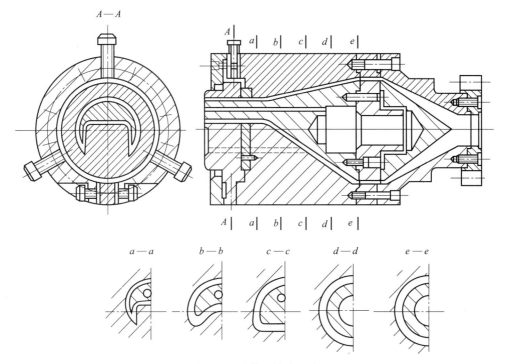

图 5-29 流线型挤出机头

生的熔接痕，使制品塑化均匀，密实度好，内应力小。压缩比 ε 和收敛角 β 是该段中的重要参数，压缩比定义为分流筋支架出口处截面积与异型材口模流道截面积之比，其值与塑料特性有关，通常在 3～12 范围内选取；收敛角也称压缩角，一般取 25°～50°。

过渡体的作用是使流道从圆形过渡到异型材的截面形状，其结构设计十分重要。异型材机头过渡体的结构如图 5-31 所示。

d. 定型段。口模定型段除了赋予制品

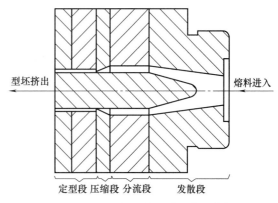

图 5-30 异型材机头流道的典型结构

规定的形状外，还提供适当的机头压力，使制品具有足够的密度，并进一步消除由支撑筋产生的熔接痕及由于渐变截面形状等原因而产生的内应力。

② 口模尺寸　口模定型段的长度也是关键的一个参数。当异型材壁厚均匀一致时，如图 5-32所示截面的异型材机头都可用狭缝形口模的计算公式 ［式 (5-25)］ 计算其成型段长度。

$$L = \frac{\Delta p}{2K'} \times \left(\frac{W}{6q}\right)^n H^{2n+1} \tag{5-25}$$

$$H = R_0 - R_1$$

式中　W——见表 5-22 中的计算公式；

　n，K'——材料的幂律参数，n 参照表 5-4 和表 5-5，K' 按式（5-22）计算；

　Δp——视塑料品种及异型材截面复杂程度而定，一般取 10～35MPa；

　q——可由式（5-21）计算。

口模成型段长度 L，也可由表 5-23 中的经验数据估算确定。但无论用何方法取值，L 最大长度不应超过 $80 \sim 90mm$。

当异型材各部分壁厚不一致时，计算过程很复杂。现设厚、薄两部分的壁厚和幅宽分别为 H_1、H_2 和 W_1、W_2，要达到流动平衡，则这两部分的口模成型段长度 L_1 和 L_2 应设计成不同的长度。根据理论推导后，其长度间的关系为

$$\frac{L_1}{L_2} = \left(\frac{W_1}{W_2}\right)^n \left(\frac{H_1}{H_2}\right)^{2n-1} \quad (5\text{-}26)$$

当异型材截面由矩形和圆形组合而成时，如图 5-33 所示，在口模的矩形部分与圆形部分很容易出现熔体流速不相等的现象，这将导致挤出物离开口模时发生扭曲变形，严重时还会出现一边起皱，另一边破裂的结果。为此，矩形流道的成型段长度 L_1 与圆形部分的成型长度 L_2 间必须按如下比例关系确定：

$$\frac{L_1}{L_2} = \left[\frac{(3n+1)}{2(2n+1)}\right]^n \times \left(\frac{H}{R}\right)^{n+1}$$
$$(5\text{-}27)$$

式中　H——异型材截面扁形部分厚度；

　　　W——异型材截面扁形部分幅宽；

　　　R——异型材截面圆形部分半径。

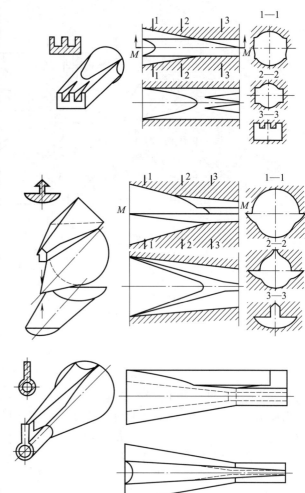

图 5-31　异型材机头过渡体结构

表 5-22　**图 5-32 中几何参数 W 的计算方法**

几何图	计算公式	几何图	计算公式
图 5-32(a)	$W = \pi(R_0 + R_1) = 3.14(R_0 + R_1)$	图 5-32(h)	$W = \pi(R_0 + R_1)/2 + 2R_1 = 1.57R_0 + 3.57R_1$
图 5-32(b)	$W = \pi(R_0 + R_1)/2 = 1.57(R_0 + R_1)$	图 5-32(i)	$W = (R_0 + R_1)(\theta + \sin\theta)$ 式中 θ 可由 $\cos\theta = 2R_3/(R_0 + R_1)$
图 5-32(c)	$W = W_1 + W_2$	图 5-32(j)	$W = \pi(R_0 + R_1) + 2R_1 = 3.14R_0 + 5.14R_1$
图 5-32(d)	$W = 4(R_0 + R_1)$	图 5-32(k)	$W = \pi(R_0 + R_1) + 4R_1 = 3.14R_0 + 7.14R_1$
图 5-32(e)	$W = 3.46(R_0 + R_1)$	图 5-32(l)	$W = \pi(R_0 + R_1) + W_1 = 3.14(R_0 + R_1) + W_1$
图 5-32(f)	$W = W_1 + W_2 + W_3$	图 5-32(m)	$W = \pi(R_0 + R_1)/2 + 2R_1 + W_1 + W_2$ $1.57R_0 + 3.57R_1 + W_1 + W_2$
图 5-32(g)	$W = W_1 + W_2 + W_3$	图 5-32(n)	$W = \pi(R_0 + R_1) + 4R_1 + 2[6.5R_0 + 2(R_0 + R_1)] = 20.1R_0 + 3.1R_1$

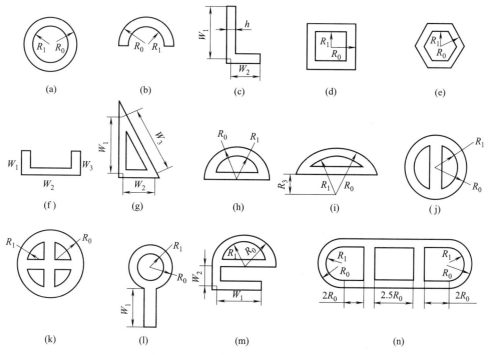

图 5-32 可视为狭缝形口模的截面形状

表 5-23 异型材机头设计经验数据

塑料名称	CA	EC	PE	RPVC	SPVC	其他
L/H	17～22	4～10	14～20	20～50	5～11	30～40
h/H	0.70～0.90	—	0.85～0.90	1.10～1.20	0.83～0.90	—
b/B	1.05～1.15	—	0.85～0.95	0.80～0.93	0.80～0.90	—
g/G	0.80～0.95	—	0.75～0.90	0.90～0.97	0.70～0.85	—

注：L—成型段长度；H—异型材壁厚；h—口模间隙；b—中空型材高度；B—与型材高度 b 对应的口模尺寸；g—中空型材宽度；G—与型材宽度 g 对应的口模尺寸。

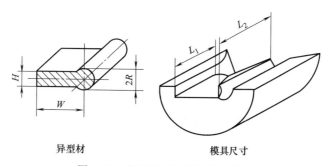

图 5-33 扁圆组成的异型材及模具

异型材口模截面的形状和径向尺寸尽管不会直接决定制品的尺寸，但也是很重要的。通常因为出模膨胀、牵引拉伸及工艺条件波动等因素的影响，口模截面的形状和尺寸不可能与异型材截面的形状和相应尺寸完全一致。由于理论计算难度很大，在实际工作中，口模截面径向尺寸的确定方法也主要是靠经验，可参考表 5-23 中的数据。

（4）异型材定型模

作为异型材挤出设备中一个不可缺少的组成部分，定型模决定了产品的最后形状和尺寸公差，所以对定型模的尺寸精度要求较高。

　　1) 异型材定型方法

　　异型材常用的定型方法有：多板式定型、滑移式定型、压缩空气外定型、内定型、真空定型和瓦楞管定型等。

　　① 多板式定型　如图 5-34 所示，将多块厚度为 3～5mm 的黄铜板、青铜板或铝板，以逐渐加大的间隔放置在水槽中，板上有与异型材外轮廓形状相似的孔。从口模挤出的型材穿过定型板边冷却边定型。由于冷却后的异型材会有收缩现象，所以最后一块定型板的型孔要比型材成型后放大 2%～3%。定型板的入口处都应设计 $R0.5mm$ 的圆角，以便型材引入和避免型材擦伤。此外，要采取可靠的防漏措施以防止水槽入口处的水泄漏而倒流入挤出模具，通常是用在水槽的入口和出口处加装真空室的方法来解决。

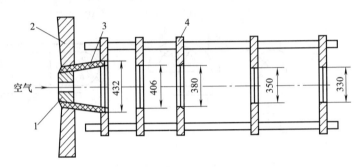

图 5-34　多板式定型
1—芯模；2—口模；3—型材产品；4—定型板

　　② 滑移式定型　滑移式定型模是用于开放式异型材定型的主要方法，有以下 3 种形式。

　　a. 上下对合滑移式定型。如图 5-35 所示，定型模要制成与型材外部轮廓相一致的形式。对具有内凹的复杂型材，应将定型模具分成几段，然后组装在一起。为了改善定型模具对制品的摩擦，可在定型模表面上涂上聚四氟乙烯分散体，并用弹簧或平衡锤来调节定型模对型材的压力。

　　b. 波纹板滑移式定型。在制造瓦楞板时，先用管材模挤出管状物，再沿挤出方向将管坯剖开，并展开成平板（或用平缝模直接挤出板材），经波纹形辊筒压成粗波纹，然后按图 5-36 所示的滑移式定型模，冷却定型成为所要求的波纹板。

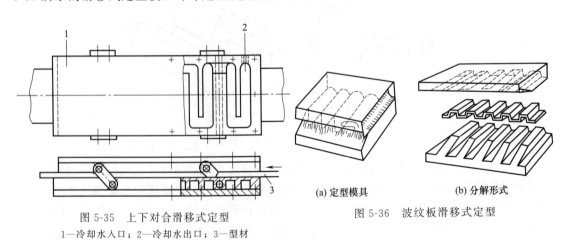

图 5-35　上下对合滑移式定型
1—冷却水入口；2—冷却水出口；3—型材

(a) 定型模具　　(b) 分解形式

图 5-36　波纹板滑移式定型

　　c. 折弯型材滑移式定型。如图 5-37 所示，从平缝模具挤出的板材在滑移式定型模具中折弯成所需要的异型材截面形状后，冷却定型。此方法可用形状简单的模具制造出极其复杂的大型异型材。

③ 压缩空气外定型　压缩空气外定型适用于当量直径大于 25mm 以上的中空异型材，其定型方法和原理与挤出管材中所用的压缩空气外定型一样，如图 5-38 所示。压缩空气（0.02～0.1MPa）通过芯模 1 进入异型材 7 内，由于浮塞 9 的封闭，使挤出型坯与定型模具 5 接触，同时冷却定型。

④ 内定型　内定型法是固定中空异型材的内腔尺寸的一种方法，如图 5-39 所示，其结构与挤出管材中所用的内径定型模的结构相似，通常都是固定在芯棒上。定型芯棒与机头芯模连接，同时冷却水通过机头到达定型芯棒，在挤出管坯环绕定型芯棒被拉出时，冷却定型。生产此类异型材需要使用侧向供料的挤出模，以便固定定型模及冷却系统。

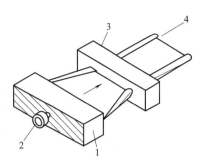

图 5-37　折弯型材滑移式定型
1—平缝模；2—挤出机；
3—定型模具；4—型材冷却

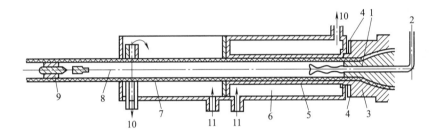

图 5-38　压缩空气外定型
1—芯模；2—压缩空气入口；3—机头体；4—绝热垫；5—定型模；
6—冷却水；7—型材；8—链索；9—浮塞；10—水出口；11—水入口

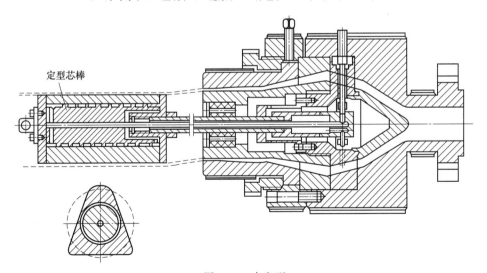

图 5-39　内定型

⑤ 真空定型　该定型模一般用于形状较复杂的封闭式中空异型材的定型，特别是有多个封闭隔腔的异型材的定型。定型模不会仅由一段组成，通常都采用 4 段以内的组合形式。真空定型的结构如图 5-40 所示，上下两个通过接头与水环式真空泵相连接的真空室，上下型板上设计有多个真空孔，其直径约为 0.8mm，在侧型板上也开设抽真空的小孔。当异型

材型坯进入定型模后，在真空吸附力的作用下与定型模的型腔内壁紧密接触，热量由冷却介质带走，使异型材得以冷却定型。

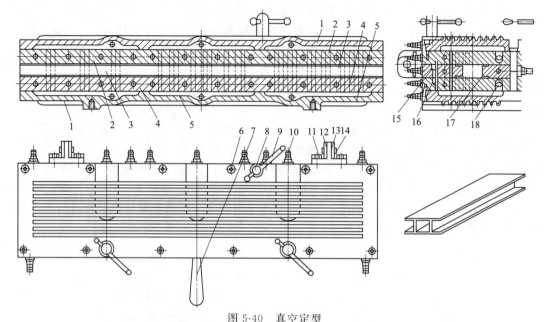

图 5-40 真空定型

1,5—上下盖板；2,4—上下型板；3,17—侧型板；6,15—内六角螺钉；
7,9—手柄；8—锁紧螺栓；10—接头；11—螺栓；12,13—上下铰链片；
14—铰链轴；16—销钉；18—冷却水塔头

⑥ 瓦楞管定型 瓦楞管定型如图 5-41 所示，用管机头 1 提供合格的管坯，由开有半圆螺纹槽的履带式牵引装置进行牵引的同时，管坯被此螺纹模施压或抽真空而定型为所需瓦楞管材。

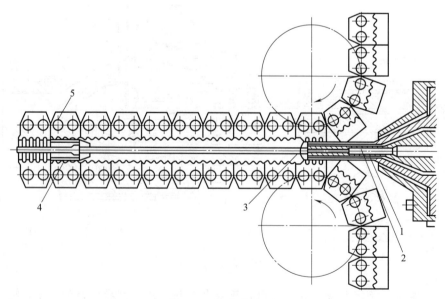

图 5-41 瓦楞管定型

1—管机头；2—芯棒；3—压缩空气入口；4—浮塞；5—螺纹模链条

2）定型模结构参数设计

异型材品种繁多，定型方法各异，在此难以全面涉及。实际上中空异型材定型模设计，是最具有典型性和代表性的，其他定型模的设计可参考中空异型材定型模设计内容。

① 设计原则　异型材定型模不但决定异型材产品的形状和尺寸精度，而且还关系到挤出的效果，所以，定型模是至关重要的组成部分，通常其设计要遵循如下原则：

a. 引入异型材型坯容易，操作简单方便，易于拆卸和清理。

b. 选择导热性良好的材料制造，并使之具有尽可能大的散热面积。

c. 对真空回路和冷却回路都要求锁紧可靠，密封性好。

d. 真空室应无死角，且易于清理，保持真空孔通畅。

② 冷却传热面积　根据传热学及牛顿冷却定律，定型模中冷却介质所需要的传热面积为：

$$F = \frac{Gc_p(T_2 - T_1)}{\alpha \Delta t_m} \tag{5-28}$$

式中　G——异型材型坯质量流量，kg/h；

　　　c_p——塑料比定压热容，kJ/(kg·K)；

　　　T_2——型坯入口温度，℃；

　　　T_1——型材出口温度，℃；

　　　t_m——定型模与冷却水平均温差，℃；

　　　α——传热系数 [W/(m²·℃)]，与水温、管径及水的流速有关，可用式 5-29 计算。

$$\alpha = A_0 \frac{(pv)^{0.8}}{d^{0.2}}$$

式中　v，d——水的流速与管径；

　　　A_0——水温的函数，可由表 5-24 查得；

　　　p——水在相应水温下的密度，kg/m³。

于是，冷却水通道长度为

$$L_w = \frac{F}{\pi d} \tag{5-29}$$

冷却水孔的直径通常取 $\phi 10 \sim 16$mm，在可能的条件下，应尽可能用较大直径的冷却通道，以提高冷却效果。冷却水的流动状态应保持紊流才会有更好的传热效率，要达到紊流状态，则雷诺数 Re 必须大于 10000。水温以 $10 \sim 18$℃ 为宜。

表 5-24　A_0 与水温的关系

平均水温/℃	0	5	10	15	20	25	30	35
A_0值	5.7	6.2	6.5	7.1	7.5	8.0	8.4	8.8
平均水温/℃	40	45	50	55	60	65	70	75
A_0值	9.3	9.7	10.1	10.4	10.8	11.2	11.5	11.9

③ 真空吸附面积　异型材型坯进入定型模后，在真空负压的作用下才能被紧紧地吸附到型腔壁上，达到定型模对异型材定型的目的。为此，真空吸附面积必须达到一定的数量，否则，达不到理想的定型效果。真空吸附面积可用式 5-30 进行计算：

$$F_R = 0.76 f_R \frac{G}{M_R} \tag{5-30}$$

式中　f_R——与壁厚有关的系数，常取 $f_R = 16 \sim 30$，厚壁取大值，反之取小值；

　　　G——异型材质量，kg/m；

　　　M_R——定型装置真空度，一般取 $53 \sim 66$kPa。

在确定真空孔的直径后，可由式 5-31 计算出真空孔的数量：

$$n = \frac{4F_R}{\pi d_0^2} = \frac{3f_R G}{\pi d_0^2 M_R} \tag{5-31}$$

式中　d_0——真空孔直径，一般在 $\phi 0.4 \sim 1.8\text{mm}$ 范围内选取，常用值取 $\phi 0.8 \sim 1.2\text{mm}$。

④ 冷却回路布置　对称的异型材，在上下及左右型板内所设置的冷却水回路应确保完全对称，以使异型材冷却均匀，各向收缩趋于一致，内应力最小。对于不对称的异型材则要根据具体的形状考虑各部分热量的差异。冷却水通道的间距沿挤出方向应逐渐变大；各段回路的长度也应逐渐变长，以使各段冷却水进出口温差保持一致，各段冷却回路长度比可参考表 5-25 中的数据。

表 5-25　定型模各段冷却回路长度比参考数据

段数	2	3	4
各段冷却回路的长度比	1∶1.5	1∶1.5∶2	1∶1.5∶2∶2.5

⑤ 真空孔布置　定型模中上、下、左、右四个定型板上单位面积上的真空孔面积应保持相等，但是，在同一块板上，沿挤出方向上的真空孔不可均匀布置。要达到较好的吸附效果，从定型模入口到出口，定型板单位面积上的真空吸附面积应由大变小，真空孔的分布也要由密变疏。

⑥ 定型模长度　异型材定型模长度通常应由冷却传热所需的面积（或冷却水孔总长度）、真空吸附所需的面积（或真空孔数）和真空孔布局来确定。但是，由于冷却水的速度和真空度均为可调节的参数，所以，定型模总长度的计算并不是十分严格。实践表明，当异型材的壁厚为 $2.5 \sim 3.5\text{mm}$ 时，定型模的总长度可计算为 $1600 \sim 2600\text{mm}$。如果将此长度的定型模设计成一段，将给加工带来极大的困难。通常是将较长的定型模分成多段制造，然后组装使用。异型材定型模分段参考数据见表 5-26。

表 5-26　异型材定型模分段参考数据

异型材截面尺寸/mm		定型模总长度/mm	可分段数
壁厚	高×宽		
<1.5	<40×200	500~1300	1~2
1.5~3.0	<80×300	1200~2200	2~3
>3.0	<80×300	>2000	>3

⑦ 定型模型腔尺寸　由于异型材型坯在定型过程中，要经历冷却收缩和牵引拉长的物理变化，致使定型后异型材的截面尺寸缩小，故定型模径向尺寸必须适当放大。尺寸放大的唯一依据是异型材定型收缩率。对此，表 5-27 中的数据可供参考。

表 5-27　异型材定型收缩率

塑料名称	ABS	CA	PA610	PA66	PE	PP	RPVC	SPVC
收缩率/%	1~2	1.5~2	1.5~2.5	1.5~2.5	4~6	3~5	0.8~1.3	3.5~5.5

5.2.6　线缆包覆机头设计

在裸金属单丝或多股金属芯线上，包覆有塑料绝缘层的线材称为电线；而在一束彼此绝缘的导线或不规则的芯线上，包覆有塑料绝缘层的线材称之为电缆。用于电线电缆包覆成型，并赋予芯线以一定几何形状与尺寸的绝缘包覆层之工艺装备，称为线缆包覆机头。线缆包覆机头也属于环隙口模之列，但与管材机头相比却有所不同。构成管材模环隙内芯的是静止不动的芯线，而线缆包覆机头环隙内芯却是连续运动的芯线。熔体在环隙中的流动，前者是由模腔（流道）内压力的存在而产生的压力流；后者除压力流之外，还有由芯线连续牵引运动所引起的拖曳流动。

（1）线缆包覆机头结构

根据被包覆的对象及要求不同，通常有两种结构形式。

① 挤压式包覆机头 用于电线包覆成型的工艺装备。挤压式包覆机头的典型结构如图 5-42 所示，具有一定压力的塑料熔体进入机头体 3 中，绕过导向棒（芯棒）2 汇合成一封闭的熔料环后，经口模 6 最终包覆在芯线 1 上。此种包覆机头特别适合于多股导线包覆，熔体可渗入导线间的空隙，使塑料和导线间有良好的黏附效果。

口模成型段长度 $L=(1\sim1.5)D$，D 为口模出口处直径。$M=(1\sim1.5)D$，M 为导向棒前端到口模定型段的距离。

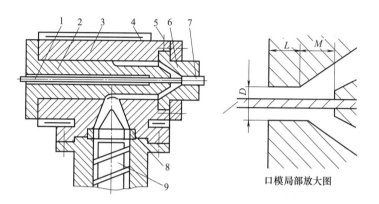

图 5-42 挤压式包覆机头结构

1—芯线；2—导向棒；3—机头体；4—电热器；5—调节螺杆；6—口模；
7—包覆塑件；8—过滤板；9—挤出机螺杆

② 套管式包覆机头 多用于电缆包覆或已绝缘导线的"二次包覆"。套管式包覆机头的结构如图 5-43 所示，芯线导向棒 3 与模体构成桃形通道，导向棒起芯模作用，与口模 4 构成一完整的熔体流动通道。塑料熔体在此通道中挤塑成管坯，借助芯线 2 轴向运动及在口模 4 出口端管坯的热收缩，使其包覆在芯线上。包覆层厚度随口模尺寸、导向棒头部位置、挤出速度与芯线移动速度等的变化，可进行调整。口模定型段长度 $L<0.5D$。

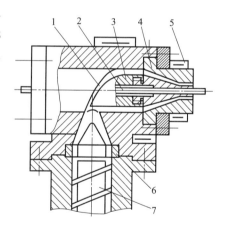

图 5-43 套管式包覆机头结构

1—螺旋面；2—芯线；3—导向棒；4—口模；
5—电热器；6—过滤板；7—挤出机螺杆

（2）包覆机头结构设计

① 芯模几何设计 包覆层可达到的厚度分布，与流道分配系统几何形状的关系至关重要。实际上分配系统必须由不同流经长度，环绕芯模向前扩展，形成完整的圆环形熔体流道。要求熔体流经此流道后，在其被包覆的导线圆周上产生相同的流速，从而确保线缆包覆层具有均匀的厚度。

为保证厚度均匀分布，通常用表 5-28 中的几种形式。

② 流道锥角 芯模和模套构成圆环形间隙，沿导线运动方向变窄，导致熔体流速逐渐升高，并使之与导线运动速度吻合。模芯和模套之间的夹角，最好是恒定地变小直至包覆区，形成所谓"喇叭形"流道。流道锥角对线缆表面质量有重要影响，线缆表观质量随流道锥角增加而降低。但角度过小会增大芯线牵引阻力，通常锥角以 $6°\sim8°$ 为宜。

表 5-28 芯模几何形状设计

形式	图例	说明
螺旋式芯模线缆包覆机头	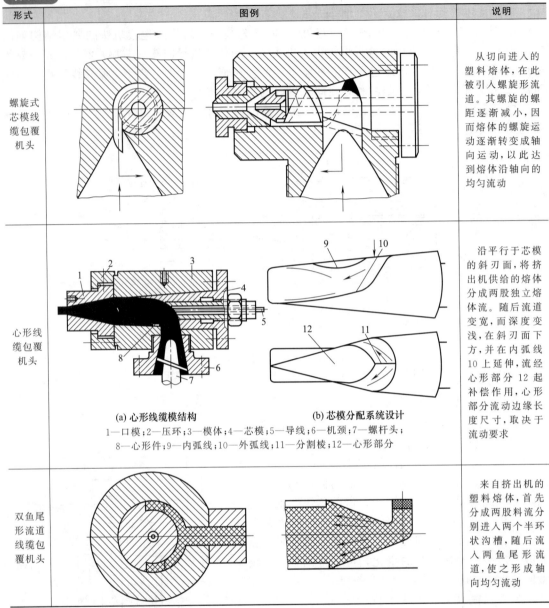	从切向进入的塑料熔体,在此被引入螺旋形流道。其螺旋的螺距逐渐减小,因而熔体的螺旋运动逐渐转变成轴向运动,以此达到熔体沿轴向的均匀流动
心形线缆包覆机头	(a) 心形线缆模结构　　(b) 芯模分配系统设计 1—口模;2—压环;3—模体;4—芯模;5—导线;6—机颈;7—螺杆头; 8—心形件;9—内弧线;10—外弧线;11—分割棱;12—心形部分	沿平行于芯模的斜刃面,将挤出机供给的熔体分成两股独立熔体流。随后流道变宽,而深度变浅,在斜刃面下方,并在内弧线10上延伸,流经心形部分12起补偿作用,心形部分流动边缘长度尺寸,取决于流动要求
双鱼尾形流道线缆包覆机头		来自挤出机的塑料熔体,首先分成两股料流分别进入两个半环状沟槽,随后流入两鱼尾形流道,使之形成轴向均匀流动

③ 导向锥间隙　在线缆包覆中,通常有高达50MPa的熔体压力,为了防止塑料熔体渗入导向锥内孔,芯线与导向锥梢部内孔间的间隙应很小,通常约为0.05mm。但在套管式包覆机头中,此间隙可放大为0.2~0.3mm。由于间隙小,导线速度高,故导向锥梢部的磨耗很大。因此,最好用耐磨材料制造易磨损零件,或采用耐磨嵌件。

④ 口模对中　调整口模对中,理论上3个螺钉就可以达到调整的目的,但为了改善圆周上的

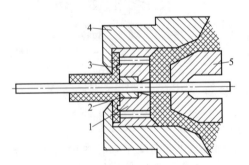

图 5-44　口模预对中包覆机头

1—内导向环;2—耐磨嵌件;3—阻力环;

4—口模座;5—导向锥

载荷分布，通常设计多个调节螺钉。口模预对中包覆机头如图 5-44 所示，对于此类包覆机头，无须采取补充对中措施。此外，包覆机头的另一个特点是，当芯线通过内导向环 1 时，即已被一薄熔体所包围，从而导致磨损小，芯线与熔体间粘附性好。

⑤ 口模形状　口模内几何形状及成型段长度，对包覆速度和包覆质量影响较大。圆锥度较小，成型段较长的口模，能生产出表观质量较好线缆。对于 SPVC，口模成型段长度为 $(0.2 \sim 2.0)D$（D 为口模出口直径），对于聚烯烃则为 $(2 \sim 3)D$。

5.2.7　机头加热与压力测量

挤出机头内部的温度条件，对局部的熔体流量和压力降有明显影响，并且还与物料的弹性效应有关，如膨胀和收缩等，这些特性对温度的偏差十分敏感。因此，必须控制好挤出模内的温度分布，以防止因热边界条件的不同而使流道设计中的所有流变学公式失效。另外，机头流道内的压力是模具结构设计的一个基本依据，在设计工作进行之前，最好在类似的操作条件下，予以实测确定。

（1）加热功率计算

加热功率计算有 4 种不同的方法，主要有：按机头的质量计算、按机头散热面积计算、按热散失所需补充的热量计算和按升温时间计算。

① 按机头的质量计算　根据需要加热的时间、机头的初始及最后需要达到的温度和机头的质量来确定加热器的功率。

$$P = \frac{Gc(t - t_0)}{3600\eta\tau} \tag{5-32}$$

式中　G——挤出模质量，kg；

　　　c——模具材料比热容，碳钢为 $0.46\text{kJ}/(\text{kg} \cdot \text{℃})$；

　　　t——挤出模工作温度，℃；

　　　t_0——模具起始温度，℃；

　　　η——加热器效率，通常取 $\eta = 0.3 \sim 0.5$；

　　　τ——加热时间，h。

② 按机头散热面积计算　根据与挤出机头类型有关的加热效率和散热面积确定所需的加热功率。

$$P = \Phi_\text{m} \sum_{i=1}^{N} F_\text{m} \tag{5-33}$$

式中　Φ_m——与挤出机头类型有关的加热效率系数，见表 5-29；

　　　F_m——挤出机头散热面积，m^2。

表 5-29　**与挤出机头类型有关的加热效率系数**　　　　　　　　　　　　　　　　　　kW/m^2

挤出机类型	管材模	平缝模	型坯模	吹塑模
效率系数 Φ_m	$0.4 \sim 0.7$	$0.5 \sim 0.6$	$0.3 \sim 0.5$	$0.4 \sim 0.6$

③ 按热散失所需补充的热量计算　挤出机头对外的热散失包括对流和辐射热损失之和。

a. 对流所产生热损失 Q_L 可用式（5-34）计算：

$$Q_\text{L} = F_\text{W}\alpha_\text{L}(t - t_0) \tag{5-34}$$

式中　F_W——挤出模表面积，m^2；

　　　α_L——空气对流传热系数（W/m^2），通常取 $\alpha_\text{L} = 8\text{W}/\text{m}^2$；

　　　t——模具表面温度，℃；

　　　t_0——环境温度，℃。

b. 辐射的热损失 Q_R 可用式 (5-35) 计算：

$$Q_R = F_W \varepsilon c_s \left[\left(\frac{t+273}{100} \right)^4 - \left(\frac{t_0+273}{100} \right)^4 \right] \tag{5-35}$$

式中　ε——热辐射系数，取 $\varepsilon = 0.25 \sim 0.75$；

c_s——黑体辐射系数，其值为 $5.8 W/(m^2 \cdot K^4)$。

c. 挤出机头总的热损失即应该补充的热量 Q (W) 为上面两者热损失之和：

$$Q = Q_L + Q_R \tag{5-36}$$

④ 按升温时间计算　挤出机头需要加热的时间是根据需要补充的热量和机头的质量等决定的，由式 (5-32) 可得出下列计算公式：

$$\tau(h) = \frac{Gc(t-t_0)}{P\eta} \tag{5-37}$$

式中　G——挤出模质量，kg；

c——模具材料比热容，碳钢为 $0.46 kJ/(kg \cdot ℃)$；

t——挤出模工作温度，℃；

t_0——模具起始温度，℃；

η——加热器效率，通常取 $\eta = 0.3 \sim 0.5$；

P——加热器功率，kW。

（2）加热方式选择

① 电阻加热器　电阻加热器是在挤出模具上应用最广、最流行的加热设备。电阻加热器可根据挤出模具几何形状及要求定做或专制。对于板（片）状加热器，在板（片）状加热器的外表面通常用 $0.6 \sim 1.0mm$ 的不锈钢板覆盖，内表面用 $0.4 \sim 0.6mm$ 厚的纯铜，内部用电阻丝及云母片制成，常见的形式如图 5-45～图 5-47 所示。当有温度计、热电偶、螺栓等通过加热器时，还必须在加热器上预留好稍大的相应的孔（$\phi d_1 > \phi d_2$），如图 5-45 所示，ϕd_1 为安装压力传感器用，ϕd_2 为热电偶控温用。板（片）状加热器一般包覆于挤出机头的外表面。安装好的片状加热器如图 5-48 所示。

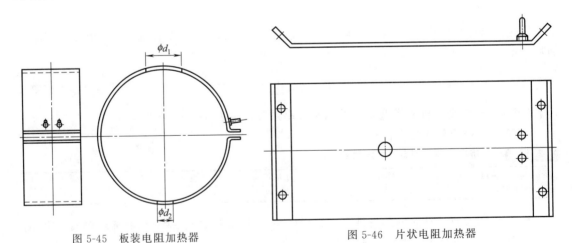

图 5-45　板装电阻加热器　　　　　　　　图 5-46　片状电阻加热器

棒（管）状电阻加热器一般直接插入挤出机头内部，所以在机头内部要预先钻好加热器的孔，如图 5-49 所示。

② 铸铝加热器　铸铝加热器可以做成整体式，也可以做成单片经组装而成，其使用寿命均高于电阻加热器。铸铝加热器的基本结构如图 5-50 所示，加热管须均匀分布，经模具浇铸而成。它是将电阻丝装于加热管内密实的氧化镁粉中，再将加热管浇于铝合金中制成

的，因而，具有防氧化、防潮、防振和防爆等优异性能，是挤出模具的优良加热设备。

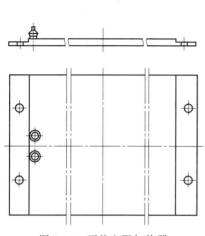

图 5-47 环状电阻加热器

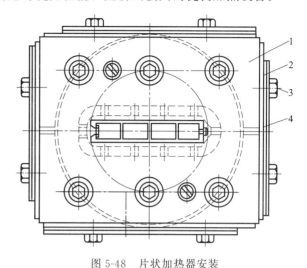

图 5-48 片状加热器安装
1—隔板挤塑模；2—石棉板；3—紧固螺钉；4—片状电阻加热器

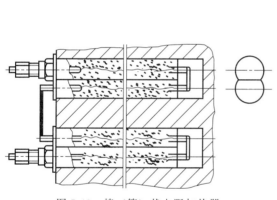

图 5-49 棒（管）状电阻加热器

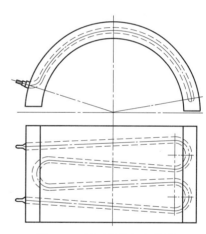

图 5-50 圆环状铸铝加热器

（3）温度控制与调节

挤出模具温度，多由热电偶测量。通常将热电偶插入紧靠筛孔板下游的流道中，这才能保证热电偶浸入熔体流内，真正地测量熔体温度。热电偶至少应深入熔体内 12mm，以免热电偶的传感头被机头金属零件的温度所影响。

热电偶只能测量温度而不能控制温度，要控制温度就必须安装温控仪（毫伏计），一般温控仪都要与热电偶配合使用。为了达到分段控制或局部控温，以便更好地调节熔体的温度或黏度，最好把加热器设计成多段的组合式，甚至在机头同一截面上的四周都分别用不同的加热器进行加热。温度调节，多由操作者设定或利用手动旋钮选择。

（4）熔体压力测量

挤出机头的型腔压力是挤出机头设计的重要参数之一。通常采用高压熔体压力传感器，根据需要测量压力的位置，将其安装在挤出机头流道的合适部位。安装原则是既不能造成流道堵塞，又要避开流道死角，以确保压力测量的准确可靠。压力传感器与流道壁的配合间隙应小于 0.03mm，以防止熔体渗漏或造成物料过热分解。压力传感器端面的弹性膜片应与流道内壁平齐，当弹性膜片有圆弧过渡或倒角时，其倒角应除外，以弹性膜片平面与流道内壁面平齐为准。

参 考 文 献

[1]　李德群，唐志玉. 中国模具设计大典第二卷 [M]. 南昌：江西科学技术出版社，2003.

[2]　齐卫东. 简明塑料模具设计手册 [M]. 北京：北京理工大学出版社，2009.

[3]　王鹏驹，张杰. 塑料模具设计师手册 [M]. 北京：机械工业出版社，2008.

[4]　叶久新，王群. 塑料成型工艺及模具设计 [M]. 北京：机械工业出版社，2011.

[5]　谭雪松，林晓新，温丽. 新编塑料模具设计手册 [M]. 北京：人民邮电出版社，2007.

[6]　王旭. 最新塑料成形工艺与模具 [M]. 上海：上海科学技术出版社，1996.

[7]　申开智. 塑料成型模具 [M]. 北京：中国轻工业出版社，2002.

[8]　吴清鹤. 塑料挤出成型 [M]. 北京：化学工业出版社，2009.

[9]　孙玲. 塑料成型工艺与模具设计 [M]. 北京：清华大学出版社，2008.

[10]　洪慎章. 实用注塑模具结构图集 [M]. 北京：化学工业出版社，2009.

[11]　黄晓燕. 塑料模典型结构100例 [M]. 上海：上海科学技术出版社，2008.

[12]　李德群，肖景容. 塑料成型模具设计 [M]. 武汉：华中理工大学出版社，1990.